X-ray
결정학

X-ray 회절, 전자빔회절, 중성자빔회절

허무영 지음

교문사
청문각이 교문사로 새롭게 태어납니다.

머리말

　재료공학과, 신소재공학과에서는 'X-ray 결정학', 'X-ray 회절학' 등의 학과목으로 결정 재료의 X-ray 분석에 관한 것을 오래 전부터 중요한 필수과목으로 강의하고 있다. 저자도 'X-ray 결정학'을 학부에서 수강하였으며, 박사과정부터 현재까지 X-ray 회절을 이용한 연구를 수행하고 있다. 그리고 대학 교수가 되어 25년 이상 X-ray 결정학을 강의하고 있다.

　저자가 X-ray 결정학을 배울 때 교재는 1956년 처음 출판된 Cullity 교수의 'X-ray diffraction'이라는 책이었다. 이 책은 X-ray 회절에 관한 매우 훌륭한 교재였으며, 저자도 이 책을 오랫동안 교재로 사용하였다.

　최근에는 전자기기의 발달과 함께 X-ray 기기의 hardware와 software에 대단히 큰 진보가 있었다. 더욱이 최근에는 실험실용 X-ray 기기뿐 아니라, synchrotron X-ray 회절, 중성자 빔 회절, 전자 빔 회절이 결정질 재료의 분석에 기초적인 tool로 매우 유용하게 많이 사용되고 있다. 그러나 이와 같은 새롭게 진보된 X-ray 기기 등에 대한 분석방법과 원리를 공부할 수 있는 교재는 거의 없다. 따라서 저자는 최근에 개발된 X-ray 기기의 hardware와 그 원리를 배울 수 있는 새로운 교재를 학생들에게 제공하고자 이 책을 만들었다. 또한 synchrotron X-ray 회절, 중성자 빔 회절, 전자 빔 회절이 어떻게 결정질 재료의 분석에 사용되는지를 이 책을 통하여 배울 수 있게 이 책을 준비하였다.

　오규진군은 그림을 모두 만들어주어 이 책의 출판에 큰 공헌을 하였다. 이계만 박사는 책을 위하여 많은 자료를 수집·정리하였고, 김민성, 이찬형, 한성무군은 마무리에 힘을 보태주었다. 소재개발실 식구들의 이런 노력에 깊은 감사를 드립니다. 또한 자문과 자료를 주신 안재평 박사, 신은주 박사, 박노진 교수 고맙습니다. 나의 영원한 후원자 POSCO 식구들, 특히 박수호 박사, 김광육 박사 감사합니다. 또한 이 책에 포함된 귀중한 최신 자료들을 아낌없이 제공하신 Bruker Korea의 권현자 이사, 박성균 차장 감사합니다. 우리 집 식구들의 뜨거운 사랑과 후원 정말로 고맙습니다.

2015. 02

堯喆 허무영

차 례

06 XRD

07 분말 결정의 X-ray 회절강도

08 덩어리 결정 재료의 X-ray 회절강도

■■ 1.1 단결정과 다결정

그림 1-1은 반지, 목걸이 등의 장신구로 사용되는 보석과 철강 판재로 제조된 우리나라의 오래된 자동차를 보여 주고 있다. 보석과 철강 판재는 어떠한 공통점도 가지고 있지 않은 것으로 보인다. 하지만 보석과 철강 판재를 전자현미경으로 약 1,000만 배 확대하여 관찰하면 그림 1-2와 같이 원자들이 매우 규칙적으로 배열되어 있는 것을 알 수 있다. 그림 1-2와 같이 3차원적인 공간에서 원자들이 규칙적으로 배열되어 있는 재료를 결정질(crystalline) 재료라고 한다. 보석은 한 개의 결정(crystal)이며, 여러 개의 작은 철 결정(crystal)들로 이루어진 것이 철강 판재인 것이다.

한 개의 결정에 존재하는 원자들은 3차원적인 공간에서 모두 일정한 규칙적인 배열을 한다. 따라서 보석 결정은 보석의 크기에 상관 없이 모든 곳에서 같은 원자배열을 한다. 이와 같이 재료의 모든 곳에서 동일한 원자배열을 가지는 결정질 재료를 단결정(single crystal)이라 한다.

그림 1-3에서 보듯이 철강 판재를 광학현미경으로 약 1,000배로 확대해서 관찰하면 약 20 µm의 평균 크기를 가지는 알갱이들이 서로 겹쳐 뭉쳐져 있는 것을 볼 수 있다. 길이 1 mm는 1,000 µm와 같기 때문에 1,000배로 확대하면 20 mm의 길이가 20 µm에 해당하는 것이다. 이런 20 µm의 평균 크기를 가지는 알갱이들을 '곡식알갱이'라고 영어로는 'grain' 독일어로는 'Korn'이라고 하며, 우리는 '결정립'이라고 한다.

그림 1-2와 같이 결정에 존재하는 원자들은 매우 규칙적으로 배열되어 있다. 즉, 단

그림 1-1. 결정질 재료인 단결정 보석과 다결정 자동차.

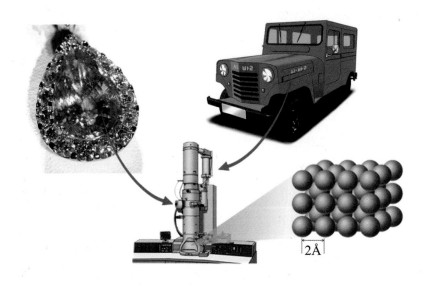

그림 1−2. 보석과 자동차를 전자현미경으로 관찰하면 원자들이 매우 규칙적으로 배열되어 있다.

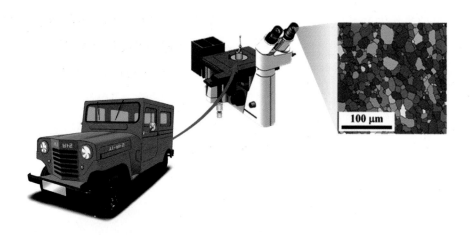

그림 1−3. 광학현미경으로 관찰한 철강 판재의 미세조직에서 관찰되는 결정립들.

결정(single crystal)과 같이 한 결정립 내에서는 고체 원자들이 3차원적인 공간에 규칙적
으로 배열되어 있는 것이다. 철강 판재와 같은 다결정(polycrystalline) 재료는 수많은 단
결정 결정립들과 그 결정립들의 경계인 결정립계(grain boundary)로 구성되는 것이다.

■■■ 1.2 대칭

1.2.1 대칭과 결정 구조

단결정과 다결정질 재료를 구성하는 결정 구조의 특성 중에서 가장 흥미로운 점은 결정을 구성하고 있는 원자들이 특정한 대칭(symmetry) 관계를 가진다는 것이다. 그림 1-4와 같이 좌우가 동일하게 생긴 나비가 있다고 가정하자. 나비의 몸통 중앙에 거울을 놓으면, 나비는 좌우 대칭관계를 갖기 때문에 거울에서 동일하게 보여진다. 이때 거울을 놓는 행위를 대칭조작(symmetry operation)이라 한다. 즉, 나비는 몸통 중앙에 거울대칭(mirror symmetry)이라고 하는 대칭관계를 가진다. 그런데 결정질 재료의 결정 구조는 나비의 형태보다는 더욱 다양하고 규칙적인 배열을 하고 있다.

똑같은 크기와 형태를 갖는 정육면체 벽돌로 쌓여진 하나의 벽을 생각해 보자. 벽돌을 쌓는 방법은 여러 가지가 있지만, 그림 1-5와 같이 벽돌을 규칙적인 배열로 쌓아보자. 이와 같이 벽돌이 쌓여있는 형태는 결정질 재료의 결정립 내에서 단위포(unit cell)가 규칙적인 배열로 놓여있는 형태와 유사하다. 즉, 결정질 재료 안에는 벽돌에 해당하는 단위포라 하는 형태를 갖는 원자의 규칙적인 덩어리가 역시 규칙적인 배열을 갖고 재료 내에 배열되어 있는 것이다.

유리 등과 같은 비정질 재료를 제외한 대부분의 평형(equilibrium)에 있는 금속 및 세라믹 재료는 결정질이다. 그림 1-6은 한 결정질 재료의 표면을 1,000배쯤 확대하여 많은 수의 결정립이 존재하는 것을 보여 주고, 다시 결정립을 10,000배쯤 확대하여 원자들이 배

Mirror plane

그림 1-4. 나비는 몸통 중앙에 거울대칭 대칭관계를 가진다.

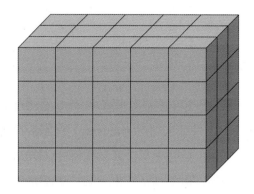

그림 1 - 5. 똑같은 크기와 형태를 갖는 벽돌로 규칙적으로 쌓여있는 벽.

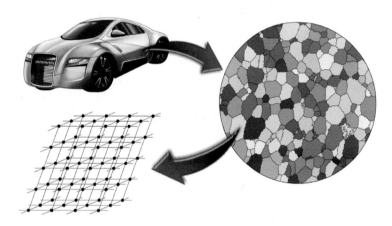

그림 1 - 6. 한 결정질 재료 내에 존재하는 결정립들과 결정립계. 하나의 결정립을 구성하고 있는 원자들의 배열.

열되어 있는 것을 도식도로 보여 준다. 한 결정립 안에서 원자들이 정확하게 일정한 결을 갖고 배열되어 있는 것을 볼 수 있다. 원자들이 배열된 결을 방위(orientation)라 한다. 각각의 한 결정립은 하나의 방위를 가지며, 결정립계는 방위가 다른 이웃한 결정립의 원자 배열이 만나는 곳인 것이다. 3장에서 방위의 개념이 자세히 설명되어 있다.

1.2.2 대칭조작

조작(operation)을 행하기 전과 조작을 행한 후에 결정 또는 분자의 형태가 동일한 조작을 대칭조작(symmetry operation)이라 한다. 또한 대칭조작을 반복적으로 하여도 조작

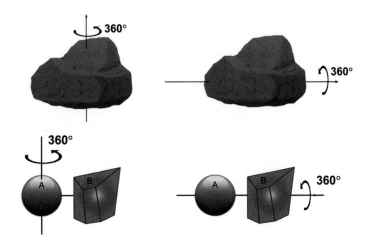

그림 1-7. 존재 이외에는 어떠한 대칭조작도 존재하지 않는 바위와 분자 AB.

전후의 결정 또는 분자의 형태는 똑같이 보여야 한다.

 대칭조작의 한 예로 그림 1-7의 불규칙한 모양을 가지는 바위와 가상적인 분자인 AB를 고찰해 보자. 바위와 분자 AB의 어느 곳에 z-축을 놓아도 360° 회전을 해야만 똑같은 모양이 얻어진다. 그런데 360° 회전을 하면 어떠한 물체도 같은 모양이 되기 때문에 360° 회전은 하나의 대칭조작이 아니다. 또한 바위와 분자 AB의 어느 곳에 거울을 놓아도 좌우 대칭이 얻어지지 않는다. 이와 같이 바위와 분자 AB에는 존재(identity) 이외에는 어떠한 대칭조작도 존재하지 않는 것이다.

 이제 그림 1-8과 같이 한 개의 구형 원자 A와 두 개의 구형 원자 B로 만들어진 분자 AB₂를 고찰해 보자. 분자 AB₂에서는 그림과 같이 z-축을 회전축으로 180° 회전하면 회전 전과 후의 분자 AB₂의 형태가 똑같아진다. 또한 분자 AB₂에서는 그림과 같이 두 개의 면에서 좌우가 같은 거울대칭이 얻어진다. 따라서 분자 AB₂에서는 한 개의 180° 회전대칭조작(rotation symmetry operation)과 두 개의 거울대칭조작(mirror symmetry operation)이 존재하는 것이다.

 다시 정리하면 조작(operation)을 하기 전의 결정 형태가 조작 후의 결정 형태와 동일하게 되는 조작을 대칭조작이라 한다. 또한 대칭조작을 여러 번 반복적으로 하여도 조작 전후의 결정의 형태는 똑같이 보여야 한다.

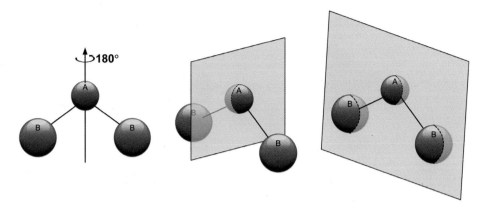

그림 1-8. 한 개의 180° 회전대칭조작과 두 개의 거울대칭조작을 가지는 분자 AB₂.

1.2.3 점대칭조작

점대칭조작(point symmetry operation)은 한 고정된 점에 또는 한 회전축에 대한 대칭 조작을 말한다. 그림 1-8의 z-축과 같이 대칭조작 중에 한 고정된 점 또는 축은 움직이지 않는다.

점대칭조작에는 국제 표기법으로 1, 2, 3, 4, 6, m, $\bar{1}$, $\bar{4}$, $\bar{3}$, $\bar{6}$ 이 있다. 예전에는 결정학 책에서 Schoenflies의 표기법을 자주 사용하였다. Schoenflies 표기법에서는 $E=1$, $C_2=2$, $C_3=3$, $C_4=4$, $C_6=6$, $\sigma=m$, $i=\bar{1}$, $S_4^3=\bar{4}$, $S_6^5=\bar{3}$, $S_3^5 = \bar{6}$ 에 해당한다. 현재는 국제 표기법이 대부분 사용되기 때문에 이 책에서는 국제 표기법만을 사용할 것이다.

1은 존재(identity)라는 점대칭조작으로, 모든 결정과 분자들은 최소한 1의 점대칭조작이 있다. 즉, 그림 1-7의 불규칙한 모양을 가지는 바위와 가상적인 분자인 AB와 같이, 어떠한 회전대칭이나 거울대칭 관계가 전혀 없는 결정에는 단지 1 점대칭조작이 있는 것이다. 만약 $\vec{r}$ 을 원점으로부터 어떤 한 점까지의 벡터(vector)라면 수학적으로 $1 \cdot \vec{r} = \vec{r}$ 이다.

$\bar{1}$ 는 반전(inversion)이라는 점대칭조작으로, 반전중앙(inversion center)이라는 원점에 대하여 반전의 대칭이 성립함을 뜻한다. 수학적으로는 $\bar{1} \cdot (x, y, z) = (-x, -y, -z)$ 이다. 즉, (x, y, z) 가 $\bar{1}$ 점대칭조작을 하면 $(-x, -y, -z)$ 가 되는 것이다. 그림 1-9는 반전

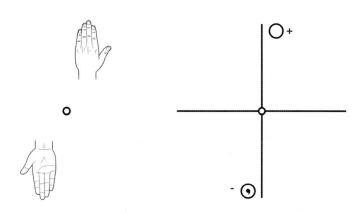

그림 1–9. 반전 $\bar{1}$ 점대칭조작.

$\bar{1}$ 점대칭조작을 도식적으로 보여 준다. (x, y)에 놓여있는 손등은 $\bar{1}$ 점대칭조작으로 $(-x, -y)$에 놓여있는 손바닥이 되는 것이다. 물론 $(-x, -y)$에 놓여있는 손바닥을 다시 $\bar{1}$ 점대칭조작을 행하면 원래 자리인 (x, y)에 놓여있는 손등이 된다. 그림 1–9과 같은 대칭이 가능한 결정에는 $\bar{1}$ 점대칭조작이 존재하는 것이다.

그림 1–9에서 물체는 한 개의 원으로 표시되어 있으며, 원 옆에 있는 +와 −는 각각 지면 위와 아래를 뜻한다. 원점인 반전중앙은 관습적으로 작은 원으로 표시된다. 즉, 원점에 작은 원이 존재하면 이곳을 반전중앙으로 하여 $\bar{1}$ 점대칭조작이 가능함을 뜻하는 것이다. 또한 물체를 나타내는 원 안의 콤마는 거울대칭을 뜻하는 것이다. 콤마가 없는 원과 콤마가 있는 원은 지면을 거울면으로 하는 대칭관계에 있는 것이다.

점대칭조작 2, 3, 4, 6은 회전(rotation) 또는 정상회전(proper rotation)이라는 점대칭조작을 뜻한다. 결정을 오른나사의 회전방향으로 $360°/n$ 회전시킬 때 대칭이 만족됨을 의미하는데, 여기서 n은 정수 2, 3, 4, 6을 의미한다. 그림 1–10은 4개의 회전대칭 점대칭조작을 보여 준다. 주의할 것은 수학적인 회전은 시계 반대방향의 회전이 + 방향의 회전이며, 시계방향의 회전은 − 방향의 회전이다.

점대칭조작 2가 존재하는 결정에서는 180°, 360°의 2번 회전대칭조작이 가능하며, 360°의 회전은 원래의 자리로 오는 회전이므로 점대칭조작 1과 동등하다. 점대칭조작 2의 원점에 2회전축(two fold axis)이 있으며, 관습적으로 길쭉한 검은 타원형으로 표시

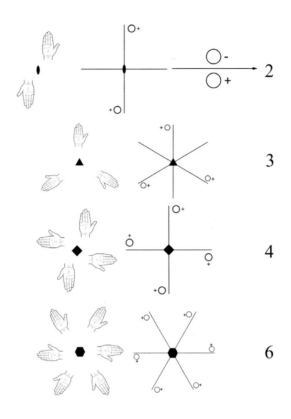

그림 1-10. 4개의 회전대칭 2, 3, 4, 6 점대칭조작.

한다. 그림 1-10에서 점대칭조작 2 는 손바닥 그림과 물체를 원으로 표시한 것으로 그려져 있다. 오른쪽에 있는 그림은 2회전축이 지면에 존재할 때 물체가 회전대칭조작에 의하여 지면 위의 물체가 지면 밑으로 이동함을 보여 주고 있다.

점대칭조작 3 이 존재하는 결정에서는 120°, 240°, 360°의 3번 회전대칭조작이 가능하다. 여기에서도 360°의 회전은 점대칭조작 1과 동등하다. 점대칭조작 3 의 원점에 3회전축(three fold axis)이 있으며, 관습적으로 검은 삼각형으로 표시한다. 그림 1-10에서 점대칭조작 3은 손바닥 그림과 물체를 원으로 표시한 것으로 그려져 있다.

점대칭조작 4 , 6 이 존재하는 결정에서는 각각 90°, 180°, 270°, 360°의 4번 회전대칭조작과 60°, 120°, 180°, 240°, 300°, 360°의 6번 회전대칭조작이 가능하다. 점대칭조작 4 의 원점에 4회전축(four fold axis)이 있으며, 관습적으로 검은 사각형으로 표시한다. 점대칭조작 6 의 원점에 6회전축(six fold axis)이 있으며, 관습적으로 검은 육각형으로 표시한다. 그림 1-10에서 점대칭조작 4, 6 이 각각 손과 원으로 그려져 있다.

m 은 거울대칭조작(mirror symmetry operation)이라는 점대칭조작으로 한 거울면에서 좌우 반사대칭이 있음을 뜻한다. 거울면에 수직으로 같은 거리에 대칭목적물이 존재할 때 반사대칭조작이 가능하다. 예를 들면, (x, y, z) 에 존재하는 한 점에 대하여 x-축에 수직하며 $x = 0$ 에 놓인 거울면 m 점대칭조작을 행하면, $m \cdot (x, y, z) = (-x, y, z)$ 가 얻어진다. 그림 1-11에서는 3가지 방법으로 거울 점대칭조작을 보여 준다. 여기서 좌측에 있는 2개의 그림은 물체가 모두 지면 위에 놓여 있으며, 거울면은 지면에 수직으로 놓여있다. 중간 그림에는 물체를 원으로 표시하여 그려져 있으며, 원에 존재하는 콤마는 앞에서 설명한 바와 같이 이웃하는 원과 거울대칭 관계가 있음을 의미하는 것이다.

거울대칭에서 중요한 것은 거울대칭에 있는 물체들과 거울면 사이의 거리가 동일하다는 것이다. 우측의 그림에서는 거울면이 책의 지면을 의미한다. 즉, 지면을 거울면으로 물체가 지면 위아래에 존재하는 것을 그린 그림이다. 지면 위와 아래에 있는 물체를 표시하는 원이 중복되기 때문에 이 그림에서는 원을 절반으로 나누었다. 즉, 절반으로 나눈 오른쪽 반원에는 + 가 붙어있어 지면 위에 물체가 있음을 표시하였고, 반대로 왼쪽 반원에는 − 가 붙어있어 지면 아래에 물체가 있음을 표시하였다. 왼쪽 반원에 있는 콤마는 역시 이웃하는 반원과의 거울대칭 관계가 있음을 의미한다. 여기서 지면에 수직으로 놓인 거울면을 가지고 있는 좌측과 중간의 그림과 지면에 수평으로 놓인 거울면을 가지는 우측의 그림에서 거울면들이 모두 진한 선으로 그려져 있는 것을 주목하자.

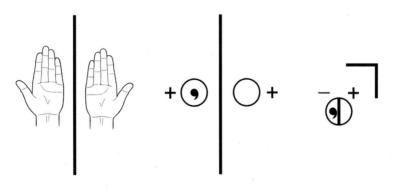

그림 1-11. 거울면 m 점대칭조작.

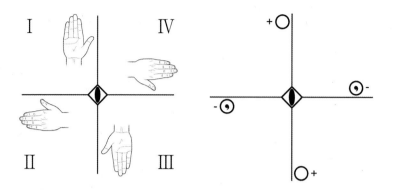

그림 1-12. $\overline{4}$ 반전회전대칭조작.

$\overline{4}$, $\overline{3}$, $\overline{6}$은 반전회전대칭조작(improper rotation symmetry operation)이라는 점대칭 조작으로 4번의 90° 회전, 6번의 60° 회전, 6번의 120° 회전과 각 회전 후 수평면에서 반사대칭조작이 한 번씩 반복되는 점대칭조작이다. 그림 1-12는 $\overline{4}$ 반전회전대칭조작을 보여 준다. $\overline{4}$ 점대칭조작은 4단계를 가지는데, 각 단계는 회전과 회전 후 지면을 거울 면으로 하는 거울대칭조작으로 구성된다. $\overline{4}$ 점대칭조작의 시작을 I 구역에 있는 지면 위의 손바닥이라 하자. 처음에 4-fold 회전조작에 의하여 90° 회전하여 II 구역의 지면 위의 손바닥이 되며, 다시 거울대칭으로 지면 아래의 손등이 되는 것이다. 다음은 이 지면 아래의 손등이 90° 회전하여 III 구역의 지면 아래의 손등이 되며, 다시 거울대칭으로 지면 위의 손바닥이 된다. 이와 같은 대칭조작들에 의하여 IV 구역에는 손등이 지면 아래에 놓이게 되는 것이다. 즉, 4개의 물체가 **그림 1-12**와 같은 대칭을 가질 때 여기에 $\overline{4}$ 반전회전대칭조작이 존재한다고 한다. 오른쪽의 그림에서는 물체가 원으로 그려져 있으며, 각 구역에서 원에 표시된 ＋와 －가 90° 회전으로 반복되는 것을 보여 준다. $\overline{4}$ 반전회전축(improper rotation axis)을 표시하는 방법은 그림에서와 같이 사각형 안에 2-fold 회전축을 삽입하여 사용한다.

그림 1-13은 $\overline{3}$ 반전회전대칭조작을 보여 준다. $\overline{3}$ 점대칭조작은 6단계의 조작을 가지는데, 각 단계는 60° 회전과 회전 후 지면을 거울면으로 하는 거울대칭으로 구성된다. 왼쪽의 손바닥과 손등 그림은 60°의 회전과 지면을 거울면으로 거울대칭을 하는 것을 보여 준다. 이와 같이 $\overline{3}$ 점대칭조작은 손바닥과 손등이 6번 반복되는 대칭조작이다.

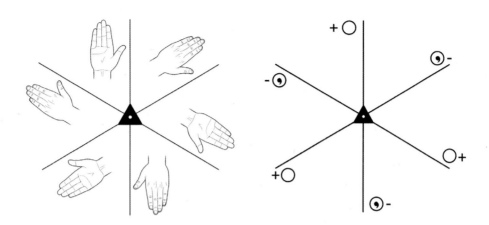

그림 1 - 13. $\bar{3}$ 반전회전대칭조작.

하나의 물체가 **그림 1 - 13**과 같은 대칭을 가질 때 여기에 $\bar{3}$ 반전회전대칭조작이 존재한다고 한다. 물체가 원으로 그려져 있는 그림에서도 원에 표시된 +와 -가 60° 회전으로 반복되는 것을 보여 준다. 관습적으로 $\bar{3}$ 반전회전축은 그림에서와 같이 검은 삼각형 안에 반전중앙 표시인 작은 원을 중앙에 그려서 표시한다.

　그림 1 - 14는 $\bar{6}$ 반전회전대칭조작을 보여 준다. $\bar{6}$ 점대칭조작은 6단계의 조작을 가지는데, 각 단계는 120°, 240°, 360°, 480°, 600°, 720°의 회전과 회전 후 지면을 거울면으로 하는 거울대칭으로 구성된다. **그림 1 - 14**에는 손바닥과 손등 그림이 없는데 이것은 120°, 480° 대칭조작 후, 240°, 600° 대칭조작 후 그리고 360°, 720° 대칭조작 후 손바닥과 손등이 지면 위와 아래로 겹쳐지기 때문이다. 따라서 **그림 1 - 14**에서는 물체를 표시하는 원이 중복되기 때문에 원을 절반으로 나누었다. 즉, 오른쪽 반원에는 +가 붙어있어 지면 위에 물체가 있음을 표시하였고, 반대로 왼쪽 반원에는 -가 붙어있어 지면 아래에 물체가 있음을 표시하였다. 왼쪽 반원에 있는 콤마는 역시 이웃하는 반원과의 거울대칭 관계가 있음을 의미한다. 6개의 물체가 **그림 1 - 14**와 같은 대칭을 가질 때 여기에 $\bar{6}$ 반전회전 점대칭조작이 존재한다고 한다. $\bar{6}$ 반전회전축은 육각형 안에 검은 삼각형을 그려서 표기한다.

　이와 같이 $\bar{4}$, $\bar{3}$, $\bar{6}$은 반전회전 점대칭조작은 각각 4번의 90° 회전, 6번의 60° 회전, 6번의 120° 회전과 각 회전 후 수평면에서 반사대칭이 한 번씩 반복되는 점대칭조작이

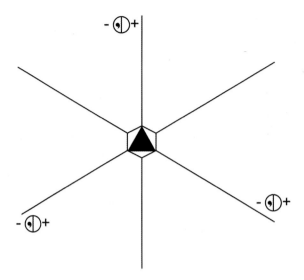

그림 1–14. $\bar{6}$ 반전회전대칭조작.

다. 또한 그림 1–12, 13, 14의 3개의 반전회전축은 특징적인 형태를 가지고 결정에 존재하는 반전회전대칭조작이 존재하는 축을 표시하는 것이다.

1.2.4 점대칭조작의 몇 가지 예

그림 1–15는 2종류의 물체를 보여 준다. 이런 물체는 분자일수도 있으며, 한 결정의 일부분일 수도 있다. 하나의 분자나 결정의 일부분에서 몇 개의 점대칭조작이 가능한가는 대칭조작에 의하여 몇 개의 동등한 곳이 존재하는가와 같다. 그림 1–15(a)의 불규칙한 모양을 가지는 돌덩이를 고려해 보자. 어느 곳에 한 점 e_1을 놓아도 그곳과 동등한 곳은 존재하지 않는다. 따라서 그림 1–15(a)와 같은 물체에는 단지 존재(identity) 점대칭조작 1만이 가능한 것이다.

다음은 그림 1–15(b)와 같은 윗면과 아랫면이 평행한 삼각 기둥 물체를 고려해 보자. 임의로 한 점 e_1을 놓으면 이 물체에는 e_2, e_3, e_4와 같이 동등한 곳이 존재한다. e_1을 삼각기둥의 중앙에 있는 축으로 180° 회전하면, 2 회전대칭조작에 의해 동등한 위치 e_2를 얻을 수 있다. 또한 e_1을 그림에서 보이는 2개의 거울면에서 m 대칭조작을 하면 e_3, e_4가 얻어진다. 즉, 이 물체에는 점대칭조작 1과 함께 2개의 m, 1개의 2 대칭조

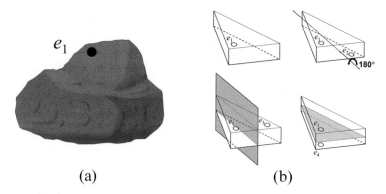

(a)   (b)

그림 1-15. 다양한 대칭조작이 가능한 2종류의 물체. (a) 존재(identity) 점대칭조작 1만이 가능한 물체, (b) 점대칭조작 1과 함께 2개의 m 1개의 2 대칭조작이 존재하는 물체.

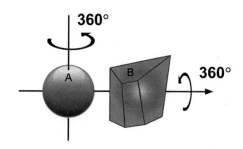

그림 1-16. 존재 점대칭조작 1만이 가능한 분자 AB.

작이 존재하여 대칭적으로 동등한 위치 e_1, e_2, e_3, e_4 가 존재하는 것이다.

그림 1-16은 크기가 다르고, 모양이 다른 2개의 원자로 이루어진 한 가상적인 분자 AB이다. 이 분자에는 어느 곳에 회전축을 놓아도 또는 어느 곳에 거울면을 놓아도 대칭관계가 성립되지 않는다. 따라서 이런 형태의 분자에서는 단지 존재 점대칭조작 1만이 가능한 것이다. 즉, e_1을 어느 곳에 놓아도 이곳과 동등한 곳은 존재하지 않는다.

그림 1-17은 서로 다른 크기를 가지는 2개의 구로 만들어진 가상적인 분자 AB를 보여 준다. 어느 곳에 회전축을 놓아도 회전 점대칭요소는 존재하지 않는다. 하지만 그림과 같이 2개의 구의 중심을 가로지르는 수평면을 거울면으로 놓으면 상하 거울대칭이 존재함을 알 수 있다. 따라서 이 가상적인 분자 AB에서는 존재 점대칭조작 1과 함께 1개의 거울 점대칭조작 m이 가능하며, 이 분자에는 2개의 대칭적으로 동등한 위치 e_1, e_2이 존재한다. 이 e_1의 위치는 그림에서 보듯이 어느 곳에 놓아도 된다.

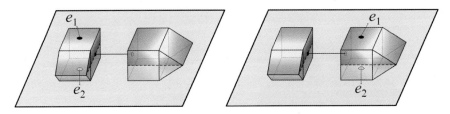

그림 1−17. 존재 점대칭조작 1과 함께 1개의 거울 점대칭조작 m 이 가능한 분자 AB.

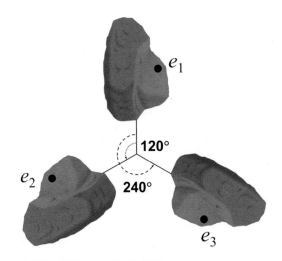

그림 1−18. 회전대칭 3 점대칭조작이 2개 가능한 물체.

그림 1−18은 3개의 돌덩이 A가 정삼각형의 중심을 축으로 배열되어 만들어진 A_3 분자를 보여 준다. 이 분자의 한 점 e_1를 분자의 중심을 회전축으로 시계 반대방향으로 120° 회전하면 e_1과 동등한 e_2가 얻어진다. 또한 e_1를 시계 반대방향으로 240° 회전하면 e_1과 동등한 e_3가 얻어진다. 이와 같이 **그림 1−18**의 A_3 분자에서는 존재 점대칭조작 1과 함께 120°, 240° 회전대칭조작 3이 2개 가능하다. 따라서 이 분자에는 3개의 대칭적으로 동등한 위치 e_1, e_2, e_3가 존재하는 것이다.

1.2.5 대칭조작과 역대칭조작

모든 대칭조작을 반대로 행하는 것을 역대칭조작이라 한다. 대칭조작 후 얻어진 동등한 위치는 역대칭조작에 의하여 원래의 위치로 돌아간다. 역대칭조작의 한 예로 **그림 1 −18**에 있는 A₃ 분자를 보자. 이 분자에는 3개의 동등한 점이 존재한다. 여기서 동등한 점 e_2와 e_3는 각각 한 점 e_1를 120°, 240° 시계 반대방향으로 회전하여 얻어졌다. 역대칭조작은 동등한 점 e_2와 e_3를 이제 시계방향으로 회전하는 것을 뜻한다. 즉, e_2와 e_3를 시계방향으로 120°, 240° 회전하는 역대칭조작을 행하면 원래의 e_1 점으로 돌아가는 것이다.

이와 같은 점은 한 분자나 결정에서 대칭조작에 의하여 동등한 곳이 얻어진다면 역대칭조작에 의해서도 역시 동등한 곳이 얻어진다는 것을 보여 주는 것이다. 즉, 한 결정에서 대칭조작이 가능하면 당연히 이 대칭조작의 역대칭조작이 가능한 것이다.

■ ■ 1.3. 물체의 스테레오 투영

우리는 3차원적인 공간에서 살고 있지만, 정보를 기록하는 책이나 노트 또는 컴퓨터 모니터, TV 화면은 모두 평면이다. 유능한 화가들은 평면적인 화폭에 3차원적에 가까운 그림을 그릴 줄 알았지만, 대부분의 인간은 2차원적인 평면에 자기가 관찰하고 있는 것을 3차원적으로 표현하는 데 커다란 어려움을 가진다.

그런데 결정학자들은 스테레오 투영(stereo-projection) 기법을 창안하여, 3차원적인 공간에서 결정방향(결정면도 동등함)을 누구나 2차원적인 평면에 정확히 표기하는 기법을 만들었다. 스테레오 투영은 수학적으로 3차원적인 공간을 시편축으로 정의한 후에 시편축에 놓여진 결정방향과 결정면을 스테레오 투영하여 2차원적으로 표현하는 방법이다. 이 스테레오 투영 기법에 대해서는 다음의 3장에서 보다 자세히 설명할 것이다. 이 장에서는 우선 3차원 공간에 존재하는 하나의 물체를 스테레오 투영하여 대칭적으로 동등한 위치를 나타내는 방법에 대하여 먼저 설명한다. 그리고 스테레오 투영 방법을 통하여 하나의 물체에 존재하는 대칭적으로 동등한 위치를 어떻게 2차원적으로 표시할 수 있는가를 보여 줄 것이다.

그림 1−19는 (x, y, z)의 좌표축이 존재하는 하나의 구(sphere)를 보여 준다. $(0, 0, 0)$ 원점이 구의 중앙에 있으며, 적도면에 x-축, $-x$-축, y-축, $-y$-축이 놓이며, 구의

$(0,0,0)$ 원점으로부터 위쪽 방향이 z-축이다. 구의 공간에 하나의 물체가 존재한다면 이 물체는 하나의 좌표 (x, y, z)를 가지며, x-축, y-축, z-축과 각각 특정한 각도를 가진다. 예를 들면, $(2,2,2)$ 점은 x-축, y-축, z-축과 각각 45°를 가진다. 재미있게 도 $(4,4,4)$ 점도 역시 모든 축과 각각 45°를 가진다. 따라서 x-축, y-축, z-축으로 만들어지는 공간에서 $(2,2,2)$ 점과 $(4,4,4)$ 점은 모두 같은 방향에 놓이는 것이다.

스테레오 투영은 x-축, y-축, z-축으로 만들어지는 3차원 공간에 존재하는 물체의 방향을 2차원적으로 표현하는 방법인 것이다. 그림 1-19(a)에서 $(2,2,2)$ 점과 $(4,4,4)$ 점의 방향은 구의 표면의 한 점 P_A^{SP} 으로 대표될 수 있다. 따라서 구의 표면에서 P_x^{SP}

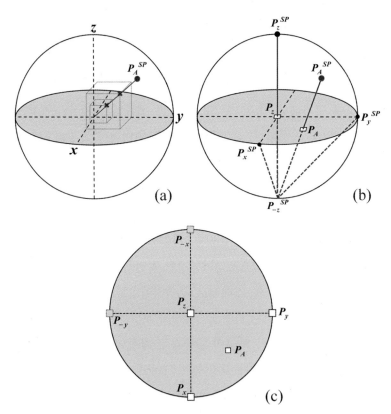

(a)

(b)

(c)

그림 1-19. 스테레오 투영을 통해 3차원 공간의 한 방향을 2차원으로 표현하는 방법. (a) 하나의 구에 서 같은 방향에 놓이는 두 점 $(2,2,2)$, $(4,4,4)$과 이 2 방향을 대표하는 구면 위의 한 점 P_A^{SP}, (b) 구의 맨 아래 P_{-z}^{SP} 점과 구면 위의 P_A^{SP}, P_x^{SP}, P_y^{SP}, P_z^{SP} 점들의 연결선, (c) 이 연 결선들이 구의 적도면에 만드는 극점들 P_A, P_x, P_y, P_z.

점, P_y^{SP} 점, P_z^{SP} 점은 각각 x-축, y-축, z-축의 방향을 표시하는 것이다. 이와 같이 구면 위에서 한 점은 하나의 방향을 표시하는 것이다. 우리가 사용하는 GPS도 이와 같은 원리를 이용하며, 지구 구면상의 한 GPS 위치는 하나의 특정 방향인 것이다.

그림 1-19(a)의 구면 위에 있는 P_A^{SP} 점은 아직 3차원적인 공간에 있는 점이다. 그림 1-19(b)는 $(2, 2, 2)$ 점과 $(4, 4, 4)$ 점의 방향을 대표하는 P_A^{SP} 점을 2차원적으로 스테레오 투영하는 방법을 보여 준다. 스테레오 투영은 구의 맨 아래 P_{-z}^{SP} 점으로부터 P_A^{SP} 점을 연결하는 선을 먼저 작도한다. 이 연결선이 구의 적도면을 통과하는 점이 이 방향의 극점 P_A인 것이다. 이제 x-축, y-축, z-축 방향을 대표하는 P_x^{SP} 점, P_y^{SP} 점, P_z^{SP} 점은 각각 적도면에 P_x, P_y, P_z 극점을 만든다.

그림 1-19(c)는 적도면을 평면으로 펼쳐서 보여 주는데, 이 평면에는 3개의 x-축, y-축, z-축이 모두 P_x, P_y, P_z 극점으로 보여진다. 뿐만 아니라 $-x$-축, $-y$-축은 P_{-x}, P_{-y} 극점으로 보여진다. 이 평면적인 스테레오 투영에서 주목할 것은 P_x와 P_y의 사잇각은 90°이며, P_x와 P_z 그리고 P_y와 P_z의 사잇각도 90°이며, P_x와 P_{-x} 그리고 P_y와 P_{-y}의 사잇각은 180°이다. 이와 같이 스테레오 투영은 2차원적인 그림이지만, 3차원적인 x-축, y-축, z-축이 모두 표현되는 것이다.

앞에서 언급했듯이 이 장에서는 우선 3차원 공간에 존재하는 하나의 물체를 스테레오 투영하여 대칭적으로 동등한 위치를 나타내는 방법에 대하여 먼저 설명한다. 이제 (x, y, z)의 좌표축이 존재하는 하나의 구(sphere)의 내부에 동등한 곳 2개를 가지는 2개의 돌덩이를 그림 1-20(a)와 같이 넣어보고, 여기에서 동등한 점들의 위치를 스테레오 투영해 보자. 동등한 위치는 구면 위에 P_A^{SP}와 $P_{A'}^{SP}$로 표시되며, 이것을 스테레오 투영한 P_A와 $P_{A'}$극점들이 그림 1-20(b)에서 O로 표시되어 있다. 이 스테레오 투영에서 주목할 것은 극점의 크기나 정확한 위치는 전혀 중요치 않고, 어떠한 대칭조작이 가능한 지를 보여 주는 것만이 중요하다. 따라서 그림 1-20(b)에서 보여 주는 스테레오 투영은 그림 1-20(c)와 같은 의미를 가지는 것이다.

그림 1-21은 그림 1-15(b)에서 설명하였던 가상적인 삼각형 기둥에 존재하는 동등한 위치를 극점으로 스테레오 투영한 것이다. 여기에는 4개의 점대칭요소 $\{1, 2, m, m\}$ 이

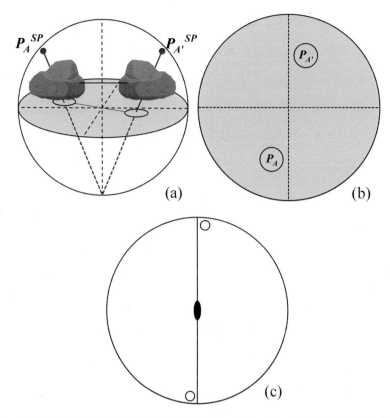

그림 1-20. 스테레오 투영하여 동등한 위치를 나타내는 방법. (a) 2개의 돌덩이에 존재하는 동등한 위치들이 구면 위에 이루는 두 점 P_A^{SP}와 $P_{A'}^{SP}$, (b) 스테레오 투영하여 얻어진 두 극점 P_A와 $P_{A'}$, (c) 두 극점 P_A와 $P_{A'}$에서 얻어지는 회전대칭 2 점대칭조작.

존재하였다. 이 스테레오 투영에서 O는 지면 위에 있는 극점, ●는 지면 아래에 있는 극점을 뜻한다. 그림 1-21에서 1번 O 극점은 e_1 점, 즉 존재 점대칭조작 1에 상응한다. e_1을 삼각형 면 중앙을 가로지르는 축으로 180° 회전하는 2 회전대칭조작에 의해 2번 ● 극점 e_2를 얻을 수 있다. 또한 e_1을 그림 1-15(c)에서 보이는 수평 거울면에서 m 대칭조작을 하여 3번 ● 극점 e_3가 얻어진다. 마지막으로 수직 거울면에서 m 대칭조작을 하여 4번 O 극점 e_4가 얻어지는 것이다. 그림 1-21의 우측에는 하나의 2회전축과 2개의 거울면이 그려져 있다.

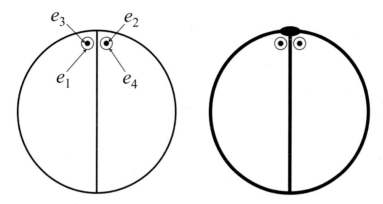

그림 1 - 21. 4개의 점대칭요소 $\{1, 2, m, m\}$ 가 존재하는 물체의 스테레오 투영.

■■ 1.4. 결정과 격자

앞에서 언급하였듯이 그림 1-2와 같이 결정질 재료에서는 원자들이 매우 규칙적으로 배열되어 있다. 그림 1-22는 가상적인 결정질 재료 A의 결정 구조를 보여 주고 있다. 재료 A는 A 원자로만 만들어지며, 결정질 재료에서 수억 개 이상의 A 원자들이 3차원적으로 규칙적인 배열을 하고 있다. 여기서 A 원자의 크기는 설명하기 좋게 임의로 그

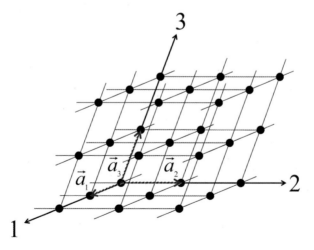

그림 1 - 22. 단원자 결정질 재료의 결정 구조와 벡터 $\vec{a}_1$, $\vec{a}_2$, $\vec{a}_3$.

린 것이며, 여기서 원자의 크기는 물리적인 의미를 가지지 않는다.

재료 A에서 A 원자가 가장 가깝게 놓여진 방향을 1, 2, 3 방향이라 하자. 이 방향들은 서로 일정한 각을 가지고 3차원적인 공간에 놓여있다. 1, 2, 3 방향에 놓여진 원자의 간격을 a_1, a_2, a_3라 하면, 벡터 $\vec{a}_1$, $\vec{a}_2$, $\vec{a}_3$는 각각 길이 a_1, a_2, a_3이고, a_1, a_2, a_3에 평행한 벡터이다. 이제 원자의 중심이 있는 모든 곳을 다음의 식으로 표현할 수 있다.

$$T = m \cdot \vec{a}_1 + n \cdot \vec{a}_2 + p \cdot \vec{a}_3 \qquad \text{(식 1-1)}$$

여기서 m, n, p는 각각 임의의 정수(integer)이다. 이 T를 병진조작(translation operation)이라 한다. 예를 들면 그림 1-23에서 한 원자의 중심이 $T = 2 \cdot \vec{a}_1 + 2 \cdot \vec{a}_2 + 2 \cdot \vec{a}_3$로 얻어지는 것을 보여 준다. 3차원적으로 A 결정을 보여 주는 그림 1-23에서 모든 원자의 중심은 병진조작 T에 의하여 얻어지는 것을 알 수 있다.

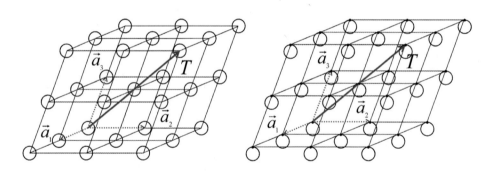

그림 1-23. A 원자만으로 구성된 결정 A에서 가능한 병진조작.

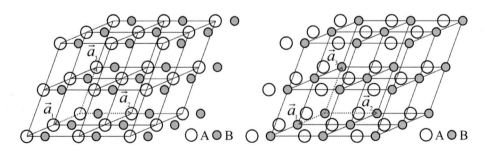

그림 1-24. 같은 수의 A와 B 원자로 구성된 결정 AB에서 가능한 병진조작.

그림 1-24의 재료 AB는 같은 수의 A와 B 원자로 만들어진다. AB 결정에서는 역시 대단히 많은 수의 A와 B 원자들이 3차원적으로 규칙적인 배열을 하고 있다. A 원자 또는 B 원자가 가장 가깝게 놓여진 원자의 간격을 a_1, a_2, a_3 라 하면, $\vec{a}_1$, $\vec{a}_2$, $\vec{a}_3$ 는 각각 길이 a_1, a_2, a_3 이고, a_1, a_2, a_3 에 평행한 벡터이다. 여기서 A 원자의 중심에서 얻어지는 간격 a_1, a_2, a_3 와 B 원자의 중심에서 얻어지는 간격 a_1, a_2, a_3 가 일정함을 주목하라. 또한 A 원자의 중심과 B 원자의 중심은 모두 (식 1-1)의 병진조작 T 에 의하여 위치가 결정되는 것을 알 수 있다.

그림 1-25는 결정 AB를 3차원적으로 보여 주는데, A 원자와 B 원자의 중간에 ● 점을 표시하면, ● 점들도 모두 (식 1-1)의 병진조작 T 에 의하여 위치가 결정된다. 또는 A 원자의 맨 위 모서리를 ● 점으로 표시하면 이 ● 점들도 모두 병진조작 T 에 의하여 위치가 결정되는 것을 알 수 있다.

A 결정과 AB 결정은 서로 다른 원자구조를 가지고 있지만, 모두 병진조작 T 에 의하여 결정 내에서 동등한(equivalent) 위치를 결정할 수 있었다. 또한 그림 1-25를 보면 결정 내에서 동등한 위치란 각 원자의 중심일 수도 있고, 한 원자 안의 임의의 곳일 수도 있고, 결정을 구성하는 원자들 사이의 임의의 곳일 수도 있다. 즉, 결정 내에서 동등한 위치란 이웃하는 환경이 같은 곳인 것이다.

원자들의 배열이 규칙적인 결정에는 병진조작 T 에 의하여 이웃하는 환경이 같은 곳인 동등한 위치가 규칙적으로 배열되어 있다. 이와 같이 병진조작 T 에 의하여 이웃하는 환경이 같은 곳인 동등한 위치가 규칙적으로 얻어지는 배열을 격자(lattice)라 한다. 즉,

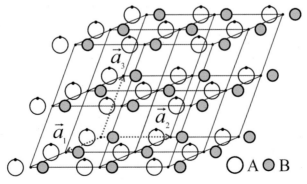

그림 1-25. 결정 AB에서 가능한 다양한 격자점들.

결정(crystal)에서는 동등한 위치가 규칙적으로 배열하기 때문에 결정은 격자인 것이다.

격자는 병진조작 T 에 의하여 만들어지는 격자점(lattice point)으로 구성된다. 즉, 결정은 격자이며, 격자점은 이웃하는 환경이 동등한 곳이다. 예를 들면, 그림 1–23에서 모든 원자의 중심뿐 아니라 A 원자의 맨 위 모서리의 ● 점 등도 모두 격자점인 것이다. 그림 1–23에서 한 격자점은 단 하나의 A 원자로 만들어진다. 또한 그림 1–25의 결정 AB에서 격자점은 A 원자 중심, B 원자의 중심 또는 A 원자와 B 원자 중간의 ● 점, A 원자의 맨 위 모서리의 ● 점이 모두 격자점이 될 수 있는 것이다. 이 결정에서 한 격자점은 A 원자와 B 원자로 만들어진다. 이와 같이 한 격자점은 1개의 원자, 2개의 원자, 3개의 원자 등 다수의 다른 원자로 만들어질 수 있는 것이다. 따라서 결정학에서는 먼저 원자로부터 출발하여 결정의 분류를 시작하는 것이 아니고, 격자점으로부터 출발하여 결정을 분류하는 것이다.

■ ■ 1.5 결정계

인류를 분류하는 방법에는 여러 가지가 있다. 가장 대표적으로 인류를 분류하는 방법은 2개의 성(性)에 따라 (1) 여성, (2) 남성으로 분류하는 것이다. 다음으로 인류를 분류하는 대표적인 방법은 3개의 피부의 색에 따라 (1) 황인, (2) 백인, (3) 흑인으로 분류하는 것이다. 즉, 한 사람이 여성이며 흑인이라면 벌써 우리는 다른 방법으로 2번 이 사람을 분류한 것이다. 이 분류법에서는 사람의 몸무게나 키의 크기 등은 전혀 중요한 고려사항이 아니다.

이와 마찬가지로 격자인 결정을 분류하는 방법에는 (1) 7개의 결정계, (2) 14개의 Bravais 격자, (3) 32개의 point group, (4) 230개의 space group이 있다. 즉, 모든 결정은 이 4가지의 분류법에 따라 분류될 수 있는 것이다.

격자점의 위치를 결정하는 (식 1–1)을 구성하는 3개의 격자벡터 $\vec{a}_1$, $\vec{a}_2$, $\vec{a}_3$ 로 만들어지는 격자 단위공간이 그림 1–26의 단위포(unit cell)인데, 이 단위포의 모양, 즉 형태를 결정학적으로 분류한 것이 결정계(crystal system)이다. 결정의 색이나, 결정의 외관, 결정의 무게, 결정의 물리적 · 화학적 각종 성질, 결정의 절대적인 크기 등은 결정계를 결정할 때 전혀 고려하지 않는다.

결정계를 분류할 때에는 그림 1-26의 격자벡터 $\vec{a}_1$, $\vec{a}_2$, $\vec{a}_3$ 의 절대적인 길이 a_1, a_2, a_3 는 분류의 대상이 아니고, 단지 상대적인 길이로 분류를 한다. 즉, a_1, a_2, a_3 의 길이가 서로 같은지 서로 다른지만으로 분류한다. 또 하나의 결정계를 분류하는 방법은 격자벡터 $\vec{a}_1$, $\vec{a}_2$, $\vec{a}_3$ 의 사잇각 α, β, γ 이 상대적으로 (1) 모두 같은지, (2) 다른지, (3) 또는 어떻게 다른지에 따라 분류한다. 사잇각 α, β, γ 이 모두 같은 조건 $\alpha = \beta = \gamma$ 과 모두 다른 조건 $\alpha \neq \beta \neq \gamma$ 도 존재한다.

즉, 결정계 분류방법은 격자벡터 $\vec{a}_1$, $\vec{a}_2$, $\vec{a}_3$ 의 길이와 격자벡터 사잇각의 상대적인 관계로 지구 상에 있는 수많은 모든 결정을 그림 1-27과 같이 단지 7개의 결정계로 분류하는 것이다. a_1, a_2, a_3 가 모두 다르고 α, β, γ 도 모두 달라서 이것들 간에 상대적인 관계가 전혀 없는 결정계가 triclinic 결정계이다. 이에 반하여 $a_1 = a_2 = a_3$ 로 모든 길이가 같고, $\alpha = \beta = \gamma = 90°$ 로 모든 사잇각이 같은 결정계가 cubic 결정계이다.

그림 1-27에서 보듯이 cubic 결정계와 같이 사잇각은 모두 같은 $\alpha = \beta = \gamma = 90°$ 이지만, $a_1 = a_2 \neq a_3$ 인 결정들은 tetragonal 결정계이다. 또한 $\alpha = \beta = \gamma = 90°$ 이지만, a_1, a_2, a_3 의 길이가 모두 다른 결정들은 orthorhombic 결정계이다. 격자벡터의 a_1, a_2, a_3 의 길이가 모두 다르지만, 사잇각 α, β, γ 중 2개가 90°이며 하나가 90°가 아닌 결정을 monoclinic 결정계라고 한다.

결정을 이루는 격자점들에서 6회전대칭조작이나 이에 상응하는 반전회전이 가능한 격자를 hexagonal 결정계라 하며, 여기에서는 $a_1 = a_2 \neq a_3$, $\alpha = \beta = 90°$, $\gamma = 120°$ 관계가 성립한다. Rhombohedral 또는 trigonal라 하는 결정계에서는 격자벡터의 길이가 모두 같아 $a_1 = a_2 = a_3$ 이고, 격자가 대각선 방향으로 같은 각도로 기울어져 있어 사잇

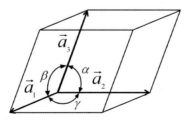

그림 1-26. 격자점의 위치를 결정하는 3개의 격자벡터 $\vec{a}_1$, $\vec{a}_2$, $\vec{a}_3$ 로 만들어지는 단위포.

각 α, β, γ이 모두 같은 하나의 각도를 가져 $\alpha = \beta = \gamma \neq 90°$가 얻어진다.

   그림 1 – 27은 8개의 격자점으로 만들어지는 7개의 결정계 단위포를 보여 주는데, 여기서 각 격자점까지 절대적인 길이는 임의로 작도한 것이므로 아무런 의미가 없다. 다만 상대적인 길이가 중요한 것이다. 격자벡터의 길이가 같을 때에는 a_1, a_2, a_3을 대표하여 a를 사용하며, 사잇각이 같을 때에는 α, β, γ를 대표하여 α를 사용한다. 지구상에 존재하는 모든 평형 결정 재료들에 존재하는 격자점은 모두 이 7개 결정계 중의

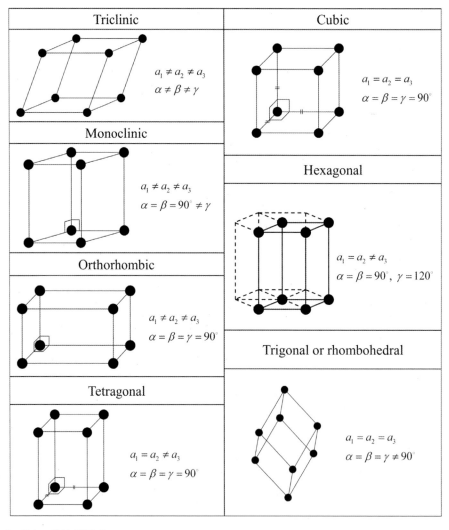

그림 1 – 27. 7개의 결정계.

하나로 분류되는 것이다. 예를 들면, 상온에 있는 철 결정은 7개의 결정계들 중에 cubic 결정계로 분류된다.

■■ 1.6 Bravais 격자

앞에서 언급했듯이 결정에는 동일하게 이웃하는 환경을 가지는 점들인 격자점이 3차원적인 공간에서 규칙적인 배열을 하고 있다. 이 격자점의 공간적인 배열은 격자벡터 $\vec{a}_1$, $\vec{a}_2$, $\vec{a}_3$의 정수배로 얻어지는 병진조작인 (식 1–1)로 얻을 수 있다. 결정인 격자를 격자벡터 $\vec{a}_1$, $\vec{a}_2$, $\vec{a}_3$의 길이 a_1, a_2, a_3와 그 사잇각 α, β, γ의 상대적인 관계로 분류한 것이 결정계이다. 따라서 그림 1–27의 격자점으로 만들어지는 7개의 결정계 단위포는 당연히 모두 격자이다.

결정학자인 Bravais는 이러한 7개의 결정계에 또 다른 격자점을 포함시켜도 수학적으로 역시 격자의 관계가 얻어지는지 연구하여 새로운 격자가 성립될 수 있는 조건을 도출하였다. 즉, 격자점이 특정한 결정계에서 특정한 위치에 놓여도 모든 격자점이 동등한 이웃 환경이 얻어지는 조건을 수학적으로 밝혀내었다. 이 연구를 통하여 7개의 결정계로 만들어지는 격자와 함께 새로운 7개의 격자를 도출해내었다. 따라서 결정은 Bravais가 도출한 7개의 새로운 격자를 추가해 모두 14개의 격자로 분류될 수 있다. 이 방법으로 지구에 존재하는 모든 결정은 14개의 Bravais 격자 중에 하나로 분류될 수 있는 것이다.

그림 1–28에는 14개의 Bravais 격자에서 격자벡터 $\vec{a}_1$, $\vec{a}_2$, $\vec{a}_3$로 만들어지는 격자 단위공간(unit volume)인 단위포(unit cell)를 보여 주며, 이 단위포에 존재하는 격자점들을 보여 준다. 또한 그림 1–28에는 각 결정계에서 어떠한 Bravais 격자가 존재하는지 정리되어 있다. 주목할 것은 각 결정계에 따라 격자 단위공간에 존재하는 Bravais 격자의 수가 다르다는 것이다.

Bravais P-격자는 그림 1–27의 결정계 단위포와 같이 단지 격자의 단위포 모서리에 있는 8개의 격자점으로 Bravais 격자가 구성되는 것이다. 모서리에 있는 하나의 격자점은 이웃하는 8개의 단위포들과 공유하기 때문에 Bravais P-격자는 단지 1개의 격자점을 가진다. 단지 1개의 격자점만을 가지는 단위포를 단순단위포(primitive unit cell)라 한다.

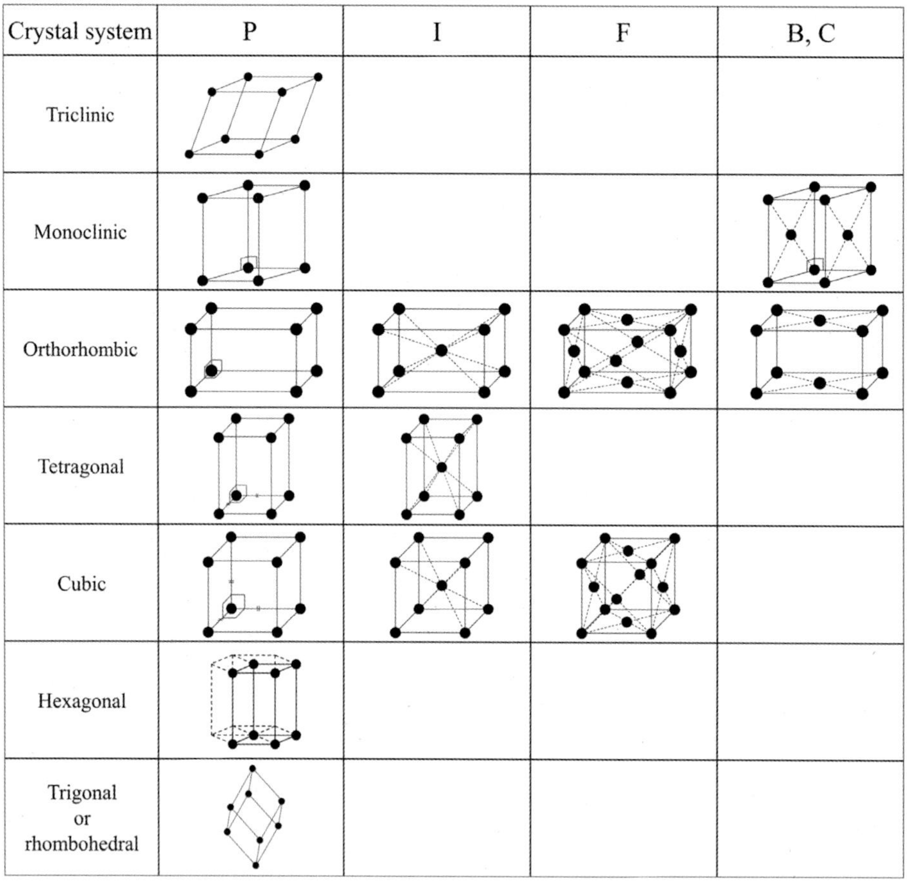

Crystal system	P	I	F	B, C
Triclinic				
Monoclinic				
Orthorhombic				
Tetragonal				
Cubic				
Hexagonal				
Trigonal or rhombohedral				

그림 1-28. 14개의 Bravais 격자.

이와 같이 Bravais P-격자(primitive-격자)는 단지 1개의 격자점을 가지는 격자이다. 모든 7개의 결정계는 당연히 7개의 Bravais P-격자를 만든다. P-격자는 simple-격자라고도 한다. 예를 들면, P-cubic 격자는 simple cubic 격자라고도 한다.

Bravais I-격자는 Bravais P-격자의 단위포 중앙에 하나의 격자점이 추가된 격자로 body-centered(체심) 격자라 한다. 격자의 단위포 중앙에 격자점이 존재하기 때문에 Bravais I-격자에는 모서리에 있는 1개의 격자점을 포함하여 모두 2개의 격자점이 존재하는 것이다. 그런데 모든 7개 결정계 격자들의 체심에 격자점을 추가해도 모두 새로운 Bravais I-격자가 되는 것은 아니다. Cubic, tetragonal, orthorhombic 결정계 격자에서는 I-격자가 가능하지만, 다른 4개의 결정계 격자에서는 I-격자가 존재하지 않는다.

Bravais F-격자는 6면체로 이루어진 Bravais P-격자의 단위포 6면체 면의 중앙에 하나의 격자점이 추가된 격자로 face-centered(면심) 격자라 한다. 격자의 단위포 6면의 중앙에 격자점이 존재하기 때문에 Bravais F-격자에는 모서리에 있는 1개의 격자점을 포함하여 모두 4개의 격자점이 존재하는 것이다. 단위포 6면에 존재하는 격자점은 이웃하는 한 개의 단위포와 공유하기 때문에 하나의 단위포에는 6면에 존재하는 3개의 격자점을 가지는 것과 같다. 그런데 모든 7개 결정계 격자들의 모든 face-center에 격자점을 추가해도 모두 새로운 Bravais F-격자가 되지는 않는다. 단지 cubic과 orthorhombic 결정계 격자에서만 F-격자가 가능하다.

결정계 격자나 Bravais 격자의 Bravais P-격자의 단위포 6면체 면의 하나의 면의 중앙에 격자점을 추가해도 새로운 격자가 만들어질 수 있는데, 이것은 단지 orthorhombic과 monoclinic 결정계에서만 가능하다. 이렇게 단지 하나의 격자 단위포 면에 격자점이 추가된 Bravais 격자를 base-centered 격자라 한다. 이 Bravais 격자에는 2개의 격자점이 단위포에 존재한다. Bravais base-centered 격자는 격자점이 존재하는 하나의 면을 지정하여 표현된다. 그림 1−26과 같은 격자 단위포에서 $\vec{a}_1$에 수직한 면을 A-면, $\vec{a}_2$에 수직한 면을 B-면, $\vec{a}_3$에 수직한 면을 C-면으로 규정한다. 예를 들면, C-base-centered orthorhombic과 B-base-centered orthorhombic은 각각 $\vec{a}_3$와 $\vec{a}_2$에 수직한 면인 C-면과 B-면의 중앙에 격자점이 추가된 Bravais 격자를 뜻한다.

앞에서 설명한 과정을 통하여 만들어진 14개의 Bravais 격자가 그림 1−28에서 보여지는데, 여기서 각 격자벡터의 절대적인 길이는 임의로 작도한 것이므로 아무런 의미가 없다. 다만 상대적인 길이가 중요한 것이다. 또한 격자점의 크기도 물리적 의미를 가지지 않는다. 격자점은 단지 점일 뿐이다.

그러면 이제 어떻게 결정계 격자에 새로운 격자점을 도입하여 새로운 Bravais 격자를 만드는지 고찰해 보자. 여러 번 언급했듯이 결정계(crystal system)는 물론 격자이다. 여기에 격자점을 더 추가해도 역시 격자의 조건을 만족시키는 방법에는 (1) body-center에 격자점을 추가하는 방법과 (2) 모든 face-center에 격자점을 추가하는 방법과 (3) 하나의 base-center에 격자점을 추가하는 방법이 있다.

(1) 다음의 병진조작 식을 사용하여 1개의 격자점이 body-center에 추가되어 Bravais P-격자가 새로운 Bravais I-격자가 된다.

$$T_{\text{body center}} = \frac{1}{2} \cdot \vec{a}_1 + \frac{1}{2} \cdot \vec{a}_2 + \frac{1}{2} \cdot \vec{a}_3 \qquad \text{(식 1-2)}$$

(2) 다음의 병진조작 식을 3번 사용하여 격자점들이 3개의 face-center에 추가되어 Bravais P-격자가 새로운 Bravais F-격자가 된다.

$$T_{\text{face center 1}} = \frac{1}{2} \cdot \vec{a}_1 + \frac{1}{2} \cdot \vec{a}_2$$

$$T_{\text{face center 2}} = \frac{1}{2} \cdot \vec{a}_1 + \frac{1}{2} \cdot \vec{a}_3 \qquad \text{(식 1-3)}$$

$$T_{\text{face center 3}} = \frac{1}{2} \cdot \vec{a}_2 + \frac{1}{2} \cdot \vec{a}_3$$

(3) 다음의 병진조작 식을 사용하여 1개의 격자점이 하나의 base-center에 추가되어 Bravais P-격자가 새로운 Bravais base-centered 격자가 된다.

$$T_{\text{C-base center}} = \frac{1}{2} \cdot \vec{a}_1 + \frac{1}{2} \cdot \vec{a}_2 \qquad \text{(식 1-4)}$$

결정계로 만들어지는 모든 Bravais P-격자에 앞의 3 식을 이용하여 항상 Bravais I-격자, Bravais F-격자, Bravais base-centered 격자를 만들 수 있는 것은 아니다. Bravais P-격자에 (식 1-2), (식 1-3), (식 1-4)의 병진조작을 통하여 새로운 격자점을 추가하여 새로운 Bravais 격자로 인정되기 위해서는 다음의 4가지 원칙을 만족해야만 되는 것이다.

<원칙 1> 격자점은 어느 곳에서 존재하더라도 다른 모든 격자점들과 항상 동등한 같은 이웃의 환경을 가져야 한다. 그림 1-28의 모든 Bravais 격자에 존재하는 모든 격자점들은 격자 단위포의 위치인 모서리, 체심, 면심, 한 면의 중앙에 관계없이 모두 정확히 동등한 이웃하는 환경을 가진다. 예를 들면, Bravais I-격자의 모서리에 있는 한 격자점은 체심에 있는 격자점과 동등한 이웃 환경을 가진다. 즉, 체심의 격자점을 모서리의 격자점으로 생각해도 동등한 결정 구조가 얻어지는 것이다.

<원칙 2> 하나의 Bravais P-격자에 새로운 격자점을 추가해도 다른 모양이나 부피를 가지지만, 똑같은 Bravais P-격자가 만들어지면 이것은 새로운 Bravais 격자

로 인정하지 않는다.

<원칙 3> 하나의 Bravais P-격자에 새로운 격자점을 추가해서 원래의 Bravais P-격자에 비하여 더 적은 대칭성을 가지는 Bravais 격자가 만들어지면, 이것은 새로운 Bravais 격자로 인정하지 않는다.

<원칙 4> 하나의 결정에 존재하는 격자점들이 다수의 Bravais 격자들로 표현될 수 있을 때 대칭성이 가장 많은 Bravais 격자로 취급한다.

그림 1−29는 $\alpha = \beta = \gamma = 90°$이고, $a_1 = a_2 \neq a_3$인 P tetragonal 격자에 격자점을 몇 가지 방법으로 추가하는 것을 보여 준다. 먼저 이 격자의 C-면의 base-center에 새로운 격자점을 추가해보자. 원래의 P tetragonal 격자는 실선으로, 새로운 격자점을 추가하여 만들어지는 새로운 격자는 점선으로 연결되어 보여진다. 그런데 점선으로 표시된 새롭게 만들어진 격자에서도 역시 $\alpha = \beta = \gamma = 90°$이고, $a_1 = a_2 \neq a_3$가 얻어져 역시 좀 더 부피가 작은 P tetragonal 격자임에 불과한 것을 알 수 있다. 즉, 원칙 2에 따라 C-base-centered tetragonal은 존재하지 않는 것이다.

그림 1−29에서는 P tetragonal 격자의 모든 면의 face-center에 새로운 격자점을 추가한 경우도 보여 준다. P tetragonal 격자의 모든 면의 face-center에 새로운 격자점을 추

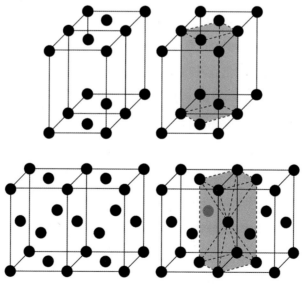

그림 1−29. P tetragonal 격자의 C 면의 중앙과 모든 면의 중앙에 격자점 추가.

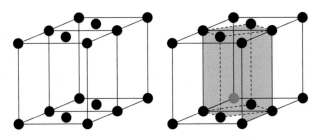

그림 1-30. P monoclinic 격자의 C-면의 base-center에 새로운 격자점 추가.

가하면 점선으로 표시한 body-centered tetragonal 격자를 만들 수 있다. body-centered tetragonal 격자의 모든 격자점들은 3차원적인 공간에서 모두 동등한 이웃 환경을 가지며, P tetragonal 격자에 비하여 보다 많은 대칭성을 가진다. 따라서 앞의 모든 원칙들이 만족되기 때문에 body-centered tetragonal 격자는 하나의 새로운 Bravais 격자로 인정되는 것이다.

그림 1-30은 P monoclinic 격자 C-면의 base-center에 새로운 격자점을 추가한 것을 보여 준다. 원래의 simple monoclinic 격자는 실선으로 그리고 새로운 격자점을 추가하여 만들어지는 격자가 점선으로 연결되어 보여진다. 그런데 점선으로 표시된 새롭게 만들어진 격자도 역시 P monoclinic 격자인 것이다. 따라서 'C-base-centered monoclinic'이라는 Bravais 격자는 원칙 2를 따라 존재하지 않는 것이다.

그림 1-31은 P monoclinic 격자의 B-면의 base-center에 새로운 격자점을 추가한 것을 보여 준다. 원래의 P monoclinic 격자는 실선으로 그리고 새로운 격자점을 추가하여 만들어지는 격자는 점선으로 연결되어 보여진다. 그런데 점선으로 표시된 새롭게 만들어진 격자는 $a_1 \neq a_2 \neq a_3$, $\alpha \neq \beta \neq \gamma$ 의 관계가 얻어져 simple triclinic, 즉 P triclinic 이다. 이 P triclinic 격자는 P monoclinic 격자보다 대칭성이 적은 격자이므로 원칙 3을 따라 P triclinic 격자로는 인정될 수 없다. 차라리 이것보다는 2개의 격자점을 하나의 격자점으로 취급한 P monoclinic 격자로는 인정될 수도 있을 것이다.

그러나 그림 1-31의 우측 그림을 B-base-centered monoclinic 격자로 인정하면 2개의 격자점을 하나의 격자점으로 취급한 P monoclinic 격자에 비하여 보다 많은 대칭성이 존재한다. 예를 들면, $T_{\text{B-base center}} = \frac{1}{2} \cdot \vec{a}_1 + \frac{1}{2} \cdot \vec{a}_3$ 와 같은 새로운 병진조작 등이 가능한 것이다. 따라서 B-base-centered monoclinic 격자는 하나의 Bravais 격자로 인정받을 수

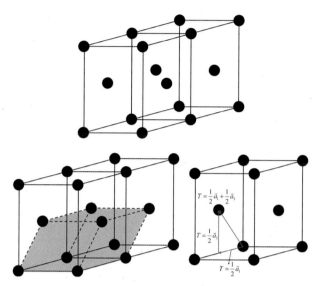

그림 1-31. P monoclinic 격자의 B-면의 base-center에 새로운 격자점 추가.

있는 것이다.

Bravais 격자를 결정하는 마지막 예로 그림 1-32의 face-centered cubic Bravais 격자를 고찰해 보자. 이 그림에서 A, B, C 점들을 점선으로 연결하면 모든 격자축의 길이가 cubic 격자의 0.707배이며, 같은 사잇각을 가지는, 즉 $a_1 = a_2 = a_3$ 이고, $\alpha = \beta = \gamma = 60°$인 rhombohedral 격자가 얻어진다. 그러나 누구도 그림 1-32을 rhombohedral 격자로 부르지 않고 face-centered cubic 격자라 한다. 그것은 원칙 4에 따라 P rhombohedral 격자에 비하여 대칭성이 많은 face-centered cubic 격자로 인정해야 하는 것이다.

14개의 Bravais 격자는 이와 같은 원칙에 따라 결정된 것이다. 지구 상에 존재하는 모

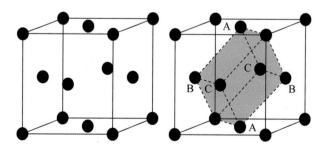

그림 1-32. Face-centered cubic 격자는 rhombohedral 격자가 될 수 있다.

든 평형 결정 재료들에 존재하는 격자점은 모두 **그림 1 − 28**에서 보여지는 14개 Bravais 격자 중의 하나로 분류된다. 예를 들면 상온에 있는 철 결정은 14개의 Bravais 격자들 중에 body-centered cubic Bravais 격자로 분류되는 것이다.

■■ 1.7 Point group(점군)

앞에서 언급했듯이 결정에는 동일한 이웃하는 환경을 가지는 점들인 격자점이 3차원적인 공간에서 규칙적인 배열을 하고 있다. 이 격자점의 공간적인 배열은 7개의 결정계 (crystal system)와 14개의 Bravais 격자로 분류할 수 있었다. 격자점의 배열이 각 결정계를 이루는 격자벡터 $\vec{a}_1$, $\vec{a}_2$, $\vec{a}_3$의 길이 a_1, a_2, a_3와 그 사잇각 α, β, γ에 의존하기 때문에 하나의 격자점에서 가능한 점대칭조작은 결정계에 의존한다.

앞에서 설명했듯이 점대칭조작에는 1, 2, 3, 4, 6, m, $\bar{1}$, $\bar{4}$, $\bar{3}$, $\bar{6}$이 있다. 결정 내에서 동일한 환경을 가지는 격자점들에서 가능한 점대칭조작을 그룹으로 모아놓은 것을 point group(점군)이라 한다. 하나의 격자점에서 가능한 점대칭조작은 각각 7개의 결정계에 따라 다르기 때문에 각 결정계에서 존재하는 point group도 모두 다르다.

먼저 triclinic 결정계에서는 a_1, a_2, a_3가 모두 다르고, α, β, γ도 모두 다르다. 또한 triclinic 결정계의 격자점에는 point group 1과 $\bar{1}$, 즉 2개의 point group이 존재한다. 이 point group에 포함되는 점대칭요소는 **표 1 − 1**과 같다.

Point group 1과 $\bar{1}$에 존재하는 동등한 위치는 스테레오 투영한 **그림 1 − 33**에서 보여진다. 이 스테레오 투영에서 점 ●는 지면 위에 있는, 점 O는 지면 아래에 있는 극점인데, 반대로 점 O를 지면 위에 있는, 점 ●를 지면 아래에 있는 극점으로 취급하여도 무방하다. Point group 1에는 대칭요소가 존재(identity) 1 하나 밖에 없으며, point group

표 1 − 1 Triclinic 결정계의 point group들.

Point group의 이름	대칭요소
1	$\{1\}$
$\bar{1}$	$\{1, \bar{1}\}$

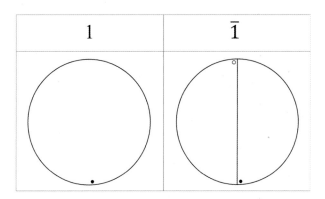

그림 1-33. Triclinic 결정계의 point group 1과 $\overline{1}$에 존재하는 동등한 위치.

표 1-2 Monoclinic 결정계의 point group들.

Point group의 이름	대칭요소
2	$\{1,2\}$
m	$\{1,m\}$
$2/m$	$\{1,2,\overline{1},m\}$

$\overline{1}$에는 2개의 점대칭요소 1과 $\overline{1}$이 존재한다.

격자벡터의 길이 a_1, a_2, a_3가 모두 다르지만 사잇각 α, β, γ 중 2개가 90°이며, 하나가 90°가 아닌 결정이 monoclinic 결정계이다. 이 결정계에는 point group 2, m, $2/m$ 모두 3개의 point group이 있다. 이 point group들에 존재하는 대칭요소는 **표 1-2**와 같다.

Point group 2, m에는 각각 2개의 대칭요소가 있으며, point group $2/m$에는 4개의 대칭요소가 있다. Monoclinic 결정계의 3개의 point group에서 동등한 위치가 스테레오 투영한 **그림 1-34**에서 보여지는데, 동등한 위치의 우측에는 2회전축과 거울면이 굵은 선으로 표시되어 있다.

$\alpha = \beta = \gamma = 90$°이고, $a_1 \neq a_2 \neq a_3$인 결정들은 orthorhombic 결정계이다. 이 결정계에는 point group 222, $mm2$, mmm이 있다. 이 3개의 point group들에 존재하는 대칭요소는 **표 1-3**과 같다.

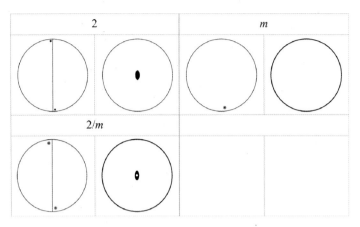

그림 1-34. Monoclinic 결정계의 point group 2, m, $2/m$에 존재하는 동등한 위치.

표 1-3 Orthorhombic 결정계의 point group들.

Point group의 이름	대칭요소
222	$\{1, 3 \cdot 2\}$
$mm2$	$\{1, 2, 2 \cdot m\}$
mmm	$\{1, 3 \cdot 2, \overline{1}, 3 \cdot m\}$

　여기서 $3 \cdot 2$, $2 \cdot m$, $3 \cdot m$은 각각 3개의 회전대칭요소 2, 2개의 거울대칭요소 m, 3개의 거울대칭요소 m을 의미하는 것이다. 따라서 point group 222와 $mm2$에는 각각 4개의 대칭요소가 있으며, point group mmm에는 8개의 대칭요소가 있다. Orthorhombic 결정계의 3개의 point group에서 동등한 위치가 스테레오 투영한 **그림 1-35**에서 보여지는데, 동등한 위치의 우측에는 2회전축과 거울면이 굵은 선으로 표시되어 있다.

　결정계를 이루는 격자벡터 $\vec{a}_1$, $\vec{a}_2$, $\vec{a}_3$가 직교하여 $\alpha = \beta = \gamma = 90°$이며, $a_1 = a_2 \neq a_3$로 하나의 격자벡터의 길이만 다른 tetragonal 결정계에는 모두 7개의 point group이 있다. 이 tetragonal point group들의 특징은 모든 point group이 4회전대칭축을 가지고 있다는 것이다. 7개의 point group들에 존재하는 대칭요소는 다음과 같다.

　Point group 4와 $\overline{4}$에는 각각 4개의 대칭요소가 있다. 또한 tetragonal 결정계의 point group $4/m$, 422, $4mm$, $\overline{4}2m$는 각각 8개의 대칭요소를 가진다. 가장 대칭요소가

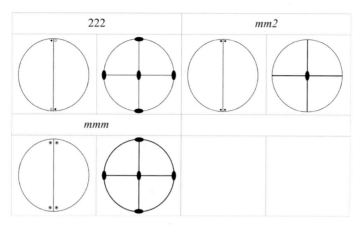

그림 1-35. Orthorhombic 결정계의 point group 222, *mm2*, *mmm*에 존재하는 동등한 위치.

표 1-4 Tetragonal 결정계의 point group들.

Point group의 이름	대칭요소
4	$\{1, 2 \cdot 4, 2\}$
$\overline{4}$	$\{1, 2 \cdot \overline{4}, 2\}$
$4/m$	$\{1, 2 \cdot 4, 2, \overline{1}, 2 \cdot \overline{4}, m\}$
422	$\{1, 2 \cdot 4, 5 \cdot 2\}$
4mm	$\{1, 2 \cdot 4, 2, 4 \cdot m\}$
$\overline{4}2m$	$\{1, 3 \cdot 2, 2 \cdot m, 2 \cdot \overline{4}\}$
$4/mmm$	$\{1, 2 \cdot 4, 5 \cdot 2, \overline{1}, 2 \cdot \overline{4}, 5 \cdot m\}$

많은 point group $4/mmm$에는 1, 2개의 4, 5개의 2, $\overline{1}$, 2개의 $\overline{4}$, 5개의 m등 모두 16개의 대칭요소를 가진다.

Tetragonal 결정계의 7개의 point group에서 동등한 위치가 스테레오 투영한 그림 1-36에서 보여지는데, point group $\overline{4}$, $\overline{4}2m$에서는 $\overline{4}$의 반전회전축이, 나머지 5개의 point group들에서는 4의 4회전축이 그려져 있다. 또한 point group 422, $\overline{4}2m$, $4/mmm$에는 2개 또는 4개의 2의 2회전축이 그려져 있다. point group의 이름에 m이 포함된 point group들의 스테레오 투영에는 굵은 선으로 표시된 거울면도 그려져 있다.

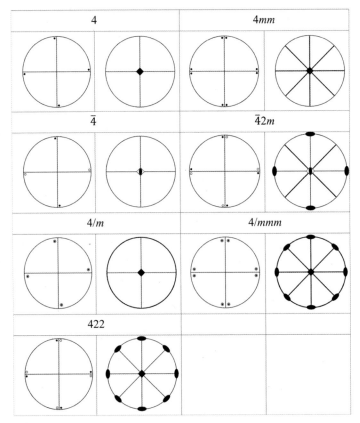

그림 1-36. Tetragonal 결정계의 point group 4, $\bar{4}$, $4/m$, 422, $4mm$, $\bar{4}2m$, $4/mmm$에 존재하는 동등한 위치.

    Rhombohedral 또는 trigonal이라 하는 결정계에서는 격자벡터의 길이가 모두 같아 a_1 = a_2 = a_3 이고, 격자가 대각선 방향으로 같은 각도로 기울어져 있어 사잇각 α, β, γ 이 모두 같으며, 하나의 각도를 가진다. 즉, α = β = γ ≠ 90°가 얻어진다. 이 trigonal 결정계에는 모두 5개의 point group이 있다. 5개의 point group들에 존재하는 대칭요소는 표 1-5와 같다.

    Rhombohedral 결정계의 point group들에서 동등한 위치가 스테레오 투영한 그림 1-37에서 보여지는데, 이 rhombohedral 결정계의 모든 point group들에는 3의 3회전축 또는 $\bar{3}$의 반전회전축이 존재한다. Point group 3에는 3개의 동등한 위치가 있으며, point group $\bar{3}$, 32, $3m$에는 각각 6개의 동등한 위치가 있다. Point group $\bar{3}m$에는 12개의 동등한 위치가 2 의 2회전축, 3 의 3회전축, $\overline{3}$ 의 반전회전축, $\overline{1}$ 의 반전대칭, m 의 거울대칭에 의하여 얻어진다.

결정을 이루는 격자점들에서 6회전대칭조작이나 이에 상응하는 반전회전이 가능하여 6, $\overline{3}$, $\overline{6}$ 의 회전대칭요소를 가지는 격자가 hexagonal 결정계이다. 이 결정계에서는 $a_1 = a_2 \neq a_3$, $\alpha = \beta = 90°$, $\gamma = 120°$ 관계가 성립하며, 모두 7개의 point group이 있다.

표 1-5 Rhombohedral (trigonal) 결정계의 point group들.

Point group의 이름	대칭요소
3	$\{1, 2 \cdot 3\}$
$\overline{3}$	$\{1, 2 \cdot 3, \overline{1}, 2 \cdot \overline{3}\}$
32	$\{1, 2 \cdot 3, 3 \cdot 2\}$
$3m$	$\{1, 2 \cdot 3, 3 \cdot m\}$
$\overline{3}m$	$\{1, 2 \cdot 3, 3 \cdot 2, \overline{1}, 2 \cdot \overline{3}, 3 \cdot m\}$

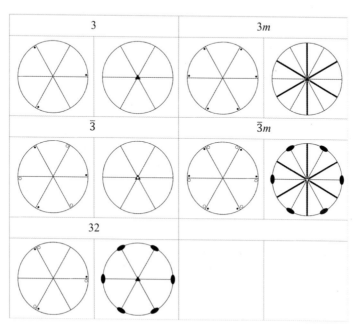

그림 1-37. Rhombohedral 결정계의 point group 3, $\overline{3}$, 32, $3m$, $\overline{3}m$ 에 존재하는 동등한 위치.

표 1-6 Hexagonal 결정계의 point group들.

Point group의 이름	대칭요소
6	$\{1, 2 \cdot 6, 2 \cdot 3, 2\}$
$\bar{6}$	$\{1, 2 \cdot 3, m, 2 \cdot \bar{6}\}$
$6/m$	$\{1, 2 \cdot 6, 2 \cdot 3, 2, \bar{1}, 2 \cdot \bar{3}, 2 \cdot \bar{6}, m\}$
622	$\{1, 2 \cdot 6, 2 \cdot 3, 7 \cdot 2\}$
$6mm$	$\{1, 2 \cdot 6, 2 \cdot 3, 2, 6 \cdot m\}$
$\bar{6}m2$	$\{1, 2 \cdot 3, 3 \cdot 2, 4 \cdot m, 2 \cdot \bar{6}\}$
$6/mmm$	$\{1, 2 \cdot 6, 2 \cdot 3, 7 \cdot 2, \bar{1}, 2 \cdot \bar{3}, 2 \cdot \bar{6}, 7 \cdot m\}$

7개의 point group들에 존재하는 대칭요소는 **표 1-6**과 같다.

Hexagonal 결정계의 point group들에서 동등한 위치가 스테레오 투영한 **그림 1-38**에서 보여지는데, 모든 Point group에서 6, $\bar{3}$, $\bar{6}$의 회전 또는 반전회전 대칭요소가 존재함을 알 수 있다. Point group 6에 존재하는 6개의 대칭요소 $\{1, 2 \cdot 6, 2 \cdot 3, 2\}$에서, $2 \cdot 6$는 2번의 60°, 300° 회전을, $2 \cdot 3$은 2번의 120°, 240° 회전을, 2는 180° 회전을 각각 의미한다. 즉, 6회전축에 의하여 60°씩 회전하며 동등한 위치가 얻어지는 것이다. Point group 622의 대칭요소는 12개인데, 대칭요소에서 7개의 2 회전, 즉 $7 \cdot 2$은 한 번의 6회전축에서 180° 회전과 그림에서 보여지는 6개의 2회전축에서 180° 회전으로 얻어지는 것이다. Point group $6mm$과 $6/mmm$은 각각 6개와 7개의 거울면 대칭을 가져 대칭요소에 각각 $6 \cdot m$과 $7 \cdot m$을 포함하고 있다. 우선 6개의 거울면은 스테레오 투영에서 6개의 굵은 선으로 표시되어 있다. 나머지 한 개의 거울면은 스테레오 투영 외각 원으로 point group $6/mmm$에서는 외각 원이 굵게 표시되어 있다. point group $6/mmm$에서는 24개의 동등한 위치가 존재한다.

Cubic 결정계에서는 결정 격자벡터의 길이가 $a_1 = a_2 = a_3$로 모두 같고, $\alpha = \beta = \gamma = 90°$로 모두 사잇각이 같다. 이러한 특징 때문에 이 결정계에는 하나의 특수한 대칭관계가 존재한다. 이 결정계에는 격자벡터 $\vec{a}_1$, $\vec{a}_2$, $\vec{a}_3$로 만들어지는 하나의 공간과 이 공간에 원점으로부터 만들어지는 방향 $\vec{D} = \vec{a}_1 + \vec{a}_2 + \vec{a}_3$에 수직한 격자점으로 만들어지

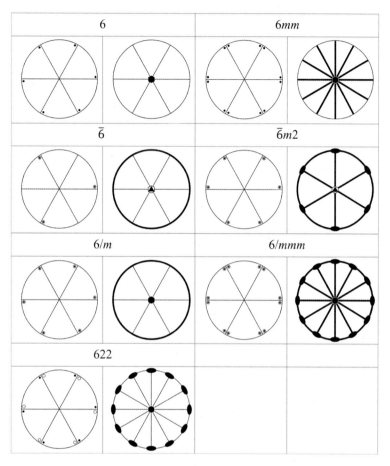

그림 1−38. Hexagonal 결정계의 point group 6, $\bar{6}$, $6/m$, 622, $6mm$, $\bar{6}m2$, $6/mmm$에 존재하는 동등한 위치.

는 정삼각형이 있기 때문에 정삼각형을 3회전축으로 120°, 240°, 360° 대칭관계가 얻어진다. 이 결정계에는 이런 3회전축이 8개가 존재하는데, 이것이 cubic 결정계의 특징이다. 8개의 3회전축을 가지는 cubic 결정계에는 5개의 point group이 있다. 5개의 point group 들에 존재하는 대칭요소는 표 1−7과 같다.

Cubic 결정계의 point group들에서 동등한 위치가 스테레오 투영한 그림 1−39에서 보여지는데, 모든 point group에서 결정계에서 특징적인 8개의 3 또는 $\bar{3}$의 회전 또는 반전회전 대칭요소가 보여진다. Point group 23에는 12개의 대칭요소가 있으며, point group $m3$, 432, $\bar{4}3m$에는 각각 24개의 대칭요소가 있다. Point group $m\bar{3}m$에는 가

표 1-7 Cubic 결정계의 point group들.

point group의 이름	대칭요소
23	$\{1, 8\cdot3, 3\cdot2\}$
$m3$	$\{1, 8\cdot3, 3\cdot2, \overline{1}, 8\cdot\overline{3}, 3\cdot m\}$
432	$\{1, 8\cdot3, 9\cdot2, 6\cdot4\}$
$\overline{4}3m$	$\{1, 8\cdot3, 3\cdot2, 6\cdot m, 6\cdot\overline{4}\}$
$m\overline{3}m$	$\{1, 8\cdot3, 9\cdot2, 6\cdot4, \overline{1}, 8\cdot\overline{3}, 9\cdot m, 6\cdot\overline{4}\}$

장 많은 대칭요소 48개가 존재한다.

앞에서 언급했듯이 이 스테레오 투영에서 점 •는 지면 위에 있는, 점 ○는 지면 아래에 있는 극점이다. Cubic 결정계의 point group에 존재하는 동등한 위치를 스테레오 투영한 그림 1-39에서 스테레오 투영이 24개의 구역으로 나누어진 것이 보여진다. Point group 432, $\overline{4}3m$에서는 이 모든 24개의 구역에 동등한 위치가 지면 위 또는 아래의

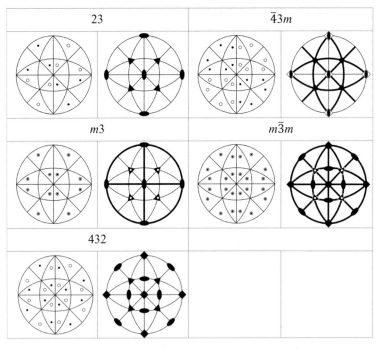

그림 1-39. Cubic 결정계의 point group 23, $m3$, 432, $\overline{4}3m$, $m\overline{3}m$에 존재하는 동등한 위치.

한 곳에 있다. 그런데 point group $m\bar{3}m$에는 모든 24개의 구역에 지면 위와 아래에 2개의 동등한 위치가 존재하여 모두 48개의 동등한 위치가 point group의 격자점에 있는 것을 보여 준다.

결정에는 동일한 이웃하는 환경을 가지는 점들인 격자점이 3차원적인 공간에서 규칙적인 배열을 하고 있다. 격자점의 배열이 각 결정계를 이루는 격자벡터 $\vec{a}_1$, $\vec{a}_2$, $\vec{a}_3$의 길이 a_1, a_2, a_3와 그 사잇각 α, β, γ에 의존하기 때문에 하나의 격자점에서 가능한 점대칭조작을 그룹으로 분류한 point group은 결정계에 의존한다. 또한 각각의 결정계도 격자점에 존재하는 대칭요소에 따라 역시 몇 개의 point group으로 분류될 수 있었다. 만약 한 결정의 point group을 안다면, 앞에서 나온 point group을 분류한 표 또는 스테레오 투영으로 격자점에 존재하는 대칭요소를 확인할 수 있는 것이다.

■ 1.8 Screw axis와 Glide plane

앞에서 언급했듯이 결정에는 동일한 이웃하는 환경을 가지는 점들인 격자점이 3차원적인 공간에서 규칙적인 배열을 하고 있다. 이 격자점에 존재하는 점대칭조작에는 1, 2, 3, 4, 6, m, $\bar{1}$, $\bar{4}$, $\bar{3}$, $\bar{6}$이 있다. 또한 격자점은 격자벡터 $\vec{a}_1$, $\vec{a}_2$, $\vec{a}_3$의 병진조작인 (식 1-1)로 3차원적인 공간에 배열된다. 그런데 3차원적인 격자 공간에는 점대칭조작을 벗어난 새로운 대칭조작인 screw axis와 glide plane이 존재한다.

Screw axis와 glide plane에는 앞의 점대칭조작과 더불어 항상 병진조작이 같이 대칭조작에 포함된다. 먼저 그림 1-40의 단위포에 있는 A 원자와 B 원자의 배열을 보자. 두 종류의 원자들은 3차원적인 공간에 규칙적으로 배열되어 있지만 격자점에 존재하는 점대칭조작으로는 표현이 불가능하다. 즉, A 원자는 먼저 $\vec{a}_3$ 축으로 180° 회전, 즉 2 점대칭 후에 $T = 1/2 \cdot \vec{a}_3$만큼 병진조작을 하면 B 원자가 얻어진다. 또한 B 원자는 $\vec{a}_3$ 축으로 180° 회전, 즉 2 점대칭 후에 $T = 1/2 \cdot \vec{a}_3$만큼 병진조작을 하면 A 원자가 얻어진다. 이와 같이 회전 점대칭조작과 병진조작이 동시에 일어나는 격자에서의 대칭조작을 screw axis라 한다.

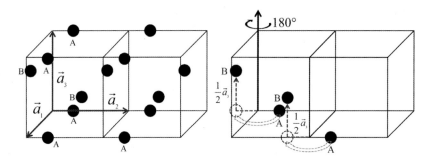

그림 1-40. 2회전 점대칭 후 $T = 1/2 \cdot \vec{a}_3$ 병진조작하는 screw axis.

그림 1-41에는 3차원적인 격자 공간에서 가능한 screw axis의 예로 3 대칭회전축과 함께 3_1, 3_2 screw axis을 보여 준다. 여기서 점 O의 옆에 있는 $\frac{1}{3}$, $\frac{2}{3}$ 등은 screw axis 길이의 $\frac{1}{3}$, $\frac{2}{3}$ 해당하는 병진조작 대칭이 포함된 것을 뜻한다. 격자에는 2, 3, 4, 6 등의 회전대칭과 함께 2_1, 3_1, 3_2, 4_1, 4_2, 4_3, 6_1, 6_2, 6_3, 6_4, 6_5 screw axis이 존재 가능하다.

3차원적인 격자공간에서 거울대칭 점대칭조작과 더불어 병진조작이 동시에 포함되는 대칭조작을 glide plane이라 한다. 그림 1-42의 $\vec{a}_1$과 $\vec{a}_2$로 만들어진 2차원적인 2개의

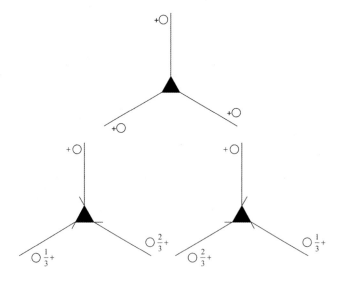

그림 1-41. 3 회전축과 3_1, 3_2 screw axis 축.

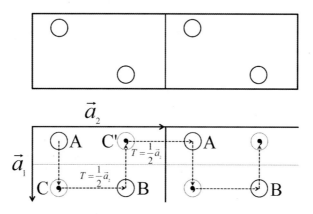

그림 1-42. 거울대칭 후 $T = 1/2 \cdot \vec{a}_2$ 병진조작하는 glide plane.

orthorhombic 결정계 단위포에서 A 위치와 B 위치의 원자는 매우 규칙적으로 배열되어 있지만, 1, 2, 3, 4, 6, m, $\bar{1}$, $\bar{4}$, $\bar{3}$, $\bar{6}$ 등의 점대칭조작으로는 표현될 수 없다. 좌측의 단위포에 있는 A에 있는 원자는 먼저 점선으로 표시된 거울면 대칭으로 C 위치 이동 후에 다시 $T = 1/2 \cdot \vec{a}_2$ 만큼 병진조작을 하면 B 위치로 이동하여 대칭관계가 얻어진다. 물론 B 위치의 원자는 다시 점선으로 표시된 거울면 대칭으로 C' 위치로 이동 후에 다시 $T = 1/2 \cdot \vec{a}_2$ 만큼 병진조작을 하면 우측의 단위포에 있는 A 위치 원자로 대칭 이동한다. 이와 같이 거울대칭과 병진조작이 동시에 포함되는 대칭조작을 glide plane 이라고 한다. 주목할 것은 거울대칭한 물체에는 콤마 표시가 되어 있다.

그림 1-43의 $\vec{a}_1$ 과 $\vec{a}_2$ 로 만들어진 2차원적인 4개의 orthorhombic 결정계 단위포에서 A 원자와 B 원자는 지면 위와 아래에 매우 규칙적으로 배열되어 있지만, 이미 배운 점대칭조작으로는 표현될 수 없다. 단위포 1에서 지면 위에 있는 A 원자와 지면 밑에 있는 B 원자는 먼저 $\vec{a}_1$ 과 $\vec{a}_2$ 로 만들어지는 지면과 평행한 $\vec{a}_3$ 면에서 거울대칭으로 지면 아래로 이동 후 $T = 1/2 \cdot \vec{a}_1 + 1/2 \cdot \vec{a}_2$ 만큼 병진조작을 하면 지면 아래의 B 원자로 대칭 이동한다. B 원자를 다시 지면과 평행한 $\vec{a}_3$ 면에서 거울대칭으로 지면 위로 이동 후 $T = 1/2 \cdot \vec{a}_1 + 1/2 \cdot \vec{a}_2$ 만큼 병진조작을 하면 단위포 4에 지면 위의 A 원자로 대칭 이동한다. 이와 같은 거울대칭과 병진조작이 동시에 같이 포함되는 대칭조작을 glide plane 이라고 한다.

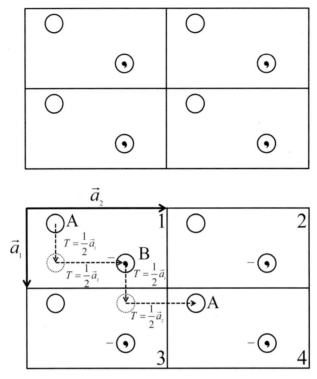

그림 1-43. 거울대칭 후 $T = 1/2 \cdot \vec{a}_1 + 1/2 \cdot \vec{a}_2$ 병진조작하는 glide plane.

■■ 1.9 Space group(공간군)

앞에서 언급했듯이 결정은 격자이며, 격자에는 동일한 이웃하는 환경을 가지는 점들인 격자점이 3차원적인 공간에서 규칙적인 배열을 하고 있다. 3차원적인 공간에서 모든 결정의 격자점 분포는 14개의 Bravais 격자로 분류될 수 있었다. 그런데 하나의 격자점에서 존재하는 대칭적으로 동등한 위치는 32개의 point group으로 분류할 수 있다. 따라서 Bravais 격자와 point group을 알고 있다면 결정 내에서 격자점의 위치와 그 격자점에 존재하는 동등한 위치를 규정할 수 있다. Space group(공간군)은 한 결정의 Bravais 격자 정보와 함께 격자점의 대칭요소인 point group의 정보를 모두 포함하여 결정을 분류한 것이다.

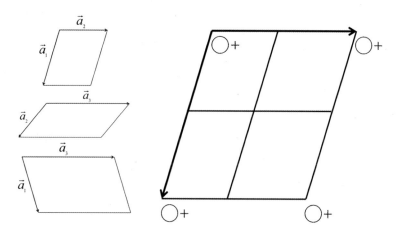

그림 1−44. Space group $P1$

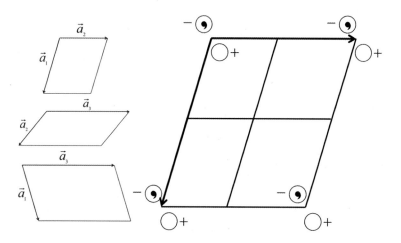

그림 1−45. Space group $P\bar{1}$

결정을 space group으로 분류할 때 지구 상에 존재하는 모든 결정을 230개의 space group으로 분류할 수 있다. 그런데 230개의 space group들은 먼저 symmorphic space group 과 nonsymmorphic space group으로 구분될 수 있다. Bravais 격자 정보와 격자점의 대칭 요소인 point group의 정보, 즉 2개의 정보로 3차원적인 구조를 완전히 표현할 수 있는 결정은 symmorphic space group에 속한다. 230개의 space group에서 symmorphic space group은 73개이며, 나머지 157개는 nonsymmorphic space group이다. 그런데 Bravais 격자

의 공간적인 대칭과 point group의 대칭요소뿐 아니라 격자점을 벗어나 screw axis이나 glide plane의 대칭요소를 가지는 결정들은 nonsymmorphic space group에 속하는 것이다.

그림 1-44에서는 symmorphic space group의 예로 space group $P1$을 보여 준다. 이 space group은 P triclinic 격자이며, point group 1로 만들어진다. 그림 1-44에서는 $\vec{a}_1$ 과 $\vec{a}_2$, $\vec{a}_1$과 $\vec{a}_3$, $\vec{a}_2$와 $\vec{a}_3$로 표현된 2차원적인 P triclinic 격자를 보여 주는데, 여기서 $a_1 \neq a_2 \neq a_3$, $\alpha \neq \beta \neq \gamma$임을 알 수 있다. Point group 1의 점대칭요소는 $\{1\}$로 단지 존재점대칭 1만이 존재하여 격자점에 동등한 위치는 한 곳 밖에 없음을 그림 1-44이 보여 주고 있다. space group $P1$이 230개 space group 중 1번 space group이다.

그림 1-45에서는 또 하나의 symmorphic space group의 예로 2번 space group인 space group $P\bar{1}$을 보여 준다. 이 space group은 P triclinic 격자로 그림 1-44와 같으며, point group $\bar{1}$로 만들어진다. 표 1-1과 같이 point group $\bar{1}$의 점대칭요소는 $\{1, \bar{1}\}$로 존재점대칭 1과 반전대칭 $\bar{1}$가 존재하여 격자점을 반전중심으로 동등한 위치가 2개가 있는 것을 그림 1-45가 보여 주고 있다. 여기서 원 옆에 있는 +와 −는 각각 지면 위와 아래를 뜻하며, 원 안의 콤마는 지면을 거울면으로 하는 대칭관계를 뜻한다.

그림 1-46은 $\vec{a}_1$과 $\vec{a}_2$, $\vec{a}_1$과 $\vec{a}_3$, $\vec{a}_2$와 $\vec{a}_3$로 표현된 2차원적인 orthorhombic 결정계 단위포와 격자점의 모서리에만 격자점이 존재하는 P orthorhombic 격자의 격자점 하나에 point group $mm2$이 존재하는 결정을 보여 준다. Orthorhombic 결정계이므로 $\alpha = \beta = \gamma = 90°$이고, a_1, a_2, a_3의 길이가 모두 다르다. 또한 모든 격자점에는 point group $mm2$의 동등한 위치 4개가 존재하는 것을 스테레오 투영에서 보여 준다. 이 그림은 한 결정의 Bravais 격자 정보와 함께 격자점의 대칭요소인 point group의 정보를 모두 포함하여 결정을 그려서 분류한 것이다. 그림 1-46으로 분류되는 결정은 25번째 space group이며, space group $Pmm2$이라 한다.

그림 1-47에서는 앞의 그림과 같이 orthorhombic 결정계이며, 격자점의 모서리들과 $\vec{a}_1$과 $\vec{a}_2$로 만들어지는 $\vec{a}_3$에 수직한 면의 중앙에만 격자점이 존재하는 C-base-centered orthorhombic 격자의 모든 격자점에 point group $mm2$이 존재하는 결정을 보여 준다. 그림 1-47로 분류되는 결정은 35번째 space group이며, space group $Cmm2$이라 한다. $Cmm2$에서 C는 $\vec{a}_3$에 수직한 면을 뜻한다.

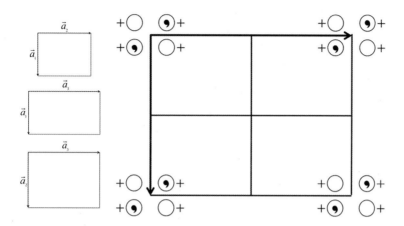

그림 1−46. Space group *Pmm2*.

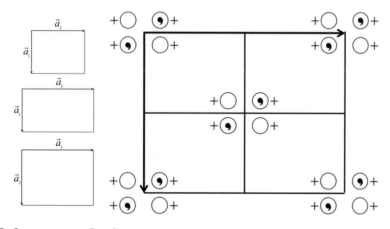

그림 1−47. Space group *Cmm2*.

또 하나의 예로 그림 1−48의 P orthorhombic 격자이며, 격자점 하나에 point group 222 이 존재하는 결정을 보여 준다. 격자점에 존재하는 동등한 위치는 point group 222을 스테레오 투영한 것과 표 1−3의 점대칭요소 {1, 3·2}에서 알 수 있다. point group 222 에는 4개의 동등한 위치가 3개의 2회전축에 의하여 얻어진다. P 격자이기 때문에 격자 모서리에만 격자점이 존재하며, 그림 1−48로 분류되는 결정은 16번째 space group이며, space group *P*222 이라 한다. 앞에서 소개한 5개의 space group은 모두 symmorphic space group으로 격자점의 공간적인 위치를 Bravais 격자와 각 격자점에 존재하는 점대칭요소

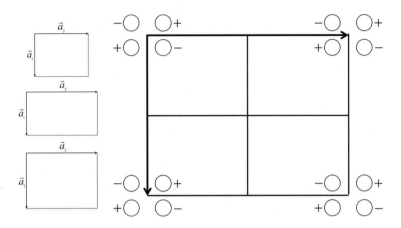

그림 1-48. Space group $P222$.

에 대한 정보인 point group의 정보를 포함하고 있다.

그런데 nonsymmorphic space group은 Bravais 격자의 공간적인 대칭과 point group의 대칭요소뿐 아니라 격자점을 벗어나 3차원 결정에 존재하는 screw axis나 glide plane의 대칭요소를 가지는 space group이다. 그림 1-49에는 nonsymmorphic space group의 한 예로 18번째 space group인 space group $P2_12_12$을 보여 준다. Space group $P2_12_12$은 space group $P222$과 같이 P orthorhombic 격자이며, 격자점 하나에 point group 222 이 존재한다. 즉, 하나의 격자점에는 4개의 동등한 위치가 존재하는 것이다. 그런데 2개의 동등한 위치는 격자의 모서리에 존재하지만, 나머지 2개의 동등한 위치는 2회전대칭 조작과 함께 병진조작을 포함하는 screw axis 2_1 대칭조작으로 얻어진다. 자세히 설명하 면 모서리에 있는 2개의 동등한 위치를 $\vec{a}_1$을 회전축으로 180° 회전 후, 다시 $T = 1/2 \cdot \vec{a}_1 + 1/2 \cdot \vec{a}_2$ 만큼 병진조작을 하면 $\vec{a}_1$과 $\vec{a}_2$로 만들어지는 면 중앙에 2개의 동등 한 위치가 얻어지는 것이다. 이와 같이 space group의 대칭요소에 screw axis 또는 glide plane이 포함되는 경우 space group을 nonsymmorphic space group이라 하며, 모두 157 개가 있다.

결정은 격자이며, 격자에는 격자점이 3차원적인 공간에서 규칙적인 배열을 하고 있으 며, 격자점 분포는 모두 14개의 Bravais 격자로 분류될 수 있었다. 또한 하나의 격자점 에 존재하는 대칭적으로 동등한 위치는 32개의 point group으로 분류할 수 있다. space

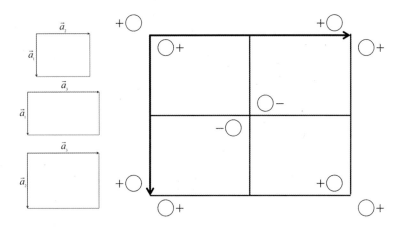

그림 1-49. Space group $P2_12_12$.

group은 한 결정의 Bravais 격자 정보와 함께 격자점의 대칭요소인 point group의 정보 및 격자점을 벗어나 존재하는 screw axis, glide plane 등의 정보까지 모두 포함하여 결정을 분류한 것이다. 모든 결정은 230개의 space group으로 분류할 수 있는데, 우리가 한 결정의 space group을 알면 이 space group에 포함되는 모든 대칭 정보를 'International table for crystallography'라는 책으로부터 얻을 수 있는 것이다.

제1장 연습문제

01. 결정립의 크기가 50 μm × 50 μm × 50 μm인 결정립이 있다. 이 재료가 cubic($a_1 = a_2 = a_3 = 0.2$ nm) 결정 구조를 가진다면 몇 개의 cubic 단위포가 한 방향으로 배열되어 있는가? 또한 몇 개의 단위포가 이 결정립에 존재하는가?

02. 단결정(single crystal)과 다결정(poly crystal)의 공통점과 차이점은 무엇인가?

03. 다음의 좌측 결정과 우측 결정에서 가능한 회전대칭조작에는 무엇이 있는가?

04. (a) 6, m, $\bar{1}$, $\bar{3}$, $\bar{6}$, $\bar{4}$ 점대칭조작들은 각각 무엇을 뜻하는가? (b) 왜 5라는 회전대칭조작은 존재하지 않는가? (c) 다음의 그림이 뜻하는 것은 무엇이며, 어떤 대칭을 뜻하는가?

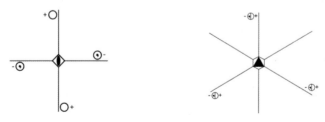

05. 다음 그림에서 e_1의 동등한 위치가 몇 군데 있으며, 어떠한 점대칭조작에 의하여 이와 같은 동등한 위치를 얻을 수 있는가?

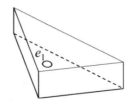

06. PF_3Cl_2, H_2O, NH_3 분자의 형태가 다음과 같다. 이 구조에서 가능한 점대칭조작들을 구하라.

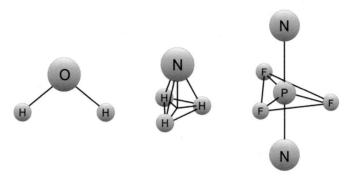

07. x, y, z 축으로 3차원 좌표축이 만들어진다. x, y면으로 스테레오 투영한다. x 방향과 45°, y 방향과 45°, z 방향과 90°인 방향을 3차원 좌표축에 표시하고, 이 방향을 스테레오 투영하라. 또한 x 방향과 90°, y 방향과 45°, z 방향과 45°인 방향을 3차원 좌표축에 표시하고, 이 방향을 스테레오 투영하라.

08. 다음의 점대칭요소들을 스테레오 투영에서 동등한 위치를 표시하라.
$\{1, 2, \overline{1}, m\}$, $\{1, 2 \cdot 4, 2\}$, $\{1, 2 \cdot \overline{4}, 2\}$, $\{1, 3 \cdot 2, 2 \cdot m, 2 \cdot \overline{4}\}$

09. 결정계(crystal system) 7개의 격자벡터의 길이를 각각 비교하라.

10. 단위포의 면에 놓이는 격자점이 항상 면의 중앙에만 놓여야 격자점으로 인정받는 이유는 무엇인가?

11. C-base-centered tetragonal은 존재하지 않는 이유는 무엇인가?

12. P monoclinic의 C-면에 격자점을 추가해도 새로운 격자로 인정받지 못하는 이유는 무엇이며, B-면에 격자점을 추가하면 새로운 격자로 인정하는 이유는 무엇인가?

13. 대칭요소가 가장 많은 점군과 가장 적은 점군은 무엇인가?

14. 다음 점군들에 존재하는 대칭요소는 무엇인가?

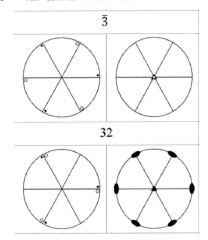
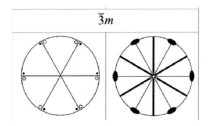

15. 16번째 공간군 $P222$의 점군은 222이고, P orthorhombic lattice이다. 결정격자의 형태를 상 상해서 작도하라.

■■ 2.1 결정의 분류법

1장에서 언급하였듯이 결정을 분류하는 방법에는 (1) 7개의 crystal system(결정계), (2) 14개의 Bravais 격자, (3) 32개의 point group(점군), (4) 230개의 space group(공간군) 이 있다. 즉, 모든 결정은 이 4가지의 분류법에 따라 분류될 수 있는 것이다.

결정계를 분류할 때에는 격자벡터 $\vec{a}_1$, $\vec{a}_2$, $\vec{a}_3$의 길이 a_1, a_2, a_3와 격자벡터의 사 잇각 α, β, γ로 분류한다. 격자점으로 만들어지는 7개의 결정계 단위포는 당연히 모 두 격자이다. 새로운 격자점이 결정계의 특정한 위치에 놓여도 모든 격자점에서 동등한 이웃 환경이 얻어지는 조건을 수학적으로 밝혀, Bravais는 7개의 새로운 격자를 추가하 였다. 모든 결정은 14개의 Bravais 격자 중에 하나로 분류될 수 있다. 격자점에 존재하 는 점대칭조작에는 1, 2, 3, 4, 6, m, $\bar{1}$, $\bar{4}$, $\bar{3}$, $\bar{6}$이 있다. 결정 내에서 동일한 환 경을 가지는 격자점들에서 가능한 점대칭조작을 그룹으로 모아놓은 것을 point group이 라 한다.

Bravais 격자와 point group을 알고 있다면 결정 내에서 격자점의 위치와 그 격자점에 존재하는 동등한 위치를 규정할 수 있다. 230개의 space group은 한 결정의 Bravais 격자 정보와 함께 격자점의 대칭요소인 point group의 정보를 모두 포함하여 결정을 분류한 것이다. 따라서 우리가 한 결정의 space group을 알면 space group에 포함되는 모든 대칭 정보는 'International table for crystallography'라는 책으로부터 얻을 수 있는 것이다.

이 장에서는 우리 주위에 있는 실제 결정을 대칭의 관점에서 몇 가지를 소개할 것이 다. 그리고 이 결정들이 어떻게 (1) 7개의 결정계, (2) 14개의 Bravais 격자, (3) 32개의 point group, (4) 230개의 space group으로 분류되는지 그 분류 방법에 대하여 설명할 것이 다.

■■ 2.2 결정에 존재하는 대칭의 측정

원자가 규칙적으로 배열된 결정을 3차원적으로 직접 관찰할 수 있다면 우리는 직접 결정에 존재하는 대칭을 분류할 수 있을 것이다. 그러나 고체 결정에 존재하는 원자의

그림 2-1. Ultra-high resolution TEM으로 관찰한 Au 원자의 반복적인 배열(Courtesy of Dr. J.P. Ahn, 한국과학기술연구원).

크기는 대부분 1 nm 이하이기 때문에 100만 배 이상의 배율로 관찰 가능한 현미경의 사용이 요구된다. 2010년도에 Ultra-high resolution TEM이라는 투과전자현미경이 상용화되기 시작하여 철이나 알루미늄 같은 금속 재료나 Si 같은 반도체 재료를 직접 관찰하는 기법이 소개되었다. 그러나 아직도 재료에 존재하는 결정 구조를 직접 관찰하는 것보다는 회절(diffraction)이라는 현상을 이용하여 결정에 존재하는 대칭을 간접적으로 측정한다.

그림 2-1은 Ultra-high resolution TEM으로 관찰한 하나의 결정질 재료인 Au(금)의 미세조직이다. Au 원자의 반복적인 배열을 명확하게 보여 주며, 원자들로부터 얻어지는 콘트라스트가 매우 규칙적으로 얻어지는 것을 보여 준다. 이와 같은 미세조직 이미지는 원자의 위치와 원자들의 배열을 명확히 보여 주기 때문에 결정에 존재하는 격자점의 격자벡터 $\vec{a}_1$, $\vec{a}_2$, $\vec{a}_3$의 정보를 제공하며, 이 결정에 존재하는 대칭요소에 대한 정보도 직접 제공한다. 그러나 그림 2-1이 보여 주듯이 투과전자현미경(TEM)의 미세조직 이미지는 불행히도 2차원적으로 평면적인 것이다. 따라서 3차원적인 결정학적 정보를 제공하는 것에는 항상 한계가 있는 것이다.

그림 2-2는 투과전자현미경으로 관찰한 수십 nm 크기를 가지는 주석산화물 분말의 미세조직과 함께 격자 이미지(lattice image)를 보여 준다. 미세조직에서는 주석산화물의 크기와 형태를 보여 주지만, 격자 이미지에서는 원자들의 위치와 함께 원자들이 평행하게 놓여져 특정한 결정면을 만들고 있는 것을 보여 준다.

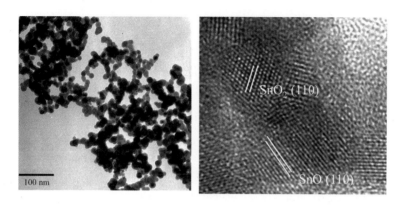

그림 2-2. 투과전자현미경으로 관찰한 주석산화물 분말의 미세조직과 격자 이미지.

TEM 격자 이미지에서는 원자들이 직접 관찰되지만, 결정학에서는 결정에 존재하는 원자 또는 격자점들의 위치 또는 격자에 존재하는 대칭요소를 얻는데 대부분 회절상 (diffraction pattern)을 이용한다. 그림 2-3은 투과전자현미경으로 얻은 한 단결정의 회절 상을 보여 준다. 결정인 격자가 대단히 규칙적인 것과 같이 회절상도 매우 규칙적인 것을 보여 준다. 또한 실제 결정인 격자에 대칭이 존재하는 것과 같이 회절상에도 대칭이 존재한다. 4장에서는 격자와 회절상의 관계를 정의한 역격자(reciprocal lattice)에 대하여 공부할 것이다. 이 회절상에는 60° 회전대칭이 존재하는 것을 금방 알 수 있다. 4장에서

그림 2-3. 60° 회전대칭이 존재하는 단결정의 회절상.

는 격자로부터 얻어지는 회절상을 역격자라는 개념을 도입하여 해석할 것이다. 그림 2-3의 회절상에서 각 점들은 회절점(diffraction point)이라 하며 역격자점(reciprocal lattice point)에 상응하는 것이다.

그림 2-4는 역시 투과전자현미경으로 얻은 한 단결정의 회절상이다. 이 회절상에는 그림 2-3과는 다른 형태로 회절상이 얻어졌으며, 다른 형태의 대칭인 90° 회전대칭이 그림 2-4의 회절상에 존재함을 보여 준다. 대부분의 결정학자들은 결정으로부터 측정되는 이와 같은 회절상을 해석하여 결정에 존재하는 대칭요소를 찾아내어 결정의 결정계, Bravais 격자, point group, space group 등을 판단한다.

그림 2-5는 주사전자현미경(SEM)으로 얻은 하나의 단결정 회절상이다. 여기에는 하나의 결정면으로부터 회절에 의하여 형성되는 한쌍의 평행한 선들로 구성된 Kikuchi 회절상이 보여진다. 이것은 SEM에 부착된 EBSD(Electron BackScattered Diffraction) 검출기의 형광판에 형성된 Kikuchi 회절상의 하나의 예로, 다양한 방향으로 다양한 폭을 가지는 Kikuchi 선들이 보여지고 있다. Kikuchi 선들은 각각 회절을 일으킨 결정면의 대칭과 결정면 간격 등의 정보를 가지고 있다.

재료공학에서 자주 사용하는 X-ray 회절도 재료의 결정분석에 널리 사용되고 있다.

그림 2-4. 90° 회전대칭이 존재하는 단결정의 회절상.

그림 2-5. 단결정의 Kikuchi 회절상.

X-ray 회절상은 우리가 모르는 결정의 상(phase) 분석에 널리 사용되어 왔으며, 현재에도 X-ray 회절은 결정질 재료를 분석하는 가장 기본적인 분석기기로 미지의 상을 분석하고, 덩어리 물질의 집합조직과 잔류응력 측정 또는 박막시료의 결정성 측정 등 다양한 분야에 매우 유용하게 사용되고 있다. 이에 대해서는 6장, 7장, 8장에서 자세히 다룰 것이다.

■■ 2.3 *Pm3̄m* space group

Space group *Pm3̄m* 으로 분류되는 결정의 결정계는 cubic이며, Bravais 격자는 simple cubic, point group은 *m3̄m* 으로 분류된다. 결정계가 cubic이므로 격자벡터 $\vec{a}_1$, $\vec{a}_2$, $\vec{a}_3$ 의 길이 $a_1 = a_2 = a_3$ 이며, 사잇각 $\alpha = \beta = \gamma = 90°$ 이다. 또한 Bravais 격자가 simple cubic 이므로 단지 단위포의 모서리에만 격자점이 존재한다. Point group은 *m3̄m* 이므로 point group을 스테레오 투영한 그림 2-6에서와 같이 하나의 격자점에 모두 48개의 동등한 위치가 존재할 수 있다.

그림 2-7은 격자점에 단지 하나의 원자만 존재하는 space group *Pm3̄m* 의 가상적인 단위포를 보여 준다. 여기서 원자는 구의 형태를 가진다고 가정하였는데, 이 책에서는

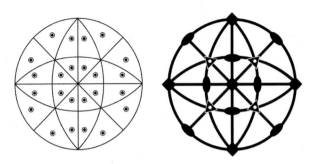

그림 2-6. Point group $m\bar{3}m$의 스테레오 투영.

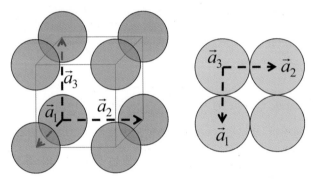

그림 2-7. 단원자 격자점을 가지는 space group $Pm\bar{3}m$의 단위포.

모든 고체 원자가 구의 형태를 가지는 것으로 가정할 것이다. 그림 2-7에서 원자의 반경 r은 격자벡터 길이 $a_1 = a_2 = a_3$의 1/2이다. 재미있게도 자연에는 단원자의 격자점을 가지며, 그림 2-7과 같은 결정 구조를 가지는 원소는 주기율표에 존재하지 않는다. 그 이유가 무엇일까?

그림 2-8은 2개의 이온인 하나의 Cs^+ 원자 이온과 하나의 Cl^- 원자 이온이 하나의 격자점을 만드는 CsCl 결정의 단위포를 보여 준다. 이 CsCl 결정도 그림 2-7과 같이 space group $Pm\bar{3}m$로 분류된다. 따라서 이 결정의 결정계는 cubic이며, Bravais 격자는 simple cubic, point group은 $m\bar{3}m$으로 그림 2-7과 역시 동일하다. CsCl 결정의 단위포를 구성하는 격자벡터의 길이인 격자상수(lattice parameter)는 $a_1 = a_2 = a_3 =$0.4123 nm이다.

그림 2-8은 2차원적으로 격자벡터 $\vec{a}_1$, $\vec{a}_2$로 만들어진 평면에 놓여진 하나의 Cs^+ 원자 이온과 하나의 Cl^- 원자 이온들의 배열을 보여 준다. Cs^+ 원자 이온의 중심을 점선으로 표시해도 또는 Cl^- 원자 이온의 중심을 점선으로 표시해도 똑같은 격자벡터로

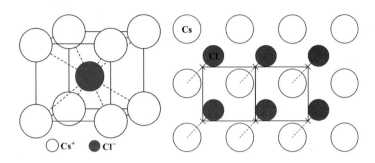

그림 2-8. CsCl 결정의 단위포.

cubic 결정이 만들어지는 것을 알 수 있다. 재미있게도 Cl⁻ 원자 이온과 Cs⁺ 원자 이온 중간의 한 일정한 거리에 한 점 ×을 표시해도 이 점 ×들이 똑같은 격자벡터로 cubic 결정이 만들어지는 것을 그림 2-8이 보여 준다.

앞의 그림에서와 같이 한 격자점에 존재하는 모든 원자들 각각은 그 격자에 존재하는 병진운동 $T = m \cdot \vec{a}_1 + n \cdot \vec{a}_2 + p \cdot \vec{a}_3$ 에 의하여 동등한 격자점 위치에 놓이게 되는 것이다. 또한 한 격자점에 존재하는 모든 동등한 위치도 그림 2-8과 같이 동등한 격자점 위치의 자격을 가지는 것이다. 따라서 격자점은 격자점을 구성하는 원자들의 중심이 아니라 격자점을 구성하는 공간의 한 동등한 위치인 것이다. 이런 격자점에서는 그 격자가 가지고 있는 대칭, 즉 결정계, Bravais 격자, point group, space group의 대칭요소들을 모두 가지는 것이다.

많은 금속간 화합물(intermetallic compound)은 space group $Pm\overline{3}m$으로 분류되는 결정구조를 가진다. 그림 2-9에서 보여지는 CuZn의 결정 구조도 CsCl과 같은 결정 구조를 가지는데, 한 격자점은 각각 하나의 Cu 원자와 하나의 Zn 원자로 이루어진다. 이런 형태의 결정 구조를 Strukturbericht(독일어로 structure report를 뜻함) notation으로 $L2_0$ 구조라 한다. 이와 같은 금속간 화합물의 결정 구조에 대한 자료는 'Pearson's Handbook of Crystallographic Data for Intermetallic Phase'라는 책에서 찾아볼 수 있다. 이 책의 3027 페이지에 나오는 CuZn의 data를 편집한 것을 그림 2-10에 나타내었다.

그림 2-10에서 *Structure Type*이 ClCs, *Space Group*이 $Pm\overline{3}m$, *No.* 221인 것을 알 수 있다. 그 아래에는 격자상수 $a = 0.2959\,nm$가 쓰여있다. 다음에는 Cu와 Zn 원자에서 모두 point group $m\overline{3}m$의 대칭요소가 존재하는 것이 표기되어 있으며, 단위포에서 Cu

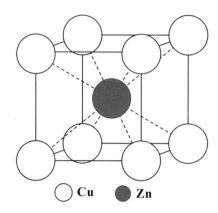

○ Cu   ● Zn

그림 2-9. CuZn 결정의 단위포.

CuZn	Structure Type			Pearson Symbol		Space Group		No.
$a = 0.2959$ nm	ClCs			cP2		$Pm\bar{3}m$		221
Cu	1a	$m\bar{3}m$	$x=0$	$y=0$	$z=0$	$occ.=1$		
Zn	1b	$m\bar{3}m$	$x=1/2$	$y=1/2$	$z=1/2$	$occ.=1$		

Comments: High-temperature phase stable above 741K; sample composition is $Cu_{1.05}Zn_{0.95}$
T-, *p-* or *concen.dependence*: Cu_xZn_{1-x}, x=0.523-0.549, a=0.29539-0.29490 nm, linear dependence
Reference: L.H.Beck and C.S. Smith, "*Copper-Zinc Composition Diagram, Redetermined In The Vicinity of the Beta Phase by Means of Quantitative Metallography.*" TRANSACTIONS OF THE AMERICAN INSTITUTE OF MINING, METALLURGICAL AND PETROLEUM ENGINEERS (TRANSACTIONS AIME), 194, 1079-1083(1952)

그림 2-10. CuZn의 결정 구조 정보(Crystallographic Data Handbook).

원자와 Zn 원자의 위치가 (x, y, z) 좌표로 보여진다. Cu 원자와 Zn 원자의 point group이 같기 때문에 Cu 원자와 Zn 원자의 위치가 서로 바뀌어도 동등한 것이다. 그 옆에는 *occ.*=1이 쓰여 있는데 이것은 1개 원자가 (x, y, z) 위치에 놓여있다는 것이다. 그 밑에는 회절 실험한 방법 등이 기록되어 있으며, 이 결정이 존재하는 조건과 함께 이 자료가 발표된 문헌이 보여진다.

Strukturbericht notation으로 $L2_0$ 구조, space group $Pm\bar{3}m$, No. 221으로 분류되는 금속간 화합물에는 FeCo, NiAl, FeAl, AgMg 등이 있다. 이 모든 금속간 화합물은 2개의 다른 원자 A와 B가 같은 수를 가지고 AB 화합물을 만드는 것에 주목하자. 이와 같은 AB 금속간 화합물의 특징은 2개의 다른 원자 사이의 결합력이 아주 높아 AB의 용융점(melting point)이 A 또는 B 한 금속의 용융점보다 높은 특징을 가진다.

그림 2-11은 $AuCu_3$의 결정 구조이다. 이 결정의 한 격자점은 각각 하나의 Au 원자와 3개의 Cu 원자로 만들어진다. 이런 형태의 결정 구조를 Strukturbericht notation으로 $L1_2$

구조라 한다. AuCu3, Ni3Fe, Ni3Al 등이 이런 $L1_2$ 구조를 가진다.

AuCu3의 결정 구조는 단위포 모서리에 Au 원자가 놓이고 단위포의 모든 면에 Cu 원자가 놓이는 비교적 복잡한 형태로 단위포가 만들어지나, 이와 같은 구조는 한 결정 내에서는 항상 반복성을 가지며, 규칙적으로 배열되어 있는 것이다. AuCu3의 결정 구조는 space group $Pm\overline{3}m$으로 분류되고, 이 결정의 결정계는 cubic이며, Bravais 격자는 simple cubic, point group은 $m\overline{3}m$으로 분류된다.

그림 2-12는 그림 2-10과 같이 Crystallographic Data Handbook의 AuCu3의 data를 편집한 것이다. *Structure Type*이 AuCu3, *Space Group*이 $Pm\overline{3}m$, *No.* 221인 것을 알 수 있다. 그 아래에는 격자상수 $a = 0.3748$ nm가 쓰여있다. 다음에는 Au 원자의 point group $m\overline{3}m$이며, 단위포에서 Au 원자의 위치 좌표가 $(x = 0,\ y = 0,\ z = 0)$ 보여진다. 물론 Au 원자의 위치는 하나의 Au 원자와 3개의 Cu 원자로 이루어지는 한 격자점을 대표한다. AuCu3 단위포의 면에 놓여있는 Cu는 한 단위포에 3개가 존재하며, Cu 원자들은 point group $4/mmm$ 의 점대칭조작요소를 가진다. 단위포에서 대표적인 Cu 원자의 위

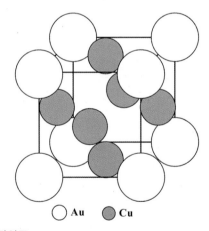

○ Au　● Cu

그림 2-11. AuCu3 결정의 단위포.

AuCu$_3$	Structure Type	Pearson Symbol	Space Group	No.
$a = 0.3748$ nm	AuCu$_3$	cP4	$Pm\overline{3}m$	221
Au　1a	$m\overline{3}m$	$x=0$　$y=0$　$z=0$　occ.=1		
Cu　3c	$4/mm.m$	$x=0$　$y=1/2$　$z=1/2$　occ.=1		

그림 2-12. AuCu3의 결정구조 정보(Crystallographic Data Handbook).

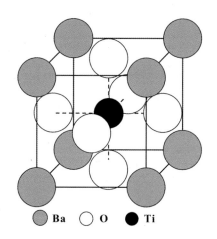

그림 2-13. BaTiO₃ 결정의 단위포.

치 좌표는 $(x=0,\ y=1/2,\ z=1/2)$이다.

그림 2-13은 space group $Pm\bar{3}m$인 BaTiO₃ 화합물의 단위포를 보여 준다. 이 BaTiO₃ 격자점은 하나의 Ba 원자와 3개의 O 원자와 1개의 Ti 원자로 만들어진다. 따라서 이렇게 복잡한 형태를 가지는 BaTiO₃ 화합물도 Ba 원자를 격자점으로 취급하면 Ba 원자의 위치 좌표는 $(x=0,\ y=0,\ z=0)$이며, 3개의 O 원자의 위치 좌표는 각각 $(x=0,\ y=1/2,\ z=1/2)$, $(x=1/2,\ y=1/2,\ z=0)$, $(x=1/2,\ y=0,\ z=1/2)$이다. 그리고 1개의 Ti 원자의 좌표는 $(x=1/2,\ y=1/2,\ z=1/2)$가 된다. 물론 BaTiO₃ 화합물은 cubic 결정계, simple cubic Bravais 격자, point group $m\bar{3}m$으로 분류된다.

'International Tables for Crystallography, Volume A Space-Group Symmetry'라는 책에는 32개의 point group들에 대한 정보 자료와 함께 230개의 space group에 대한 정보 자료가 수록되어 있다. 그림 2-14는 이 책의 662와 663페이지에 있는 221번째 space group $Pm\bar{3}m$의 정보자료를 간단히 편집한 것이다. 맨 윗줄에는 $Pm\bar{3}m$, O_h^1, $m\bar{3}m$, Cubic이 쓰여져 있다. 먼저 국제표기법에 따른 space group의 이름, Schonenflies 표기법으로 space group의 이름, space group에 포함되는 point group의 이름, 결정계의 이름이 순서대로 표기되어 있다. 또한 그 아래 줄에는 space group의 순서 *No.* 221 이 표기되어 있다.

그 아래의 Position은 space group $Pm\bar{3}m$의 단위포(unit cell)에서의 동등한 좌표 x, y, z의 정보를 제공한다. 그런데 동등한 좌표(coordinate)의 위치는 x, y, z 각각의 값에 의존한다. 여기서는 단위포를 이루는 격자벡터 $\vec{a}_1$, $\vec{a}_2$, $\vec{a}_3$가 만드는 공간에서 격자벡터의 길이를 모두 단위길이 1로 normalize하여 단위포 내의 좌표의 위치 x, y, z를 fractional 좌표로 표시한다. 즉, $x, y, z = \dfrac{1}{2}, \dfrac{1}{2}, \dfrac{1}{2}$은 단위포의 중앙을 뜻한다.

그림 2-14에서 Position의 맨 왼쪽 열에는 단위포(unit cell)에서의 한 좌표 x, y, z에 동등한 위치의 개수가 표기되어 있다. 한 좌표의 동등한 숫자를 multiplicity factor(다중인자)라 한다. 그 다음 열에는 Wyckoff letter가 a, b, c ⋯ l, m, n 순으로 쓰여있는데, 이것은 동등한 숫자의 좌표를 가지는 좌표들을 group으로 만들어 그 group의 이름을 부여한 것이다. 다음 열은 각 group에 있는 좌표 x, y, z들에 존재하는 site symmetry를 표기한 것이다. 예를 들면, space group $Pm\bar{3}m$의 단위포에서 원점인 $x, y, z = 0, 0, 0$에는 point group $m\bar{3}m$에 존재하는 모든 대칭요소의 대칭조작이 가능한 것이다. 이에 반하여 위치 $x, y, z = \dfrac{1}{2}, \dfrac{1}{3}, \dfrac{1}{4}$에는 단지 존재 점대칭요소 1만 존재하는 것이다.

마지막 열에는 각 group에 존재하는 동등한 좌표들을 보여 준다. 예를 들면, n group에 있는 좌표 x, y, z는 모두 다른 x, y, z를 가진다. 즉, $x \neq y \neq z$이다. $x, y, z = \dfrac{1}{2}, \dfrac{1}{3}, \dfrac{1}{4}$이 여기에 해당한다. m group에 있는 좌표 x, y, z들은 2개가 같거나 또는 크기가 같고, 부호가 반대이다. 예를 들면, $x, y, z = \dfrac{1}{3}, \dfrac{1}{3}, \dfrac{1}{4}$ 또는 $x, y, z = \dfrac{1}{3}, \dfrac{-1}{3}, \dfrac{1}{4}$ 등이 이 group에 속하는 것이다.

'International Tables for Crystallography, Volume A Space-Group Symmetry'에 수록된 230개의 space group에 대한 자료에는 그림 2-14 이외에도 다양한 space group에 대한 정보를 제공한다. 먼저 도식적으로 각 격자점에 존재하는 동등한 위치를 보여 주며, space group 결정에 존재하는 다양한 회전축과 거울면의 위치를 도식적으로 보여 준다. 또한 space group에 속하는 결정으로 회절 시험할 때 결정면 지수에 따라 회절이 일어나는 여부도 가르쳐 준다. 예를 들면, space group $Pm\bar{3}m$ 결정에서는 모든 지수의 (hkl) 결정면에서 회절이 가능하다고 표기되어 있다.

$Pm\bar{3}m$			O_h^1				$m\bar{3}m$			Cubic

No.221

Positions

Multiplicity, Wyckoff letter, Site symmetry			Coordinates			
48	n	1	$(1)\,x,y,z$	$(2)\,\bar{x},\bar{y},z$	$(3)\,\bar{x},y,\bar{z}$	$(4)\,x,\bar{y},\bar{z}$
			$(5)\,z,x,y$	$(6)\,z,\bar{x},\bar{y}$	$(7)\,\bar{z},\bar{x},y$	$(8)\,\bar{z},x,\bar{y}$
			$(9)\,y,z,x$	$(10)\,\bar{y},z,\bar{x}$	$(11)\,y,\bar{z},\bar{x}$	$(12)\,\bar{y},\bar{z},x$
			$(13)\,y,x,\bar{z}$	$(14)\,\bar{y},\bar{x},\bar{z}$	$(15)\,y,\bar{x},z$	$(16)\,\bar{y},x,z$
			$(17)\,x,z,\bar{y}$	$(18)\,\bar{x},z,y$	$(19)\,\bar{x},\bar{z},\bar{y}$	$(20)\,x,\bar{z},y$
			$(21)\,z,y,\bar{x}$	$(22)\,z,\bar{y},x$	$(23)\,\bar{z},y,x$	$(24)\,\bar{z},\bar{y},\bar{x}$
			$(25)\,\bar{x},\bar{y},\bar{z}$	$(26)\,x,y,\bar{z}$	$(27)\,x,\bar{y},z$	$(28)\,\bar{x},y,z$
			$(29)\,\bar{z},\bar{x},\bar{y}$	$(30)\,\bar{z},x,y$	$(31)\,z,x,\bar{y}$	$(32)\,z,\bar{x},y$
			$(33)\,\bar{y},\bar{z},\bar{x}$	$(34)\,y,\bar{z},x$	$(35)\,\bar{y},z,x$	$(36)\,y,z,\bar{x}$
			$(37)\,\bar{y},\bar{x},z$	$(38)\,y,x,z$	$(39)\,\bar{y},x,\bar{z}$	$(40)\,y,\bar{x},\bar{z}$
			$(41)\,\bar{x},\bar{z},y$	$(42)\,x,\bar{z},\bar{y}$	$(43)\,x,z,y$	$(44)\,\bar{x},z,\bar{y}$
			$(45)\,\bar{z},\bar{y},x$	$(46)\,\bar{z},y,\bar{x}$	$(47)\,z,\bar{y},\bar{x}$	$(48)\,z,y,x$
24	m	$..m$	x,x,z $\bar{x},\bar{x},z$ $\bar{x},x,\bar{z}$ $x,\bar{x},\bar{z}$ z,x,x $z,\bar{x},\bar{x}$			
			$\bar{z},\bar{x},x$ $\bar{z},x,\bar{x}$ x,z,x $\bar{x},z,\bar{x}$ $x,\bar{z},\bar{x}$ $\bar{x},\bar{z},x$			
			$x,x,\bar{z}$ $\bar{x},\bar{x},\bar{z}$ $x,\bar{x},z$ $\bar{x},x,z$ $x,z,\bar{x}$ $\bar{x},z,x$			
			$\bar{x},\bar{z},\bar{x}$ $x,\bar{z},x$ $z,x,\bar{x}$ $z,\bar{x},x$ $\bar{z},x,x$ $\bar{z},\bar{x},\bar{x}$			
6	e	$4/m.m$	$x,0,0$ $\bar{x},0,0$ $0,x,0$ $0,\bar{x},0$ $0,0,x$ $0,0,\bar{x}$			
3	d	$4/mm.m$	$\frac{1}{2},0,0$ $0,\frac{1}{2},0$ $0,0,\frac{1}{2}$			
3	c	$4/mm.m$	$0,\frac{1}{2},\frac{1}{2}$ $\frac{1}{2},0,\frac{1}{2}$ $\frac{1}{2},\frac{1}{2},0$			
1	b	$m\bar{3}m$	$\frac{1}{2},\frac{1}{2},\frac{1}{2}$			
1	a	$m\bar{3}m$	$0,0,0$			

그림 2-14. Space group $Pm\bar{3}m$의 정보자료(International Tables for Crystallography).

■■■ 2.4 $Im\bar{3}m$ space group

Space group $Im\bar{3}m$ 으로 분류되는 결정의 결정계는 cubic이며, Bravais 격자는 body-centered cubic이며, point group은 $m\overline{3}m$으로 분류된다. 결정계가 cubic이므로 격자벡터 $\vec{a}_1$, $\vec{a}_2$, $\vec{a}_3$ 의 길이 $a_1 = a_2 = a_3$ 이며, 사잇각 $\alpha = \beta = \gamma = 90°$이다. 또한 Bravais 격자가 body centered cubic이므로 단위포의 모서리와 단위포의 중앙에 격자점이 존재한다. Point group은 $m\overline{3}m$이므로 point group을 스테레오 투영한 그림 2-6과 같이 모두 48개의 동등한 위치가 하나의 격자점에 존재할 수 있다.

그림 2-15는 space group $Im\overline{3}m$ 의 실제 예로 격자점에 단지 하나의 Fe(철) 원자만 존재하는 Fe 격자의 단위포를 보여 준다. 여기서 Fe 원자는 구의 형태를 가진다고 가정하였고, 실제의 크기와는 다르다. 그림 2-16의 Handbook of Crystallographic Data의 Fe의 data에 의하면, Fe의 *Structure Type*이 W이며, *Space Group*이 $Im\overline{3}m$, *No.* 229인 것을 알 수 있다. 격자상수는 $a = 0.29315$ nm이며, 2개의 원자가 한 단위포에 있다. 대표적인 좌표는 $(x = 0,\ y = 0,\ z = 0)$이며, 격자점들에서 $m\overline{3}m$의 대칭요소가 존재하는 것이 표기되어 있다.

그림 2-17은 International Tables for Crystallography의 702-703페이지에 있는 229번째 space group $Im\overline{3}m$ 의 정보자료를 간단히 편집한 것을 보여 준다. 맨 윗줄에는

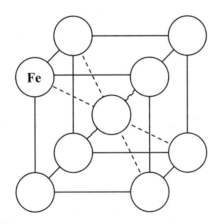

그림 2-15. Fe 결정의 단위포.

Fe	Structure Type		Pearson Symbol		Space Group		No.
$a = 0.29315$ nm	W		$cI2$		$Im\overline{3}m$		229
Fe 2a	$m\overline{3}m$	$x=0$		$y=0$		$z=0$ $occ.=1$	

그림 2-16. Fe의 결정구조 정보(Crystallographic Data Handbook).

$Im\overline{3}m$, O_h^9, $m\overline{3}m$, Cubic이 쓰여있다. 이것의 설명은 **그림 2-14**와 같다.

앞에서 설명한 space group $Pm\overline{3}m$과 같이 space group $Im\overline{3}m$도 a, b, c ⋯ j, k, l 순으로 동등한 숫자의 좌표를 가지는 12개의 group으로 구분된다. 여기서 주목할 것은 3번째 행인 Coordinates 행에 $(0,0,0)+$와 함께 $(\frac{1}{2},\frac{1}{2},\frac{1}{2})+$가 표기되어 있는 것이다.

$Im\overline{3}m$			O_h^9		$m\overline{3}m$		Cubic	
No.229								
Positions								
Multiplicity, Wyckoff letter, Site symmetry			Coordinates $(0,0,0)+$ $(\frac{1}{2},\frac{1}{2},\frac{1}{2})+$					
96	l	1	$(1)\,x,y,z$	$(2)\,\overline{x},\overline{y},z$	$(3)\,\overline{x},y,\overline{z}$	$(4)\,x,\overline{y},\overline{z}$		
			$(5)\,z,x,y$	$(6)\,z,\overline{x},\overline{y}$	$(7)\,\overline{z},\overline{x},y$	$(8)\,\overline{z},x,\overline{y}$		
			$(9)\,y,z,x$	$(10)\,\overline{y},z,\overline{x}$	$(11)\,y,\overline{z},\overline{x}$	$(12)\,\overline{y},\overline{z},x$		
			$(13)\,y,x,\overline{z}$	$(14)\,\overline{y},\overline{x},\overline{z}$	$(!5)\,y,\overline{x},z$	$(16)\,\overline{y},x,z$		
			$(17)\,x,z,\overline{y}$	$(18)\,\overline{x},z,y$	$(19)\,\overline{x},\overline{z},\overline{y}$	$(20)\,x,\overline{z},y$		
			$(21)\,z,y,\overline{x}$	$(22)\,z,\overline{y},x$	$(23)\,\overline{z},y,x$	$(24)\,\overline{z},\overline{y},\overline{x}$		
			$(25)\,\overline{x},\overline{y},\overline{z}$	$(26)\,x,y,\overline{z}$	$(27)\,x,\overline{y},z$	$(28)\,\overline{x},y,z$		
			$(29)\,\overline{z},\overline{x},\overline{y}$	$(30)\,\overline{z},x,y$	$(31)\,z,x,\overline{y}$	$(32)\,z,\overline{x},y$		
			$(33)\,\overline{y},\overline{z},\overline{x}$	$(34)\,y,\overline{z},x$	$(35)\,\overline{y},z,x$	$(36)\,y,z,\overline{x}$		
			$(37)\,\overline{y},\overline{x},z$	$(38)\,y,x,z$	$(39)\,\overline{y},x,\overline{z}$	$(40)\,y,\overline{x},\overline{z}$		
			$(41)\,\overline{x},\overline{z},y$	$(42)\,x,\overline{z},\overline{y}$	$(43)\,x,z,y$	$(44)\,\overline{x},z,\overline{y}$		
			$(45)\,\overline{z},\overline{y},x$	$(46)\,\overline{z},y,\overline{x}$	$(47)\,z,\overline{y},\overline{x}$	$(48)\,z,y,x$		
48	k	$..m$	x,x,z	$\overline{x},\overline{x},z$	$\overline{x},x,\overline{z}$	$x,\overline{x},\overline{z}$	z,x,x	$z,\overline{x},\overline{x}$
			$\overline{z},\overline{x},x$	$\overline{z},x,\overline{x}$	x,z,x	$\overline{x},z,\overline{x}$	$x,\overline{z},\overline{x}$	$\overline{x},\overline{z},x$
			$x,x,\overline{z}$	$\overline{x},\overline{x},\overline{z}$	$x,\overline{x},z$	$\overline{x},x,z$	$z,x,\overline{x}$	$\overline{z},z,x$
			$\overline{x},\overline{z},\overline{x}$	$x,\overline{z},x$	$z,x,\overline{x}$	$z,\overline{x},x$	$\overline{z},x,x$	$\overline{z},\overline{x},\overline{x}$
⋮	⋮	⋮						
12	d	$\overline{4}.m2$	$\frac{1}{4},0,\frac{1}{2}$	$\frac{3}{4},0,\frac{1}{2}$	$\frac{1}{2},\frac{1}{4},0$	$\frac{1}{2},\frac{3}{4},0$	$0,\frac{1}{2},\frac{1}{4}$	$0,\frac{1}{2},\frac{3}{4}$
8	c	$.3m$	$\frac{1}{4},\frac{1}{4},\frac{1}{4}$	$\frac{3}{4},\frac{3}{4},\frac{1}{4}$	$\frac{3}{4},\frac{1}{4},\frac{3}{4}$	$\frac{1}{4},\frac{3}{4},\frac{3}{4}$		
6	b	$4/mm.m$	$0,\frac{1}{2},\frac{1}{2}$	$\frac{1}{2},0,\frac{1}{2}$	$\frac{1}{2},\frac{1}{2},0$			
2	a	$m\overline{3}m$	$0,0,0$					

그림 2-17. Space group $Im\overline{3}m$의 정보자료(International Tables for Crystallography).

즉, 여기에 있는 모든 좌표들에서는 이 2가지를 붙여 새로운 동등한 좌표가 존재하는 것이다.

예를 들면, space group $Im\bar{3}m$ 의 단위포에서 a group에는 원점인 $x, y, z = 0, 0, 0$ 과 함께 $x, y, z = \frac{1}{2}, \frac{1}{2}, \frac{1}{2}$ 이 동등한 좌표로 존재하여 multiplicity factor가 2인 것이다. 또한 예를 들면 l group에 있는 좌표 x, y, z 들은 모두 $\frac{1}{2}+x, \frac{1}{2}+y, \frac{1}{2}+z$ 의 동등한 좌표를 가져 모두 96개(48개+48개)의 동등한 좌표를 가지는 것에 주목하자.

상온에 존재하는 α-Fe와 같이 많은 원소들이 단원자 격자점을 가지는 space group $Im\bar{3}m$ 으로 분류된다. α-Cr, β-Ti, W, Ba, Ca, Ce, K, Li, Mo, Nb, Ta, V 등의 많은 원자들이 단독으로 존재할 때 그림 2–15와 같은 결정 구조를 가지는 것이다.

2.5 $Fm\bar{3}m$ space group

Space group $Fm\bar{3}m$ 으로 분류되는 결정의 결정계는 cubic이며, Bravais 격자는 face centered cubic, point group은 $m\bar{3}m$ 으로 분류된다. 결정계가 cubic이므로 $a_1 = a_2 = a_3$ 이며, 사잇각 $\alpha = \beta = \gamma = 90°$이다. 또한 Bravais 격자가 face-centered cubic이므로 단위포의 모서리와 단위포의 모든 면 중앙에 격자점이 존재한다. Point group은 앞에서 공부한 space group $Pm\bar{3}m$ 과 space group $Im\bar{3}m$ 와 같은 $m\bar{3}m$ 이므로 모두 48개의 동등한 위치가 하나의 격자점에 존재할 수 있다.

그림 2–18은 space group $Fm\bar{3}m$ 의 실제 예로 격자점에 단지 하나의 Cu(동) 원자만 존재하는 단위포를 보여 준다. 여기서 Cu 원자는 구의 형태를 가진다고 가정하였고, 실제 원자의 크기와는 다르다. 그림 2–19의 Handbook of Crystallographic Data에 의하면 Cu의 *Structure Type*이 Cu이며, *Space Group*이 $Fm\bar{3}m$, No. 225인 것을 알 수 있다. 격자상수 a = 0.3614 nm이며, 4개의 원자가 한 단위포에 있으며, 대표적인 좌표는 $(x = 0, y = 0, z = 0)$이며, 격자점들에는 모두 $m\bar{3}m$ 의 대칭요소가 존재하는 것이 표기되어 있다.

그림 2–20은 International Tables for Crystallography의 682와 683페이지에 있는 225

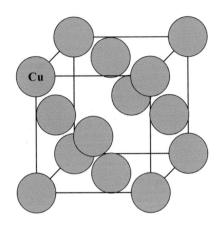

그림 2 – 18. Cu 결정의 단위포.

Cu	Structure Type		Pearson Symbol		Space Group		No.
$a = 0.3614$ nm	Cu		cF4		$Fm\overline{3}m$		225
Cu	4a	$m\overline{3}m$	$x=0$	$y=0$	$z=0$	$occ.=1$	

그림 2 – 19. Cu의 결정구조 정보(Crystallographic Data Handbook).

번째 space group $Fm\overline{3}m$의 정보자료를 간단히 편집한 것을 보여 준다. 맨 윗줄에는 international과 Schonenflies notation으로 space group의 이름과 point group의 이름, 결정계의 이름인 $Fm\overline{3}m$, O_h^5, $m\overline{3}m$, Cubic이 쓰여져 있다.

앞에서 설명한 space group $Pm\overline{3}m$, space group $Im\overline{3}m$ 과 같이 space group $Fm\overline{3}m$도 a, b, c ⋯ j, k, l 순으로 동등한 숫자의 좌표를 가지는 12개의 group으로 구분된다. 여기서 주목할 것은 3번째 행인 Coordinates 행에 $(0,0,0)+$와 함께 $(0,\frac{1}{2},\frac{1}{2})+$, $(\frac{1}{2}, 0,\frac{1}{2})+$, $(\frac{1}{2},\frac{1}{2},0)+$ 가 표기되어 있는 것이다. 즉, 여기에 있는 모든 좌표들에서는 이 3가지를 붙여 새로운 동등한 좌표가 존재하는 것이다.

예를 들면, space group $Fm\overline{3}m$ 의 단위포에서 a group에는 원점인 $x,y,z = 0,0,0$ 과 함께 $x,y,z = \frac{1}{2},\frac{1}{2},0$, $x,y,z = 0,\frac{1}{2},\frac{1}{2}$, $x,y,z = \frac{1}{2},0,\frac{1}{2}$이 동등한 좌표로 존재하여 multiplicity factor가 4인 것이다. 또한 l group에 있는 좌표 x,y,z 들은 모두 $x,$

$Fm\bar{3}m$			O_h^5		$m\bar{3}m$		Cubic	
No.225								

Positions

Multiplicity, Wyckoff letter, Site symmetry			Coordinates $(0,0,0)+ \quad (0,\frac{1}{2},\frac{1}{2})+ \quad (\frac{1}{2},0,\frac{1}{2})+ \quad (\frac{1}{2},\frac{1}{2},0)+$					
192	l	1	$(1)\,x,y,z$	$(2)\,\bar{x},\bar{y},z$	$(3)\,\bar{x},y,\bar{z}$	$(4)\,x,\bar{y},\bar{z}$		
			$(5)\,z,x,y$	$(6)\,z,\bar{x},\bar{y}$	$(7)\,\bar{z},\bar{x},y$	$(8)\,\bar{z},x,\bar{y}$		
			$(9)\,y,z,x$	$(10)\,\bar{y},z,\bar{x}$	$(11)\,y,\bar{z},\bar{x}$	$(12)\,\bar{y},\bar{z},x$		
			$(13)\,y,x,\bar{z}$	$(14)\,\bar{y},\bar{x},\bar{z}$	$(!5)\,y,\bar{x},z$	$(16)\,\bar{y},x,z$		
			$(17)\,x,z,\bar{y}$	$(18)\,\bar{x},z,y$	$(19)\,\bar{x},\bar{z},\bar{y}$	$(20)\,x,\bar{z},y$		
			$(21)\,z,y,\bar{x}$	$(22)\,z,\bar{y},x$	$(23)\,\bar{z},y,x$	$(24)\,\bar{z},\bar{y},\bar{x}$		
			$(25)\,\bar{x},\bar{y},\bar{z}$	$(26)\,x,y,\bar{z}$	$(27)\,x,\bar{y},z$	$(28)\,\bar{x},y,z$		
			$(29)\,\bar{z},\bar{x},\bar{y}$	$(30)\,\bar{z},x,y$	$(31)\,z,x,\bar{y}$	$(32)\,z,\bar{x},y$		
			$(33)\,\bar{y},\bar{z},\bar{x}$	$(34)\,y,\bar{z},x$	$(35)\,\bar{y},z,x$	$(36)\,y,z,\bar{x}$		
			$(37)\,\bar{y},\bar{x},z$	$(38)\,y,x,z$	$(39)\,\bar{y},x,\bar{z}$	$(40)\,y,\bar{x},\bar{z}$		
			$(41)\,\bar{x},\bar{z},y$	$(42)\,x,\bar{z},\bar{y}$	$(43)\,x,z,y$	$(44)\,\bar{x},z,\bar{y}$		
			$(45)\,\bar{z},\bar{y},x$	$(46)\,\bar{z},y,\bar{x}$	$(47)\,z,\bar{y},\bar{x}$	$(48)\,z,y,x$		
96	k	$..m$	x,x,z	$\bar{x},\bar{x},z$	$\bar{x},x,\bar{z}$	$x,\bar{x},\bar{z}$	z,x,x	$z,\bar{x},\bar{x}$
			$\bar{z},\bar{x},x$	$\bar{z},x,\bar{x}$	x,z,x	$\bar{x},z,\bar{x}$	$x,\bar{z},\bar{x}$	$\bar{x},\bar{z},x$
			$x,x,\bar{z}$	$\bar{x},\bar{x},\bar{z}$	$x,\bar{x},z$	$\bar{x},x,z$	$z,x,\bar{x}$	$\bar{x},z,x$
			$\bar{x},\bar{z},\bar{x}$	$x,\bar{z},x$	$z,x,\bar{x}$	$z,\bar{x},x$	$\bar{z},x,x$	$\bar{z},\bar{x},\bar{x}$
$\vdots$	$\vdots$	$\vdots$			$\vdots$			
24	e	$4m.m$	$x,0,0$	$\bar{x},0,0$	$0,x,0$	$0,\bar{x},0$	$0,0,x$	$0,0,\bar{x}$
24	d	$m.mm$	$0,\frac{1}{4},\frac{1}{4}$	$0,\frac{3}{4},\frac{1}{4}$	$\frac{1}{4},0,\frac{1}{4}$	$\frac{1}{4},0,\frac{3}{4}$	$\frac{1}{4},\frac{1}{4},0$	$\frac{3}{4},\frac{1}{4},0$
8	c	$\bar{4}3m$	$\frac{1}{4},\frac{1}{4},\frac{1}{4}$	$\frac{1}{4},\frac{1}{4},\frac{3}{4}$				
4	b	$m\bar{3}m$	$\frac{1}{2},\frac{1}{2},\frac{1}{2}$					
4	a	$m\bar{3}m$	$0,0,0$					

그림 2-20. Space group $Fm\bar{3}m$의 정보자료(International Tables for Crystallography).

$\frac{1}{2}+y,\ \frac{1}{2}+z,\ \frac{1}{2}+x,\ y,\ \frac{1}{2}+z,\ \frac{1}{2}+x,\ \frac{1}{2}+y,\ z$의 동등한 좌표를 가져 모두 192개 (48개＋48개＋48개＋48개)의 동등한 좌표를 가진다.

　Cu와 같이 단원자 격자점을 가지는 space group $Fm\bar{3}m$으로 분류되는 결정에는 Ag,

그림 2-21. Space group $Fm\bar{3}m$ 으로 분류되는 금, 은, 동으로 만들어지는 올림픽 메달.

Al, Au, Ni, Pt, Rd 등이 있다. 이런 원소들은 대부분 귀금속이며, 대부분 부식에 대한 저항성이 크다. 그림 2-21에서 보듯이 올림픽 메달에 사용하는 금속 모두가 space group $Fm\bar{3}m$ 으로 분류된다. 물론 금, 은, 동 순으로 부식에 대한 저항성이 크다.

그림 2-22는 Cu 원자로 만들어지는 동 결정을 다양한 방법으로 보여 준다. 먼저 (a) 는 단원자 격자점을 가지는 Cu 결정의 격자점을 단위포에 작은 구로 표시하고, 각 단위 포, 즉 원자의 위치를 A, B, C… 등으로 표기하였다. Cu 원자를 구라고 가정하면 A, B, C, D, E 원자와 J, K, L, M, N 원자가 놓이는 단위포 윗면에서 Cu 원자의 배열은 (b)와 같다. 또한 F, G, H, I 원자가 놓이는 면에서 Cu의 원자의 배열은 (c)와 같다. (b)와 (c) 가 다르게 보이지만 (c)에서 점선으로 만들어지는 4각형은 (b)에서 보여지는 원자의 배 열과 동일하다. 따라서 (b)와 (c)의 원자배열은 실제로 동일한 것이다.

그림 2-22(d)는 Cu 원자를 구라고 가정할 때 윗면에 5개의 원자, 가운데 면에 4개의 원자, 그 밑면에 5개의 원자가 쌓여져 하나의 단위포가 형성되는 것을 보여 준다. (e)는 (d)의 그림에서 C 원자를 제거하여 D, B, E, H, K, G 원자가 하나의 면 위에 배열되는 것 을 보여 준다. 이 면에 놓여진 원자들은 구형의 원자가 만들 수 있는 가장 조밀한 배열을 하고 있다. 이와 같이 최대로 조밀하게 하나의 면에 원자가 놓여있는 결정면을 close packed plane이라 한다. (f)는 평면적으로 단원자 격자점으로 만들어지는 space group $Fm\bar{3}m$ 의 Cu 격자의 close packed plane을 보여 준다.

그림 2-23은 Na 원자 하나와 Cl 원자 하나가 하나의 격자점을 만드는 space group

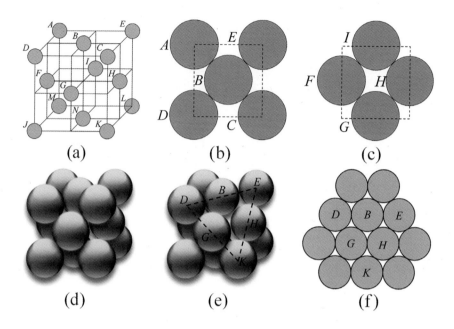

(a)　　　　　　　(b)　　　　　　　(c)

(d)　　　　　　　(e)　　　　　　　(f)

그림 2-22. 다양한 방법으로 보여 주는 Cu 결정. (a) 격자점을 작은 구로 표시한 Cu 결정의 단위포, (b) 단위포 (a)의 윗면과 아랫면의 원자배열, (c) 단위포 (a)의 중간면의 원자배열, (d) 구형의 원자가 최대로 조밀하게 배열된 Cu 결정의 단위포, (e) 단위포 (d)에서 원자가 최대로 조밀하게 배열된 close packed plane, (f) 평면적인 Cu 격자의 close packed plane.

$Fm\bar{3}m$으로 분류되는 NaCl 결정의 단위포를 보여 준다. space group이 $Fm\bar{3}m$이므로 NaCl 결정의 결정계는 cubic이며, Bravais 격자는 face centered cubic, point group은 $m\bar{3}m$으로 분류된다. 하나의 NaCl 결정의 단위포에는 Na와 Cl 원자가 각각 4개씩 모두 8개의 원자가 존재한다. 실제로는 NaCl 결정이 이온결합을 하므로 Na^{+}, Cl^{-} 이온들이 결합하여 결정을 이룬다.

그림 2-23(b)는 NaCl 결정의 단위포 윗면에 놓인 Na와 Cl 원자의 배열을 보여 준다. 실선으로 연결하면 Na 원자로 단위포가 만들어지지만, 점선으로 연결하면 Cl 원자로 단위포가 만들어지는 것을 보여 준다. 결국 Na 원자와 Cl 원자 모두 같은 격자벡터 $\vec{a}_1$, $\vec{a}_2$, $\vec{a}_3$로 동등한 결정을 구성하는 것이다.

그림 2-24(a)는 Ca 원자 1개와 F 원자 2개가 하나의 격자점을 만드는 space group $Fm\bar{3}m$으로 분류되는 CaF_2 결정의 단위포를 보여 준다. 역시 space group이 $Fm\bar{3}m$이므로 CaF_2 결정의 결정계는 cubic이며, Bravais 격자는 face centered cubic이고, point

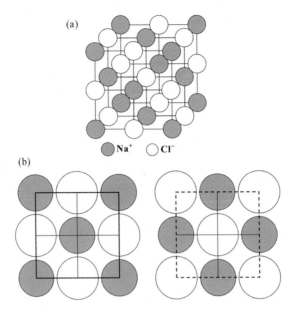

그림 2 – 23. NaCl 결정 구조.

group은 $m\bar{3}m$으로 분류된다. 하나의 CaF_2 결정의 단위포에는 Ca 원자가 4개 그리고 F 원자가 8개씩 배열하여 모두 12개의 원자가 존재한다. 이 결정을 관찰하면 어떻게 이 결정이 face centered cubic인지 잘 알 수 없다. 하지만 Ca 원자 1개와 F 원자 2개가 일정한 위치에서 서로 결합되어 있다고 생각하고, 이 결합체의 한곳을 격자점으로 정하면 이 격자점은 face centered cubic 배열을 가지는 것이다.

그림 2 – 24(b)는 그림 2 – 24(a)의 단위포 아래 면 층의 Ca 원자들과 단위포의 1/4 높이 층에 존재하는 F 원자를 평면적으로 보여 준다. 하나의 Ca 원자와 2개의 F 원자로 삼각형을 만들어 보자. 삼각형의 중심이 이 그림에서 × 점으로 표시되어 있다. 이렇게 하나의 Ca 원자와 2개의 F 원자를 가지는 × 점은 그림 2 – 24(c)와 같이 공간적으로 정확히 face centered cubic 배열을 가지는 것이다. 또한 Ca 원자의 중심을 한 격자점으로 하여도 이것을 쉽게 이해할 수 있다. 또한 이웃하는 2개의 F 원자 중에 한 개의 원자 중심을 격자점으로 하여도 F 원자의 중심은 당연히 face centered cubic 배열을 한다.

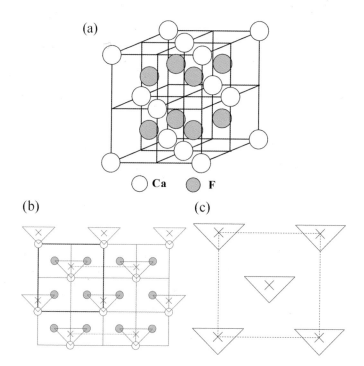

그림 2-24. CaF₂ 결정 구조.

■■ 2.6 $Fd\overline{3}m$ space group

그림 2-25는 2개의 탄소 원자가 하나의 격자점을 구성하는 다이아몬드의 결정 구조를 보여 준다. 다이아몬드 결정은 space group $Fd\overline{3}m$ 으로 분류되며, 결정계는 cubic이고, Bravais 격자는 face centered cubic이며, point group은 $m\overline{3}m$ 이며, *No.* 227 space group이다. space group의 단위포에는 fcc 단위포의 격자점들과 함께 이 fcc 격자점을 $\frac{1}{4}\vec{a}_1 + \frac{1}{4}\vec{a}_2 + \frac{1}{4}\vec{a}_3$ 병진조작하여 새로운 탄소 원자 4개가 추가되어 $Fd\overline{3}m$ 단위포가 만들어진다.

다이아몬드 결정의 단위포에는 모서리에 1개, 면심에 3개, 단위포 내부에 4개 모두 8개의 탄소 원자가 존재한다. Bravais 격자는 face centered cubic이므로 한 단위포에 격자점이 4개 존재한다. 따라서 격자점 하나는 2개의 탄소 원자로 구성되는 것이다.

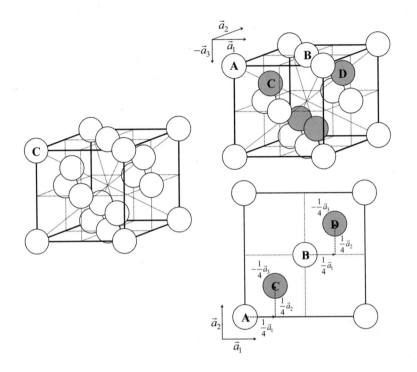

그림 2-25. 다이아몬드 결정 구조.

단위포 윗면의 모서리에 놓인 A 원자를 $\frac{1}{4}\vec{a}_1 + \frac{1}{4}\vec{a}_2 - \frac{1}{4}\vec{a}_3$ 로 이동시키면 단위포 내의 C 원자의 위치가 된다. 또한 단위포 윗면의 면심에 놓인 B 원자를 역시 $\frac{1}{4}\vec{a}_1 + \frac{1}{4}\vec{a}_2 - \frac{1}{4}\vec{a}_3$ 로 이동시키면 단위포 내의 D 원자의 위치가 되는 것이다. 이와 같이 모서리에 놓여진 탄소 원 자 한 개와 단위포 내부에 놓여진 탄소 원자 한 개가 합쳐져서 하나의 격자점을 만들며, 역 시 단위포 면심에 놓여진 탄소 원자 한 개와 단위포 내부에 놓여진 탄소 원자 한 개가 합쳐 져서 하나의 격자점을 만드는 것이다. 이와 같이 만들어진 격자점은 face centered cubic 격 자점의 배열을 가지는 것이다.

그림 2-26의 ZnS(zinc blende, sphalerite) 결정 구조는 다이아몬드 구조와 유사한 형 태를 가진다. 즉, Zn 원자의 원점은 $0, 0, 0$ 에 그리고 S 원자의 원점은 $\frac{1}{4}, \frac{1}{4}, \frac{1}{4}$ 에 각각 존재하며, 면심격자의 병진조작으로 원자의 위치가 결정된다. ZnS 결정 구조에서 원자 의 배열은 다이아몬드와 같지만, 다이아몬드에서는 $0, 0, 0$ 와 $\frac{1}{4}, \frac{1}{4}, \frac{1}{4}$ 에 존재하는 원자

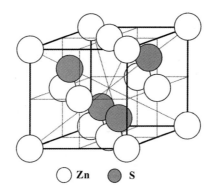

$\bigcirc$ Zn　$\bullet$ S

그림 2-26. ZnS 결정 구조.

가 같은 탄소이지만, ZnS에서는 $0,0,0$에 Zn 원자가 $\dfrac{1}{4},\dfrac{1}{4},\dfrac{1}{4}$에 S 원자가 존재한다는 차이점이 있다.

　ZnS의 space group은 다이아몬드와는 다르다. ZnS 결정은 space group $F\bar{4}3m$으로 분류된다. 결정계는 cubic이며, Bravais 격자는 face centered cubic, point group은 $\bar{4}3m$이며, *No.* 217 space group이다. 이 ZnS도 Bravais 격자는 face centered cubic이므로 한 단위포에 격자점이 4개 존재한다. 따라서 격자점 하나는 1개의 Zn 원자와 1개의 S 원자로 구성되는 것이다.

2.7 $P6_3/mmc$ space group

　그림 2-27은 2개의 Mg 원자가 하나의 격자점을 구성하는 hexagonal 결정 구조를 보여 준다. Mg 결정은 space group $P6_3/mmc$으로 분류되고, 결정계는 hexagonal이며, Bravais 격자도 hexagonal이며, point group은 $6/mmm$이고, *No.* 194 space group이다. hexagonal 격자로 분류되는 격자점들에서는 6회전 대칭조작이나 이에 상응하는 반전회전이 가능하며, 격자벡터의 길이와 사잇각은 $a_1 = a_2 \neq a_3$, $\alpha = \beta = 90°$, $\gamma = 120°$ 관계가 성립한다.

　Mg의 격자상수는 $a_1 = a_2 = a = 0.320944\,nm$, $a_3 = c = 0.521076\,nm$이다. space group

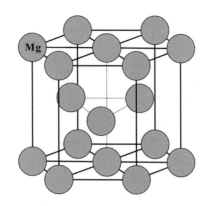

그림 2-27. Mg의 결정 구조.

$P6_3/mmc$ 에서 원점좌표 $0,0,0$ 는 좌표 $0,0,\frac{1}{2}$ 과 동등하며, 이 좌표에서는 $\overline{3}m$ 의 대칭요소를 가진다. 또한 좌표 $0,0,\frac{1}{4}$ 와 $0,0,\frac{3}{4}$, 좌표 $\frac{1}{3},\frac{2}{3},\frac{1}{4}$ 와 $\frac{2}{3},\frac{1}{3},\frac{3}{4}$, 좌표 $\frac{1}{3},\frac{2}{3},\frac{3}{4}$ 과 $\frac{2}{3},\frac{1}{3},\frac{1}{4}$ 이 서로 2개씩 동등하며, 이 좌표들에서는 $\overline{6}m2$ 의 대칭요소가 존재한다. space group에서는 좌표 $\frac{1}{2},\frac{1}{3},\frac{1}{4}$ 과 같이 $x \neq y \neq z$ 일 때 24개의 가장 많은 동등한 위치가 이 결정에 존재한다.

Mg, Ti, Zn, α-Co, α-Zr 등이 space group $P6_3/mmc$ 으로 분류된다. 이런 hexagonal 결정에서 원자가 구의 형태를 가진다고 가정하고 만들어지는 단원자 격자점 hexagonal 결정의 이상적인 $a_3/a_1 = c/a = 1.633$ 이다. Hexagonal 결정 구조가 정확히 $c/a = 1.633$ 를 가지면 이것은 fcc 결정인 Au, Ag, Cu와 같이 조밀(close packed) 결정 구조를 가진다. 그러나 자연적인 상태에 존재하는 hexagonal 결정에서 측정되는 c/a 는 이상적인 c/a 값에 비하여 조금 크거나 작다. 예를 들면, Mg의 $a = 0.320944$ nm, $c = 0.521076$ nm로 $c/a = 1.624$ 로 이상적인 값에 비하여 조금 작다. 조밀한 결정 구조를 가지는 fcc 금속 Au, Ag, Cu들은 부식에 대한 저항성이 크다. 그러나 조밀한 결정 구조에서 벗어나 어느 정도 원자 사이에 틈을 가지는 Mg, Ti ($c/a = 1.588$), Zn ($c/a = 1.856$) 등은 부식에 대하여 비교적 취약하다.

엄격하게 조밀한 구조를 가지는 단원자 격자점을 가지는 Cu, Al과 같은 fcc 결정에서는 조밀한 결정면에서 조밀한 결정방향으로 48개의 슬립계(slip system)가 존재한다. 이와 같이 슬립계가 많은 금속에서는 소성변형이 아주 쉽게 일어난다. 그러나 Mg, Ti, Zn 같은 결정 구조에서는 슬립계의 수가 매우 적어 쉽게 쌍정(twin)이 형성된다. 쌍정이 재료에 발생하면 재료는 급격히 경화되기 때문에 소성변형이 어렵게 된다. 즉, hexagonal 결정 구조를 가지는 대부분의 금속재료는 소성변형이 매우 어려운 것이다.

■ ■ 2.8 한 space group의 point group

먼저 하나의 space group에 존재하는 모든 대칭요소들을 생각해보면, 한 space group에 포함되는 대칭요소들에는 다음과 같은 것이 있다.

(1) 점대칭요소
(2) 병진대칭조작 T를 포함하는 screw axis와 glide plane의 대칭요소
(3) 격자의 병진대칭 T를 포함하는 대칭요소

한 space group의 point group은 이 space group에 포함되는 모든 병진대칭을 0으로 배제할 때로 정의된다. 표 2-1은 space group의 대칭요소를 형성하는 point group에 대한 몇 가지 예를 보여 준다. 표 2-1에서 space group $Pm\bar{3}m$, $Im\bar{3}m$, $Fm\bar{3}m$, $Fd\bar{3}m$ 의 point group이 모두 같은 $m\bar{3}m$임을 주목하자. 이것은 space group들의 원점좌표 $0,0,0$ 에서 모두 point group $m\bar{3}m$의 점대칭이 가능한 것을 의미한다.

표 2-1. Space group들에 존재하는 point group들.

space group	point group	space group	point group
$Pm\bar{3}m$	$m\bar{3}m$	$Fd\bar{3}m$	$m\bar{3}m$
$Im\bar{3}m$	$m\bar{3}m$	$F\bar{4}3m$	$\bar{4}3m$
$Fm\bar{3}m$	$m\bar{3}m$	$P6_3/mmc$	$6/mmm$

■■ 2.9 결정결함과 대칭

결정에서 원자들은 매우 규칙적인 것을 배웠다. 즉, 결정립의 크기가 약 50 μm 정도인 Cu 결정에는 무려 약 10만 개 이상의 Cu 원자가 한 줄로 배열되어 있다. 단결정 Cu에서는 부피 1.2 cm^{3}의 공간에 약 1×10^{23}개의 Cu 원자가 동일한 배열을 하고 있는 것이다. 그러나 결정에 존재하는 원자들의 배열은 항상 일정한 것이 아니고, 결정에는 다양한 결정결함(crystal defect)이 존재한다. 결정의 결함에는 점 결함, 선 결함, 면 결함, 덩어리 결함이 있다.

결정의 점 결함의 대표적인 것이 vacancy이다. 결정 내에서 원자가 있어야 하는 장소에 원자가 존재하지 않는 것을 vacancy라 한다. 절대온도 0 K에서 vacancy가 존재하지 않는 것이 열역학적으로 안정하다. 그러나 0 K가 아닌 모든 온도에서는 vacancy는 결정격자에 항상 존재한다. 고체 원자는 0 K가 아닌 모든 온도에서 진동하고 있으며, 온도가 상승함에 따라 진동은 크게 증가한다. 또한 고체결정에 존재하는 vacancy의 평형 농도 C_V^{eq}는 그림 2−28과 같이 온도가 높아지면 급격히 증가하여 고체결정이 액체로 상변태하는 용융점 근처의 고체결정에는 약 10,000개의 고체 원자들 중에 1개가 vacancy가 된다. 그러나 여기서 주목할 것은 용융점 근처의 높은 온도에서도 고체결정에 존재하는 거의 대부분의 원자들은 규칙적인 배열을 하고 있다는 것이다. 따라서 고체 결정에 존재

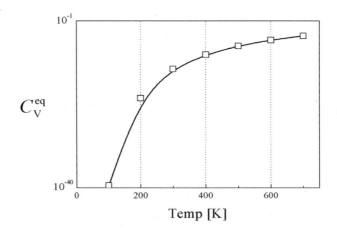

그림 2−28. 온도 변화에 따른 고체결정에 존재하는 vacancy의 평형 농도 C_V^{eq}의 변화.

하는 vacancy는 그 결정의 결정계, Bravais 격자, point group, space group에 영향을 주지 않는다.

지구 상에는 한 가지 원소로만 만들어진 결정 물질은 없다. 모든 결정 물질은 단지 1 ppb(part per billion, 10억분의 1)라도 불순물을 포함한다. 그 이유는 모든 물질은 순수한 것보다는 조금이라도 섞여서 존재하는 것이 열역학적으로 안정하기 때문이다. 한 결정 물질에 어떤 불순물이 섞여 들어와도 그 결정 구조를 바꾸지 않는 물질을 고용체(solid solution)라고 한다. 많은 금속 결정은 미량의 타원소를 포함할 때 이런 고용체를 만든다. 이 고용체의 특성은 불순물의 종류와 함량에 의하여 변하지만, 원래 금속 결정의 구조를 거의 변화시키지 않는다. 고용체는 침입형(interstitial) 고용체와 치환형(substitutional) 고용체로 구별된다.

그림 2−29는 이웃한 2개의 α-Fe 결정의 body centered cubic 단위포에 존재하는 Fe 원자들과 함께 작은 탄소 C 원자가 놓여있는 것을 보여 준다. 여기서 Fe 원자와 C 원자의 절대적인 크기는 정확하지 않고 단지 각 원자들의 위치만을 이 그림은 보여 준다. α-Fe 결정에서 C 원자가 놓이는 곳은 항상 그림 2−29와 같다. C 원자가 이곳에 놓이는 이유는 α-Fe 결정에서 이곳이 가장 넓은 공간이 존재하기 때문이다.

α-Fe 결정에 소량의 C 원자가 무질서하게 섞여서 침입형 고용체를 만든다. 상온에서 Fe 원자와 C 원자의 반경은 각각 0.124 nm과 0.077 nm이다. C 원자 없이 Fe 원자로만 만들어지는 α-Fe 결정에는 결정 내의 모든 곳에서 정확히 $a_1 = a_2 = a_3$ 이 만족되며, 격자벡터의 찌그러짐도 없다. 그러나 6개의 Fe 원자가 만드는 공간에 C 원자가 놓인 부

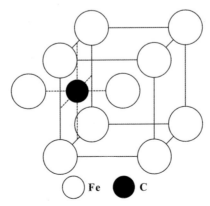

그림 2−29. α-Fe 결정에서 C 원자의 위치(침입형 고용체).

근의 단위포들에서는 격자의 찌그러짐이 발생한다. 따라서 Fe 고용체에서 C 원자가 놓여있는 곳에는 Fe 격자의 규칙성이 어느 정도 벗어나는 것이다. 그런데 상온에서 C 원자가 Fe 결정에 고용될 수 있는 한계는 0.008 wt%로 Fe 원자 10,000개에 최대 4개의 C 원자까지 고용될 수 있다. 물론 C를 침입형 원자로 포함하고 있는 Fe 고용체는 정확한 Fe 결정 구조와 같지는 않지만, 평균적으로는 Fe 결정 구조로 취급한다. 평균적인 Fe 결정 구조는 정확한 Fe 결정 구조와 동등한 결정 구조를 가진다.

Au(금)과 Ag(은)의 격자상수는 각각 0.407 nm과 0.408 nm으로 매우 유사한 격자의 크기를 가지며, 결정계, Bravais 격자, point group, space group도 같다. Au와 Ag의 평형 상태도를 보면 Au와 Ag는 모든 합금 조성에서 잘 섞이며 고용체를 만든다.

그림 2-30은 이웃한 2개의 Au 결정의 face centered cubic 단위포를 보여 주는데, 하나의 Ag 원자가 공존하므로 이 그림을 정확히 표현하면 Au 결정의 단위포가 아니라 Au 고용체 결정의 단위포를 보여 주는 것이다. 그림 2-30과 같이 결정의 모든 곳에서 7개의 Au 원자와 1개의 Ag 원자 치환형 고용체가 만들어지면 Au 87.5 at%와 Ag 12.5 at% 조성을 가지는 합금이 된다. 이런 고용체 합금에서 7개의 Au 원자에 섞여있는 1개의 Ag 원자의 위치는 무질서하게 놓여있다.

Au와 Ag는 모든 합금 조성에서 Au/Ag 치환형 고용체 결정을 만든다. 합금의 조성이 순수한 Au와 Ag와 매우 유사한 결정 구조를 가지는 고용체 결정의 격자상수는 각각 Au와 Ag 결정에 비슷한 값을 가지며, 합금의 조성이 각각 50 at%의 조성을 가지는 Au/Ag 치환형 고용체 결정의 격자상수는 Au와 Ag의 격자상수 평균값에 가까운 값의 격자상수를 가진다. 이렇게 모든 합금조성에서 치환형 고용체를 만드는 Au와 Ag 합금

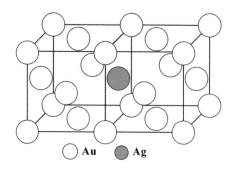

그림 2-30. Au 결정에서 Ag 원자의 위치(치환형 고용체).

의 격자상수는 합금 조성에 의존하여 조금씩 변한다.

Al(알루미늄)과 Cu(동)의 계산된 원자의 크기는 각각 0.118 nm과 0.145 nm으로 원자의 크기에 많은 차이가 있다. Al 결정과 Cu 결정의 결정계, Bravais 격자, point group, space group은 같다. 그런데 Al과 Cu의 평형상태도에 의하면 Cu는 Al과 넓은 조성 범위에서 고용체를 만들지만, Al은 Cu와 아주 작은 조성 범위에서 고용체를 만든다. 이것의 이유는 다음과 같다. 넓은 간격을 가지는 Cu 격자 내에 작은 원자반경을 가지는 Al 원자가 들어오면 잘 섞이게 되어, 즉 잘 고용되어 상온에서 10 at% 이상의 Al이 Cu와 치환형 고용체를 만든다. 하지만 작은 간격을 가지는 Al 격자 내에 큰 원자반경을 가지는 Cu 원자는 잘 섞이지 못하여 단지 0.1 at% 이내의 Cu 원자만이 고용될 수 있는 것이다. 소량의 Al이나 Cu 원자가 고용된 Cu이나 Al 고용체의 결정특성은 순 금속 Cu와 Al과 거의 같아 평균적인 Cu와 Al 결정으로 간주할 수 있는 것이다.

Fe(철)와 Cr(크롬)은 모두 body centered cubic 격자인데, 상온에서 Fe와 Cr의 격자상수는 각각 0.286 nm과 0.291 nm로 이 2개는 치환형 고용체를 만든다. 소량의 Cr이 치환된 결정을 그림 2−31이 보여 준다. 이 결정은 엄격히 Fe 결정격자는 아니지만 이 결정도 평균적으로 Fe 결정격자로 취급할 수 있는 것이다.

2개 또는 3개의 원소로 만들어지는 화합물은 고온과 저온에서 다른 결정 구조를 가질 수 있다. 예를 들면, Au 원자 1개와 Cu 원자 3개가 합금되면 상온에서 $AuCu_3$라는 금속간 화합물이 얻어진다. 이것의 결정 구조는 그림 2−11에서 이미 설명하였고, $L1_2$ 구조라고도 한다. $AuCu_3$는 그림 2−32(a)의 결정 구조를 가지는데, Au 원자는 단위포의 모서

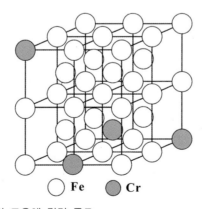

○ Fe   ● Cr

그림 2−31. Fe와 Cr의 치환형 고용체 결정 구조.

리에 그리고 Cu 원자는 단위포의 면심에 규칙적으로 놓여진다. 이 결정은 이런 규칙성을 갖기 때문에 규칙격자(ordered lattice) 또는 회절시험 시 얻어지는 회절상의 특성 때문에 super lattice라고 한다. $AuCu_3$의 결정 구조의 결정계는 cubic이며, Bravais 격자는 simple cubic이다.

AuCu$_3$ 금속간 화합물을 고온으로 가열하면 어떤 온도 이상에서는 그림 2−32(b)와 같은 형태로 결정에 존재하는 원자의 배열이 무질서하게 변화한다. 즉, 높은 온도에서는 Au 원자와 Cu 원자가 결정격자 내에서 완전히 무질서하게 놓이게 된다. 따라서 고온에서 이 물질은 고용체와 같은 성질을 가진다. 그림 2−32(b) 형태의 원자배열을 가지는 결정을 비규칙격자(disordered lattice)라 한다. 비규칙격자는 앞에서 설명한 결정의 결정계, Bravais 격자, point group, space group의 대칭을 절대로 만족할 수 없다. 하지만 비규칙격자를 만드는 원자 또는 격자점을 같은 것이라고 가정하면 이 결정의 평균적인 결정 구조를 정할 수 있다. 즉, 그림 2−32(b)의 결정은 절대로 face centered cubic 격자가 아니지만 평균적으로 face centered cubic 격자인 것이다.

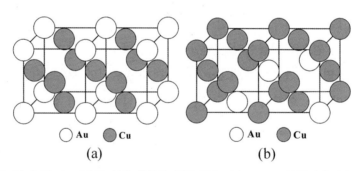

그림 2−32. Au와 Cu가 1 : 3으로 섞인 합금의 결정 구조. (a) AuCu$_3$ 규칙격자, (b) 비규칙격자.

제2장 연습문제

01. 결정에 존재하는 대칭요소를 실험적으로 측정하는 방법에는 무엇이 있는가?

02. CsCl의 결정 구조를 작도하라. 이 결정의 점군, 공간군, 결정계, Bravais 격자는 각각 무엇인가? 이 결정에서 격자점의 위치는 어느 곳인가?

03. $AuCu_3$의 결정 구조를 작도하라. 이 결정의 점군, 공간군, 결정계, Bravais 격자는 각각 무엇인가? 이 결정에서 격자점의 위치는 어느 곳인가?

04. 다음 그림을 무엇이라 하며, 각각 어떤 장비로 얻은 것인가?

05. 다음 그림을 설명하라.

CuZn	Structure Type	Pearson Symbol		Space Group		No.
$a = 0.2959$ nm	ClCs		$cP2$		$Pm\bar{3}m$	221
Cu 1a	$m\bar{3}m$	$x=0$	$y=0$	$z=0$	occ.=1	
Zn 1b	$m\bar{3}m$	$x=1/2$	$y=1/2$	$z=1/2$	occ.=1	

06. 상온에 존재하는 Fe와 Au의 결정 구조를 작도하라. 이 금속 결정의 점군, 공간군, 결정계, Bravais 격자는 각각 무엇인가?

07. NaCl 단위포를 작도하고, (001)면과 (002)면을 각각 작도하라.

08. CaF₂ 결정의 단위포를 작도하고, (001)면, (002)면, (004)면을 작도하라.

09. Diamond 결정 구조를 작도하라. 이 결정의 점군, 공간군, 결정계, Bravais 격자는 각각 무엇인가? 이 결정의 공간군이 Au와 다른 이유는 무엇이며, 이 결정의 점군이 Au와 같은 이유는 무엇인가?

10. Mg의 점군, 공간군, 결정계, Bravais 격자는 각각 무엇인가?

11. 한 공간군의 대칭요소로부터 점군의 대칭요소를 구하는 방법은 무엇인가?

12. 다음 4개 결정의 Bravais 격자는 각각 무엇인가?

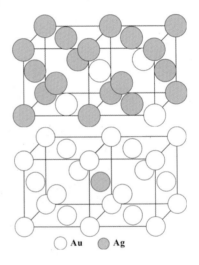

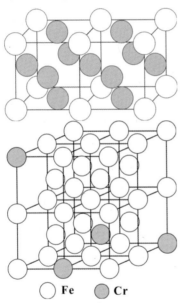

CHAPTER

03 결정방향과 결정면 방위의 개념

1장에서 설명한 것과 같이 자연에 존재하는 결정은 7개의 결정계(crystal system) 중의 하나로 분류된다. 그런데 2장에서 소개한 것과 같이 7개의 결정계 중에서 대부분의 재료는 simple cubic, bcc(body centered cubic), fcc(face centered cubic)와 같은 cubic 결정계의 결정 구조를 가진다. 3장에서는 cubic 결정계 결정에서 결정방향, 결정면, 방위 등을 주로 배울 것이다.

■■■ 3.1 결정질 재료의 규칙성

통계에 의하면 대한민국 국민 1인당 소모하는 철강 재료의 양이 약 1.0톤 이상이다. 인구 1,000만 명 이상인 국가 중에서 국민 1인당 소모하는 철강 재료의 양은 대한민국이 전 세계 1위이다. 우리는 현재 자동차, 선박, 건설, 토목, 전자제품, 발전설비, 농업, 임업, 광업 등 다양한 분야에서 철강 재료를 사용하고 있는 것이다.

철강 재료를 광학현미경이나 EBSD가 장착된 주사전자현미경(SEM)으로 약 1,000배로 확대해서 관찰하면, 그림 3-1에서 보듯이 약 25 μm의 평균 크기를 가지는 알갱이들이 빼곡히 존재하는 것을 볼 수 있다. 길이 1 mm는 1,000 μm와 동등하므로 1,000배로 확대하면 25 mm의 길이가 25 μm에 해당한다. 이와 같이 25 μm 정도의 평균 크기를 가지는 알갱이들을 영어로 'grain(곡식알갱이)'이라 하며, 우리는 '결정립'이라고 한다. 즉, 철강 재료와 같은 금속 재료는 대부분 셀 수 없는 많은 수의 결정립으로 만들어진다. 이

100 μm

그림 3-1. 철강 재료를 약 1,000배 확대하여 관찰한 약 25 μm 크기의 결정립들.

렇게 많은 수의 결정립과 그 경계인 결정립계(grain boundary)로 구성된 재료를 다결정 재료라 한다.

다결정 재료의 한 결정립을 투과전자현미경(TEM)으로 다시 약 10,000배를 더 확대, 즉 1,000만 배로 확대하여 관찰하면 그림 3-2와 같은 원자들이 재료 내부에 매우 규칙적으로 배열되어 있는 것을 볼 수 있다. 이와 같이 긴 범위에 걸쳐 고체 원자들이 규칙적으로 배열된 재료를 결정질(crystalline) 재료라 한다. 수많은 결정립으로 만들어지는 다결정 재료(poly-crystalline)도 결정질 재료이다.

투과전자현미경을 이용하여 사물을 1,000만 배로 확대하면, 확대한 미세조직에서 1 cm는 1 nm의 길이에 해당한다. 상온에서 철 원자는 약 0.2866 nm 간격으로 놓여있다. 따라서 그림 3-2가 철 결정이라면 1 nm의 길이에 약 3.5개의 철 원자가 놓이게 된다.

철 결정은 그림 3-3의 단위포(unit cell)가 반복되어 만들어진다. 상온에서 철 결정은 cubic 결정계이며, Bravais 격자는 bcc이다. 또한 철 결정은 단원자 격자점을 가지므로

그림 3-2. 25 μm 크기의 결정립을 약 10,000배 확대하여 관찰한 원자들의 규칙적인 배열.

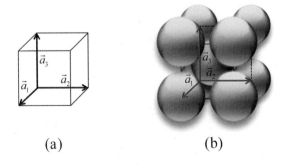

(a)   (b)

그림 3-3. 단원자 bcc 격자구조의 단위포.

단위포의 모서리와 체심(body center)에 원자가 존재하며, 이 결정의 단위포는 격자벡터 $\vec{a}_1$, $\vec{a}_2$, $\vec{a}_3$ 로 만들어진다. 철 결정의 격자벡터의 길이 a_1, a_2, a_3 는 모두 같은 $a = 0.2866\,\text{nm}$이며, 격자벡터의 사잇각(α, β, γ)은 모두 90°이다.

그러면 다결정 철강 재료에서 그림 3-3의 단위포가 얼마나 많이 똑같은 방향으로 그리고 규칙적으로 배열되어 있을까? 강을 건너가는 철교, 자동차 외피, 지하철 열차의 구조물 등 우리가 사용하는 다결정 철강 재료의 결정립 크기는 대부분 25 μm 내외이다. 철 원자 단위포 한 면의 길이가 0.2866 nm이므로, 25,000 nm(25 μm) ÷ 0.2866 nm = 약 90,000개의 단위포가 한 결정립에서 하나의 같은 방향으로 놓여있는 것이다. 따라서 1,000배로 확대해야만 볼 수 있는 가로, 세로, 높이가 25 μm인 작은 결정립에는 무려 $90,000^3 = 7.29 \times 10^{14}$개의 단위포가 똑같이 3차원적인 공간에서 같은 방향을 가지며, 배열되어 있다는 것이다. 결정은 이와 같이 대단히 규칙적인 것이다.

■ ▪ 3.2 결정방향과 결정면

3장에서는 cubic 결정계의 결정들에서 결정의 방향, 면, 방위를 정의하는 방법에 대하여 배울 것이다. 우리가 사는 세상은 3차원적이지만, 움직이는 동선은 거의 평면적이다. 따라서 지도는 2차원으로 그려져 있다. 지도에서는 경도와 위도 단지 2개의 변수로 한 위치 (x, y)를 확정할 수 있다. 2차원적인 평면에서 한 방향은 그림 3-4의 방향표시도로 결정할 수 있다. 동쪽과 남쪽의 중간은 동남쪽인데, 이것은 '동＋남'으로 만들어진다. 또한 동남쪽과 남쪽의 중간은 동남남쪽인데, 이것도 '동남＋남'으로 만들어진다. 결정에서 결정방향을 정하는 방법도 동-서-남-북 방향과 같이 방향을 더하는 원리를 이용한다.

그림 3-5(a)와 같이 cubic 결정계의 단위포는 같은 길이를 가지는 격자벡터 $\vec{a}_1$, $\vec{a}_2$, $\vec{a}_3$ 로 만들어진다. 그런데 결정방향 [100]은 $\vec{a}_1$ 에 평행한 방향이며, 결정방향 [010]은 $\vec{a}_2$ 에 평행한 방향 그리고 결정방향 [001]은 $\vec{a}_3$ 에 평행한 방향으로 정의된다.

그림 3-5(b)는 몇 가지 결정방향을 보여 준다. 동쪽과 북쪽의 중간방향이 동북쪽이

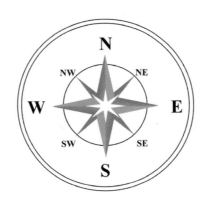

그림 3-4. 방향표시도.

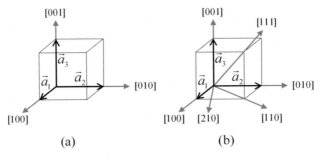

(a)　　　　　　　　　(b)

그림 3-5. Cubic 결정계의 다양한 결정방향들.

되는 것과 같이, 하나의 결정에서 [100]과 [010] 방향의 중간 방향은 [100]+[010] = [110]이다. 역시 [110]과 [100]의 중간 방향은 [210]이며, [110]과 [001]의 중간 방향은 [111]이다. [100] 방향의 반대방향은 [−100] 방향인데, 관습적으로 $[\bar{1}00]$ 형 태로 쓴다. 일반적으로 결정방향의 지수(indices) $[uvw]$의 반대방향은 $[\bar{u}\,\bar{v}\,\bar{w}]$이다. 따 라서 [111]의 반대방향은 $[\bar{1}\bar{1}\bar{1}]$이다. 재미있는 사실은 하나의 벡터는 방향과 크기를 가지고 있지만, 방향은 방향만을 가르쳐 주는 것이다. 동쪽으로 1 m 떨어진 곳도 동쪽이 며, 동쪽으로 100 m 떨어진 곳도 동쪽이다. 마찬가지로 [200], [300] 방향도 모두 $\vec{a}_1$ 에 평행한 결정방향 [100]과 동일한 방향인 것이다.

그림 3-6에서 볼 수 있듯이 하나의 결정을 평면으로 잘라낸 결정면의 지수 (hkl)는 그 결정면에 수직한 방향 $[hkl]$에 의하여 결정된다. 즉, 한 결정면에 수직한 방향이 [111]이라면 이 결정면을 (111)이라 한다. 하나의 평면에는 앞면과 뒷면이 존재하는데,

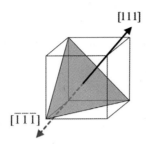

그림 3-6. [111] 결정방향과 (111)결정면.

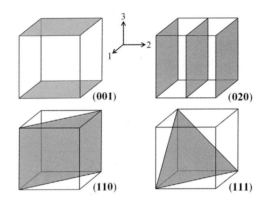

그림 3-7. Cubic 결정계의 다양한 결정면들.

이러한 윗면과 아랫면은 서로 반대 면인 것이다. 따라서 앞면의 결정면의 지수가 (hkl) 이면 뒷면의 지수는 $(\overline{h}\,\overline{k}\,\overline{l})$ 이다. 그림 3-7에는 cubic 결정에서 물리적으로 중요한 몇 개의 결정면들이 cubic 결정계의 단위포에서 보여지고 있다.

■■ 3.3 동등한 결정방향과 결정면

그림 3-8은 금(Au), 은(Ag), 동(Cu)과 같은 단원자 격자점을 가지는 면심입방체 fcc 격자구조의 단위포를 보여 준다. 하나의 단위포에 놓여있는 원자들은 항상 정확한 위치 에 놓이게 된다. 이렇게 결정에서 원자들이 놓여지는 위치가 일정하기 때문에 결정으로

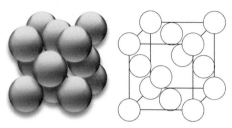

그림 3-8. 단원자 fcc 격자구조의 단위포.

이루어진 재료에서는 결정면 지수 (hkl)가 일정하면 그 결정면에서는 정확히 같은 원자 분포가 얻어진다. 즉, 한 결정면에 놓인 원자들의 분포는 결정면 지수 (hkl)에 의존하는 것이다.

그림 3-9는 fcc 격자구조를 가지는 동 결정에서 직경 0.256 nm을 가지는 구형의 동 원자가 (100), (110), (111) 결정면에 배열된 것을 보여 준다. 이렇게 구형의 동 원자를 가정할 때 (100), (110), (111) 결정면에 각각 78%, 56%, 90%의 원자밀도가 얻

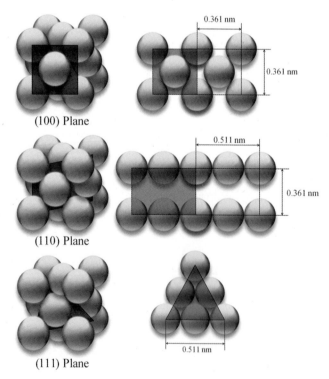

그림 3-9. 동 결정의 (100), (110), (111) 결정면에서 원자들의 배열.

어진다. 이렇게 결정면에 존재하는 원자의 분포는 결정면의 지수 (hkl)에 의존함을 그림 3-9로부터 확실히 알 수 있는 것이다.

그림 3-8에서 보여 주는 (100), (010), (001), $(\bar{1}00)$, $(0\bar{1}0)$, $(00\bar{1})$ 결정면은 똑같은 원자배열을 가져서 똑같은 78%의 원자밀도가 얻어진다. 즉, 6개의 결정면은 동등한 결정면이다. 6개의 결정면들은 관습적으로 결정면 $\{100\}$ 가족(family)으로 표기한다. 가족표기 $\{001\}$ 또는 $\{010\}$도 $\{100\}$과 같은 의미를 가진다. 이들은 각각 6개의 동등(equivalent)한 결정면을 대표하는 것이다. 그런데 cubic 결정계 결정에서 결정면 $\{111\}$ 가족에 속하는 결정면에는 (111), $(\bar{1}\bar{1}\bar{1})$, $(\bar{1}11)$, $(1\bar{1}\bar{1})$, $(1\bar{1}1)$, $(\bar{1}1\bar{1})$, $(11\bar{1})$, $(\bar{1}\bar{1}1)$, 즉 8개의 동등한 결정면이 존재한다. 이와 같이 결정면 $\{hkl\}$ 가족에 속하는 동등한 결정면의 개수는 결정면 지수 'hkl'에 의존하는 것이다.

그림 3-10은 $[100]$, $[\bar{1}00]$, $[010]$, $[0\bar{1}0]$ 결정방향들에서 동 원자의 배열을 보여 주고 있다. 4개의 결정방향들은 반대방향 또는 90° 각도를 가지는 방향들로 같은 방향은 아니지만, 재미있게도 4개의 결정방향은 정확히 같은 원자의 배열을 보여 주고 있다. 따라서 이런 4개의 결정방향들에서 얻어지는 모든 성질도 역시 동등한 것이다. Cubic 결정계 결정에서는 $[100]$, $[\bar{1}00]$, $[010]$, $[0\bar{1}0]$, $[001]$, $[00\bar{1}]$ 결정방향은 모두 동등한 결정방향이다. 이런 동등한 결정방향을 하나의 결정방향 $<001>$ 가족으로 관습적으로 표기한다. $<001>$은 앞서 설명한 6개의 동등한 결정방향을 대표한다. 결정면

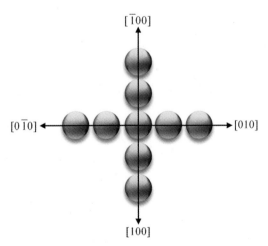

그림 3-10. $<001>$ 가족 방향 $[100]$, $[\bar{1}00]$, $[010]$, $[0\bar{1}0]$에서 동 원자의 배열.

$\{111\}$ 가족과 같이 결정방향 $<111>$ 가족에는 8개의 동등한 결정방향이 존재한다.

동등한 결정방향과 결정면의 개수를 결정학에서는 '다중인자'(multiplicity factor) PF_{hkl} 라 한다. 다중인자 PF_{hkl} 는 먼저 결정이 어떤 결정계(crystal system)에 속하는지 그리고 두 번째는 결정방향 또는 결정면의 지수 'hkl'에 의하여 결정된다. 결정면 지수는 그 결정면에 수직한 방향의 지수와 같기 때문에, 결정면 $\{hkl\}$ 와 결정방향 $<hkl>$ 의 다중인자 PF_{hkl} 는 같다. 표 3-1에는 cubic 결정계에서 지수 $\{hkl\}$ 에 따른 동등한 결정방향 또는 결정면의 개수인 다중인자 PF_{hkl} 가 동등한 결정면 지수들과 함께 정리되어 있다. 표 7-2에는 7개의 결정계에서 결정면 지수 $\{hkl\}$ 에 따른 다중인자 PF_{hkl} 가 수록되어 있다.

■■ 3.4 결정면 간격

4장부터 공부할 X-ray, 중성자 빔, 전자 빔을 이용하여 결정에서 회절시험을 할 때는

표 3-1. Cubic 결정계에서 지수 $\{hkl\}$ 에 따른 동등한 결정방향 또는 결정면과 다중인자 PF_{hkl} .

$\{hkl\}$	Equivalent indices	Multiplicity factor
$\{001\}$	$(100), (\bar{1}00), (010), (0\bar{1}0), (001), (00\bar{1})$	6
$\{111\}$	$(111), (\bar{1}\bar{1}\bar{1}), (\bar{1}11), (1\bar{1}\bar{1}), (1\bar{1}1), (\bar{1}1\bar{1}), (11\bar{1}), (\bar{1}\bar{1}1)$	8
$\{011\}$	$(011), (0\bar{1}\bar{1}), (0\bar{1}1), (01\bar{1}),$ $(101), (\bar{1}0\bar{1}), (\bar{1}01), (10\bar{1}),$ $(110), (\bar{1}\bar{1}0), (\bar{1}10), (1\bar{1}0)$	12
$\{112\}$	$(112), (\bar{1}\bar{1}2), (\bar{1}12), (1\bar{1}2), (1\bar{1}2), (\bar{1}1\bar{2}), (11\bar{2}), (\bar{1}\bar{1}2)$ $(121), (\bar{1}2\bar{1}), (\bar{1}21), (12\bar{1}), (1\bar{2}1), (\bar{1}2\bar{1}), (12\bar{1}), (\bar{1}21)$ $(211), (\bar{2}\bar{1}\bar{1}), (\bar{2}11), (2\bar{1}\bar{1}), (2\bar{1}1), (\bar{2}11), (21\bar{1}), (\bar{2}\bar{1}1)$	24
$\{123\}$	$(123), (\bar{1}\bar{2}3), (\bar{1}23), (1\bar{2}3), (1\bar{2}3), (\bar{1}2\bar{3}), (12\bar{3}), (\bar{1}\bar{2}3)$ $(132), (\bar{1}\bar{3}2), (\bar{1}32), (1\bar{3}2), (1\bar{3}2), (\bar{1}3\bar{2}), (13\bar{2}), (\bar{1}\bar{3}2)$ $(213), (\bar{2}\bar{1}3), (\bar{2}13), (2\bar{1}3), (2\bar{1}3), (\bar{2}1\bar{3}), (21\bar{3}), (\bar{2}\bar{1}3)$ $(231), (\bar{2}\bar{3}1), (\bar{2}31), (2\bar{3}1), (2\bar{3}1), (\bar{2}3\bar{1}), (23\bar{1}), (\bar{2}\bar{3}1)$ $(312), (\bar{3}\bar{1}2), (\bar{3}12), (3\bar{1}2), (3\bar{1}2), (\bar{3}1\bar{2}), (31\bar{2}), (\bar{3}\bar{1}2)$ $(321), (\bar{3}\bar{2}1), (\bar{3}21), (3\bar{2}1), (3\bar{2}1), (\bar{3}2\bar{1}), (32\bar{1}), (\bar{3}\bar{2}1)$	48

(hkl) 결정면 사이의 거리인 결정면 간격(plane spacing) d_{hkl}가 중요하다. 격자벡터의 길이 a_1, a_2, a_3가 모두 격자상수 a인 cubic 결정계 결정에서 결정면 간격 d_{hkl}은 (식 3-1)로 구해진다.

$$\frac{1}{d^2} = \frac{h^2 + k^2 + l^2}{a^2} \quad \text{for cubic} \tag{식 3-1}$$

(식 3-1)에서 알 수 있듯이 (100), $(\overline{1}00)$, (010), $(0\overline{1}0)$, (001), $(00\overline{1})$ 6개의 결정면 $\{100\}$ 가족은 모두 같은 결정면 간격 d_{hkl}을 가지는 것을 알 수 있다. 또한 결정면의 지수 'hkl'가 클수록 간격 d_{hkl}이 작아진다. 그 예가 그림 3-11에서 보여지는데, 여기서는 cubic 결정계 단위포에 2개의 (010) 결정면과 3개의 (020) 결정면이 그려져 있다. 표시된 결정면 간격 d_{010}, d_{020}과 같이 $\{020\}$ 면의 결정면 간격은 $\{010\}$ 결정면 간격의 절반이다. 마찬가지로 $\{030\}$ 면의 결정면 간격은 $\{010\}$ 결정면 간격의 1/3인 것이다.

그런데 결정면 간격 d_{hkl}은 결정의 (1) 결정계(crystal system), (2) 격자벡터의 길이 a_1, a_2, a_3 그리고 (3) 결정면 지수(hkl)에 의존한다. Cubic 결정계와 동일하게 격자벡터의 사잇각(α, β, γ)이 모두 90°인 tetragonal과 orthorhombic 결정계의 결정면 간격 d_{hkl}은 (식 3-2), (식 3-3)과 같다.

$$\frac{1}{d^2} = \frac{h^2 + k^2}{a_1^2} + \frac{l^2}{a_3^2} \quad \text{for tetragonal} \tag{식 3-2}$$

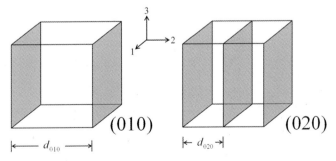

그림 3-11. Cubic 결정계 단위포에서 (010) 결정면과 (020) 결정면.

$$\frac{1}{d^2} = \frac{h^2}{a_1^2} + \frac{k^2}{a_2^2} + \frac{l^2}{a_3^2} \quad \text{for orthorhombic}$$ (식 3-3)

이렇게 cubic, tetragonal, orthorhombic 결정계의 d_{hkl}는 간단한 계산으로 얻을 수 있다. 그런데 rhombohedral, hexagonal, monoclinic, triclinic 결정계와 같이 사잇각(α, β, γ)이 90°가 아닌 결정계의 d_{hkl}를 구하는 수식은 매우 복잡하다. 이와 같은 결정계의 (100), (110), (111) 결정면의 d_{hkl}는 계산을 통하여 얻는 것보다는 단위포를 작도하여 단위포의 형상을 알면 대부분 쉽게 얻을 수 있다.

■■ 3.5 등방성과 이방성

액체와 기체는 상하좌우 모든 방향에서도 똑같은 성질이 얻어진다. 즉, 액체와 기체는 모든 방향에서 같은 기계적 성질, 물리적 성질, 화학적 성질, 전기적 성질, 자기적 성질을 가진다. 이렇게 방향에 따라 성질이 같은 것을 등방성(isotropic)의 성질을 가진다고 한다. 따라서 균질(homogeneous)한 액체와 기체는 등방성(isotropy) 재료이다.

그런데 대부분의 고체 물질에서는 방향에 따라 성질이 다르게 얻어진다. 고체 물질에서 방향에 따라 성질이 다른 것을 보여 주는 예가 그림 3-12이다. 여기에는 태권도 격파 시범을 보이기 위하여 10 cm 두께의 2개의 송판이 벽돌 위에 놓여있다. 자세히 살펴보면 좌우의 송판은 같은 재질의 송판이지만, 2개의 송판은 나무의 결이 다른 것을 볼

그림 3-12. 나무의 이방성.

수 있다. 좌측의 송판은 나무의 결이 깨뜨리는 방향에 놓여있어 연약하고 힘도 없는 태권도 초급자도 깨뜨릴 수 있다. 그러나 우측의 송판은 나무의 결이 격파 시 힘이 가해지는 방향과 수직으로 놓여있다. 따라서 우측의 송판은 힘이 센 태권도 상급자도 깨뜨리기 어려운 것이다. 즉, 똑같은 나무 판재이지만 어떤 방향에서는 강하고 어떤 방향에서는 약한 것이다. 이와 같이 한 재료에서 방향에 따라 성질이 다른 것을 이방성(anisotropy)이라 한다. 액체나 기체가 대부분 등방성의 성질을 가지지만, 대부분의 고체 물질은 이방성 재료이다.

그림 3-12에서 주목할 것은 나무의 이방성이 외형에 의하여 결정되는 것이 아니라 나무의 내부구조가 어떻게 배열되어 있냐는 것이다. 재료의 이런 내부구조를 재료공학에서는 미세조직(microstructure)이라고 한다. 미세조직이 방향성을 가지는 고체 재료에서는 당연히 이방성이 얻어진다.

인간은 오래 전부터 고체 재료의 이방성을 공업적으로 잘 이용하고 있다. 가장 흔한 예가 그림 3-13에서 보여 주는 칼이다. 전쟁에서 사용하였던 이러한 칼에는 미세조직의 결이 칼의 길이 방향으로 되도록 길게 그리고 촘촘히 형성되어야 강인한 칼인 것이다. 이런 미세조직의 결을 형성시키기 위하여 사람들은 칼의 옆면을 아주 여러 번 두들겨서 칼을 제조하였던 것이다. 이렇게 인간은 적극적으로 재료의 이방성을 제어하여서 우수한 고체 재료를 제조하여 사용하였다.

그림 3-3의 철의 단위포와 같이 철 원자들은 단위포에 항상 정확한 위치에 놓이게 된다. 즉, 철 원자는 단위포의 모서리 또는 단위포의 중심에만 놓이게 되는 것이다. 이렇게 원자들이 놓여지는 위치가 일정하기 때문에 결정으로 이루어진 결정질 재료에서는 결정 이방성(crystal anisotropy)이 얻어진다. 그림 3-14에는 철 결정의 단위포에서 3개의 다른 결정방향 [100], [110], [111]에 원자들이 어떤 간격으로 놓여져 있냐를 보여 준다.

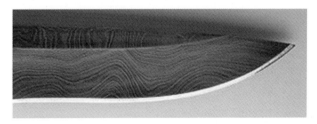

그림 3-13. 이방성을 제어하여 만든 칼.

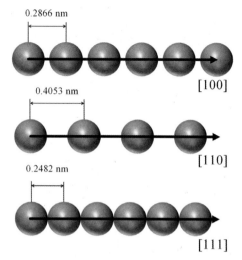

그림 3-14. 철 결정의 [100], [110], [111] 결정방향에서 원자 간격.

[111] 방향에서는 원자들이 빈틈없이 조밀하게 붙어있지만, [110] 방향에서는 원자 사이에 빈 곳이 가장 넓은 것을 알 수 있다. 상온에 있는 철강 재료의 [100] 방향에는 철 원자가 0.2866 nm 간격으로 놓여있고, [110] 방향에는 0.4053 nm 간격으로, [111] 방향에는 0.2482 nm 간격으로 놓여있다. 이와 같이 결정에서는 결정방향 $[uvw]$에 따라 원자들의 배열이 다른 것이다.

모든 결정의 단위포에 원자들이 놓여지는 위치가 일정하기 때문에 결정면 지수 (hkl)가 같으면 그 결정면에서는 정확히 같은 원자 분포가 얻어진다. 그림 3-15는 bcc 격자구조를 가지는 철 결정에서 직경 0.25 nm를 가지는 구형의 철 원자가 (100), (110), (111) 결정면에 배열된 것을 보여 준다. 구형의 철 원자를 가정할 때 (100), (110), (111) 결정면에는 각각 60%, 83%, 72%의 원자밀도가 얻어진다. 이와 같이 결정면에 존재하는 원자의 분포는 결정면의 지수 (hkl)에 의존함을 이 그림으로부터 확실히 알 수 있는 것이다.

그림 3-14와 그림 3-15에서 보듯이 결정에서는 결정방향의 지수 $[uvw]$와 결정면의 지수 (hkl)에 따라 원자의 배열이 다르다. 물론 결정에서는 $[uvw]$와 (hkl)에 따라 전자들의 분포도 다르다. 따라서 $[uvw]$와 (hkl)에 따라 재료의 각종 성질들이 다를 수밖에 없다. 즉, 재료에는 결정방향 $[uvw]$과 함께 결정면 (hkl)에 따라 결정이방성(crystal anisotropy)이 존재하는 것이다. 따라서 재료에 존재하는 결정들의 결정방향 $[uvw]$과 결

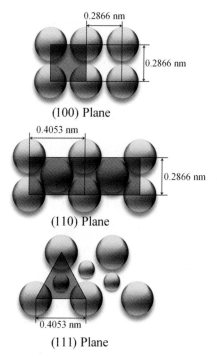

0.2866 nm

0.2866 nm

(100) Plane

0.4053 nm

0.2866 nm

(110) Plane

0.4053 nm

(111) Plane

그림 3-15. 철 결정의 (100), (110), (111) 결정방향에서 원자의 밀도.

정면 (hkl)의 분포를 모두 적절히 제어해야 결정 재료에서 요구되는 특정 성질을 최적화할 수 있는 것이다.

■■ 3.6 결정이방성의 예

결정이방성의 대표적인 예가 변압기와 전기 모터에 사용되는 전기강판(electrical steel)의 결정자기이방성(magneto-crystalline anisotropy)이다. 그림 3-16은 외부에서 자장 H이 가해질 때 자장이 증가함에 따라 각각 <001>, <011>, <111> 결정방향에 있는 철의 자화 M 되는 정도의 변화를 보여 준다. 자장과 자화의 단위는 모두 [A/m]이다. 자장이 외부에서 가해지면 철의 모든 결정방향에서 자화가 일어나며, 자장이 아주 커지면 재료에서 포화 자화가 일어나서 자장을 증가시켜도 더 이상의 자화는 일어나지 않는다.

일반적으로 전기강판과 같은 대부분의 연자성 재료는 포화자화 조건보다는 항상 낮은

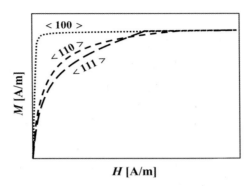

그림 3-16. 철에서 결정방향에 따른 자장 H 자화 M 곡선.

자장조건에서 사용된다. 이런 조건에서는 $<001>$ 결정방향이 가장 잘 자화되며, $<011>$ 결정방향이 그 다음으로 자화가 잘되고, $<111>$ 결정방향은 가장 자화가 어려운 방향인 것을 그림 3-16은 보여 준다. 따라서 철심의 자화방향이 $<111>$ 방향으로 제조된 변압기는 에너지 소모가 가장 큰 나쁜 제품이다. 이것과는 반대로 철심의 자화방향이 $<001>$ 방향과 일치하게 제조된 변압기는 자화에 필요한 에너지가 거의 소모되지 않아 최고 품질의 변압기인 것이다.

결정이방성의 또 다른 예가 금속 판재소성이방성(planar plastic anisotropy)이다. R-값 (R-value, Lankford-value)이 판재소성이방성의 척도로 사용되는데, R-값은 판재를 인장 시험할 때 판재 폭 방향의 변형률(ε_w)과 판재 두께 방향의 변형률(ε_t)의 비인($\varepsilon_w / \varepsilon_t$)로 측정된다. 즉, R-값이 높은 철강판재는 판재 폭 방향으로의 변형은 잘 일어나고, 판재 두께 방향으로의 변형은 잘 일어나지 않는다.

결정질 금속재료에서는 특정 슬립면에서 특정 슬립 방향으로 슬립이 일어나 재료의 모양변화, 즉 소성변형이 얻어진다. 그림 3-17은 R-값이 0인 판재와 R-값이 무한대로 큰 값을 가지는 판재에서 슬립시스템이 작용하는 것을 보여 준다. 소성변형 시 철강판재에 외부에서 변형응력이 가해지면 R-값이 0에 가까운 판재에서는 슬립이 판재의 두께 방향으로 집중되게 일어난다. 이런 금속 판재를 불균일한 응력상태로 변형시키면, 위치에 따라 판재의 두께가 다르게 변형되어 위치에 따라 불균일한 두께를 가지는 것이 얻어질 것이다. 이에 반하여 R-값이 큰 판재에서는 판재의 두께방향으로의 변형이 거의 일어나지 않는다. 즉, R-값이 큰 금속 판재는 아무리 불균일한 응력상태로 변형시키더

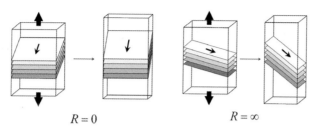

그림 3-17. 슬립계에 의존하는 R-값.

그림 3-18. 디프드로잉 할 때 R-값에 따른 성형 한계.

라도 모든 곳에서 거의 두께가 일정한 제품을 제조할 수 있는 것이다.

알루미늄이나 철강재와 같은 cubic 결정계 금속 판재의 R-값은 판재면의 결정면 지수 $\{hkl\}$에 의존한다. 판재면에 $\{111\}$ 결정면이 발달하면 높은 R-값이 얻어지며, 반대로 판재면에 $\{100\}$ 결정면이 발달하면 낮은 R-값이 얻어진다. 낮은 R-값을 가지는 금속 판재는 두께 방향으로의 소성 변형이 커서 쉽게 파괴가 일어난다. 그림 3-18은 금속 판재로 디프드로잉할 때 R-값이 다른 판재에서 어떠한 깊이까지 컵이 소성변형될 수 있는지를 보여 준다. 디프드로잉 시 판재의 R-값이 큰 값을 가질수록 파괴 없이 깊은 컵을 성형할 수 있음을 보여 준다.

■■ 3.7 집합조직의 개념

결정자기이방성과 판재소성이방성이 결정재료 결정이방성의 대표적인 것이다. 그런데 결정자기이방성은 결정방향 $<uvw>$에 의존하며, 판재소성이방성은 결정면 $\{hkl\}$에 의존한다. 따라서 판재 성형용 철강판재에서는 재료에 존재하는 결정립들의 결정면 $\{hkl\}$

의 분포를 적절히 제어하여야만 우수한 판재 성형성이 얻어지는 강판을 제조할 수 있다. 또한 전기강판에서는 재료에 존재하는 결정립들의 결정방향 $<uvw>$ 의 분포를 적절하게 제어해야 전기에너지 소모가 최소화된 최적의 전기강판을 제조할 수 있다.

철강과 알루미늄 같은 대부분의 금속재료는 수많은 결정립으로 구성된 다결정 재료이다. 한 결정립에서 원자의 배열은 일정하기 때문에, 한 결정립에서 결정면과 결정방향의 배열도 일정하다. 따라서 전체적인 금속재료의 성질들은 그 재료에 존재하는 각각의 결정립의 결정면과 결정방향의 배열에 의하여 결정된다.

즉, 많은 수의 결정립들로 구성된 다결정 재료의 내부구조에 대한 중요한 정보 중에 하나가 각 결정립의 결정면들과 결정방향의 배열 상태이다. 한 결정립에서 결정면 $\{hkl\}$ 과 결정방향 $<uvw>$ 의 배열을 '방위'(orientation)라고 정의한다. 즉, 하나의 결정립은 하나의 방위를 가지는 것이다.

다결정 금속재료 시료에는 많은 수의 결정립이 존재한다. 또한 이 시료에 존재하는 각각의 결정립은 각각 하나의 방위를 가진다. 하나의 시료가 있을 때 이 시료에 존재하는 결정립들의 방위들이 어떻게 분포하는가를 '방위분포'(orientation distribution)라 한다.

결국 방위분포는 한 시료에 존재하는 결정립들에서 결정방향 $<uvw>$ 과 결정면 $\{hkl\}$ 이 어떤 배열 상태를 가지고 있나를 의미하는 것이다. 옷을 만드는 옷감(textile)에는 직물의 결(texture)인 실들의 배열이 존재한다. 한 다결정 시료에 존재하는 결정면과 결정방향의 배열을 뜻하는 방위분포를 '집합조직'(texture)이라고도 한다.

그림 3-19는 각 결정립의 방위를 다양한 무늬로 표시한 미세조직이다. 그림 3-19의 좌측 미세조직과 같이 결정립들의 무늬가 다양하면 이 시료에는 다양한 방위가 존재하는 것이다. 이와 같이 한 시료에 존재하는 결정립들이 다양한 또는 무질서한 방위(orientation)들을 가지면 이 시료의 방위분포는 무질서하며, 무질서한 집합조직(random texture)을 가

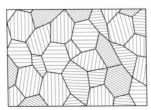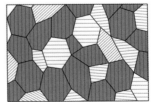

그림 3-19. 무질서한 집합조직과 강한 집합조직.

지는 시편이라 한다.

그림 3-19의 좌측 시료와는 다르게 우측 미세조직의 결정립들의 무늬는 다양하지 않고 많은 결정립이 세로-빗금 무늬를 가진다. 따라서 이 시료의 방위분포, 즉 집합조직은 무질서하지 않고, 이 시료에는 세로-빗금 무늬의 방위가 강한 집합조직이 존재하는 것이다.

■■ 3.8 수학적인 방위의 정의

하나의 직육면체 시료(specimen)를 그림 3-20에 나타내었다. 금속 판재는 대부분 판재 압연공정을 통하여 제조되며, 판재 압연을 한 시료는 이와 같은 직육면체의 형태를 가진다. 집합조직 분야에서는 직육면체 형태 시료의 시료축(specimen axis) S 의 3개의 축을 관습적으로 3개의 방향 RD, TD, ND라 하는데, 이는 각각 압연방향(rolling direction), 측면방향(transverse direction), 압연면 수직방향(normal direction)을 뜻한다. RD, TD, ND는 단지 압연 판재에서 방향을 규정하는 것에만 사용하는 것이 아니라 그림 3-20과 같은 형태의 시료를 표현하는 데 대부분 사용되고 있다.

한 시료의 RD, TD, ND는 시료축 S 로 표현된다. 시료축 S 는 시료축 단위벡터 $\vec{s}_1$, $\vec{s}_2$, $\vec{s}_3$ 로 정의된다. 3개의 시료축 단위벡터 $\vec{s}_1$, $\vec{s}_2$, $\vec{s}_3$ 는 길이(크기)가 1이며, 각각의 $\vec{s}_1$, $\vec{s}_2$, $\vec{s}_3$ 는 서로 수직의 관계를 가진다. 따라서 $\vec{s}_3$ 는 $\vec{s}_1$ 과 $\vec{s}_2$ 의 벡터곱 $\vec{s}_1 \times \vec{s}_2 = \vec{s}_3$

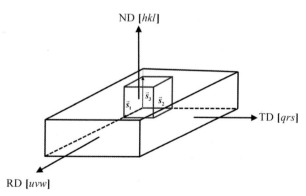

그림 3-20. 직육면체 시료와 시편축.

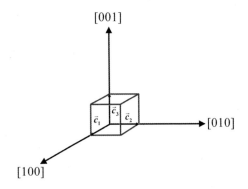

그림 3-21. 결정축.

으로 얻어진다. 그림 3-20과 같이 RD, TD, ND가 각각 결정방향 $[uvw]$, $[qrs]$, $[hkl]$
에 놓여있다면, 시료축 단위벡터 $\vec{s}_1$ 는 $[uvw]$에, $\vec{s}_2$ 는 $[qrs]$에 그리고 $\vec{s}_3$ 는 $[hkl]$에
평행하며, 각각 길이가 1인 단위벡터이다.

시료축 S 에 대응한 결정축(crystal axis) C 는 결정축 단위벡터 $\vec{c}_1$, $\vec{c}_2$, $\vec{c}_3$ 로 구성된
다. 결정축 단위벡터 $\vec{c}_1$, $\vec{c}_2$, $\vec{c}_3$ 는 그림 3-21과 같이 각각 $[100]$, $[010]$, $[001]$ 결정방
향에 평행하며, 각각 길이가 1인 단위벡터이다.

수학적으로 방위(orientation)는 g 로 쓰며, 방위 g 는 시편축 S 를 결정축 C 로 회전
하는데 필요한 회전조작(rotation operation)으로 정의된다. 시편축 단위벡터 $\vec{s}_1$, $\vec{s}_2$, $\vec{s}_3$
와 결정축 단위벡터 $\vec{c}_1$, $\vec{c}_2$, $\vec{c}_3$ 사이에는 다음과 같은 관계가 성립한다.

$$\vec{c}_1 = g_{11}\,\vec{s}_1 + g_{12}\,\vec{s}_2 + g_{13}\,\vec{s}_3$$
$$\vec{c}_2 = g_{21}\,\vec{s}_1 + g_{22}\,\vec{s}_2 + g_{23}\,\vec{s}_3 \qquad \text{(식 3-4)}$$
$$\vec{c}_3 = g_{31}\,\vec{s}_1 + g_{32}\,\vec{s}_2 + g_{33}\,\vec{s}_3$$

여기서 행렬요소 g_{ik} 는 2개의 벡터 $\vec{c}_i$ 와 $\vec{s}_k$ 사이의 방향코사인(direction cosine)이다.
(식 3-4)는 (식 3-5)와 같이 3×3 행렬식으로 나타낼 수 있으며, 3×3 행렬식을 (식
3-6)과 같이 간단히 쓸 수 있다.

116

$$\begin{pmatrix} \vec{c}_1 \\ \vec{c}_2 \\ \vec{c}_3 \end{pmatrix} = g \begin{pmatrix} \vec{s}_1 \\ \vec{s}_2 \\ \vec{s}_3 \end{pmatrix} \text{ with } g \begin{pmatrix} g_{11} & g_{12} & g_{13} \\ g_{21} & g_{22} & g_{23} \\ g_{31} & g_{32} & g_{33} \end{pmatrix} \qquad \text{(식 3-5)}$$

$$\{C\} = g\{S\} \qquad \text{(식 3-6)}$$

(식 3-4)와 (식 3-5)에서 g는 시편축 S를 결정축 C로 회전시키는데 요구되는 회전조작(rotation operation)을 뜻하며, 회전 행렬(rotation matrix)인 g가 방위인 것이다.

■■ 3.9 Miller 지수에 의한 방위의 표현

그림 3-22(a)와 같이 압연면 수직방향 ND가 $[hkl]$이고, 압연방향 RD가 $[uvw]$인 시료가 있다면, 이 시료의 방위를 $(hkl)[uvw]$로 표기한다. 즉, $(hkl)[uvw]$은 ND = $[hkl]$, RD = $[uvw]$를 뜻하는 것이다. 이와 같은 Miller 지수(indices) $(hkl)[uvw]$로 한 방위 g를 표현하는 것을 집합조직 연구에서 가장 많이 사용한다. 이와 같이 한 방위 g는 압연면 ND의 결정면 (hkl)의 정보와 함께 압연방향 $[uvw]$의 정보를 모두 가지고 있는 것이다.

압연을 한 압연판재에서는 ND가 압연면에 수직한 방향을, RD가 압연방향을 뜻한다.

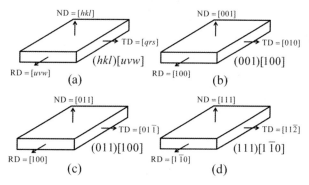

그림 3-22. Miller 지수에 의한 방위의 표현. (a) $(hkl)[uvw]$, (b) $(001)[100]$, (c) $(011)[100]$, (d) $(111)[1\bar{1}0]$.

그러나 판재의 형태를 갖는 직육면체 형태의 모든 시료에서는 관습적으로 시료의 윗면을 (hkl) 그리고 시료의 긴 방향을 $[uvw]$로 표기한다.

$(hkl)[uvw]$ 방위를 가지는 시료에서 시료축 단위벡터 $\vec{s}_3$는 ND의 결정방향 $[hkl]$에 평행한 단위벡터이며, 시료축 단위벡터 $\vec{s}_1$는 RD의 결정방향 $[uvw]$에 평행한 단위벡터이다. $\vec{s}_3$와 $\vec{s}_1$은 결정축 단위벡터 $\vec{c}_1$, $\vec{c}_2$, $\vec{c}_3$와 다음과 같은 관계를 가진다.

$$\vec{s}_3 = \frac{h}{M}\vec{c}_1 + \frac{k}{M}\vec{c}_2 + \frac{l}{M}\vec{c}_3 \qquad \text{(식 3-7)}$$

$$\vec{s}_1 = \frac{u}{N}\vec{c}_1 + \frac{v}{N}\vec{c}_2 + \frac{w}{N}\vec{c}_3 \qquad \text{(식 3-8)}$$

여기서 $M = \sqrt{h^2 + k^2 + l^2}$, $N = \sqrt{u^2 + v^2 + w^2}$ 이다.

TD의 결정방향 $[qrs]$에 평행한 결정축 단위벡터 $\vec{s}_2$는 벡터곱 $\vec{s}_2 = \vec{s}_3 \times \vec{s}_1$ 로부터 얻어진다. 또는 $q = kw - lv$, $r = lu - hw$, $s = hv - ku$ 이다. 하나의 방위 $g = (hkl)[uvw]$는 (식 3-9)과 같이 행렬 요소 g_{ij}를 가지는 방위 행렬(orientation matrix)로 쓸 수 있는 것이다.

$$g((hkl)[uvw]) = \begin{pmatrix} \dfrac{u}{N} & \dfrac{kw-lv}{MN} & \dfrac{h}{M} \\ \dfrac{v}{N} & \dfrac{lu-hw}{MN} & \dfrac{k}{M} \\ \dfrac{w}{N} & \dfrac{hv-ku}{MN} & \dfrac{l}{M} \end{pmatrix} = \begin{pmatrix} g_{11} & g_{12} & g_{13} \\ g_{21} & g_{22} & g_{23} \\ g_{31} & g_{32} & g_{33} \end{pmatrix} \qquad \text{(식 3-9)}$$

그림 3-22(b), (c), (d)는 각각 $(001)[100]$, $(011)[100]$, $(111)[1\bar{1}0]$ 방위에 있는 시편들을 보여 준다. $(001)[100]$ 방위 시편의 TD의 결정방향 $[qrs]$는 $[010]$이다. 여기서 주목할 것은 $(001)[100]$ 방위에 있는 시편은 시편축과 결정축이 일치한다는 것이다. $(011)[100]$, $(111)[1\bar{1}0]$ 방위의 TD는 각각 $[01\bar{1}]$, $[11\bar{2}]$이다. TD는 앞에서 설명한 식 $q = kw - lv$, $r = lu - hw$, $s = hv - ku$ 을 이용하면 쉽게 구해진다.

▪▪■ 3.10 Euler 각에 의한 방위의 표현

앞에서 방위를 정의할 때 설명한 것과 같이 시편축 S를 결정축 C로 회전시키는데 필요한 회전조작(rotation operation)의 수학적인 표현이 방위 g이다. (001) [110] 방위에 있는 시편을 그림 3-23에 나타내었다. 이 시편의 시편축을 결정축으로 회전시키기 위해서는 ND = [001]을 회전축(rotation axis)으로 회전각(rotation angle) +45°만큼의 회전조작이 한 번 필요하다.

시편축 S를 결정축 C로 회전시키기 위해선 수학적으로 최대 3개의 회전조작이 필요하다. 스위스의 수학자 Euler는 이런 3번의 회전 조작을 먼저 회전축을 일정하게 하고, 단지 3개의 회전각 $(\varphi_1, \varPhi, \varphi_2)$만을 변수로 시편축 S를 결정축 C로 회전시키는 방법을 제안하였다. Euler 각 $(\varphi_1, \varPhi, \varphi_2)$은 다음에 규정한 3번의 회전에 의하여 결정된다. 그림 3-24에서는 Euler 각 $(\varphi_1, \varPhi, \varphi_2)$이 어떻게 결정되는지 보여 준다. 이제 하나의 방위는 Euler 각 $(\varphi_1, \varPhi, \varphi_2)$에 의하여 표현할 수 있는 것이다.

- φ_1-회전: 먼저 ND를 축으로 각 φ_1 각도만큼 회전하여 TD가 새로운 TD'로 RD가 새로운 RD'가 된다. 그러면 ND와 [001]이 만드는 평면에 RD'이 수직에 놓이게 회전하는 회전각이 φ_1이다.

- $\varPhi$-회전: 두 번째 회전은 새로운 RD'를 축으로 각 $\varPhi$만큼 회전시켜 ND가 [001]
일치하게 된다. 그러면 ND' = [001]이 되며, TD'이 새로운 TD''이 된다.

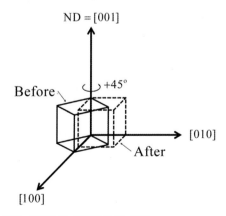

그림 3-23. (001) [110] 방위의 시편축을 결정축으로 회전.

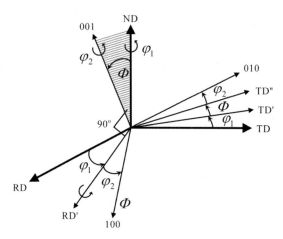

그림 3-24. Euler 각 $(\varphi_1, \Phi, \varphi_2)$의 정의.

- φ_2-회전: 마지막 세 번째 회전은 [001]인 ND'-축을 φ_2만큼 회전한다. 그러면 시 편축 S가 결정축 C와 일치하게 된다.

위와 같은 $(\varphi_1, \Phi, \varphi_2)$ 3가지 회전을 수학적으로 표시하면 (식 3-10)과 같다.

$$\{S'\} = g(\varphi_1)\{S\}$$
$$\{S''\} = g(\Phi)\{S'\}$$
$$\{C\} = g(\varphi_2)\{S''\}$$

(식 3-10)

(식 3-10)을 합쳐서 쓰면 (식 3-11)이 얻어진다.

$$\{C\} = g(\varphi_1)\cdot g(\Phi)\cdot g(\varphi_2)\{S\} = g(\varphi_1, \Phi, \varphi_2)\{S\}$$

(식 3-11)

하나의 방위는 Euler 각 $(\varphi_1, \Phi, \varphi_2)$ 3개로 명확히 표현될 수 있다. 또한 단지 3개의 독립 변수인 φ_1, Φ, φ_2로 (식 3-12)의 방위 행렬이 만들어진다. (식 3-12)의 방위 행 렬은 (식 3-9)의 $g((hkl)[uvw])$ 방위 행렬과 동등한 것이다. $g((hkl)[uvw])$로 만들 어지는 방위행렬의 독립변수는 h, k, l, u, v, w로 모두 6개이다.

$$g(\varphi_1,\ \Phi,\ \varphi_2) = \begin{pmatrix} g_{11} & g_{12} & g_{13} \\ g_{21} & g_{22} & g_{23} \\ g_{31} & g_{32} & g_{33} \end{pmatrix} =$$

(식 3-12)

$$\begin{pmatrix} \cos\varphi_1\cos\varphi_2-\sin\varphi_1\sin\varphi_2\cos\Phi & \sin\varphi_1\cos\varphi_2+\cos\varphi_1\sin\varphi_2\cos\Phi & \sin\varphi_2\sin\Phi \\ -\cos\varphi_1\sin\varphi_2-\sin\varphi_1\cos\varphi_2\cos\Phi & -\sin\varphi_1\sin\varphi_2+\cos\varphi_1\cos\varphi_2\cos\Phi & \cos\varphi_2\sin\Phi \\ \sin\varphi_1\sin\Phi & -\cos\varphi_1\sin\Phi & \cos\Phi \end{pmatrix}$$

다음 (식 3-9)와 (식 3-12)를 이용하여 Miller 지수로 $(hkl)\,[uvw] = (001)\,[100]$ 방위는 Euler 각으로 변환하면 $g(\varphi_1,\Phi,\varphi_2) = g(0°,0°,0°)$ 가 된다. 또한 $(011)\,[100]$ 방위는 Euler 각으로 $(0°,45°,0°)$ 방위와 같은 방위이다. (식 3-13)은 이것을 보여 주고 있다.

$$g((001)[100]) = \begin{pmatrix} 1 & 0 & 0 \\ 0 & 1 & 0 \\ 0 & 0 & 1 \end{pmatrix} = g(0°,\ 0°,\ 0°)$$

(식 3-13)

$$g\{(011)[100]\} = \begin{pmatrix} 1 & 0 & 0 \\ 0 & 1/\sqrt{2} & 1/\sqrt{2} \\ 0 & -1/\sqrt{2} & 1/\sqrt{2} \end{pmatrix} = g(0°,\ 45°,\ 0°)$$

■■ 3.11 회전축과 회전각에 의한 방위의 표현

방위 g 는 시편축 S 를 결정축 C 로 회전시키는 데 필요한 회전조작이다. 그런데 하나의 회전조작은 하나의 회전축 $\bar{v}$ 과 회전각 ω 을 변수로 얻어질 수 있다. 따라서 (식 3-14)와 같이 하나의 방위 g 는 $g(\bar{v},\omega)$ 로 표현할 수 있는 것이다.

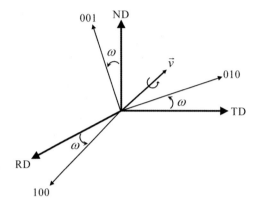

그림 3-25. 회전축 $\vec{v}$ 과 회전각 ω 에 의한 방위의 표현.

$$\{C\} = g(\vec{v}, \omega)\{S\} \qquad \text{(식 3-14)}$$

그림 3-25에서 방위 g 는 시편축 S 인 RD, TD, ND가 $\vec{v}$ 를 회전축으로 하여 모두 ω 만큼 회전시키면 결정축 C 인 [100], [010], [001]에 일치하는 것을 보여 준다. $\vec{v} = [v_x, v_y, v_z]$는 단위벡터이므로 $v_x^2 + v_y^2 + v_z^2 = 1$이다. $g(\vec{v}, \omega)$도 (식 3-9)와 같은 3 × 3 방위 행렬 g_{ij} 을 만드는데, g_{ij} 은 (식 3-15)와 같이 v_x, v_y, v_z, ω 로 만들어진다.

$$\begin{pmatrix} (1-v_x^2)\cos\omega + v_x^2 & v_xv_y(1-\cos\omega) + v_z\sin\omega & v_xv_z(1-\cos\omega) - v_y\sin\omega \\ v_xv_y(1-\cos\omega) - v_z\sin\omega & (1-v_y^2)\cos\omega + v_y^2 & v_yv_z(1-\cos\omega) + v_x\sin\omega \\ v_xv_z(1-\cos\omega) + v_y\sin\omega & v_yv_z(1-\cos\omega) - v_x\sin\omega & (1-v_z^2)\cos\omega + v_z^2 \end{pmatrix}$$

$$\text{(식 3-15)}$$

(식 3-15)를 이용하면 (식 3-16)과 같이 회전각 ω 와 회전축 $\vec{v} = [v_x, v_y, v_z]$를 구할 수 있는 것이다.

$$g_{11} + g_{22} + g_{33} = 1 + 2\cos\omega$$

$$1/2 \cdot (g_{23} - g_{32}) = v_x \sin\omega \qquad \text{(식 3-16)}$$

$$1/2 \cdot (g_{31} - g_{13}) = v_y \sin\omega$$

$$1/2 \cdot (g_{12} - g_{21}) = v_z \sin\omega$$

Miller 지수로 $(hkl)\,[uvw] = (001)\,[1\bar{1}0]$ 방위는 (식 3-9)에 의하여 (식 3-17)과 같은 방위 행렬로 쓰여진다.

$$g\{(001)[1\bar{1}0]\} = \begin{pmatrix} 1/\sqrt{2} & 1/\sqrt{2} & 0 \\ -1/\sqrt{2} & 1/\sqrt{2} & 0 \\ 0 & 0 & 1 \end{pmatrix} \qquad \text{(식 3-17)}$$

이제 (식 3-16)에서 $g_{11} + g_{22} + g_{33} = 1/\sqrt{2} + 1/\sqrt{2} + 1 = 1 + 2\cos\omega$ 이므로 $\cos\omega = 1/\sqrt{2}$ 이다. 따라서 $\omega = 45°$가 얻어진다. $1/2 \cdot (g_{23} - g_{32}) = 0$, $v_x \sin\omega = 0$, $v_x = 0$이다. $1/2 \cdot (g_{31} - g_{13}) = 0$, $v_y \sin\omega = 0$, $v_y = 0$이다. $1/2 \cdot (g_{12} - g_{21}) = 1/\sqrt{2}$, $v_z \sin 45°$ $= 1/\sqrt{2}$, $v_z = 1$이다. 따라서 회전각 $\omega = 45°$와 회전축 $\vec{v} = [v_x, v_y, v_z] = [001]$가 얻어지는 것이다. 실제로 그림 3-26에서는 시편축 S인 RD, TD, ND가 $\vec{v} = [001]$를 회전축으로 하여 $\omega = 45°$ 회전시키면 결정축 C인 [100], [010], [001]에 일치하는 것을 보여준다.

■■■ 3.12 극점도에 의한 방위의 표현

원점 $(0,0,0)$을 가지는 직각 좌표계에서 3차원 공간에 존재하는 하나의 위치는

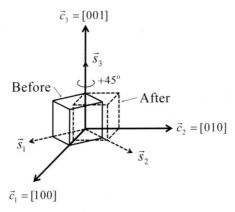

그림 3-26. (001) [110] 방위의 회전축 $\vec{v} = [001]$을 중심으로 회전각 $\omega = 45°$ 회전.

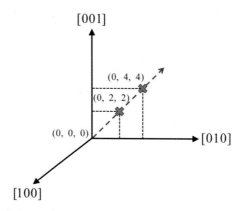

그림 3-27. 같은 방향을 가지는 2개의 점.

(x, y, z)로 규정할 수 있다. 그림 3-27은 $(0,2,2)$와 $(0,4,4)$에 놓여있는 2개의 점을 보여 준다. 2개의 점은 원점으로부터 놓여진 거리는 다르지만, $(0,0,0)$ 원점으로부터 선을 그으면 같은 선위에 놓이게 되므로 같은 방향에 놓여있는 것이다. 즉, 방향은 거리에 무관한 것이다.

그림 3-28은 크기가 다른 2개의 직육면체 시료를 보여 주는데, 2개의 시료에서는 크기에 상관없이 같은 방위, 즉 RD, TD, ND를 가진다. 즉, 방위와 결정방향(결정면도 동등함)은 시료의 크기 또는 위치에 무관하다. 결정방향 지수 $[uvw]$ 또는 결정면 지수 (hkl)는 크기와 무관한 단지 '방향'의 정보만 가지고 있는 것이다.

대부분의 인간은 2차원적인 평면에 자기가 관찰하고 있는 것을 3차원적으로 표현하는데 어려움을 가진다. 그런데 결정학자들은 스테레오 투영(stereo-projection) 기법을 창안

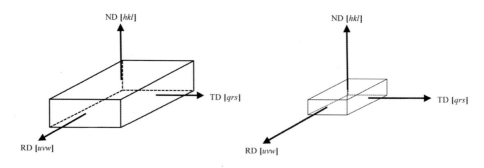

그림 3-28. 방위는 시편의 크기에 무관하다.

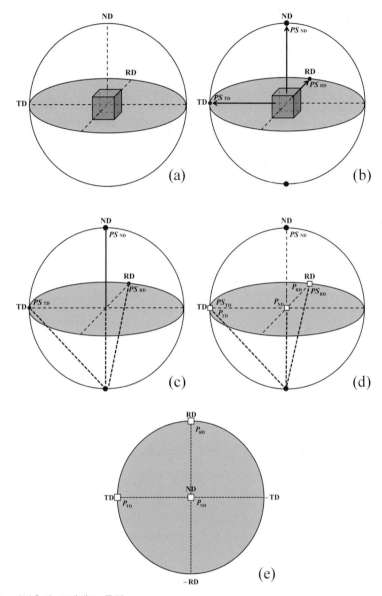

그림 3-29. 시편축의 스테레오 투영.

하여 3차원적인 공간의 결정방향(결정면도 동등함)을 2차원적인 평면에 정확히 표기하는 기법을 만들었다. 그림 3-29(a)는 3차원으로 그려진 구의 중심에 RD, TD, ND를 가지는 하나의 시편을 보여 준다. 이 시편의 RD, TD, ND 방향을 스테레오 투영하는 방법은 다음의 순서를 따른다.

125

- 순서 1: RD, TD, ND 방향이 구의 표면을 통과하는 3개의 점 PS_{RD}, PS_{TD}, PS_{ND} 를 표시한다(그림 3-29(b)).

- 순서 2: 남극으로부터 출발하여 점 PS_{RD}, PS_{TD}, PS_{ND} 를 지나가는 3개의 선을 그린다(그림 3-29(c)).

- 순서 3: 이 3개의 선들이 구의 위도 0°를 자른 면인 회색의 적도 면을 통과하는 위치에 3개의 점 P_{RD}, P_{TD}, P_{ND} 을 표시한다(그림 3-29(d)). 이 3개의 점 P_{RD}, P_{TD}, P_{ND} 을 RD, TD, ND의 극점(pole)이라 한다.

- 순서 4: 그림 3-29(e)는 그림 3-29(d)의 적도 면을 펼쳐서 평면적으로 보여 주는데, 여기에는 3차원 공간에서는 서로 직교하는 방향인 RD, TD, ND가 2차원적인 평면에 극점 P_{RD}, P_{TD}, P_{ND} 로 나타난다.

그림 3-29(e)의 스테레오 투영에서는 RD와 TD의 반대방향인 -RD, -TD가 보여진다. RD, TD, -RD, -TD는 모두 ND와 모두 직교하므로 각각 90°의 각도를 가진다. 또한 RD는 -RD와 TD는 -TD와 반대방향이므로 각각 180°의 각도를 가진다. 그리고 RD는 -TD와 270°의 각도를 가진다. 이런 3차원 공간에 존재하는 방향들이 그림 3-29(e)의 2차원적인 평면인 스테레오 투영에서 표현될 수 있는 것이다.

그림 3-30(a)는 3차원인 구에 RD, TD, ND와 모두 45°의 각을 가지는 한 결정방향 [hkl]이 보여진다. [hkl] 결정방향은 구의 표면에 한 개의 점 PS_{hkl} 로 표시될 수 있다. 즉, 한 점이 하나의 결정방향을 표시하는 것이다. 이제 남극으로부터 출발하여 점 PS_{hkl}

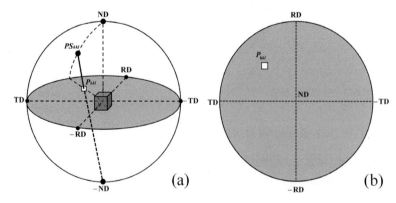

그림 3-30. 결정방향 [hkl] 또는 결정면 (hkl)의 극점 P_{hkl} 의 스테레오 투영.

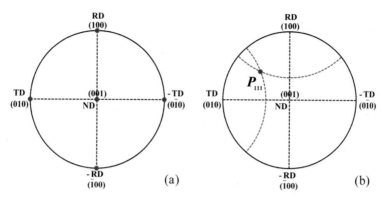

그림 3-31. (001) [100] 시료의 RD, TD, ND와 (111)의 극점 P_{111}의 스테레오 투영.

를 지나가는 선을 그리면, 이 선이 적도 면을 지나가면서 만드는 점인 결정방향 [hkl] 의 극점 P_{hkl} 를 얻게 된다. 그림 3-30(b)는 적도 면을 펼쳐 보여 주는데, 스테레오 투영에는 서로 직교하는 RD, TD, ND와 함께 이 RD, TD, ND와 모두 45°의 각을 가지고 놓여진 한 결정방향 [hkl] 의 극점 P_{hkl} 가 보여진다. 이와 같이 시편축과 함께 결정방향 [hkl] 또는 결정면(hkl)의 극점 P_{hkl} 을 스테레오 투영하여 작도한 것을 극점도(pole figure) 라 한다. 한 극점도에 (hkl) 결정면을 표기하면 이것을 (hkl) 극점도라 한다.

그림 3-31(a)는 (001) [100] 방위의 RD, TD, ND 등을 스테레오 투영한 것을 보여 준다. RD, TD, ND는 [100], [010], [001] 이다. (001) [100] 방위에 있는 시편에서 (111) 결정면 또는 [111] 결정방향은 [100], [010], [001]과 모두 45°의 사잇각을 가진다. 따라서 (111) 극점도에서 (111) 극점 P_{111} 의 위치는 그림 3-31(b)와 같이 한 점으로 나타난다. 즉, 시편의 방위가 (001) [100]이면 한 위치에 (111) 극점 P_{111} 의 위치가 얻어지는 것이다. 이런 이유로 그림 3-31(b)의 극점 P_{111} 위치는 이 시편의 방위에 대한 정보를 주는 것이다.

그림 3-32(a)는 (011) [100] 방위에 있는 시료에서 (111)의 극점 P_{111}의 위치를 보여주는데, (001) [100] 방위와는 다른 위치에 P_{111} 가 놓여지는 것이다. 즉, 방위에 따라 다른 위치에 극점이 놓여지는 것이다. 그림 3-32(b)는 (011) [100] 방위에 있는 시료에서 (001)의 극점 P_{001} 의 위치를 나타낸다. 이와 같이 한 극점 P_{hkl} 의 위치는 시료의 방위 $g(($hkl$)[uvw])$와 극점 P_{hkl} 의 결정면의 지수 (hkl)에 의존하는 것이다.

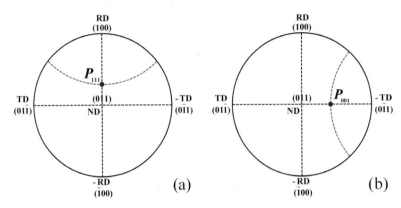

그림 3-32. (011) [100] 시료에서 (111)의 극점 P_{111}와 (001)의 극점 P_{001}의 위치.

Cubic 결정계 결정에서 결정면 {111} 가족에는 동등한 결정면으로 (111), ($\bar{1}$11), (1$\bar{1}$1), (11$\bar{1}$), ($\bar{1}\bar{1}\bar{1}$), (1$\bar{1}\bar{1}$), ($\bar{1}$1$\bar{1}$), ($\bar{1}\bar{1}$1) 8개가 있다. (001) [100] 방위의 시료에서 8개의 {111} 결정면들은 시편의 시편축 RD = [100], TD = [010], ND = [001]와 표 3-2와 같이 일정한 각도, 즉 사잇각(ϕ)을 가진다. Cubic 결정계 결정에서 $[u_1 v_1 w_1]$ 방향과 $[u_2 v_2 w_2]$ 방향과의 사잇각(ϕ)은 (식 3-18)로 계산된다.

$$\cos\phi = \frac{u_1 u_2 + v_1 v_2 + w_1 w_2}{\sqrt{u_1^2 + v_1^2 + w_1^2}\sqrt{u_2^2 + v_2^2 + w_2^2}} \qquad \text{(식 3-18)}$$

시편축인 RD, TD, ND를 스테레오 투영한 극점도에서 RD와 TD는 각각 180° 반대 방향인 −RD, −TD까지 다 표현된다. 그러나 극점도에서 ND는 단지 ND로부터 90°까지만 표현할 수 있는 것이다. 이것은 그림 3-33의 (001) [100]를 스테레오 투영한 것

표 3-2. (001) [100] 시료에서 {111} 결정면과 시편축 사이의 사잇각.

Planes	RD	TD	ND	Planes	RD	TD	ND
(111)	55°	55°	55°	($\bar{1}\bar{1}\bar{1}$)	125°	125°	125°
($\bar{1}$11)	125°	55°	55°	(1$\bar{1}\bar{1}$)	55°	125°	125°
(1$\bar{1}$1)	55°	125°	55°	($\bar{1}$1$\bar{1}$)	125°	55°	125°
(11$\bar{1}$)	55°	55°	125°	($\bar{1}\bar{1}$1)	125°	125°	55°

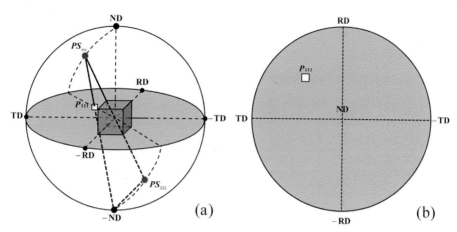

그림 3-33. (001) [100] 시료의 (111)과 ($\overline{1}\,\overline{1}\,\overline{1}$) 극점의 스테레오 투영.

에서 명확히 보여 준다. 여기서 (111) 결정면의 결정방향은 적도 위에 PS_{111} 점이 형성 되어 위도 0°에 있는 적도면에 극점 P_{111} 를 만들고, 그 결과 **그림 3-33**의 우측과 같이 극점도에 (111) 결정면이 나타난다. 그러나 ($\overline{1}\,\overline{1}\,\overline{1}$) 결정면의 결정방향은 적도 밑에 $PS_{\overline{1}\,\overline{1}\,\overline{1}}$ 가 형성되어 적도면 아래에 극점 $P_{\overline{1}\,\overline{1}\,\overline{1}}$ 를 만든다. 따라서 ($\overline{1}\,\overline{1}\,\overline{1}$) 결정면은 (001) [100] 시료의 극점도에 표현할 방법이 없는 것이다. 이와 같이 스테레오 투영은 단지 적도 위의 방향만 표현하는 한계성을 가진다.

그림 3-34는 (100) [001]와 (001) [100] 시료의 {111} 극점도로 {111} 가족에 포 함되는 결정면들의 극점들이 보여진다. (100) [001] 시료의 극점도에서는 ND와 90°

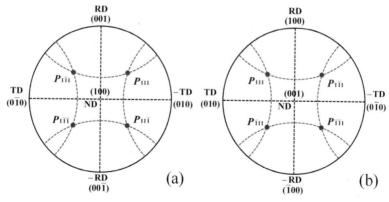

그림 3-34. (100) [001] 시료와 (001) [100] 시료의 {111} 극점도.

이하의 사잇각을 가지는 4개의 결정면의 극점 P_{111}, $P_{1\bar{1}\bar{1}}$, $P_{11\bar{1}}$, $P_{1\bar{1}1}$이 존재한다. 그리고 (001) [100] 시료의 {111} 극점도에서는 P_{111}, $P_{\bar{1}11}$, $P_{1\bar{1}1}$, $P_{\bar{1}\bar{1}1}$ 극점이 보여진다. 이렇게 (100) [001]와 (001) [100] 시료의 {111} 극점도에서 각 극점 P의 위치는 다르다. 그러나 이 2개의 시료에서 $P_{\{111\}}$ 극점들의 위치는 동일한 것을 그림 3-34에서 확인할 수 있다. 즉, Cubic 결정계 결정에서는 $\{hkl\}<uvw>$ 방위가족에 속하는 모든 동등한 방위들에서는 동등한 위치에서 P_{hkl} 극점들이 얻어지는 것이다.

■■ 3.13 극점도 그리는 방법

일반적으로 한 평면에서 두 방향의 사잇각을 측정할 때에는 각도기가 사용된다. 그러

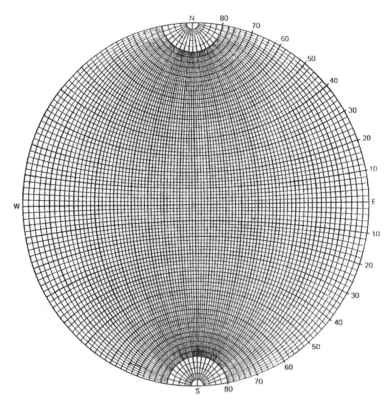

그림 3-35. Wulff net.

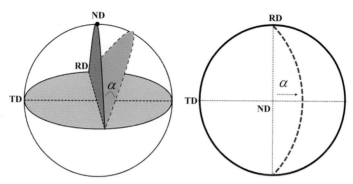

그림 3-36. Wulff net에서 경도선의 구성.

나 극점도에 존재하는 극점(결정방향)들의 사잇각을 측정할 때에는 **그림 3-35**의 Wulff net를 사용한다. Wulff net는 세로방향의 경도선과 가로방향의 위도선으로 구성된다.

세로방향의 경도선들은 **그림 3-36**과 같이 Wulff net의 북극 또는 남극에서 같은 각을 가지는 방향을 연결한 선들을 스테레오 투영하여 만들어진다. 그리고 Wulff net의 위도선들은 **그림 3-37**과 같이 Wulff net의 북극과 남극을 공동의 축으로 하는 면들을 스테레오 투영하여 만들어진다. Wulff net의 경도선들과 위도선들은 스테레오 투영한 극점들의 사잇각을 측정할 때 사용된다.

극점도에는 ND와 사잇각이 90° 이내의 결정방향만 표시된다. 하나의 결정방향 $[hkl]$ 이 ND와 사잇각이 90° 이내인 조건에서만 결정방향이 극점도에 표시될 수 있다. 이 조건이 만족되면 극점도에서 하나의 결정방향 $[hkl]$ 은 단지 RD와 $[hkl]$ 의 사잇각 θ_1 와 TD와 $[hkl]$ 의 사잇각 θ_2 로 결정된다. 다시 말해서 극점도에서 극점 P_{hkl} 위치는 θ_1 와

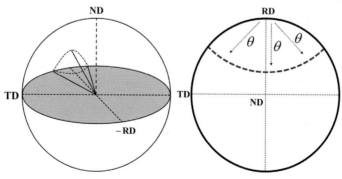

그림 3-37. Wulff net에서 위도선의 구성.

θ_2 2개로 얻어지는 것이다.

그림 3–38(a)는 앞에서 언급한 (001) [100] 시료의 {111} 극점도를 보여 준다. 여기서 (111) 극점은 RD, TD, ND와 모두 55°의 사잇각을 가진다. 그러므로 $\theta_1 = 55°$, $\theta_2 = 55°$이다. 그러면 어떻게 RD로부터 55° 그리고 TD로부터 55° 떨어진 곳을 극점도에서 찾아낼 수 있을까? 그림 3–38(b)는 RD로부터 사잇각 $\theta_1 = 55°$을 가지는 모든 방향을 선으로 표시하였고, 그림 3–38(c)는 TD로부터 사잇각 $\theta_2 = 55°$을 가지는 모든 방향을 각각 Wulff net에 선으로 표시하였다. 그림 3–38(b)와 (c)를 합치면 그림 3–38(d)과 같은 RD와 TD와 각각 55°의 사잇각을 가지는 (111) 극점의 위치 P_{111}를 얻을 수 있는 것이다.

또 하나의 예로 (001) [100] 시료의 ($\bar{1}$11) 극점의 위치를 구해보자. 표 3–2에서 보듯이 ($\bar{1}$11) 극점은 RD와 125°의 사잇각을 그리고 TD와 55°의 사잇각을 가진다. 그림

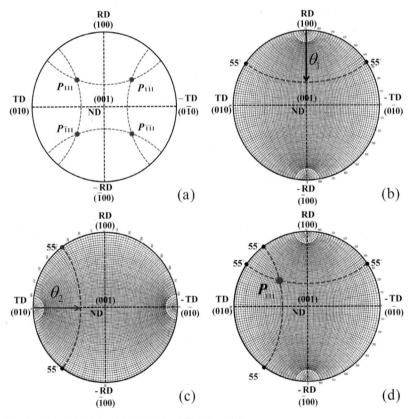

그림 3–38. (001) [100] 시료에서 (111) 극점을 얻는 방법.

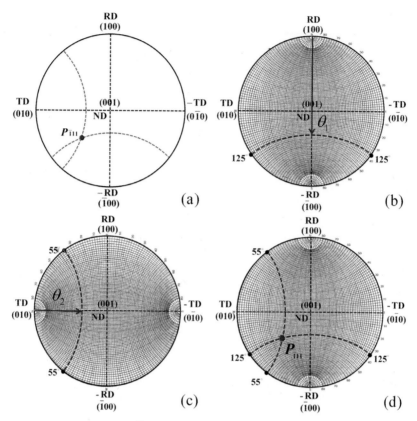

그림 3-39. (001) [100] 시료에서 ($\bar{1}$11) 극점을 얻는 방법.

3-39(b)와 (c)는 RD로부터 125°의 사잇각을 가지는 모든 방향과 TD로부터 55°의 사잇
각을 가지는 모든 방향을 각각 Wulff net를 이용하여 표시하였다. 그림 3-39(b)와 (c)를
합쳐서 그림 3-39(d)의 ($\bar{1}$11) 극점 $P_{\bar{1}11}$ 가 얻어진다.

그림 3-40에는 (110) [001] 방위의 {001}, {011} 극점도가 보여진다. 표 3-3에는
(110) [001] 방위에 존재하는 6개의 {001} 결정면들과 12개의 {011} 결정면들과 시
료축인 RD, TD, ND 간의 사잇각이 정리되어 있다. 그림 3-40의 (110) [001] 방위의
극점도에서는 4개의 {001} 결정면들과 7개의 {011} 결정면만이 보여진다. 이 결정면
들은 모두 ND와 90° 이내의 사잇각을 가지는 것을 **표 3-3**으로부터 확인할 수 있다.

표 3-3. (110) [001] 시료에서 {001}, {011} 결정면들과 시편축 사이의 사잇각.

Planes	RD	TD	ND	Planes	RD	TD	ND
(100)	90°	45°	45°	(0$\overline{1}$0)	90°	45°	135°
($\overline{1}$00)	90°	135°	135°	(001)	0°	90°	90°
(010)	90°	135°	45°	(00$\overline{1}$)	180°	90°	90°
Planes	RD	TD	ND	Planes	RD	TD	ND
(110)	90°	90°	0°	(011)	45°	120°	60°
($\overline{1}$10)	90°	180°	90°	(0$\overline{1}$1)	45°	60°	120°
(1$\overline{1}$0)	90°	0°	90°	(01$\overline{1}$)	135°	120°	60°
(101)	45°	60°	60°	($\overline{1}$$\overline{1}$0)	90°	90°	180°
($\overline{1}$01)	45°	120°	120°	(0$\overline{1}$$\overline{1}$)	135°	60°	120°
(10$\overline{1}$)	135°	60°	60°	($\overline{1}$0$\overline{1}$)	135°	120°	120°

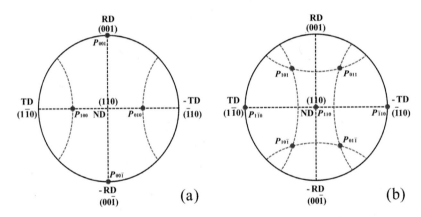

그림 3-40. (110) [001] 방위의 {001}, {011} 극점도.

▪▪ 3.14 표준 투영도

(001) [100] 시료의 {001}, {011}, {111} 극점들을 모두 표시한 스테레오 투영을 그림 3-41은 보여 준다. (100), ($\overline{1}$00), (010), (0$\overline{1}$0), (001) 5개의 {001} 가족과

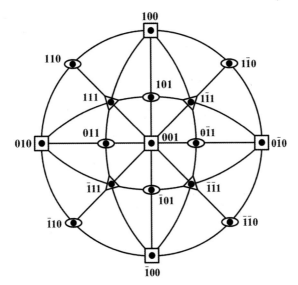

그림 3-41. (001) 표준 투영도.

(110), ($\overline{1}\,\overline{1}$0), ($\overline{1}$10), (1$\overline{1}$0), (101), ($\overline{1}$01), (011), (0$\overline{1}$1) 8개의 {011} 가족과 (111), ($\overline{1}$11), (1$\overline{1}$1), ($\overline{1}\,\overline{1}$1) 4개의 {111} 가족이 모두 함께 (001) [100] 시료에서 극점들로 얻어지는 것이다. 이렇게 (001) [100] 시료에 나오는 모든 결정면의 극점들을 스테레오 투영한 그림 3-41을 (001) '표준 투영도'라고 한다. 결정면은 그 면으로부터 수직한 방향으로 정의되기 때문에 그림 3-41의 (hkl) 지수는 결정방향 [hkl]과 동일한 것이다.

그림 3-42는 (011) [100] 시료의 {001}, {011}, {111} 극점들을 모두 보여 준다. 이것을 (011) 표준 투영도라 한다. 이와 같이 ND가 (hkl)인 시료의 {001}, {011}, {111} 극점들을 모두 표시한 극점도를 (hkl) 표준 투영도라 한다.

표준 투영도는 여기에 수록된 극점들인 결정면 또는 결정방향과의 사잇각을 금방 알아 보는데 매우 유용하게 사용될 수 있다. 예를 들면, (001) 표준 투영도인 그림 3-41에서 (110), (011), ($\overline{1}$10) 들은 모두 (010) 과 45°의 사잇각을 가진다. 또한 (100), ($\overline{1}$00), (001) 들은 모두 (010) 과 90°의 사잇각을 그리고 (0$\overline{1}$0) 과 (010) 의 사잇각은 180°인 것을 그림 3-41를 통하여 바로 알 수 있는 것이다.

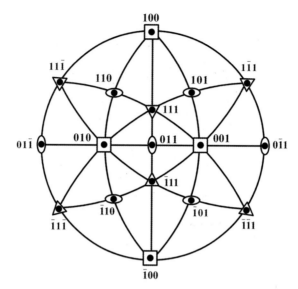

그림 3-42. (011) 표준 투영도.

■■ 3.15 역극점도에 의한 방위의 표현

그림 3-41의 (001) 표준 투영도를 자세히 보면 표준 투영도에 놓여있는 극점들이 다양한 대칭을 가지는 것을 알 수 있다. 따라서 그림 3-43의 (001) 표준 투영도는 24개의 동등한 구역으로 분할할 수 있는 것이다.

그림 3-43의 (001) 표준 투영도에서 (123), (231)을 비롯한 {123} 가족들의 극점들이 O 점들로 표시되어 있다. 또한 (112), (121)을 비롯한 {112} 가족들의 극점들이 ● 점들로 표시되어 있다. (001) 표준 투영도에는 {123} 가족들의 O 극점들이 24번 나오며, {112} 가족들의 ● 극점들이 12번 나온다.

표 3-1의 cubic 결정계 결정의 대칭성에 기인하는 동등한 결정면이나 결정방향의 숫자인 다중인자(multiplicity factor) PF_{hkl} 가 수록되어 있다. 표 3-1에서 {123} 가족들의 다중인자는 48이고, {112} 가족들의 다중인자는 24이다. 그림 3-43에 존재하는 {123} 과 {112} 가족들의 극점의 수는 다중인자의 절반이다. 이것은 극점도는 ND = [001]와 90° 이내의 사잇각을 가지는 결정방향만을 보여 주기 때문이다. 만약 ND = [001]

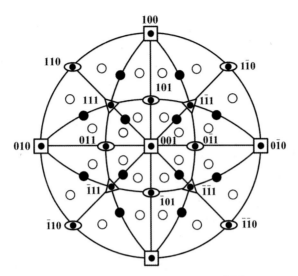

그림 3-43. (001) 표준 투영도에서 동등한 극점들의 위치(○ 점은 {123} 가족들의 극점들, ● 점은 {112} 가족들의 극점).

의 반대방향인 [00$\bar{1}$] 의 ND를 가지는 (00$\bar{1}$) [$\bar{1}$00] 방위를 스테레오 투영한다면 그림 3-43에 존재하는 극점들과 반대 지수를 가지는 극점들이 얻어질 것이다.

그림 3-43에서 (001) 표준 투영도를 24개의 동등한 구역으로 분할하면, 한 구역에는 각각 {001}, {011}, {111}, {112}, {123} 가족들에 속하는 하나의 극점들이 모두 존재하는 것을 알 수 있다. 따라서 24개의 구역 중에서 어떠한 한 구역만 가져도 cubic 결정에서 한 결정방향이나 결정면에 동등한 방향이나 면을 표현할 수 있는 것이다. 그림 3-44는 (001) 표준 투영도에서 24개의 구역 중에서 단 하나의 구역을 선택하는 것을 보여 준다.

그림 3-44에서 선택한 삼각형을 표준 삼각형(standard triangle)이라 한다. Cubic 결정계의 결정에 있는 모든 동등한 결정방향이나 동등한 결정면을 표준 삼각형의 한 위치로 표시할 수 있는 것이다. 예를 들면, {001} 가족 또는 <001> 가족에 포함되는 [001], [010], [100], [$\bar{1}$00], [0$\bar{1}$0], [00$\bar{1}$] 결정방향들은 표준 삼각형에서 모두 하나의 <001> 점으로 표현된다. 마찬가지로 {111} 가족 또는 <111>가족에 포함되는 [111], [$\bar{1}\bar{1}\bar{1}$], [$\bar{1}$11], [1$\bar{1}\bar{1}$], [1$\bar{1}$1], [$\bar{1}$1$\bar{1}$], [11$\bar{1}$], [$\bar{1}\bar{1}$1] 결정방향들은 표준 삼각형에서 모두 하나의 <111>점으로 표현되는 것이다.

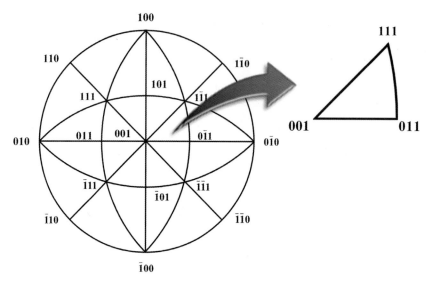

그림 3-44. (001) 표준 투영도에서 표준 삼각형의 선택.

표준 삼각형에 존재하는 결정방향들을 **그림 3-45**에 나타내었다. 표준 삼각형에서 <001>, <011>, <111>이 3개의 기본 결정방향이다. <001>과 <011>을 합하면 <012>가 얻어지며, <012>의 위치는 <001>과 <011> 사이인 표준 삼각형의 밑 선에 놓인다. <001>과 <111>을 합하면 <112>가 얻어지며, <112>의 위치는 <001>과 <111> 사이인 표준 삼각형 기울어진 선에 놓인다. 또한 <011>과 <111>을 합하면 <122>가 얻어지며, <122>의 위치는 <011>과 <111> 사이인 표준 삼각형의 우측 선에 놓인다. <001>, <011>, <111>을 합하면 <123>이 얻어지는데, <123>의 위치는 표준 삼각형 중앙에 놓인다.

9장에서는 표준 삼각형에 표시되는 cubic 결정계의 결정에 있는 모든 동등한 결정방

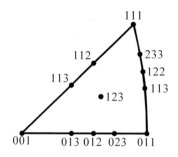

그림 3-45. 표준 삼각형.

향을 color code로 보여 준다. 그림 9-18에서 볼 수 있는 color code의 기본 3색은 빨간색, 파란색, 초록색이다. 다른 모든 색은 이 기본 3색을 합하여 만든다. 먼저 <001>은 빨간색, <011>은 초록색, <111>은 파란색으로 규정한다. 빨간색 <001>과 초록색 <011>을 합치면 노란색 <012>가 되며, 빨간색 <001>과 파란색 <111>을 합치면 자주색 <112>가 되며, 파란색 <111>과 초록색 <011>을 합치면 하늘색 <122>가 되는 것이다. 또한 기본 3색인 빨간색 <001>, 초록색 <011> 파란색 <111>을 모두 합치면 백색 <123>이 되는 것이다. 이렇게 color code에서 나오는 각각의 색들은 하나의 결정방향지수 <uvw> 또는 결정면지수 {hkl}에 해당하는 것이다.

그림 3-46에는 (111) [1$\bar{1}$0] 방위, (112) [1$\bar{1}$0] 방위와 (12$\bar{1}$) [$\bar{1}$0$\bar{1}$] 방위를 가지는 3개의 시료와 함께, 모든 시료의 ND와 RD를 각각 2개의 표준 삼각형에 표시하였다. 각 표준 삼각형에는 ND 또는 RD가 표기되어 있음을 주목하자. 이와 같이 표준 삼각형에 ND 또는 RD를 표기하여 ND와 RD에 동등한 결정방향을 표시한 것을 역극점도(IPF, inverse pole figure)라 한다. (112) [1$\bar{1}$0] 방위와 (12$\bar{1}$) [$\bar{1}$0$\bar{1}$] 방위는 같은 {112} <110> 가족방위를 가지기 때문에 똑같은 ND 역극점도(IPF in ND)와 RD 역극점도(IPF in RD)가 얻어진다. 그림 3-46과 같이 ND 역극점도와 RD 역금점도를 이용하여 {ND} <RD> 방위가족을 표현할 수 있는 것이다.

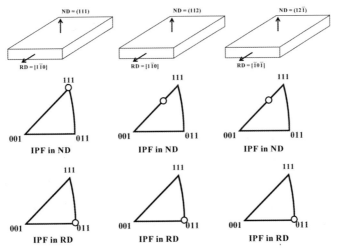

그림 3-46. 역극점도의 정의.

■■ 3.16 방위공간에 의한 방위의 표현

하나의 방위는 Miller 지수 {ND} <RD> = $(hkl)\,[uvw]$와 Euler 각 $(\varphi_1, \Phi, \varphi_2)$으로 표현될 수 있다. Miller 지수를 사용할 때는 6개의 독립변수 h, k, l, u, v, w가 필요하다. 이에 반하여 Euler 각을 사용할 때는 단지 3개의 독립변수 φ_1, Φ, φ_2가 필요하다. 이와 같이 방위를 Euler 각으로 표현할 때는 단지 3개의 독립변수만이 필요하다는 편리함이 있는 것이다.

우리가 사는 3차원 공간을 원점 $(x, y, z) = (0,0,0)$을 가지는 x-축 y-축 z-축 직각 좌표계로 생각하면, 3차원 공간에 존재하는 한 위치는 한 개의 위치변수 (x_i, y_i, z_i)로 표현될 수 있다. 이때 위치변수 (x_i, y_i, z_i)는 원점 $(0,0,0)$로부터 각각 x-축, y-축, z-축 방향의 거리이다. 이와 유사하게 '방위공간'(orientation space)은 그림 3−47과 같이 원점을 $(\varphi_1, \Phi, \varphi_2) = (0°, 0°, 0°)$로 하고, φ_1-축 Φ-축 φ_2-축을 3개의 직각 좌표 축을 가진다. 그림 3−47의 방위공간은 $0° \leq \varphi_1$-축$\leq 90°$, $0° \leq \Phi$-축$\leq 90°$, $0° \leq \varphi_2$-축$\leq 90°$으로 만들어진다.

하나의 방위 위치를 표현하기 위해선 $0° \leq \varphi_1$-축$\leq 360°$, $0° \leq \Phi$-축$\leq 180°$, $0° \leq \varphi_2$-축$\leq 360°$ 크기를 가지는 방위공간이 필요하다. 그런데 cubic 결정계 결정의 대칭성을 가지는 재료의 방위는 $\{hkl\}$ <uvw> 방위가족으로 표시할 수 있다. 이런 결정 대칭요소와 직육면체 시편 대칭성을 가지는 시료에서는, 한 방위의 동등한 방위들이 그림 3−47의 방위공간에 최소 3번 이상 나타날 수 있다. 따라서 φ_1-축 Φ-축 φ_2-축이 0°와 90° 사이의 크기를 가지는 그림 3−47의 방위공간에서 입방체 결정의 집합조직에 나오는 모든

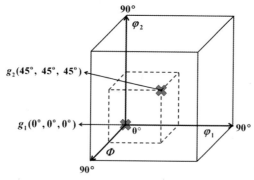

그림 3−47. Euler 각 (φ_1, Φ, φ_2)으로 만들어지는 방위공간.

동등한 방위의 표시가 가능하다. 방위공간에서 원점에 놓인 점 g_1은 $(0°, 0°, 0°)$ 방위, 즉 (001) $[100]$ 방위를 나타내고, 방위공간의 중앙점에 놓인 점 g_2는 $(45°, 45°, 45°)$ 방위, 즉 (223) $[1\bar{7}4]$ 방위를 나타낸다.

철강이나 알루미늄과 같은 cubic 결정계 재료의 집합조직에서 자주 형성되는 중요한 $\{hkl\} <uvw>$ 방위가족을 수록한 것이 표 3–4이다. 이런 방위가족에 속하며 Euler 각 $(\varphi_1, \Phi, \varphi_2)$의 φ_2 각이 45°인 것을 찾아서 정리하면 표 3–4과 같은 Euler 각 $(\varphi_1, \Phi, \varphi_2)$이 얻어진다. 표 3–4에는 방위들의 특정한 방위 이름도 표기되어 있다.

그림 3–48은 방위공간을 $\varphi_2 = 45°$에서 자른면을 입체적으로 보여 주고 있다. $\varphi_2 = 45°$ 면에는 $\Phi = 0°$에 $\{001\} <110>$ 가족에 속하는 (001) $[1\bar{1}0]$와 (001) $[\bar{1}\bar{1}0]$가 각각 $(0°, 0°, 45°)$와 $(90°, 0°, 45°)$에 그리고 $\{001\} <100>$ 가족의 (001) $[0\bar{1}0]$이 $(45°, 0°, 45°)$에 위치한다. 이 방위들은 각각 g_1, g_1', g_2 점으로 표시되어 있다. 또한 $\{112\} <110>$ 가족의 한 방위가 $(0°, 35°, 45°)$가 g_3 점으로 위치한다. $\varphi_2 = 45°$ 면의 $\Phi = 55°$에는 $\{111\} <110>$ 가족의 방위 $(0°, 55°, 45°)$와 $(60°, 55°, 45°)$가 g_4와 g_4' 점에 그리고 $\{111\} <112>$ 가족의 방위 $(30°, 55°, 45°)$와 $(90°, 55°, 45°)$가 g_5와 g_5' 점에 위치한다. $\{110\} <001>$ 가족인 방위 $(90°, 90°, 45°)$는 g_6 점에 위치한다. 그림 3–48에는 $\varphi_2 = 45°$ 면을 평면적으로 펼쳐서 보여 주고 있으며, 각 방위의 Miller지수 $(hkl) [uvw]$가 표시되어 있다.

철강과 알루미늄과 같은 금속 재료의 열연판재, 냉연판재, 냉연소둔판재의 집합조직에 형성되는 중요한 방위들은 그림 3–48의 $\varphi_2 = 45°$ 면에 나오는 방위들이다. 이런 6개의 방위들과 함께 금속 판재의 집합조직에서 발견되는 기타 방위들도 거의 모두 $\varphi_2 = $

표 3–4. 이상방위들의 Miller 지수와 Euler 각.

Miller indices	Euler angle	Orientation	Miller indices	Euler angle	Orientation
$(001)[0\bar{1}0]$	$(45°, 0°, 45°)$	Cube	$(111)[1\bar{2}1]$	$(30°, 55°, 45°)$	$\{111\}//ND$
$(001)[1\bar{1}0]$	$(0°, 0°, 45°)$	Rote-Cube	$(110)[1\bar{1}2]$	$(55°, 90°, 45°)$	Brass
$(112)[1\bar{1}0]$	$(0°, 35°, 45°)$	–	$(112)[\bar{1}\bar{1}1]$	$(90°, 35°, 45°)$	Copper
$(111)[1\bar{1}0]$	$(0°, 55°, 45°)$	$\{111\}//ND$	$(110)[001]$	$(90°, 90°, 45°)$	Goss

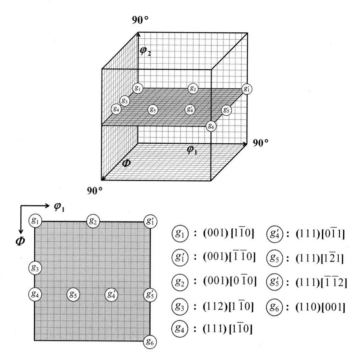

그림 3-48. $\varphi_2 = 45°$ 면에 존재하는 이상방위들.

45° 면에 존재한다. 따라서 금속 재료의 집합조직을 연구하는 대부분의 연구자는 3차원적인 방위공간을 사용하지 않고, 그림 3-48의 $\varphi_2 = 45°$ 면으로 집합조직을 평가한다. 이 책의 9장에서도 실험적으로 측정된 집합조직을 $\varphi_2 = 45°$ 면에 표현하여 집합조직의 변화를 평가하는 방법을 보여 줄 것이다.

제3장 연습문제

01. 금은 단원자 격자점을 가지는 fcc 구조이다. 상온에서 금의 격자상수는 $a = 0.4078$ nm이다. [100], [110], [111] 각 결정방향에서 금 원자는 어떤 간격을 가지고 놓여있는가?

02. Cubic 결정계에서 [111], $[\bar{1}\bar{1}\bar{1}]$, [110], [101] 방향을 그려라. 또한 (111), $(\bar{1}\bar{1}\bar{1})$, (100), (300) 면을 그려라.

03. 단원자 격자점을 가지는 bcc 구조에서 (001), (110), (111) 면에 놓인 원자들의 형태를 작도하라.

04. HCP에서 [001] 결정방향과 [100] 결정방향은 [$hkil$]로 어떤 결정방향인가? 2개의 결정방향을 작도하라.

05. 금은 단원자 격자점을 가지는 fcc 구조이다. [110] 결정방향에 놓여진 원자의 배열과 $[\bar{1}10]$ 결정방향에 놓여진 원자의 배열을 비교하라. 또한 (111) 결정면과 $(1\bar{1}\bar{1})$ 결정면에 놓여진 원자의 배열을 비교하라.

06. 격자상수 $a = 0.2$ nm인 fcc 금속의 (111) 결정면 간격과 (222) 결정면 간격을 각각 구하라. 또한 격자상수 $a_1 = 0.2$ nm, $a_3 = 0.3$ nm인 tetragonal 결정의 (111) 결정면간 거리를 구하라.

07. Cubic 결정계에서 $<100>$ family에 속하는 결정방향과 tetragonal 결정계에서 $<100>$ 가족에 속하는 결정방향은 무엇인가?

08. 다음은 color code에서 각각 어떤 색깔인가?
[100], [010], [001], [123], [321], [011], [110], [112], [210], [120]

09. 가공경화지수 n-값에 영향을 주는 인자에는 무엇이 있는가?

10. R-값은 어떻게 정의되며, 어떤 슬립 시스템이 작용하면 큰 R-값을 얻는가?

11. 자장 – 자화곡선의 결정방향 이방성을 그림으로 그려라.

12. 전기강판에는 어떤 종류가 있으며, 각 사용 용도는 무엇인가?

13. 방위와 방위분포를 구분하여 설명하라.

14. 무질서한 집합조직의 반대말은 무엇인가?

15. ND $= (111)$, RD $= (1\bar{1}0)$, TD $= (11\bar{2})$일 때 $\vec{s}_1$, $\vec{s}_2$, $\vec{s}_3$를 구하라.

16. (a) ND $= (112)$, RD $= (11\bar{1})$일 때 TD를 구하라. (b) ND $= (110)$, TD $= (00\bar{1})$일 때 RD를 구하라.

17. ND $= (111)$, RD $= (1\bar{1}0)$, TD $= (11\bar{2})$일 때 g_{ij}를 구하라.

18. $g(\varphi_1, \Phi, \varphi_2) = (0°, 90°, 45°)$의 Miller 지수는 무엇인가?

19. $(112)[1\bar{1}0]$의 Euler 각을 구하라.

20. (001)과 (110)의 사이 각도, (001)과 (111)의 사이 각도, (001)과 (011)의 사이 각도를 구하라.

21. $(110)[1\bar{1}2]$에서 $\{001\}$ pole들의 위치를 구하라.

22. $(001)[120]$에서 $\{001\}$ pole들의 위치를 구하라.

23. Cubic 결정의 (001) 표준 투영도를 작도하고, (001), (110), (101), $(1\bar{1}0)$면들의 trace를 작도하라.

24. $(112)[1\bar{1}0]$, $(111)[1\bar{1}0]$, $(001)[100]$의 역극점도를 그려라.

04 회절과 역격자

▨▪ 4.1 Bragg 회절식

그림 4-1(a)는 진폭의 크기가 A_0 이고, 파장의 길이가 λ_0, 점 O에서 x방향으로 진행하는 wave I를 보여 준다. 그림 4-1(b)는 wave I과 같은 진폭 A_0 과 파장 λ_0을 가지지만, 원점 O를 파장의 길이 λ_0의 1/2만큼 늦게 출발하여 x방향으로 진행하고 있는

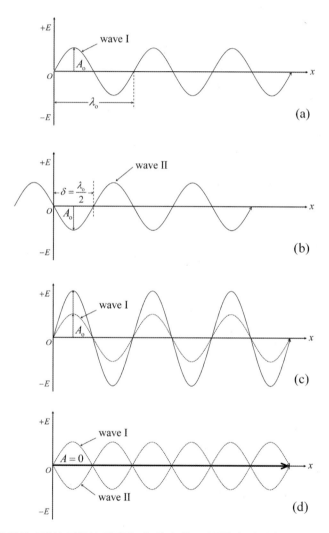

그림 4-1. 파장이 같은 2개의 파동이 합쳐질 때 얻어지는 파동들의 예. (a) 파장이 λ_0 이고, 진폭이 A_0 인 wave I, (b) wave I과 경로차 $\delta = \lambda_0 / 2$ 를 가지는 wave II, (c) 2개의 wave I이 합쳐져서 얻어지는 보강간섭, (d) wave I과 wave II가 합쳐져서 얻어지는 상쇄간섭.

파동 wave II를 보여 준다. wave I과 wave II는 진행하는 거리의 차이 '경로차'(path difference)를 $\delta = \lambda_0 / 2$ 만큼 가진다고 한다.

그림 4−1(c)는 같은 파동 wave I이 2개 합쳐질 때 얻어지는 파동을 보여 준다. 합쳐진 파동의 파장의 길이 λ_0 는 wave I과 같으며, 진폭은 2배인 $2A_0$ 가 얻어진다. 이와 같이 같은 파장 λ_0 을 가지고 동일한 곳을 출발하여 경로차가 없는 ($\delta = 0$) 파동들이 합쳐지거나, 경로차가 파장의 정수 (n) 배인 $\delta = n\lambda_0$ 파동들이 서로 합쳐지면 합쳐진 파동의 진폭은 서로 더해진다. 한 파동의 강도(intensity) I 는 파동의 진폭의 제곱에 비례한다. 따라서 10개 파동이 같은 파장 λ_0 을 가지며, 서로 경로차를 $\delta = 0$ 또는 $\delta = n\lambda_0$ 인 조건에서 합쳐지면, 합쳐진 파동의 강도는 하나의 파동의 강도에 100배가 되는 것이다. 이와 같이 같은 파장을 가지는 파동이 합쳐져서 합쳐진 파동의 진폭이 더해져, 그 결과 합쳐진 파동의 강도가 크게 증가하는 것을 파동의 보강간섭(constructive interference)이라 한다.

그런데 같은 파장 λ_0 을 가지며, 경로차 $\delta = \lambda_0 / 2$ 를 가지는 wave I와 wave II가 서로 합쳐지면 서로 상쇄간섭(destructive interference)을 하여 완전히 소멸되는 것을 그림 4−1(d)는 보여 준다. 이와 같이 같은 파장 λ_0 과 진폭 A_0 을 가지며, 서로 경로차 $\delta = \lambda_0 / 2$ 또는 $\delta = (n + \frac{1}{2})\lambda_0$ 를 가지는 2개의 파동이 합쳐지면 합쳐진 파동의 강도는 0 이 되는 상쇄간섭이 일어나는 것이다. 이와 같이 일정한 파장 λ_0 을 가지는 X-ray와 중성자 빔 등이 원자들의 규칙적인 배열을 가지는 결정재료에 들어가면 그림 4−1(c)와 (d) 같은 다양한 파동의 간섭현상을 일으킨다. 이러한 간섭현상이 결정재료에서 회절현상인 것이다. 회절현상을 이용하여 결정재료의 다양한 구조 분석을 하는 것이다.

그림 4−2는 일정한 거리를 가지고 원자가 놓여진 한 표면의 결정면을 보여 준다. 여기에 일정한 파장 λ 를 가지는 X-ray 빔 1, 2, 3이 같은 각도 θ 를 가지고, 원자 A, B, C에 입사되고, 같은 각도 θ 로 산란해 나간다고 가정하자. 입사 빔에 수직한 WN_1 면을 통과하여 입사한 빔 1, 2, 3이 원자 A, B, C에서 산란 후 산란 빔에 수직한 WN_2 면을 통과하여 지나가는 거리는 빔 1, 2, 3이 모두 똑같은 것이다. 따라서 하나의 표면에 놓인 한 결정면에서 일정한 각도 θ 를 가지고 산란하는 모든 빔들은 각도 θ 에 상관 없이 모든 각도 θ 에서 모두 경로차가 없다. 즉, $\delta = 0$인 것이다.

그러나 그림 4−3과 같이 일정한 결정면 간격을 가지고 놓여진 결정면들로부터의 산

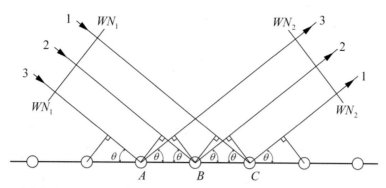

그림 4-2. 표면에 놓인 하나의 결정면에서 X-ray 빔의 산란.

란에는 항상 각도 θ에 따라 X-ray 빔의 특정한 경로차가 얻어진다. 그림 4-3에서 일정한 파장 λ를 가지는 X-ray 빔 1, 2, 3이 같은 각도 θ를 가지고, 결정면 $P1$, $P2$, $P3$에 입사되어 같은 각도 θ로 산란해 나간다고 가정하자. 빔 1과 빔 2의 경로차는 $\overline{ABC}$이며, 빔 1과 빔 3의 경로차는 $\overline{DEF}$이다. (hkl) 결정면 $P1$, $P2$, $P3$의 간격을 d_{hkl}이라면 경로차 $\overline{ABC}$와 $\overline{DEF}$는 (식 4-1)로 얻어진다.

$$\overline{ABC} = 2d_{hkl}\sin\theta, \quad \overline{DEF} = 4d_{hkl}\sin\theta \qquad \text{(식 4-1)}$$

그림 4-1과 같이 경로차 $\delta = n\lambda$인 조건이 X-ray 빔의 보강간섭 조건이다. 즉, $\overline{ABC}$

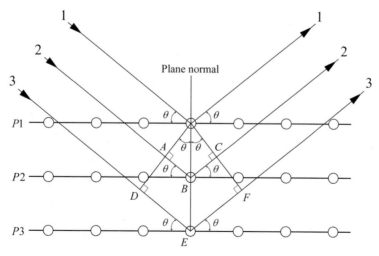

그림 4-3. 일정한 결정면 간격을 가지고 놓여진 결정면에서 X-ray 빔의 산란.

$=\lambda$, $\overline{DEF} = 2\lambda$가 보강간섭이 일어나는 조건이다. 따라서 (식 4-1)을 보강간섭이 일어나는 조건으로 일반화하면 (식 4-2)의 Bragg 식이 얻어지는 것이다.

$$n\lambda = 2d_{hkl}\sin\theta \qquad\qquad (식\ 4\text{-}2)$$

결정재료의 회절시험에는 주로 단파장의 X-ray 빔, 중성자 빔, 전자 빔이 사용된다. 따라서 회절실험을 하는 측정 장비에서는 대부분 일정한 λ를 사용하여 보강간섭이 일어나는 각도 θ를 측정하여 어떤 d_{hkl}에서 회절강도가 얼마나 높게 얻어지는지를 측정하는 것이다. 즉, Bragg 식은 보강간섭 조건을 알려주는 식인 것이다.

그림 4-4는 파장의 길이 0.179 nm의 단파장의 X-ray 빔으로 측정한 철 분말의 회절상을 보여 준다. 2θ=52.3°, 2θ=77.2°, 2θ=99.6°에서 보강간섭이 만족되어 높은 회절피크가 얻어졌다. 이 각들은 각각 $d_{110}, d_{200}, d_{211}$ 결정면과 Bragg 식을 만족시키는 회절각들인 것이다. 3개의 각도에서는 보강간섭이 일어났지만, 이 각도가 아닌 모든 다른 θ 각들에서는 아주 낮은 강도가 얻어졌다. 이것은 보강간섭이 일어나는 3개의 각이 아닌 다른 θ 각들에서는 상쇄간섭이 일어났기 때문이다. 즉, 그림 4-4의 X-ray 회절상은 보강간섭과 함께 상쇄간섭이 모두 함께 나타난 것이다. 이와 같이 보강간섭과 상쇄간섭이 동시에 일어나는 것이 회절(diffraction)현상인 것이다.

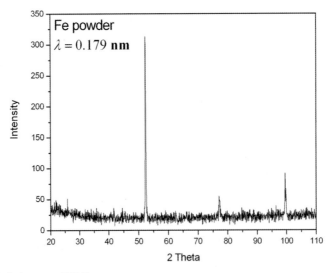

그림 4-4. 철 분말의 X-ray 회절상.

회절(diffraction)과 반사(reflection)는 완전히 다른 현상이다. 반사는 하나의 표면에서 일어나는 현상이다. 그러나 회절은 그림 4－3과 같이 원자의 배열에 규칙성을 가지는 결정의 결정면에서 단파장의 X-ray 빔의 간섭에 의하여 일어난다. 빛의 반사는 모든 방향으로 일어나지만, 단파장 X-ray 빔을 사용할 때 보강간섭이 일어나는 회절방향은 (식 4－2)의 Bragg 식을 만족시키는 몇 개의 θ 각 뿐이다. 빛의 반사효율은 100%까지 가능하지만, 단파장 X-ray 빔을 사용하여 결정에서 회절이 일어날 때의 효율은 수 % 이내로 매우 낮다.

우리가 사용하는 대부분의 결정재료 결정면의 면간간격은 0.3 nm 이하이다. 그리고 Bragg 식을 $\lambda / 2d_{hkl} = \sin \theta$ 로 쓸 수 있다. $\sin \theta$ 의 최댓값이 1.0이므로, $\lambda / 2d_{hkl} \leq 1.0$ 이다. 따라서 $\lambda \leq 2d_{hkl}$ 이므로 Bragg 식이 만족되기 위하여 X-ray의 파장 λ 은 0.6 nm 이하여야만 되는 것이다.

동의 격자상수 a 는 0.36 nm이고, {111} 결정면의 간격은 약 0.2 nm이다. 이런 동의 {111} 결정면의 회절에 사용되는 몇 개의 파장을 예로 들어보자. 먼저 λ 가 50 nm인 자외선을 사용하여 회절시험을 한다면 $\sin \theta = 50/0.4$가 되므로 Bragg 식이 만족될 수 없다. 만약 파장이 아주 짧은 λ 가 0.002 nm인 gamma-ray 빔을 사용하여 회절시험을 한다면 $\sin \theta = 0.002/0.4$가 되므로 θ 는 1°보다도 작은 각도가 얻어진다. 따라서 이렇게 작은 각도는 측정하기에 매우 불편한 각도이다. 그런데 λ 가 0.154 nm인 단파장 X-ray 빔을 사용하여 동의 {111} 결정면에서 회절시험하면 $\theta = 22.6°$로, 측정하기에 편리한 각도가 얻어진다. 이런 이유에서 일반적으로 파장 λ 가 0.1 ~ 0.2 nm(1.0 ~ 2.0 Å)의 단파장 X-ray 빔을 결정재료의 회절분석에 주로 사용하는 것이다.

3장에서 $[hkl]$ 결정방향에 수직한 결정면을 (hkl) 으로 정의하였고, $\{hkl\}$ 가족으로 동등한 결정면을 표현할 수 있음을 배웠다. 그리고 Bragg 회절식을 사용할 때에는 결정면 간격 d_{hkl} 만이 중요한 것이다. 즉, 같은 d_{hkl} 를 가지는 동등한 $\{hkl\}$ 결정면은 모두 같은 회절각 θ 를 가지는 것이다. 3장에서 (002) 면은 (001)면과 일치할 수 있음을 배웠다. 하지만 Bragg 식으로 회절각을 계산할 때에는 (002) 면의 d_{002} 는 (001) 면의 d_{001} 의 1/2인 것이다. 따라서 θ_{002} 은 θ_{001} 과는 전혀 다른 각을 가지는 것이다. 즉, 결정면 간격이 작을수록 회절각은 커지기 때문에, $d_{001} > d_{002} > d_{003}$ 이므로 $\theta_{003} > \theta_{002} > \theta_{001}$ 가 얻어진다.

■■ 4.2 벡터 계산

그림 4-5(a)는 2개의 벡터 $\vec{A_1}$과 $\vec{A_2}$를 보여 준다. 직각좌표를 구성하는 x, y, z 방향으로의 단위벡터를 $\hat{i}$, $\hat{j}$, $\hat{k}$ 라면, $\vec{A_1} = 3\hat{i} + 0\hat{j} + 0\hat{k}$ 로 $\vec{A_2} = 2\hat{i} + 2\hat{j} + 0\hat{k}$ 로 쓸 수 있다. 벡터 $\vec{A_1}$과 $\vec{A_2}$ 는 각각 크기와 방향을 가진다. 벡터 $\vec{A_1}$과 $\vec{A_2}$ 의 크기는 $|\vec{A_1}|$와 $|\vec{A_2}|$ 인데, 각각 길이에 해당하여 $|\vec{A_1}| = \sqrt{3^2 + 0^2 + 0^2} = 3$, $|\vec{A_2}| = \sqrt{2^2 + 2^2 + 0^2} = 2\sqrt{2}$ 이다.

2, 3과 같은 수는 방향을 가지지 않아 $2 + 3 = 5$이다. 하지만 벡터의 합은 같은 방향의 수만 합쳐져 $\vec{A_3} = \vec{A_1} + \vec{A_2}$ 이라면, $\vec{A_3} = 5\hat{i} + 2\hat{j} + 0\hat{k}$ 이 얻어진다. 그림 4-5(b)는 $\vec{A_3}$를 보여 준다. 방향의 정보가 없는 수의 곱셈은 $2 \times 3 = 6$이다. 하지만 크기와 방향을 가지는 벡터의 곱셈은 내적(inner product)와 외적(cross product)이라는 2가지가 있다. 내적의 결과는 벡터가 아닌 수 A 가 얻어져 scalar product라 하며, 외적의 결과는 벡터 $\vec{A}$ 가 얻어져 vector product라 한다.

$$A = \vec{A_1} \cdot \vec{A_2} = |\vec{A_1}||\vec{A_2}|\cos\alpha \qquad \text{(식 4-3)}$$

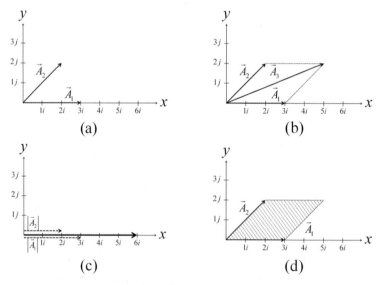

(a) (b) (c) (d)

그림 4-5. 벡터의 합과 곱셈. (a) 벡터 $\vec{A_1}$과 $\vec{A_2}$, (b) 벡터 $\vec{A_1}$과 $\vec{A_2}$의 합 $\vec{A_3}$, (c) 벡터 $\vec{A_1}$과 $\vec{A_2}$의 내적, (d) 벡터 $\vec{A_1}$과 $\vec{A_2}$의 외적.

벡터 $\vec{A_1}$과 $\vec{A_2}$의 scalar product는 (식 4-3)으로 정의된다. 그림 4-5(c)는 벡터 $\vec{A_1}$과 $\vec{A_2}$의 scalar product하는 방법을 보여 준다. 두 벡터의 scalar product는 두 벡터의 같은 방향의 길이를 곱하는 것이다. 길이 2와 3을 가지는 두 벡터가 같은 x 방향에 놓여있다면, 두 벡터의 scalar product의 결과는 $2 \times 3 = 6$이다. 그러나 길이 2와 3을 가지는 두 벡터가 수직하는 x 방향과 y 방향에 놓여있다면, 두 벡터의 scalar product의 결과는 $2 \times 0 = 0$ 또는 $0 \times 3 = 0$이다. 그림 4-5(c)에서 벡터 $\vec{A_1}$과 $\vec{A_2}$의 사잇각 α가 45°이므로 벡터 $\vec{A_1}$과 $\vec{A_2}$의 scalar product의 결과 $A = 6$인 것이다. 결국 scalar product는 길이 곱하기 길이로 결과는 길이가 얻어진다.

$$\vec{A} = \vec{A_1} \times \vec{A_2}$$
$$|\vec{A}| = |\vec{A_1}||\vec{A_2}|\sin \alpha$$

(식 4-4)

벡터 $\vec{A_1}$과 $\vec{A_2}$의 vector product의 결과로 얻어지는 벡터 $\vec{A}$의 방향과 크기는 (식 4-4)로 정의된다. 그림 4-5(d)는 벡터 $\vec{A_1}$과 $\vec{A_2}$가 놓여진 면을 보여 주는데, $\vec{A_1}$과 $\vec{A_2}$의 vector product의 결과로 얻어지는 벡터 $\vec{A}$의 방향은 벡터 $\vec{A_1}$과 $\vec{A_2}$가 놓여있는 면에 수직한 방향이다. 그리고 $\vec{A_1}$과 $\vec{A_2}$의 vector product의 결과로 얻어지는 벡터 $\vec{A}$의 크기는 그림 4-5(d)에서 벡터 $\vec{A_1}$과 $\vec{A_2}$가 만드는 빗금친 면적인 것이다. 따라서 벡터 $\vec{A_1}$과 $\vec{A_2}$의 사잇각 α이 작을수록 $\vec{A}$의 크기는 작아진다.

■■ 4.3 역격자의 정의

1장에서 자세히 설명한 것처럼 결정은 매우 규칙적이며, 결정은 격자이고, 결정은 3차원적인 공간에서 격자점으로 구성된다. 격자점의 위치를 결정하는 3개의 격자벡터 $\vec{a_1}$, $\vec{a_2}$, $\vec{a_3}$로 만들어지는 격자 단위공간이 그림 4-6의 단위포(unit cell)이다. 즉, 3개의 격자벡터 $\vec{a_1}$, $\vec{a_2}$, $\vec{a_3}$로 만들어지는 단위포가 반복적으로 쌓여져 만들어지는 것이 결정인 것이다. 결정학자들은 결정으로부터의 회절현상을 보다 쉽게 이해하기 위하여 실제 격

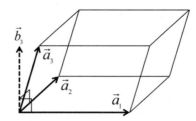

그림 4-6. 실제 결정의 단위포에서 격자 단위벡터 $\vec{a}_1$, $\vec{a}_2$, $\vec{a}_3$와 역격자 단위벡터 $\vec{b}_3$.

자(lattice)에 대응하는 역격자(reciprocal lattice)를 제안하였다. 격자는 비록 작은 단위 크기를 가지지만 실제로 우리가 사는 공간에 존재하는 것이다. 그러나 역격자는 단지 상상적인 공간에 존재하는 것이다. 하지만 우리는 역격자라는 개념을 도입함으로써 회절 현상을 보다 쉽게 해석할 수 있는 것이다.

그림 4-6의 실제 결정의 단위포(unit cell)의 격자 단위벡터 $\vec{a}_1$, $\vec{a}_2$, $\vec{a}_3$로 출발하여 이에 상응하는 역격자 단위벡터 $\vec{b}_1$, $\vec{b}_2$, $\vec{b}_3$는 (식 4-5)로 정의된다.

$$\vec{b}_1 = \frac{1}{V}(\vec{a}_2 \times \vec{a}_3), \ \vec{b}_2 = \frac{1}{V}(\vec{a}_3 \times \vec{a}_1), \ \vec{b}_3 = \frac{1}{V}(\vec{a}_1 \times \vec{a}_2) \qquad \text{(식 4-5)}$$

여기서 V는 격자 단위벡터 $\vec{a}_1$, $\vec{a}_2$, $\vec{a}_3$로 만들어지는 단위포의 부피로 (식 4-6)에 의하여 얻어진다.

$$V = \vec{a}_1 \cdot (\vec{a}_2 \times \vec{a}_3) = \vec{a}_2 \cdot (\vec{a}_3 \times \vec{a}_1) = \vec{a}_3 \cdot (\vec{a}_1 \times \vec{a}_2) \qquad \text{(식 4-6)}$$

그림 4-6에서 보듯이 $\vec{b}_3$의 방향은 $\vec{a}_1$과 $\vec{a}_2$가 만드는 면인 (001) 결정면에 수직인 방향인 것이다. 또한 $\vec{b}_3$의 크기 $\left|\vec{b}_3\right|$는 (식 4-7)과 같이 (001) 결정면 간격의 역수 $1/d_{(001)}$인 것이다. 여기서 $\left|\vec{b}_3\right|$의 단위는 [1/길이]이다.

$$\left|\vec{b}_3\right| = \frac{\left|\vec{a}_1 \times \vec{a}_2\right|}{V} = \frac{1}{d_{(001)}} \qquad \text{(식 4-7)}$$

이와 같이 (식 4-5)에 의하여 역격자 단위벡터의 방향과 크기는 각각 (100), (010),

(001) 결정면과 다음의 관계를 가지는 것이다.

(1) $\vec{b}_1$의 방향은 (100) 결정면에 수직한 방향이며, $\vec{b}_1$의 크기 $|\vec{b}_1|$는 (100) 결정면 간격의 역수 $1/d_{(100)}$ [nm^{-1}]이다.

(2) $\vec{b}_2$의 방향은 (010) 결정면에 수직한 방향이며, $\vec{b}_2$의 크기 $|\vec{b}_2|$는 (010) 결정면 간격의 역수 $1/d_{(010)}$ [nm^{-1}]이다.

(3) $\vec{b}_3$의 방향은 (001) 결정면에 수직한 방향이며, $\vec{b}_3$의 크기 $|\vec{b}_3|$는 (001) 결정면 간격의 역수 $1/d_{(001)}$ [nm^{-1}]이다.

1장에서 언급한 것과 같이 결정에서는 격자 단위벡터 $\vec{a}_1$, $\vec{a}_2$, $\vec{a}_3$의 정수배로 (식 1-1)인 병진조작(translation operation) T이 가능하다. (식 1-1)에 의하여 3차원 공간에서 모든 격자점이 얻어진다.

$$T = m\vec{a}_1 + n\vec{a}_2 + p\vec{a}_3 \qquad\qquad (식\ 1\text{-}1)$$

여기서 m, n, p는 각각 임의의 정수이다. 이것과 유사하게 역격자 단위벡터 $\vec{b}_1$, $\vec{b}_2$, $\vec{b}_3$로 역격자 공간(reciprocal space)에 역격자점(reciprocal lattice point)들이 만들어진다. 한 결정면 (hkl)에 해당하는 역격자 벡터(reciprocal lattice vector) $\vec{R}_{hkl}$은 (식 4-8)과 같이 역격자 단위벡터 $\vec{b}_1$, $\vec{b}_2$, $\vec{b}_3$로 만들어진다.

$$\vec{R}_{hkl} = h\vec{b}_1 + k\vec{b}_2 + l\vec{b}_3 \qquad\qquad (식\ 4\text{-}8)$$

실제 공간에 존재하는 결정에서 (hkl) 결정면은 수천 또는 수만 개의 평행하게 놓여 있는 결정면이다. 이 많은 수의 (hkl) 결정면은 역격자 공간에서 단 하나의 hkl 역격자점으로 존재하는데, 역격자 공간의 원점인 000으로부터 hkl 역격자점까지의 벡터가 $\vec{R}_{hkl}$ 역격자벡터이다.

역격자 벡터 $\vec{R}_{hkl}$의 크기 $|\vec{R}_{hkl}|$는 (식 4-9)와 같이 (hkl) 결정면의 간격 d_{hkl}의 역수이며, 단위는 [1/길이]이다.

$$\left|\vec{R}_{hkl}\right| = \frac{1}{d_{hkl}} \quad [\mathrm{nm}^{-1}] \tag{식 4-9}$$

그림 4–7(a)는 $\left|\vec{a}_1\right| = \left|\vec{a}_2\right| = \left|\vec{a}_3\right|$ 이며, $\vec{a}_1$, $\vec{a}_2$, $\vec{a}_3$ 의 사잇각 $\alpha = \beta = \gamma = 90°$인 simple cubic 격자를 가지는 (001) 결정면을 보여 준다. (001) 결정면에는 (001) 면에 놓인 mnp 격자점들이 나오는데, $(001)\cdot mnp$ 는 모두 0이 됨을 주목하자. 따라서 $mn0$ 격자점들이 나옴을 주목하자. 그림 4–7(b)는 (100) 면과 (010) 면이 각각 5개를 보여 주며, (200)

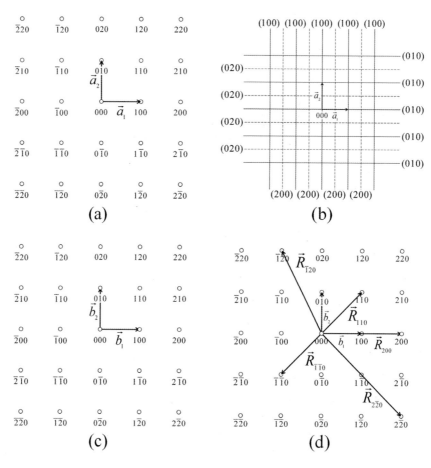

(a)

(b)

(c)

(d)

그림 4–7. Simple cubic의 (001) 결정면에 존재하는 격자점들과 결정면 그리고 실제 결정면에 상응하는 역격자점들과 역격자벡터들. (a) 실제 (001) 결정면에 존재하는 격자점들, (b) 실제 (001) 결정면에 존재하는 결정면들, (c) (001) 역격자 결정면에 존재하는 역격자점들, (d) (001) 역격자 결정면에 존재하는 역격자벡터들.

면과 (020) 면이 각각 4개 보여 준다. 사실은 (100) 면도 (200) 면에 해당하므로 (200) 면과 (020) 면이 각각 9개씩 존재하는 것이다.

그림 4-7(c)는 역격자 공간으로 그림 4-7(a) 결정의 역격자를 보여 준다. 역격자는 역격자 단위벡터 $\vec{b}_1$, $\vec{b}_2$으로 만들어지는데, 5개의 (100) 면은 하나의 역격자점 100으로 5개의 (010) 면은 역격자점 010을 만든다. 또한 9개씩 그림 4-7(b)에서 보여지는 (200) 면과 (020) 면은 각각 하나의 200과 하나의 020 역격자점으로 역격자 공간에 존재하는 것이다.

역격자 단위벡터 $\vec{b}_1$은 (100) 결정면의 역격자벡터 $\vec{R}_{100}$과 동일하다. 그림 4-7(d)에서는 몇 개의 역격자벡터 $\vec{R}_{hkl}$가 보여진다. (200) 결정면의 역격자벡터 $\vec{R}_{200}$의 방향은 $\vec{b}_1$, 즉 $\vec{R}_{100}$와 같다. 그러나 역격자 벡터 $\vec{R}_{200}$의 크기 $\left|\vec{R}_{200}\right|$은 $\left|\vec{R}_{100}\right|$의 2배임을 보여 준다. 이것은 (200) 결정면의 간격 d_{200}이 (100) 결정면의 d_{100}의 1/2이기 때문이다. 결국 역격자 벡터 $\vec{R}_{hkl}$의 크기 $\left|\vec{R}_{hkl}\right|$는 (식 4-9)와 같이 (hkl) 결정면의 간격 d_{hkl}의 역수이기 때문에 결정면의 면간 거리가 좁을수록 길이가 긴 역격자 벡터 $\vec{R}_{hkl}$가 얻어지는 것이다. 역격자 공간에서 (hkl) 결정면이 역격자점 hkl과 역격자벡터 $\vec{R}_{hkl}$를 만들며, 이 결정면의 반대편 $(\bar{h}\bar{k}\bar{l})$ 결정면은 역격자점 $\bar{h}\bar{k}\bar{l}$과 역격자벡터 $\vec{R}_{\bar{h}\bar{k}\bar{l}}$를 만든다. $\bar{h}\bar{k}\bar{l}$과 hkl 역격자점은 원점인 000을 중심으로 정 반대 위치에 놓이게 된다. 또한 $\vec{R}_{\bar{h}\bar{k}\bar{l}}$와 $\vec{R}_{hkl}$ 역격자는 같은 길이를 가지지만 반대방향의 벡터이다.

그림 4-8(a)와 (b)는 simple cubic 격자를 가지며, 각각 $a=0.1$ nm, $a=0.2$ nm인 (001)

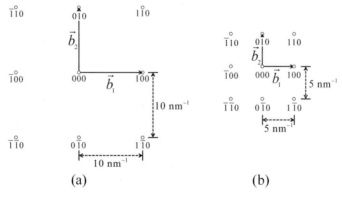

(a) (b)

그림 4-8. 격자상수 (a) $a=0.1$ nm, (b) $a=0.2$ nm인 simple cubic의 (001) 역격자 결정면.

역격자 결정면을 보여 준다. 역격자의 크기는 전적으로 실제 격자의 크기에 의존하는데 작은 격자상수 a 를 가질수록 큰 역격자가 만들어진다. 그림 4-8에서 격자상수가 2배 큰 결정은 1/2의 크기를 가지는 역격자가 얻어졌다.

역격자는 실제로 존재하는 것이 아니고, 단지 결정학자들이 결정에서의 회절현상을 보다 쉽게 해석하기 위하여 인위적으로 만든 것이다. 즉, 역격자는 단지 결정면의 회절 과 관계있는 것이다. 회절시험 시 어떤 결정면에서 회절강도가 나오지 않는다면 그 결정 면에 해당하는 역격자점은 존재하지 않는 것으로 취급한다. 어떤 결정면에서 회절강도 가 얻어지고, 어떤 결정면에서 회절강도가 얻어지지 않는 것은 단위포에 존재하는 원자 들의 위치에 의존하는데, 이에 대해서는 7장에서 자세히 다룰 것이다.

표 4-1은 단원자 격자점을 가지는 다양한 결정 격자들에서 회절강도가 얻어지는 결 정면을 수록한 것이다. 단위포의 모서리에만 원자가 존재하는 simple cubic과 같은 P-격자 에서는 모든 지수의 $\{hkl\}$ 결정면에서 회절강도가 얻어진다. 하지만 단위포의 모든 면 중심에 원자가 존재하는 face centered cubic과 같은 F-격자에서는 $\{001\}$, $\{011\}$, $\{112\}$ 등의 지수를 가지는 결정면에서는 회절강도가 얻어지지 않고, 단지 $\{111\}$, $\{002\}$, $\{022\}$

표 4-1 단원자 격자점을 가지는 격자들에서 회절 강도가 얻어지는 $\{hkl\}$ 결정면들.

$h^2 + k^2 + l^2$	P-lattice	F-lattice	I-lattice	Diamond
1	100			
2	110		110	
3	111	111		111
4	200	200	200	
5	210			
6	211		211	
7				
8	220	220	220	220
9	300, 221			
10	310		310	
11	311	311		311
12	222	222	222	

등의 결정면에서만 회절강도가 얻어진다. 주목할 것은 F-격자에서는 $\{hkl\}$의 지수 h, k, l 각각이 모두 홀수 또는 모두 짝수일 때만 회절강도가 얻어진다는 것이다. 또한 단위포의 정 중앙에 원자가 존재하는 body centered cubic과 같은 I-격자에서는 단지 $\{011\}$, $\{002\}$, $\{112\}$ 등의 결정면에서만 회절강도가 얻어진다. 주목할 것은 I-격자에서는 $\{hkl\}$의 지수 h, k, l의 합이, 즉 $h+k+l$이 짝수일 때만 회절강도가 얻어진다는 것이다.

그림 4-9는 $a = 0.2$ nm를 가지는 가상적인 simple cubic 격자, face centered cubic 격자와 body centered cubic 격자의 (100) 역격자 결정면을 보여 준다. 여기서는 (100) 역격자 면이기 때문에 여기에 나오는 모든 역격자점들의 지수가 $0kl$인 것을 주목하자. 또한 여기에 존재하는 역격자점들은 모두 역격자 단위벡터 $\vec{b}_2$, $\vec{b}_3$의 정수배로 만들어 진다. 그림 4-9에서 보면 simple cubic인 P-격자에서는 모든 가능한 $\{0kl\}$ 역격자점이 존재하는 것을 알 수 있다. 그러나 face centered cubic인 F-격자와 body centered cubic

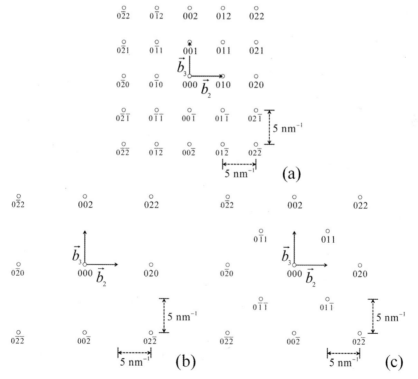

그림 4-9. 격자상수 $a = 0.2$ nm인 (a) simple cubic, (b) face centered cubic, (c) body centered cubic의 (100) 역격자 결정면.

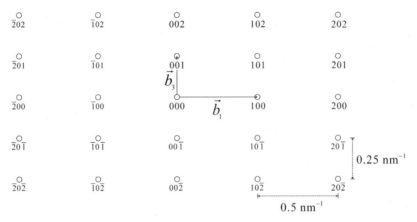

그림 4-10. Simple orthorhombic P-격자의 (010) 역격자 결정면.

인 I-격자의 역격자 공간에서는 **표 4-1**에 수록된 결정면의 역격자점들만이 존재하는 것을 보여 준다.

그림 4-10은 $a_1 = 2$ nm, $a_2 = 3$ nm, $a_3 = 4$ nm인 가상적인 simple orthorhombic P-격자의 (010) 역격자 결정면을 보여 준다. 여기서는 (010) 역격자면이기 때문에 여기에 나오는 모든 역격자점들의 지수가 $h0l$ 이며, 여기에 존재하는 역격자점들은 모두 $\vec{b_1}$, $\vec{b_3}$의 정수배로 만들어진다. 여기서 주목할 것은 $|\vec{a_3}| = 2|\vec{a_1}|$인 이유로 역격자 공간에서 $\vec{b_1}$의 길이가 $\vec{b_3}$의 2배인 것이다. 이와 같이 실제 공간에서 먼 결정면 간격을 가지는 결정면은 가상적인 역격자 공간에서는 원점에서 가까운 역격자점으로 표현되는 것이다.

그림 4-11은 격자상수 $a = 1.0$ nm인 가상적인 simple cubic lattice를 가지는 결정의 (011) 역격자면을 보여 주고 있다. (011) 역격자면에 존재하는 모든 역격자점들은 (011)· $(hkl) = 0$의 지수를 가진다. 예를 들면, 100, $\bar{1}00$, $01\bar{1}$, $0\bar{1}1$, $11\bar{1}$, $1\bar{1}1$ 등의 역격자점들이 (011) 역격자면에 존재한다. 여기서 역격자 원점 000부터 각 역격자점까지의 거리가 $|\vec{R}_{hkl}|$ 이다. $|\vec{R}_{100}| = |\vec{R}_{\bar{1}00}| = 1.0$ nm^{-1}, $|\vec{R}_{01\bar{1}}| = |\vec{R}_{0\bar{1}1}| = 1.414$ nm^{-1}, $|\vec{R}_{11\bar{1}}| = |\vec{R}_{1\bar{1}1}| = 1.732$ nm^{-1}가 얻어진다.

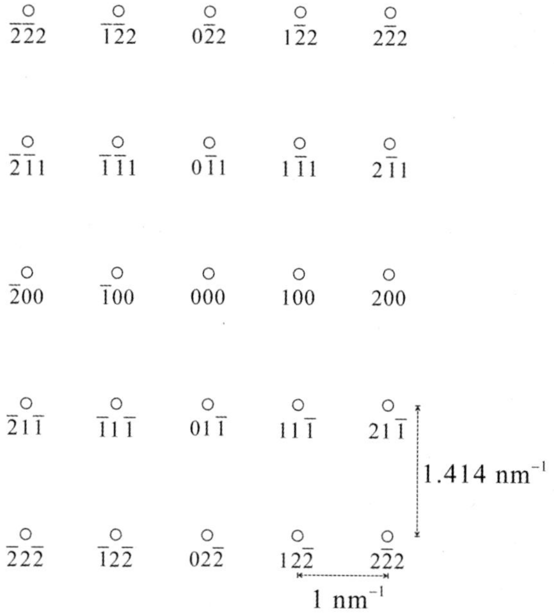

$\bar{2}\bar{2}2$ $\bar{1}\bar{2}2$ $0\bar{2}2$ $1\bar{2}2$ $2\bar{2}2$

$\bar{2}\bar{1}1$ $\bar{1}\bar{1}1$ $0\bar{1}1$ $1\bar{1}1$ $2\bar{1}1$

$\bar{2}00$ $\bar{1}00$ 000 100 200

$\bar{2}1\bar{1}$ $\bar{1}1\bar{1}$ $01\bar{1}$ $11\bar{1}$ $21\bar{1}$

$1.414 \ nm^{-1}$

$\bar{2}2\bar{2}$ $\bar{1}2\bar{2}$ $02\bar{2}$ $12\bar{2}$ $22\bar{2}$

$1 \ nm^{-1}$

그림 4-11. Simple cubic의 (011) 역격자 결정면.

■ ■ 4.4 파동의 수학적 표현

그림 4-1에서 언급한 것과 같이 동일한 파장을 가지는 2개의 파동들이 서로 합쳐질 때 합쳐진 파동의 최대 진폭은 합쳐지는 파동의 경로차(path difference) δ 에 의존한다. 그림 4-12는 출발선인 $A-A'$ 선에서 출발하여 $B-B'$ 선에 도착하는 동일한 파장 λ 를 가지는 5개의 파동을 보여 준다. 1번 파동이 출발하기 전에 2번, 3번, 4번, 5번 파동은 각각 먼저 출발하여 λ, 2λ, $1/2\lambda$, $3/2\lambda$ 만큼 먼저 진행하였다고 가정하자. 먼저 지나간 거리가 경로차 δ 이기 때문에 2번, 3번, 4번, 5번 파동은 1번 파동과 각각 $\delta = \lambda$, $\delta = 2\lambda$, $\delta = 1/2\lambda$, $\delta = 3/2\lambda$ 만큼의 경로차 δ 를 가지는 것이다. 1번 파동과 경로차 $\delta = \lambda$, $\delta = 2\lambda$ 를 가지는 2번과 3번 파동은 $B-B'$ 선에서 1번 파동과 합쳐져서 당연히 보강간섭을 하게 될 것이다. 그러나 1번 파동과 각각 경로차 $\delta = 1/2\lambda$, $\delta = 3/2\lambda$ 를 가지는 4번과 5번 파동은 $B-B'$ 선에서 1번 파동과 합쳐지면 완전 상쇄간섭이 일어나 파동이 소멸될 것이다.

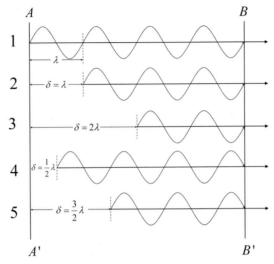

그림 4-12. 다양한 경로차를 가지는 5개의 파동들.

그런데 합쳐진 파동의 형태는 합쳐지는 2개의 파동의 위상차(phase difference) φ 라는 변수를 통하여 보다 용이하게 정량화될 수 있다. 2개의 파동이 합쳐질 때 2개의 파동의 경로차가 δ 이라면 위상차 φ 는 (식 4-10)으로 계산된다.

$$\varphi = 2\pi \cdot \frac{\delta}{\lambda}$$

(식 4-10)

하나의 파동은 일반적으로 $\sin \varphi$ 함수로 표현되며, $\sin \varphi$ 함수의 크기는 변수 φ 인 0 ~2π 사이에서 주기적으로 변화한다. 파장 λ 가 같은 2개의 파동이 합쳐질 때 2개의 파동의 경로차 $\delta = 0$, λ, 2λ, 3λ 와 같이 λ 의 정수배라면, 위상차 $\varphi = 0$, 2π, 4π, 6π가 얻어져 파동 2개의 위상(phase)이 같아져 보강간섭 조건이 얻어진다. 이것과는 상반되게 합쳐지는 2개의 파동의 경로차가 $\delta = 1/2\lambda$, $3/2\lambda$, $5/2\lambda$인 경우에는 위상차 $\varphi = \pi$, 3π, 5π가 얻어져 파동 2개의 위상(phase)이 반대가 되고 완전 상쇄간섭이 일어나서 파동이 소멸되는 것이다. 파장 λ 이 같은 여러 개의 파동들이 합쳐져 만들어지는 합쳐진 파동의 형태는 합쳐지는 파동들의 위상차 φ 에 의존하는 것이다.

하나의 파동은 $\varphi = 0$ ~2π 사이에서 변하는 각도 변수 φ 를 가지는 $\sin \varphi$ 함수 또는 $e^{i\varphi}$ 함수로 표현될 수 있다. 식 $\sin \varphi$ 함수와 $e^{i\varphi}$ 함수의 최소와 최댓값은 (식 4-11)의

예와 같이 -1.0과 $+1.0$이다. 진폭 A 인 파동은 $A\sin\varphi$ 함수와 $Ae^{i\varphi}$ 함수로 수학적으로 표현될 수 있으며, 파동의 φ 를 알면 그 파동의 모양을 알 수 있는 것이다.

$$\sin(0+\frac{3}{2})\pi = \sin(2+\frac{3}{2})\pi = \sin(4+\frac{3}{2})\pi = e^{\pi i} = e^{3\pi i} = e^{5\pi i} = -1.0$$

$$\sin(0+\frac{1}{2})\pi = \sin(2+\frac{1}{2})\pi = \sin(4+\frac{1}{2})\pi = e^{2\pi i} = e^{4\pi i} = e^{6\pi i} = +1.0$$

(식 4-11)

■■ 4.5 역격자와 회절

그림 4-13은 동일한 (hkl) 결정면 위와 아래에 놓여진 O 와 A 원자에 θ 각으로 X-ray 빔이 입사되어 θ 각으로 산란하여 나가는 것을 보여 준다. 여기서 $\vec{A}$ 는 결정에서 A 원자의 위치를 확정하는 벡터이다. 입사 X-ray 빔과 θ 각으로 산란하여 나가는 X-ray 빔의 파동벡터(wave vector)를 각각 $\vec{S}_o$, $\vec{S}_\theta$ 라 하자. $\vec{S}_o$, $\vec{S}_\theta$ 는 모두 길이가 1인 단위벡터로 단지 방향의 정보만을 가진다.

그림 4-13에서 O 와 A 원자에 X-ray 빔이 $\vec{S}_o$ 로 입사되어 $\vec{S}_\theta$ 로 산란하여 나가는 X-ray 빔의 경로차이(path difference) δ 는 (식 4-12)와 같다.

$$\delta = Ac + Ab = Oa + Od = \vec{S}_o \cdot \vec{A} + (-\vec{S}_\theta) \cdot \vec{A} = -\vec{A} \cdot (\vec{S}_\theta - \vec{S}_o)$$

(식 4-12)

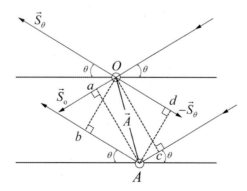

그림 4-13. (hkl) 결정면 상하 면에 놓여진 두 원자에서 X-ray 빔의 입사와 산란.

이 식에서 A 원자의 위치를 정해주는 벡터인 $\vec{A}$ 는 (식 1–1)과 같이 격자벡터이고, $\vec{A}$ $= m\vec{a}_1 + n\vec{a}_2 + p\vec{a}_3$ 로 쓸 수 있으며, 여기서 m, n, p 는 각각 임의의 정수이다.

그림 4–13에서 O 와 A 원자에 X-ray 빔이 $\vec{S}_o$ 로 입사되어 $\vec{S}_\theta$ 로 산란하여 나가는 X-ray 빔의 경로차이는 (식 4–12)에 의하여 $\delta = -\vec{A}\cdot(\vec{S}_\theta - \vec{S}_o)$ 이다. A 와 O 원자에 X-ray 빔이 산란하여 나가는 X-ray 빔의 위상차는 (식 4–10)에 의하여 (식 4–13)과 같이 얻어진다.

$$\varphi = -2\pi \cdot \left(\frac{(\vec{S}_\theta - \vec{S}_o)}{\lambda} \right) \cdot \vec{A} \tag{식 4-13}$$

이 식에서 $(\vec{S}_\theta - \vec{S}_o)/\lambda$ 가 우연히 역격자벡터인 $\vec{R}_{hkl} = h\vec{b}_1 + k\vec{b}_2 + l\vec{b}_3$ 와 일치한다면 (식 4–14)와 같이 φ 는 2π 의 정수배가 된다. 이것은 $(\vec{S}_\theta - \vec{S}_o)/\lambda = h\vec{b}_1 + k\vec{b}_2 + l\vec{b}_3$ 인 조건이 $e^{\varphi i} = e^{2\pi n i} = +1.0$ 인 보강간섭이 일어나는 회절조건이라는 것을 가르쳐 주는 것이다.

$$\begin{aligned} \varphi &= -2\pi \cdot \left(\frac{(\vec{S}_\theta - \vec{S}_o)}{\lambda} \right) \cdot \vec{A} \\ &= -2\pi(h\vec{b}_1 + k\vec{b}_2 + l\vec{b}_3) \cdot (m\vec{a}_1 + n\vec{a}_2 + p\vec{a}_3) \\ &= -2\pi(hm + kn + lp) = -2\pi(\text{integer}) \end{aligned} \tag{식 4-14}$$

■■ 4.6 Ewald sphere

그림 4–14는 $(\vec{S}_\theta - \vec{S}_o)/\lambda = h\vec{b}_1 + k\vec{b}_2 + l\vec{b}_3$ 인 조건에서 보강간섭이 일어날 수 있다는 것을 도식적으로 보여 주는 그림이다. 여기에서는 파장 λ 의 역수인 반경의 크기 $1/\lambda$ 을 가지는 구가 보여지는데, 이 구를 Ewald sphere라 한다. 반경의 크기가 $1/\lambda$ 이므로 Ewald sphere가 존재하는 공간은 길이의 단위가 $[\text{nm}^{-1}]$ 인 역격자 공간이다. $\vec{S}_o$ 는 단위벡터이기 때문에 역격자 원점 000 에 $\vec{S}_o/\lambda$ 의 입사 빔이 들어오는데, Ewald sphere

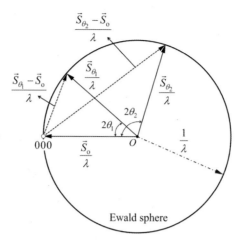

그림 4-14. 역격자 공간에서 Ewald sphere, 입사 빔 방향과 회절빔 방향.

의 중앙 O 부터 역격자 원점 000 까지의 길이는 전적으로 $1/\lambda$ 에 의하여 결정된다. 즉, 회절을 일으키는 빔의 파장 λ 가 짧을수록 큰 Ewald sphere가 만들어지는 것이다. Ewald sphere의 중앙 O 의 위치는 입사 빔 $\vec{S}_o$ 의 입사방향에 의존한다. 즉, 어떠한 방향에서 결정에 입사 빔이 들어오느냐에 따라 역격자 원점 000 에 도달하는 $\vec{S}_o/\lambda$ 가 다른 것이다.

그림 4-14에서는 입사 빔 $\vec{S}_o/\lambda$ 방향과 $2\theta_1$ 각과 $2\theta_2$ 각을 가지고 놓여있는 $\vec{S}_\theta/\lambda$ 들을 보여 준다. 여기서 2θ 각에 상관없이 벡터 $\vec{S}_\theta/\lambda - \vec{S}_o/\lambda$ 의 끝은 항상 Ewald sphere의 위에 존재하는 것에 주목하라. 그림 4-15에서는 벡터 $\vec{S}_\theta/\lambda - \vec{S}_o/\lambda$ 가 $\vec{R}_{hkl}$ $= h\vec{b}_1 + k\vec{b}_2 + l\vec{b}_3$ 와 일치하는 조건을 보여 준다. 이런 조건에서는 벡터 $\vec{S}_\theta/\lambda - \vec{S}_o/\lambda$ 의 끝이 역격자점 hkl 와 일치하는 것이다. 즉, 그림 4-15의 Ewald sphere의 구면 위 모든 곳에서는 (식 4-15)를 만족시키는 조건에서 보강간섭이 얻어지는 것을 역격자공간에서 도식적으로 보여 주는 것이다.

$$\frac{(\vec{S}_\theta - \vec{S}_o)}{\lambda} = \vec{R}_{hkl} = h\vec{b}_1 + k\vec{b}_2 + l\vec{b}_3 \qquad \text{(식 4-15)}$$

결국 회절을 일으키는 빔의 파장 λ 과 입사 빔의 방향 $\vec{S}_o$ 이 결정되면, 역격자 공간 내에서 Ewald sphere의 위치가 결정된다. 즉, Ewald sphere의 구면이 존재하는 곳도 결

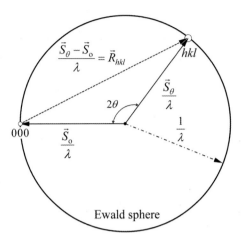

그림 4-15. Ewald sphere에서 회절조건.

정되는 것이다. 이때 Ewald sphere의 구면에 존재하는 hkl 역격자점들은 모두 (식 4-15)를 만족시키기 때문에 이런 hkl 역격자점을 만드는 $\{hkl\}$ 결정면에서는 모두 보강간섭이 일어나는 것이다.

그림 4-16에서 $\vec{S}_{\text{o}}$ 와 $\vec{S}_{\theta}$ 벡터는 사잇각을 회절각인 2θ 를 가지고 놓여있다. $\vec{S}_{\text{o}}$ 와 $\vec{S}_{\theta}$ 는 길이가 1인 단위벡터이므로 $\vec{S}_{\theta} - \vec{S}_{\text{o}}$ 의 길이 $\left| \vec{S}_{\theta} - \vec{S}_{\text{o}} \right| / 2$ 는 $\sin\theta$ 와 같고, 양변을 λ 로 나누면 (식 4-16)이 얻어진다.

$$2\sin\theta = \left| \vec{S}_{\theta} - \vec{S}_{\text{o}} \right|, \quad \frac{2\sin\theta}{\lambda} = \frac{\left| \vec{S}_{\theta} - \vec{S}_{\text{o}} \right|}{\lambda} \qquad \text{(식 4-16)}$$

이제 회절조건인 (식 4-15)와 역격자 벡터의 정의인 $\left| \vec{R}_{hkl} \right| = 1 / d_{hkl}$ 를 이용하면 다음의 (식 4-17), 즉 Bragg 식이 얻어지는 것이다.

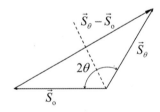

그림 4-16. 역격자 공간에서 회절각 2θ 와 역격자 벡터의 관계.

$$\frac{2\sin\theta}{\lambda} = \frac{\left|\vec{S}_\theta - \vec{S}_o\right|}{\lambda} = \left|\vec{R}_{hkl}\right| = \frac{1}{d_{hkl}} \qquad \text{(식 4-17)}$$

$$\therefore\ 2d_{hkl}\sin\theta = \lambda$$

▪▪ 4.7 Ewald sphere의 입사 빔 파장과 입사 빔 방향의 의존성

그림 4-17은 격자상수 $a = 1.0\,\mathrm{nm}$인 가상적인 simple cubic lattice를 가지는 결정의 (001) 역격자면을 보여 주고 있다. (001) 역격자면에 존재하는 모든 역격자점들은 $hk0$ 의 지수를 가진다. 그리고 (001) 역격자면에 존재하는 역격자점들은 모두 $\vec{b}_1$, $\vec{b}_2$ 의 정수배로 만들어지며, 역격자 공간에서 $\vec{b}_1$, $\vec{b}_2$ 의 길이 $\left|\vec{b}_1\right|$, $\left|\vec{b}_2\right|$ 는 $1.0\,\mathrm{nm}^{-1}$이다.

그림 4-17(a)는 결정에 입사되는 X-ray의 파장 $\lambda = 0.25\,\mathrm{nm}$이고, 입사 방향이 $[\bar{1}00]$ 과 $[100]$일 때 그려지는 Ewald sphere를 보여 주고 있다. 입사 빔의 방향이 $[\bar{1}00]$일 때는 $\bar{4}40$과 $\bar{4}\,\bar{4}\,0$ 역격자점이 회절조건에 놓여 Ewald sphere 위에 놓여짐을 보여 주며, 입사 빔의 방향이 $[100]$일 때는 440과 $4\bar{4}0$ 역격자점이 회절조건에 놓여 Ewald sphere 위에 놓여짐을 보여 준다. 격자상수 $a = 1.0\,\mathrm{nm}$인 simple cubic 결정에서 {440} 면의 결정면 간격은 $d_{440} = 0.17677\,\mathrm{nm}$이다. Bragg 식에서 $\sin\theta_{440} = \lambda/2d_{440}$, $\lambda = 0.25\,\mathrm{nm}$와 $d_{440} = 0.17677\,\mathrm{nm}$를 넣으면 $\theta_{440} = 45°$가 얻어진다. 그림 4-17(a)에서는 회절각 $2\theta_{440}$ $= 90°$가 {440} 역격자점에서 얻어짐을 확인할 수 있다.

그림 4-17(b)는 결정에 입사되는 X-ray의 파장 $\lambda = 0.2\,\mathrm{nm}$이고, 입사 방향이 $[110]$ 일 때와 입사되는 X-ray의 파장 $\lambda = 0.4\,\mathrm{nm}$이고, 입사 방향이 $[\bar{1}\,\bar{1}0]$일 때 그려지는 Ewald sphere를 보여 주고 있다. 입사 X-ray의 파장이 1/2배로 짧을 때 2배 큰 반경을 가지는 Ewald sphere가 그려지는 것을 알 수 있다. 또한 결정에 입사되어 오는 방향 $[110]$과 $[\bar{1}\,\bar{1}0]$은 정 반대방향이지만 모두 역격자의 원점 000 을 향하여 입사되는 것에 주목하라. 즉, Ewald sphere를 만드는 벡터 $\vec{S}_o/\lambda$ 가 끝나는 곳은 항상 역격자의 원점 000 인 것이다.

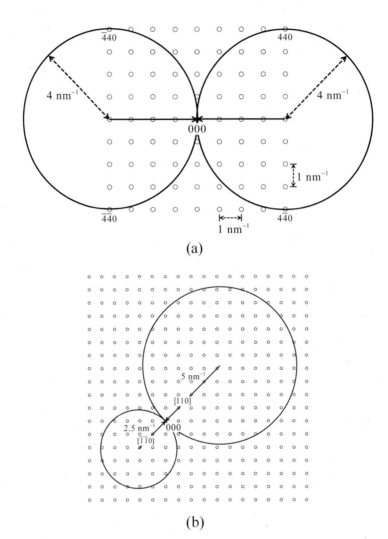

그림 4-17. Simple cubic에 2개의 입사 빔이 정 반대방향으로 들어올 때 (001) 역격자면에서의 만들어지는 Ewald sphere. 입사 빔의 파장은 (a)는 모두 $\lambda = 0.25$ nm, (b)는 $\lambda = 0.2$ nm 와 0.4 nm이다.

그림 4-18은 격자상수 $a = 1.0$ nm인 가상적인 simple cubic lattice를 가지는 결정의 (001) 역격자면에 놓여있는 역격자점들을 보여 주고 있다. 결정에 입사되는 단파장의 전자 빔의 파장 $\lambda = 0.01$ nm이고, 입사 방향이 [100]라고 가정하면 그림 4-18과 같은 Ewald sphere의 구면이 만들어진다. 파장 $\lambda = 0.01$ nm이 매우 짧기 때문에 역격자 공간에서 Ewald sphere의 반경 $1/\lambda = 100$ nm^{-1}로 매우 크게 되는 것이다. 그 결과 Ewald

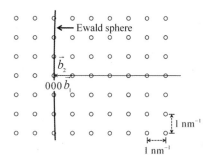

그림 4-18. λ=0.01 nm인 단파장의 전자 빔이 [100] 방향으로 입사될 때의 Ewald sphere의 형성을 (001) 역격자면에서 보여 주고 있다.

sphere의 구면이 거의 평면에 가까워서 그림 4-18에서는 직선으로 보여지는 것이다.

투과전자현미경에서 사용하는 전자 빔의 파장은 항상 0.003 nm 이하이다. 따라서 전자 빔 회절시험 시에 매우 큰 Ewald sphere 조건에서 결정의 회절이 얻어지는 것이다. 이런 이유에서 투과전자현미경에서 생성되는 전자 빔 회절상은 항상 입사 빔 방향 $[uvw]$에 수직한 (uvw) 역격자면이 얻어진다. 그림 4-19(a)에서는 투과전자현미경에서 측정한 $[uvw]$ = [001]인 전자 빔 회절상을 보여 준다. 회절상의 중앙이 000이고, 각 회절점은 (hkl) 결정면들로부터 얻어진 역격자점에 해당하는 것이다.

그림 4-19(b)는 전자 회절상을 해석한 것이다. 모든 (hkl) 회절점들이 $(hkl) \cdot [001]$

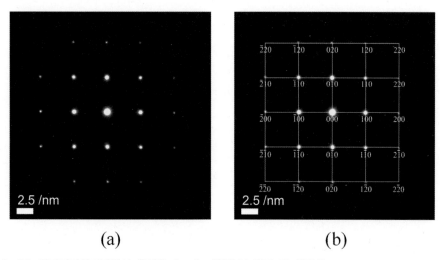

그림 4-19. 투과전자현미경에서 측정한 $[uvw]$ = [001]인 전자 빔 회절상.

$= 0$ 을 만족하는 것을 보여 주고 있다. 이것은 이 전자 회절상이 (001) 역격자면과 동등하다는 것을 의미하는 것이다. 10장에서는 투과전자현미경에서 전자 회절상이 얻어지는 기구와 그 전자 회절상을 해석하는 방법에 대하여 자세히 설명할 것이다.

제4장 연습문제

01. Cu(a =0.36 nm)의 (200) 면에서 회절시험을 하였다. (1) Cu K_α 선(λ =0.154 nm), (2) 전자빔(λ =0.002 nm), (3) 자외선(λ =50 nm)을 각각 이용하여 회절시험을 할 때 (200) 면에서 회절이 일어나는 회절각 θ을 구하라.

02. 다음 2개의 벡터를 x, y, z 공간에 작도하고, 길이 $b = \vec{a}_1 \cdot \vec{a}_2$와 면적 $|\vec{c}|$, $\vec{c} = \vec{a}_1 \times \vec{a}_2$를 구하라. $\vec{a}_1 = 1\hat{i} + 0\hat{j} + 0\hat{k}$, $\vec{a}_2 = 1\hat{i} + 1\hat{j} + 0\hat{k}$.

03. a =0.2 nm인 simple cubic의 (001) 역격자면에 있는 역격자점들을 작도하라. 또한 $\vec{H}_{110}$, $\vec{H}_{200}$, $\vec{H}_{210}$ 역격자 벡터를 구하라(hint: $\vec{b}_1$, $\vec{b}_2$를 이용하여 작도하면 된다).

04. 앞에서 그린 역격자를 이용하여 $d_{100} = 2d_{200}$ 임을 보여라.

05. a =0.2 nm인 body centered cubic의 (001) 역격자면에 있는 역격자점들을 작도하라.

06. a =0.4 nm인 simple cubic의 (001) 역격자면에 있는 역격자점들을 작도하고, 이때 λ =0.1 nm인 입사 빔이 [100] 방향에서 올 때 (440) 면에서 회절이 일어남을 보여라. 이때 회절각 θ가 45° 임을 보여라.

07. 6번 문제에서 λ =0.0001 nm인 입사 빔이 [100] 방향에서 입사할 때 Ewald sphere 면을 그려라.

08. a =0.2 nm인 cubic 시편에서 λ =0.154 nm일 때 (200), (002) 면의 회절각을 구하라(단, cubic 에서 $\dfrac{1}{d^2} = \dfrac{h^2 + k^2 + l^2}{a^2}$).

09. $a_1 = a_2 = a$ =0.2 nm, $a_3 = c$ =0.3 nm인 tetragonal 시편에서 λ =0.154 nm일 때, (200), (002) 면의 회절각을 구하라(단, tetragonal에서 $\dfrac{1}{d^2} = \dfrac{h^2 + k^2}{a^2} + \dfrac{l^2}{c^2}$).

■■ 5.1 X-ray

5.1.1 X-ray의 성질

　결정재료의 정성적·정량적 분석을 위하여 사용되고 있는 X-ray는 독일의 Wilhelm Conrad Röntgen이 1895년 Aus der Sitzungsberichten der Würzburger Phsik-medic. Gesellschaft (부르츠버거 물리－의학 학회의 학술대회)에 발표하였다. 영어권에서는 미지의 빛이라는 뜻으로 X-ray라 하지만, 독일에서는 X-ray라 부르지 않고 발명자의 이름을 따라 Röntgenstrahl(뢴트겐 빛)이라 한다. Röntgen은 X-ray의 발생장치를 발명하고, 의학 분야에서 X-ray의 응용성을 제시하여 그 공적으로 노벨상을 수상하였고, 인류의 의학과 과학에 대단히 큰 초석을 마련하였다.

　X-ray는 빛이지만 우리가 볼 수 있는 빛은 아니다. 우리 눈은 X-ray를 볼 수 없지만 X-ray는 우리가 볼 수 있는 빛인 가시광선과 같이 필름을 감광시킨다. 또한 X-ray는 형광판에 도달하면 형광판에서 가시광선을 발광한다. 가시광선은 두꺼운 검은 종이로 포장된 필름에 도달하지 못하지만, X-ray는 두꺼운 검은 종이를 투과하여 포장된 필름에 감광을 한다. X-ray의 높은 투과력은 의학에서 매우 유용하게 사용되고 있다.

　그림 5－1은 X-ray를 이용하여 발목 부근과 치아를 촬영한 X-ray 필름을 보여 주고 있다. 여기서 밝은 곳은 X-ray가 적게 투과한 곳이며, 검은 곳은 X-ray가 많이 투과한 곳이다. 두꺼운 뼈는 X-ray의 투과가 적어서 밝게, 뼈가 존재하지 않는 곳에서는 어두운 콘트라스트를 가지는 X-ray 사진이 얻어지는 것이다. 치아를 모두 촬영한 것을 파노라마 X-ray 사진이라 하는데, 금으로 치료를 받은 위치에서는 X-ray가 전혀 투과되지 않아 하얗게 나타난 것을 주목하자. 방사선과의 의사들은 X-ray 필름의 콘트라스트를 해석해서 우리 몸의 이상 여부를 판단하는 것이다.

　그림 5－1에는 초음파를 이용하여 촬영한 임산부의 뱃속에서 잘 자라고 있는 7.1 cm 크기의 태아를 보여 준다. 물론 X-ray를 이용하여 촬영하면 보다 선명한 이미지를 얻을 수 있지만, X-ray는 생체조직에 손상을 주기 때문에 어떠한 경우라도 연약한 아기의 상태를 관찰하기 위하여 X-ray는 절대로 사용하지 않는 것이다. 성인도 X-ray에 자주 노출되면 위험하기 때문에 필요한 경우에 제한된 횟수만큼만 X-ray 촬영을 한다.

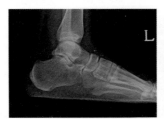
X-ray image

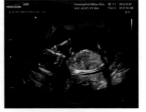
Ultrasonic image

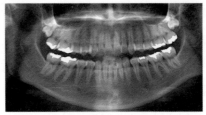
X-ray panorama image

그림 5-1. 발목 X-ray image, 치아 파노라마 X-ray image, 아기 ultrasonic image(Courtesy of Dr. S. J. Huh).

금속공학, 재료공학, 기계공학, 조선공학, 항공공학 등의 공학분야에서도 이와 같은 X-ray 의 높은 투과력을 이용하여 덩어리 제품에 존재하는 크랙(crack)이나 제조결함을 찾아내는 시험들을 한다. 예를 들면, 수만 톤의 큰 선박에 사용하는 엔진의 동력전달 샤프트(shaft)를 제조 후에 이 거대한 부품에 결함이 없는지를 X-ray 투과시험을 통하여 검증한다. 이와 같 이 X-ray의 투과력을 이용하여 인간과 같은 생체나 금속제품의 내부를 관찰하는 기법을 radiography(방사선사진)라 한다. 일반적인 radiography 이미지의 해상도는 1 mm(1×10^{-1} cm) 정도이다.

그런데 X-ray의 투과력를 이용하는 X-ray radiography와 X-ray 결정재료의 분석과는 어 떠한 관계도 없다. 결정재료의 X-ray 내부구조 분석에는 4장에서 공부한 회절(diffraction) 현상이 이용된다. X-ray 회절을 이용하여 결정재료의 내부구조를 해석할 수 있는데, X-ray 회절의 해상도는 1×10^{-8} cm 정도로 결정에 존재하는 원자들의 배열을 분석하는 데 사용 된다.

결정재료의 X-ray 분석에 사용하는 X-ray도 인간이 사물을 보는데 사용하는 가시광선 과 같은 빛의 종류이지만, 주로 파장이 0.1 nm 근처인 X-ray를 사용한다. 참고로 인간이 인지할 수 있는 가장 긴 파장과 가장 짧은 파장의 빛은 빨간색과 보라색인데, 각각 약

700 nm의 파장과 약 400 nm의 파장을 가진다. 인간이 인지할 수 있는 빛을 가시광선이라 하는데, 인간은 단지 400 nm와 700 nm 사이의 빛 밖에는 인지할 수 없는 것이다. 예를 들면, 붉은 장미는 $\lambda = 700$ nm의 빛을 주로 반사시키고, 파란 하늘은 대부분 $\lambda = 400$ nm의 빛을 우리에게 보내주는 것이다. 400 nm보다 짧은 파장을 가지는 빛은 자외선, 700 nm보다 긴 파장을 가지는 빛은 적외선으로 인간이 볼 수 없는 빛의 범주이다.

모든 빛은 파동(wave)의 성질과 함께 입자(particle)의 성질을 모두 가지고 있는데, 재료를 X-ray 회절로 분석할 때에는 대부분 X-ray 파동을 해석하여 이해될 수 있다. 표 5−1은 다양한 빛의 파장과 그 빛의 에너지 그리고 빛의 진동수를 정리하여 보여 주고 있다. 0.1 nm보다 파장이 짧은 빛을 gamma ray라 한다. Gamma ray는 우주에서 유입되거나 원자탄 폭발 때 발생한다. 우리가 아날로그 TV나 FM을 시청하거나 들을 때 사용하는 빛은 파장이 1 m 내외이므로, 아날로그 TV와 FM 안테나의 길이가 1 m 정도이다. 이와 같은 모든 빛의 파장 λ, 진동수 ν, 에너지 E 사이에는 (식 5−1)과 같은 관계가 있다.

$$\lambda = \frac{c}{\nu}, \ E = h \cdot \nu \qquad \text{(식 5-1)}$$

여기서 c 는 빛의 속도로 2.998×10^8 m · sec^{-1}이며, h 는 Planck's constant로 6.626×10^{-34} joule · sec이다.

표 5−1에 열거된 모든 빛들은 파장 λ 이 짧을수록 진동수 ν 가 증가하며, 빛의 에너

표 5−1 다양한 빛의 진동수 진동수 ν, 파장 λ, 에너지 E.

Name of radiation	Frequency [hertz]	Wavelength [nm]	Photon Energy [eV]
Gamma ray	$> 10^{19}$	< 0.05	> 100000
X-ray	$30 \times 10^{16} \sim 10^{19}$	$0.05 \sim 0.5$	$100 \sim 100000$
Ultraviolet	$790 \times 10^{12} \sim 30 \times 10^{16}$	$0.5 \sim 4 \times 10^2$	$3 \sim 124$
Visible light	$430 \times 10^{12} \sim 790 \times 10^{12}$	$4 \times 10^2 \sim 7 \times 10^2$	$1.7 \sim 3.3$
Infrared	$300 \times 10^9 \sim 430 \times 10^{12}$	$7 \times 10^2 \sim 1 \times 10^6$	$1.24 \times 10^{-3} \sim 1.7$
FM wave	$300 \times 10^6 \sim 300 \times 10^{12}$	$\sim 10^9$	$1.24 \times 10^{-6} \sim 1.24 \times 10^{-3}$

177

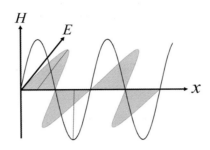

그림 5-2. X-ray가 진행방향 x로 진행할 때 전장 E과 자장 H의 변화.

지 E가 증가함을 보여 준다. 즉, 우리가 항상 접하는 파장 약 500 nm의 가시광선 한 입자(photon)의 에너지는 약 ~ 9.5 eV 정도이지만, 0.1 nm의 파장을 가지는 X-ray의 에너지는 ~ 20000 eV 정도이다. 따라서 우리가 사용하는 X-ray는 인체에 암 발생 등의 심한 손상을 줄 수 있다. X-ray를 사용하기 시작한 1900년도 초기에 많은 의료계의 선구자들이 X-ray의 위험성에 대한 지식 결여로 많은 희생을 하였다. X-ray를 사용하는 모든 연구자는 X-ray의 위험성에 대한 교육을 꼭 이수하고, X-ray 기기의 사용규정을 정확히 준수해야 한다.

X-ray를 포함한 모든 빛은 전자파(electromagnetic wave)이다. 따라서 그림 5-2와 같이 X-ray는 진행방향 x로 전장과 자장을 90° 각도로 만들면서 진행한다. 그런데 진행방향 x로 전장 E과 자장 H의 변화는 (식 5-2)과 같이 파동의 형태를 가진다.

$$E = A\sin 2\pi(\frac{x}{\lambda}), \ H = A\sin 2\pi(\frac{x}{\lambda}) \qquad \text{(식 5-2)}$$

여기서 A는 X-ray 파동의 최대 진폭(amplitude)이다.

5.1.2 연속 X-ray의 발생

우리가 가죽으로 만들어진 장구를 막대로 두들기면 장구에서는 소리가 나온다. 이 현상을 좀 더 과학적인 관점에서 보면 다음과 같이 쓸 수 있다. 운동하는 사물인 막대의 운동에너지가 타깃(target) 물질인 장구에 충돌하여 새로운 형태의 에너지인 소리가 발생한다. 즉, 운동에너지와는 전혀 다른 소리에너지가 장구에서 발생하는 것이다. 이와

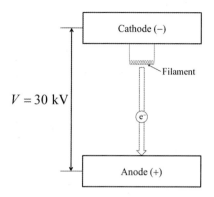

그림 5-3. 음극과 양극으로 구성된 전자의 가속장치.

같이 자연에서는 다양한 형태로 에너지 변환이 일어날 수 있다.

우리는 전하를 띠는 이온이나 전자를 빠른 속도로 이동시킬 수 있다. 즉, + 이온에는 − 퍼텐셜을 걸어주며, 전자에는 + 퍼텐셜을 걸어주어 빠른 속도로 이동시킬 수 있는 것이다. 이런 퍼텐셜을 가속전압(accelerating voltage) V이라 한다. 그림 5-3은 열전자가 발생하는 필라멘트와 양극으로 구성된 간단한 전자의 가속장치를 보여 준다. 전자가 발생하는 필라멘트가 있는 음극과 전자를 끌어당기는 역할을 하는 양극 사이에는 일반적으로 30,000 Volt(30 kV) 이상의 가속전압이 사용된다. 가속전압 $V = 30\,kV$일 때 전자의 이동 속도 v는 빛의 속도($c = 3 \times 10^8\,m \cdot sec^{-1}$)의 약 0.3배이다. 가속전압이 증가할수록 전자의 이동 속도 v가 증가하여 v/c가 1에 접근한다. 예를 들면, $V = 1,000\,kV$일 때 v/c는 약 0.941 정도이다. 그러나 아무리 가속전압 V을 높게 하여도 전자의 이동 속도 v가 빛의 속도 c를 추월하지 못한다. 그 이유는 무엇일까?

가속전압에 의하여 빠르게 이동하는 전자가 고체 물질인 타깃(target)에 부딪치면 타깃 물질에 존재하는 원자들과 충돌하게 된다. 타깃 물질에 입사되는 전자의 운동에너지의 99% 이상이 타깃 물질에서 열에너지로 변환되고, 나머지 1% 정도는 빛으로 방출된다. 이렇게 방출되는 빛들은 다양한 파장 λ을 가진다. 그림 5-4(a)는 가속전압 V이 5, 6, 7, 8 kV일 때 타깃 물질 Cu(동)에서 방출되는 빛의 파장의 분포를 개략적으로 보여 준다. 여기서 발생하는 빛의 파장의 분포는 가속전압 V에 전적으로 의존한다.

일정한 가속전압 V에서 발생하는 빛들 중에서 가장 짧은 파장을 Short Wavelength Limit λ_{SWL}라 한다. λ_{SWL}도 역시 (식 5-3)과 같이 가속전압 V에 의존한다. (식 5-3)

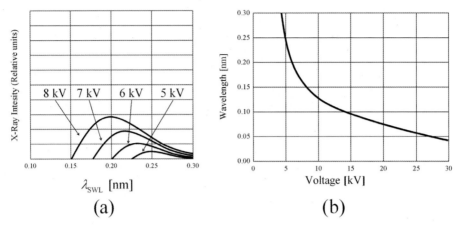

그림 5-4. 가속전압 V 에 따른 빛의 파장의 분포. (a) 가속전압 V 이 5, 6, 7, 8 kV일 때 타깃 물질 Cu에서 방출되는 연속 X-ray의 파장의 분포, (b) 가속전압 V 이 증가함에 따른 short wavelength limit λ_{SWL} 의 변화.

은 가속전압 V과 전자의 전하량 $e = 1.602 \times 10^{-19}$[coulomb]의 곱으로 얻어지는 전자의 퍼텐셜 에너지 eV 가 모두 빛의 에너지로 100% 변환될 때 얻어지는 빛의 파장이 λ_{SWL} 인 것을 수식화한 것이다. 그림 5-4(b)는 가속전압 V 이 증가함에 따른 λ_{SWL}가 감소하는 것을 보여 준다.

$$eV = h\nu_{max}$$
$$\lambda_{SWL} = \frac{c}{\nu_{max}} = \frac{hc}{eV} = \frac{12.4 \times 10^{-2}}{V} \ [nm]$$

(식 5-3)

가속전압에 의하여 빠르게 이동하는 전자가 타깃 물질에 충돌하면 λ_{SWL} 이상의 다양한 파장을 가지는 빛이 발생하는데, 그림 5-4(a)와 같이 대부분의 빛은 λ_{SWL}보다 조금 큰 파장을 가지는 X-ray들이 주로 많이 발생한다. 이와 같이 발생하는 X-ray들의 분포는 그림 5-4(a)와 같이 매우 연속적으로 변화한다. 이렇게 다양한 파장 λ 을 가지는 X-ray를 일반적으로 연속 X-ray(continuous X-ray)라 하며, 다색광 X-ray(heterochromatic X-ray), 백색 X-ray(white X-ray)라고도 한다.

전자와 타깃 물질이 충돌할 때 정확히 2개의 물체가 정면으로 충돌해서 전자의 운동에너지 모두가 빛의 에너지로 100% 변환될 때 얻어지는 빛의 파장이 λ_{SWL}이다. 정면 충돌은 극히 예외적이며, 매우 확률이 적은 이벤트이다. 대부분의 충돌에서 방출되는 빛의 파장들은 그림 5-4(a)와 유사한 분포를 가진다.

타깃 물질에서 발생하는 연속 X-ray 빛의 강도(intensity)는 일정한 가속전압 V일 때 필라멘트에서 타깃으로 흘러가는 전자의 개수, 즉 전류 i와 타깃 물질의 원자번호 Z에 직선적으로 비례한다. 따라서 일정 V와 i에서 효율적으로 연속 X-ray를 되도록 많이 얻기 위해서는 큰 원자번호 Z를 가지는 타깃을 사용하는 것이 유리하다. 그런데 의료용으로 사용하는 X-ray 장비에서는 연속 X-ray를 빛으로 사용한다. 적은 전기에너지로 가장 효율적으로 연속 X-ray를 얻기 위해서는 큰 Z의 타깃 물질이 필요하기 때문에 의료용 X-ray 장비의 타깃 물질은 원자번호도 크고, 화학적으로 안정한 텅스텐(W)을 사용한다.

5.1.3 특성 X-ray의 발생

그림 5-5는 타깃 물질이 Cu(동)일 때 가속전압 V이 8 kV, 9 kV, 10 kV일 때 방출되는 빛의 파장의 분포를 개략적으로 보여 준다. 가속전압 V이 8 kV에서는 X-ray 파장의 분포에는 어떠한 불연속이 존재하지 않는다. 하지만 가속전압 V이 9 kV와 10 kV에서는 특정한 파장 $\lambda = 0.154$ nm와 $\lambda = 0.139$ nm에서 특히 많은 X-ray가 발생하여 X-ray 파장의 분포에 불연속을 보여 준다. 이와 같이 특정한 파장 $\lambda = 0.154$ nm와 $\lambda = 0.139$ nm에서 많이 발생하는 X-ray를 불연속 X-ray(discontinuous X-ray) 또는 특성 X-ray (characteristic X-ray)라 한다. 특성 X-ray의 파장은 전적으로 타깃 물질에 의존한다. 즉, 타깃 물질에 따라 다른 특성 X-ray를 발생시키기 때문에 어떤 재료에서 발생하는 특성 X-ray의 파장을 분석하면 이 재료가 어떠한 물질로 구성되어 있는지 알 수 있는 것이다. 타깃 물질 Cu로부터 파장 $\lambda = 0.154$ nm와 $\lambda = 0.139$ nm를 가지고 발생하는 특성 X-ray를 각각 Cu K_α-선, K_β-선이라 한다.

재료에서 발생하는 특성 X-ray의 K_α-선의 파장 λ는 재료의 원자번호 Z가 증가할수록 짧아진다. Moseley는 이 관계를 관찰하여 그림 5-6의 관계를 얻어내었다. 그는 이 관찰을 이용하여 (식 5-4)를 제안하였다. 이 식을 Moseley의 법칙이라 한다. 그러나 이 식은 모든 자료가 컴퓨터에 데이터베이스로 구축되어 있는 현재 환경에서는 이 식을 사용하지는 않는다.

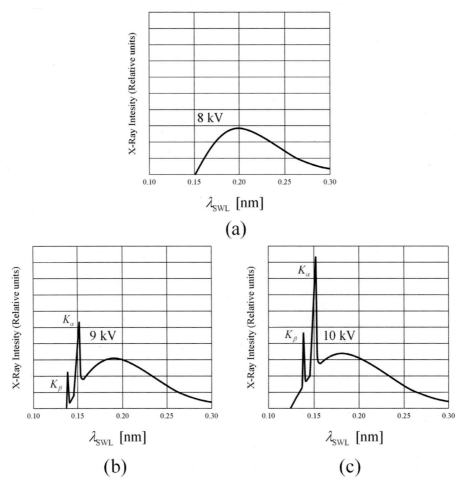

그림 5-5. 타깃 물질이 Cu일 때 가속전압 V 이 8 kV, 9 kV, 10 kV일 때 방출되는 빛의 파장의 분포.

$$\lambda = A / (Z - B)^2 \qquad \text{(식 5-4)}$$

여기서 λ, Z 는 파장과 원자번호이며, A, B 는 상수이다.

실제 Cu K_α-선의 강도(높이)는 K_α-선 옆에 있는 연속 X-ray 파장의 강도에 비하여 100배 정도로 많은 특성 X-ray가 방출되지만, 그림 5-5(c)에서 Cu K_α-선의 높이는 실제보다 매우 낮게 그려진 것이다. 타깃 물질이 Cu일 때 K_α-선, K_β-선의 특성 X-ray 가 발생하기 시작하는 임계 가속전압 V_K^{cri} 이 8.98 kV이다. 타깃 물질이 Cu일 때 가속 전압이 V_K^{cri} 이상이면 항상 특성 X-ray인 Cu K_α-선, K_β-선이 발생한다. 임계 가속전

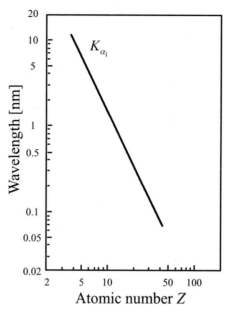

그림 5-6. 타깃 물질의 원자번호 Z의 증가에 따른 K_α-선의 파장 λ의 변화.

압 V_K^{cri}은 타깃 물질에 따라 다른데, 타깃이 Mo이면 $V_K^{\mathrm{cri}} = 20.01\,\mathrm{kV}$, Fe이면 $V_K^{\mathrm{cri}} = 6.40\,\mathrm{kV}$이다. 그림 5-5(b), (c)를 보면 가속전압 V이 $9\,\mathrm{kV}$에서 $10\,\mathrm{kV}$로 증가하면 특성 X-ray의 피크 크기가 증가하는 것을 보여 준다. 특성 X-ray 피크의 강도는 가속전압과 임계가속전압의 차이 $(V - V_K^{\mathrm{cri}})$에 비례한다.

X-ray 회절을 이용하여 결정재료를 분석할 때 타깃 물질로 원자번호 24번, 27번, 29번, 42번의 Cr, Co, Cu, Mo을 주로 사용하여 이 하나의 타깃 K_α-선으로 회절시험을 한다. 표 5-2에는 4개의 금속 원소에서 발생하는 특성 X-ray의 파장들이 정리되어 있다.

표 5-2 원소로부터 발생하는 특성 X-ray들의 파장과 K_α선의 에너지.

Element	K_α[nm]	$K_{\beta 1}$[nm]	$L_{\alpha 1}$[nm]	$E(K_\alpha)$[keV]
24 Cr	0.228970	0.208487	2.164	5.41
27 Co	0.1788965	0.162079	1.5972	6.93
29 Cu	0.1540562	0.1392218	1.2336	8.04
42 Mo	0.0709300	0.0632288	0.540655	17.44

원자번호가 증가할수록 각 특성 X-ray의 파장이 짧아지는 것을 보여 준다. 이것은 각 원소의 원자 구조와 그 구조에 존재하는 외각 전자의 에너지 레벨이 다르기 때문이다.

그럼 어떻게 특성 X-ray가 타깃 물질로부터 발생할까? 그림 5-7의 5층으로 쌓여진 벽돌 5개를 보자. 딱딱한 바닥에 놓인 벽돌이 1번 벽돌이고, 가장 위에 놓인 벽돌이 5번 벽돌이다. 한 벽돌의 무게는 모두 같은 무게 m 을 가진다고 가정하고, 벽돌 사이에는 아무런 마찰도 존재하지 않는다고 가정하자. 이런 조건에서 쌓여진 벽돌을 옆으로 밀어낸다면, 무게 m 의 1개의 벽돌 아래에 놓인 4번 벽돌에 비하여 $3m$ 의 무게를 가지는 3개의 벽돌 아래에 놓인 2번 벽돌을 밀어내는데 필요한 힘과 에너지는 3배 요구된다. 이렇게 정확히 3배의 힘과 에너지가 요구되는 것은 벽돌이 놓여있는 위치에 따른 위치에너지가 일정하기 때문이다.

그림 5-7의 벽돌 구조에서 우연히 4번 벽돌이 제거되었을 때와 2번 벽돌이 제거되었을 때를 상상해보자. 벽돌의 높이 h 인 간격을 채우기 위하여 중력 방향으로 1개의 벽돌과 3개의 벽돌이 아래로 하강할 것이다. 벽돌이 떨어질 때 운동에너지에 비례해서 큰 소

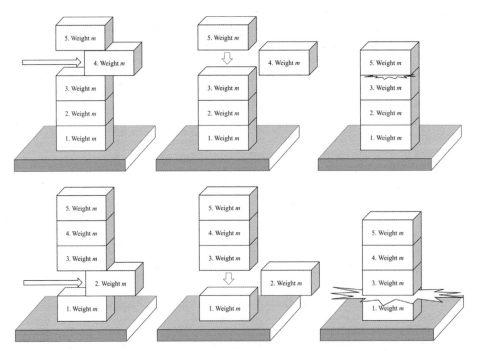

그림 5-7. 같은 무게 m 을 가지는 5개의 벽돌들이 쌓여있는 구조에서 하나의 벽돌을 제거할 때 발생하는 에너지의 차이.

리가 발생한다면 운동에너지 mgh 또는 $3mgh$에 비례하여 2번 벽돌의 자리를 메우면서 3배 큰 소리에너지를 가지는 3배 큰 소리가 날 것이다.

그림 5-7의 벽돌 구조와 유사하게 한 원자에 존재하는 전자들의 위치는 일정한 위치에너지를 가진다. 그림 5-8은 도식적으로 Cu 원자의 K-, L-, M-shell 구조를 도식적으로 보여 준다. 그림 5-7의 벽돌 구조에서 바닥에 가깝게 놓인 2번 벽돌을 제거하기 위해서는 바닥에서 멀리 떨어진 4번 벽돌을 제거할 때보다 많은 에너지가 필요한 것을 앞에서 설명하였다. 이와 같이 원자핵에 가까운 K-shell에 존재하는 전자를 제거하려면 원자핵으로부터 멀리 떨어진 L-shell의 전자를 제거하는 것보다 많은 에너지가 요구되는 것이다. 전자는 K-shell에 있을 때 가장 안정된, 즉 가장 낮은 에너지 상태를 가지며, L-shell, M-shell로 위치를 높이면 그만큼 위치에너지를 높게 가진다.

우리가 높은 산에 오르면, 즉 높은 위치에너지를 가지면 언젠가는 낮은 곳으로 이동하게 된다. 이것은 철학적인 이야기가 아니고 자연현상이다. 최고봉에 도달한 모든 물체는 언젠가는 열역학적으로 가장 안정한 아래로 굴러떨어진다.

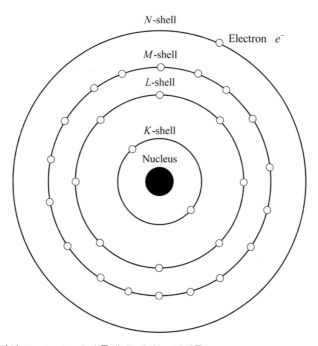

그림 5-8. Cu 원자의 K-, L-, M-shell들에 존재하는 전자들.

그림 5-9는 가상적인 하나의 원자 K-, L-, M-shell에 놓여진 전자들을 도식적으로 보여 준다. 그림 5-9(a)와 같이 우연히 K-shell을 돌고 있는 하나의 전자가 외부에서 높은 속도를 가지며, 날아오는 전자와 충돌하여 K-shell로부터 튕겨나가 전자공공이 존재하는 상황을 상상해보자. 전자를 하나 잃었기 때문에 이 원자는 이온화(ionization)되었다 또는 흥분(excitation) 상태가 되었다고 한다. 이온화된 흥분된 원자는 매우 불안정하다.

K-shell로부터 전자를 잃어 이온화된 흥분된 원자는 K-shell에 전자를 채우면서 정상상태의 원자로 되돌아간다. 그림 5-9(b), (c)는 L-shell 또는 M-shell의 전자가 K-shell의 전자공공으로 낙하하면서 K-shell이 메워지는 것을 보여 준다. 어떠한 shell의 전자가 K-shell의

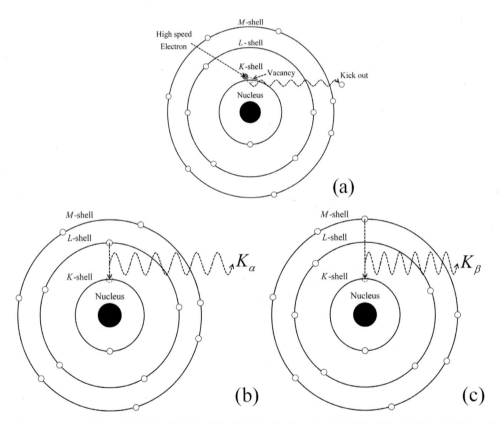

그림 5-9. K-shell에서 전자공공 발생에 의한 원자의 이온화. (a) 외부에서 빠른 속도로 날아오는 전자에 의한 K-shell에서 전자공공의 발생, (b) L-shell의 전자가 K-shell의 전자공공으로 낙하하면서 특성 X-ray K_α-선의 발생, (c) M-shell의 전자가 K-shell의 전자공공으로 낙하하면서 특성 X-ray K_β-선의 발생.

전자공공으로 낙하하는지는 단지 확률적인 것이다. 대체로 K-shell의 전자공공을 L-shell의 전자가 채우는 확률이 약 90% 근처이고, 나머지는 M-shell의 전자가 채운다.

그림 5-7의 5개의 벽돌이 쌓여진 것에서 아래쪽에 있는 벽돌을 제거하면 위쪽에 있는 벽돌이 낙하하면서 쿵 하는 소리가 발생하였다. 여기서 제거되는 벽돌의 위치에 따라 발생하는 소리의 크기가 차이가 났었다. 이와 유사하게 K-shell의 전자공공을 L-shell 또는 M-shell의 전자가 메울 때, 각 shell의 potential 에너지의 차이만큼의 에너지가 특정한 에너지를 가지는 빛으로 발생한다. K-shell의 전자공공에 L-shell과 M-shell의 전자가 떨어지면서 발생하는 빛이 각각 특성 X-ray K_α-선과 K_β-선이다. 보다 높은 shell에서 떨어져서 발생하는 K_β-선의 에너지가 커서 파장 λ_{K_β}가 λ_{K_α}에 비교하여 짧다. 또한 K-shell의 전자공공을 L-shell의 전자가 채우는 확률이 10배 정도 높기 때문에, K_β-선에 비하여 대략 10배 정도 많은 수의 K_α-선이 발생한다.

K-, L-, M-, N-shell에 외각 전자를 가지는 한 원자를 생각해 보자. 이 원자의 원자핵에 존재하는 양자 개수만큼 외각 전자들이 모든 shell에 있으면 이 원자는 한 shell의 외각 전자를 잃어 이온화된 원자에 비하여 가장 낮은 에너지 상태를 가진다. 이런 이온화되지 않은 원자로부터 하나의 외각 전자를 제거하면 이온화된 원자의 에너지 상태는 그림 5-10과 같이 상승한다. 즉, K-, L-, M-, N-shell에 존재하는 하나의 외각 전자를 제거하면 이온화된 원자의 에너지는 각각 $E_{K-shell}$, $E_{L-shell}$, $E_{M-shell}$, $E_{N-shell}$로 상승하게 되는 것이다.

그런데 물질을 구성하고 있는 원소들의 원자에 따라 서로 다른 이온화된 원자의 에너지 $E_{K-shell}$, $E_{L-shell}$, $E_{M-shell}$, $E_{N-shell}$를 가진다. 만약 한 원자의 K-shell에 전자공공이 형성되면 이 원자의 에너지는 $E_{K-shell}$로 상승하는데, 이때 L-shell의 외각 전자가 K-shell 공공을 메우면 $E_{K-shell}$과 $E_{L-shell}$의 차이에 해당하는 에너지 E_{K_α}를 가지는 특성 X-ray K_α-선이 발생한다. 만약 M-shell의 외각 전자가 K-shell 공공을 메우면 $E_{K-shell}$과 $E_{M-shell}$의 차이에 해당하는 에너지 E_{K_β}를 가지는 특성 X-ray K_β-선이 발생한다.

만약 한 원자의 L-shell에 전자공공이 형성되고, M-shell의 전자가 전자공공을 메우면 이때는 $E_{L-shell}$과 $E_{M-shell}$의 차이 에너지 E_{L_α}를 가지는 특성 X-ray L_α-선이 발생한다. 또한 M-shell에 전자공공이 형성된 후에 N-shell의 전자가 전자공공을 메우면

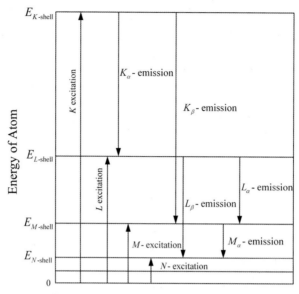

그림 5-10. K-, L-, M-, N-shell에서 전자공공이 형성될 때 원자의 에너지 상태.

$E_{M-shell}$과 $E_{N-shell}$의 차이 에너지 E_{M_α}를 가지는 특성 X-ray M_α-선이 발생한다. K-, L-, M-, N-shell을 가지고 있는 원자에서 K-shell에 전자공공이 형성되면 대부분 연쇄적으로 L-, M-, N-shell에서 전자의 이동이 일어나 특성 X-ray K_α-, L_α-, M_α-선이 방출될 수 있다.

원자번호 13번인 Al보다 큰 원자번호를 가지는 원소들은 L-shell이 에너지 차이를 가지는 3개의 sub-shell L$_\mathrm{I}$, L$_\mathrm{II}$, L$_\mathrm{III}$에 L-shell 외각 전자들이 놓인다. K-shell에 전자공공을 L$_\mathrm{II}$과 L$_\mathrm{III}$-shell의 외각 전자가 K-shell 공공을 메우면서 그 에너지 차이에 의하여 특성 X-ray K_α-선이 발생한다. L$_\mathrm{III}$-shell과 L$_\mathrm{II}$-shell 외각 전자가 K-shell 공공으로 떨어지면서 발생하는 특성 X-ray를 각각 $K_{\alpha1}$-, $K_{\alpha2}$-선이라고 한다. 타깃 물질이 Cu일 때 Cu로부터 발생하는 $K_{\alpha1}$-, $K_{\alpha2}$-선의 파장은 각각 154.0 pm, 154.4 pm로 거의 같은 파장을 가지며, $K_{\alpha1}$-, $K_{\alpha2}$-선의 에너지도 거의 같다. 따라서 X-ray 회절시험을 할 때 일반적으로 $K_{\alpha1}$-, $K_{\alpha2}$-선을 구분하지 않고, 평균적인 K_α-선을 사용한다. 즉, Cu의 평균 λ_{K_α}는 154 pm(0.154 nm, 1.54 Å)이다.

앞에서 K-, L-, M-, N-shell에 존재하는 하나의 외각 전자를 제거하면 이온화된 원자의 에너지는 각각 $E_{K-shell}$, $E_{L-shell}$, $E_{M-shell}$, $E_{N-shell}$로 상승한다. 각 shell에 있는

표 5-3 K-shell과 LIII-shell의 전자를 떼어내는데 요구되는 최소 가속전압 V_K, V_{LIII}과 그 에너지 $E_{K\text{-shell}}$, $E_{LIII\text{-shell}}$.

Element	V_K [keV]	$E_{K\text{-shell}}$ [erg]	V_{LIII} [keV]	$E_{LIII\text{-shell}}$ [erg]
24 Cr	5.99	9.59×10^{-9}	0.5990	0.96×10^{-9}
27 Co	7.71	12.35×10^{-9}	0.7791	1.25×10^{-9}
29 Cu	8.98	14.29×10^{-9}	0.9331	0.49×10^{-9}
42 Mo	20.01	32.06×10^{-9}	2.5239	4.04×10^{-9}

외각 전자는 가속전압 V 에 의하여 빠르게 가속된 전자에 의하여 제거될 수 있다. 어떤 한 원자의 K-shell의 외각 전자를 떼어내는데 요구되는 최소 가속전압이 V_K 이다. 이것은 (식 5-3)에 따라 외부에서 $eV_K = E_{K\text{-shell}}$ 의 에너지를 가해 주어야 K-shell에 전자 공공을 만들 수 있는 것을 의미한다. V_K 는 각 원자핵과 shell 전자와의 결합에너지에 의존하기 때문에 모든 원소가 다른 V_K 값을 가진다. 표 5-3은 몇 가지 원소들의 V_K 값을 보여 준다. 원소의 원자번호 Z 가 증가할수록 $E_{K\text{-shell}}$ 이 증가하기 때문에 높은 V_K 가 필요한 것을 알 수 있다.

5.1.4 물질에서 X-ray의 흡수

종이에 I_0 강도의 햇빛이 입사될 때 동일한 두께의 종이 1장을 투과한 강도 I_1와 2장을 투과한 강도 I_2 는 단순히 두께의 역수 $I_2/I_1 = 1/2$가 아니다. 그 이유는 빛의 투과강도는 통과하는 두께 x 에 따라 급격히 감소하기 때문이다.

(식 5-5)는 I_0 의 강도를 가지는 빛, 즉 X-ray가 한 물질의 두께 x 를 통과한 후의 X-ray의 강도 I_x 가 어떻게 변화하는지를 보여 준다.

$$I_x = I_0 \cdot \exp(-\mu x) \qquad \text{(식 5-5)}$$

여기서 μ 는 선흡수계수(linear absorption coefficient)이다. 선흡수계수 μ 는 물체의 밀도 ρ 에 비례하여 $\mu = \text{constant} \cdot \rho$ 이다. 따라서 μ/ρ 는 (식 5-6)과 같이 하나

의 일정한 상수(constant)값이다.

$$\mu / \rho = \mathrm{constant} \tag{식 5-6}$$

이 상수 μ / ρ 값은 X-ray가 통과하는 물질의 원소에 의존하며, 상수 μ / ρ 값은 물질을 통과하는 X-ray의 파장에 의존한다. μ / ρ 값을 질량흡수계수(mass absorption coefficient)라 하는데, 이 값은 $[\mathrm{cm}^2/\mathrm{gm}]$의 단위를 가지며, 물질의 물리적인 상태, 즉 한 물질이 가스, 액체, 고체에 상관없이 일정한 상수 μ / ρ 값을 가지는 것이다. 이 책 뒤에 있는 부록 1에는 원소들의 $\rho \, [\mathrm{gm/cm}^3]$와 함께 질량흡수계수 $\mu / \rho \, [\mathrm{cm}^2/\mathrm{gm}]$가 수록되어 있다. 여기서 각 원소의 μ / ρ 값이 Cr, Co, Cu, Mo의 K_α-선에 따라 다른 값을 가지는 것을 보여 준다. Cr, Co, Cu, Mo의 K_α-선은 결정재료의 회절시험에 주로 사용되는 X-ray이다.

질량흡수계수 μ / ρ 를 써서 (식 5-5)를 다시 쓰면 (식 5-7)이 얻어진다. 대부분의 X-ray 책에서는 질량흡수계수 μ / ρ 의 자료를 제공하므로 (식 5-7)을 이용해서 어떤 물질을 x 만큼 통과 후의 X-ray 강도 I_x 값을 구할 수 있다.

$$I_x = I_0 \cdot \exp\left[-(\mu / \rho) \cdot \rho \cdot x\right] \tag{식 5-7}$$

하나의 물질을 통과하는 X-ray 파장의 길이가 짧아질수록 그림 5-11과 같이 X-ray의 에너지는 증가한다. 파장이 0.2291 nm인 Cr K_α 의 빛 입자의 에너지는 5.411×10^3 eV, 즉 8.670×10^{-9} erg이지만, 파장이 0.0711 nm인 Mo K_α 의 빛 입자의 에너지는 1.744×10^4 eV, 즉 2.790×10^{-8} erg이다.

두 개 이상의 원소들로 구성된 물질에는 기계적인 혼합물, 화합물, 고용체(solid solution), 금속간 화합물(intermetallic compound) 등이 있다. 이런 두 개 이상의 원소가 공존하는 물질의 질량흡수계수 $(\mu / \rho)_{\mathrm{MIX}}$ 는 그 물질에 존재하는 원소 i 들의 무게분율(weight fraction) X_{wt}^i 과 각 원소의 질량흡수계수 $(\mu / \rho)_i$ 에 의하여 결정된다. 만약 3개의 원소로 구성된 물질이라면 (식 5-8)에 의하여 $(\mu / \rho)_{\mathrm{MIX}}$ 가 얻어진다.

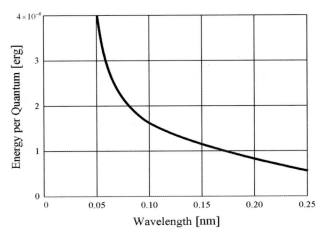

그림 5-11. X-ray의 파장 변화에 따른 X-ray의 에너지 변화.

$$\left(\frac{\mu}{\rho}\right)_{\text{MIX}} = X_{\text{wt}}^1\left(\frac{\mu}{\rho}\right)_1 + X_{\text{wt}}^2\left(\frac{\mu}{\rho}\right)_2 + X_{\text{wt}}^3\left(\frac{\mu}{\rho}\right)_3 \qquad \text{(식 5-8)}$$

입사 강도 I_0를 가지는 X-ray가 물질로 들어가서 거리 x 만큼 통과한 X-ray의 강도 I_x가 크면, 물질에서 흡수된 X-ray의 강도 I_{abs}는 작다. 이것은 $I_x = I_0 - I_{\text{abs}}$ 또는 $I_{\text{abs}} = I_0 - I_x$ 이기 때문이다. 그런데 물질을 통과하는 X-ray와 물질과의 반응이 없다면 파장이 짧은 (빛 에너지가 높은) X-ray는 물질을 잘 투과하여 파장이 긴 X-ray에 비하여 높은 X-ray 강도 I_x 값이 얻어진다. 그러나 X-ray가 통과하면서 물질 내에 존재하는 전자들과 반응하면 흡수된 X-ray 강도 I_{abs}는 급격히 증가하고, 통과한 X-ray 강도 I_x는 급격히 감소한다.

그림 5-12(a)는 $\lambda = 0 \sim 2.0$ nm의 다양한 파장을 가지는 X-ray가 물질 Fe를 통과할 때 이 물질에서 흡수되는 I_{abs}에 직접 영향을 주는 질량흡수계수 μ / ρ에 대한 X-ray 파장의 영향을 보여 준다. 이 그림에서는 단지 상대적인 μ / ρ 높이만 물리적인 의미를 가진다.

X-ray의 파장 λ가 감소할수록 전체적으로 μ / ρ가 감소하는 것이 보여진다. 즉, (식 5-5)에 의하여 λ가 감소하면 exponential 함수에 비례하여 I_{abs}가 감소하고, I_x가 증가하는 것이다. X-ray가 통과하는 물체가 Fe인 경우에 $\lambda = 1.7525$ nm와 $\lambda = 0.1744$ nm에서 급격히 μ / ρ가 증가하는 것을 그림 5-12(a)는 보여 준다.

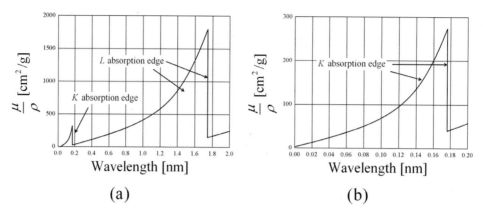

그림 5-12. X-ray가 물질 Fe를 통과할 때 X-ray 파장 λ에 따른 질량흡수계수 μ/ρ의 변화. (a) 파장 범위 $\lambda = 0 \sim 2.0\,nm$, (b) 파장 범위 $\lambda = 0 \sim 0.2\,nm$.

그림 5-12(b)는 파장 $\lambda = 0 \sim 0.2\,nm$를 가지는 X-ray가 물질 Fe를 통과할 때 파장 λ에 따른 질량흡수계수 μ/ρ의 변화를 보여 준다. 그런데 X-ray의 파장 $\lambda = 0.1744\,nm$이하에서 질량흡수계수 μ/ρ의 변화는 (식 5-9)를 따른다. 이 식이 의미하는 것은 입사 X-ray의 파장 λ의 3제곱과 흡수 물체의 원자번호 Z의 3제곱에 비례해서 흡수가 증가한다는 것이다.

$$\frac{\mu}{\rho} = k\lambda^3 Z^3$$

(식 5-9)

여기서 k는 비례상수이다.

파장 λ에 따른 물질에서의 질량흡수계수 μ/ρ의 변화를 보여 주는 그림 5-12에서 μ/ρ의 급격한 변화가 존재하는 것은, X-ray가 통과하는 과정에서 X-ray와 물질에 존재하는 전자와의 반응이 일어나기 때문이다. 물질을 통과하는 X-ray가 물질의 K-shell 또는 L-shell의 외각 전자를 떼어낼 수 있는 충분한 운동에너지를 가지면 K-shell이나 L-shell의 외각 전자를 떼어낸다. 이런 일이 일어나면 물질은 그 일에 해당하는 에너지를 X-ray로부터 흡수하게 되는 것이다. 그림 5-12에서 물체가 Fe인 경우에는 입사 X-ray의 파장 $\lambda = 1.7525\,nm$와 $\lambda = 0.1744\,nm$에서 급격히 μ/ρ가 증가하는 것은 입사 X-ray에 의하여 각각 L_{III}-shell과 K-shell의 외각 전자가 자기의 자리에서 떨어져 나가는데 에너지를 소모하기 때문이다.

이렇게 입사되는 X-ray에 의하여 각각 L$_{\text{III}}$-shell과 K-shell의 외각 전자가 자기 자리에서 이탈되면 물질에서 X-ray의 흡수가 급격히 증가하여 그림 5–12와 같이 특정한 파장에서 질량흡수계수 μ / ρ 가 급격히 증가하는 것을 L$_{\text{III}}$-absorption edge, K-absorption edge 이라 한다. 그리고 L$_{\text{III}}$-absorption edge, K-absorption edge가 얻어지는 파장이 absorption edge의 파장 $\lambda_{L\text{III}}^{\text{Abs Edge}}$, $\lambda_{K}^{\text{Abs Edge}}$ 이다. Fe인 경우에는 $\lambda_{L\text{III}}^{\text{Abs Edge}}$ = 1.7525 nm와 $\lambda_{K}^{\text{Abs Edge}}$ = 0.1744 nm이다. 표 5–4에는 11번부터 30번까지 원소들의 absorption edge의 파장 $\lambda_{K}^{\text{Abs Edge}}$, $\lambda_{L\text{III}}^{\text{Abs Edge}}$ 이 수록되어 있다.

한 물질에서 발생하는 파장 $\lambda_{K_{\alpha 1}}$, 진동수 $\nu_{K_{\alpha 1}}$ 을 가지는 $K_{\alpha 1}$ 선의 빛에너지는 absorption edge의 파장 $\lambda_{K}^{\text{Abs Edge}}$, $\lambda_{L\text{III}}^{\text{Abs Edge}}$ 을 가지는 빛에너지 차이인 것이다. 따라서 파장 $\lambda_{K_{\alpha 1}}$, $\lambda_{K}^{\text{Abs Edge}}$, $\lambda_{L\text{III}}^{\text{Abs Edge}}$ 사이에는 (식 5–10)이 성립한다.

$$h\nu_{K_{\alpha 1}} = h\nu_{K}^{\text{Abs Edge}} - h\nu_{L\text{III}}^{\text{Abs Edge}}$$

$$\frac{1}{\lambda_{K_{\alpha 1}}} = \frac{1}{\lambda_{K}^{\text{Abs Edge}}} - \frac{1}{\lambda_{L\text{III}}^{\text{Abs Edge}}}$$

(식 5–10)

표 5–4 원자번호 11번부터 30번까지 원소들의 absorption edge의 파장 λ_{K}, $\lambda_{L\text{III}}$.

Element	λ_{K}[nm]	$\lambda_{L\text{III}}$[nm]	Element	λ_{K}[nm]	$\lambda_{L\text{III}}$[nm]
11 Na	1.1569	40.5	21 Sc	0.2762	
12 Mg	0.95122	25.07	22 Ti	0.249734	2.729
13 Al	0.794813	17.04	23 V	0.22691	
14 Si	0.6738	12.3	24 Cr	0.201020	2.07
15 P	0.5784	9.4	25 Mn	0.189643	
16 S	0.50185		26 Fe	0.174346	1.7525
17 Cl	0.43971		27 Co	0.160815	1.5915
18 A	0.387090		28 Ni	0.148807	1.4525
19 K	0.34365	4.21	29 Cu	0.138059	1.3288
20 Ca	0.30703	3.549	30 Zn	0.12834	1.2131

(식 5–10)에서 $hv_K^{\text{Abs Edge}}$, $hv_{L\text{III}}^{\text{Abs Edge}}$ 는 각각 **표 5–3**의 $E_{K-\text{shell}}$, $E_{L\text{III}-\text{shell}}$ 와 같다. 즉, 앞의 식은 $E_{K-\text{shell}}$ 와 $E_{L\text{III}-\text{shell}}$ 차이의 에너지를 가지고, $K_{\alpha 1}$ 가 발생하는 것을 뜻한다.

외부에서 빠른 속도로 날아오는 전자와 충돌하여 K-shell로부터 외각 전자가 튕겨나가 전자공공이 생성되면 L-shell 또는 M-shell의 전자가 K-shell의 전자공공을 메우면서 특성 X-ray K_{α}-선과 K_{β}-선이 발생한다. 그러나 K-shell에 전자공공이 형성된다고 항상 특성 X-ray K_{α}-선과 K_{β}-선이 발생하는 것은 아니다. 그림 5–13은 K-shell에 전자공공이 형성되어 L$_{\text{II}}$-shell의 전자가 전자공공으로 뛰어들어올 때 일어나는 2가지의 현상을 보여 준다.

첫 번째 현상은 그림 5–13(a)와 같이 K_{α}-선이 발생하는 것이다. 두 번째 현상은 그림 5–13(b)와 같이 K-shell의 전자공공에 L$_{\text{II}}$-shell의 전자가 전자공공으로 뛰어들어오는 충격에 의하여 L$_{\text{III}}$-shell의 전자가 이 원자 밖으로 튕겨나갈 수 있다. 이렇게 튕겨나가는 전자를 Auger 전자라 한다. Auger 전자는 항상 특정한 운동에너지를 가지고 원자로부터 튕겨나간다. Auger 전자의 운동에너지는 특성 X-ray의 특정한 파장의 에너지와 같이 특정한 운동에너지를 가진다. 그림 5–13(b)와 같이 K-shell의 전자공공에 L$_{\text{II}}$-shell의 전자가 전자공공으로 뛰어들어오는 충격에 의하여 L$_{\text{III}}$-shell의 전자가 튕겨나가서 발생하는 Auger 전자의 에너지 E_{Auger} 는 (식 5–11)과 같다.

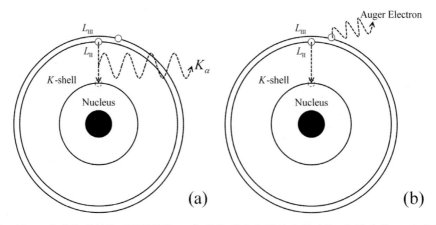

그림 5–13. K-shell에 형성된 전자공공에 L$_{\text{II}}$-shell의 전자가 떨어져 들어올 때 일어나는 2가지 현상. (a) K_{α}-선의 발생, (b) Auger 전자의 발생.

$$E_{Auger} = (E_K - E_{LII}) - E_{LIII} \qquad \text{(식 5-11)}$$

이 식에서 볼 수 있듯이 Auger 전자의 에너지 E_{Auger} 의 크기는 K-shell과 L_{II}-shell의 에너지 차이인 $E_K - E_{LII}$ 값에 다시 L_{III}-shell의 에너지 E_{LIII}를 뺀 값으로, K_α-선 특성 X-ray 에너지의 1/1,000 이하이다. 이와 같이 Auger 전자의 에너지 E_{Auger} 는 매우 낮은 값을 가진다. 에너지가 크고 파장이 0.1 ~ 0.2 nm로 짧은 K_α-선 특성 X-ray는 Cu 등의 고체 재료를 수십 µm까지 통과한다. 그런데 낮은 운동 에너지를 가지는 Auger 전자는 고체 재료 내에서 단지 1.0 nm 정도의 거리 밖에 이동하지 못한다.

수십 kV 이상으로 가속된 전자가 금속재료에 들어가면 전자가 입사된 재료의 표면부터 입사전자가 도달한 수십 µm 깊이에서 Auger 전자는 발생한다. 그러나 Auger 전자의 운동에너지는 매우 낮기 때문에 대부분의 Auger 전자는 재료 내에서 단지 약 1 nm 밖에는 이동하지 못하고, 이동 중 재료에 흡수된다. 따라서 가속된 전자가 금속재료에 입사된 후에 재료의 표면을 통과해서 재료 밖으로 나오는 Auger 전자는 재료의 표면으로부터 약 1 nm 이내에서 발생하는 Auger 전자인 것이다. 따라서 Auger 전자는 단지 재료표면 약 1 nm 정도 깊이의 화학적 성분 정보를 우리에게 제공한다. Auger 전자현미경은 이렇게 재료의 표층부의 화학분석을 목적으로 개발되어 상용화되어 사용되고 있다.

앞에서 설명한 것과 같이 원자의 K-shell에 전자공공이 발생하면 특성 X-ray와 Auger 전자가 발생한다. 재료에 따라 어떤 재료에서는 K-shell에 전자공공이 발생하면 특성 X-ray가 많이 발생하며, 어떤 재료에서는 Auger 전자가 많이 발생한다. K-shell에 전자공공이 발생할 때 특성 X-ray가 발생하는 확률 P_K 은 (식 5-12)로 정의된다. 확률 P_K 은 전적으로 재료를 구성하는 원소의 원자번호 Z 에 의존한다.

$$P_K = \frac{\text{No. of atoms emit K-radiation}}{\text{No. of atoms with a K-shell vacancy}} \qquad \text{(식 5-12)}$$

그림 5-14는 재료의 외각전자에 vacancy가 생성될 때 Auger 전자의 발생 확률 P_{Auger} 과 특성 X-ray가 발생하는 확률 P_K 이 원자번호 Z 에 의존함을 보여 준다. 무거운 원소, 즉 Z 가 클수록 확률 P_K 이 크며, 원자번호가 작은 가벼운 원소는 확률 P_K 가 작다. 예

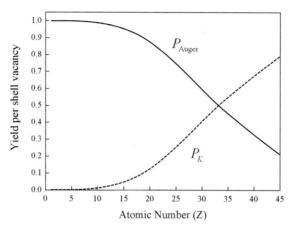

그림 5−14. 원자번호 Z에 따른 Auger 전자의 발생 확률 P_{Auger}과 특성 X-ray가 발생하는 확률 P_K의 변화.

를 들면, 원자번호 42번인 Mo는 $P_K = 0.77$, 원자번호 12번인 Mg는 $P_K = 0.03$이다. 즉, Mg에서는 100개의 K-shell 전자공공이 생성되면 단지 3개의 특성 X-ray K_α-선 또는 K_β-선이 발생하는 것이다. 이것 대신에 Mg에서는 매우 많은 수의 Auger 전자가 발생하는 것이다. 반대로 Mo에서는 많은 수의 특성 X-ray K_α-선 또는 K_β-선이 발생하고, 적은 수의 Auger 전자가 발생하는 것이다. 이와 같이 Auger 전자가 발생하는 확률 P_{Auger}은 P_K가 작을수록 증가하는 것이다.

5.1.5 X-ray tube

많은 재료분석 실험실에서 사용하는 X-ray 장비에서는 X-ray tube를 사용하여 X-ray를 발생시킨다. 그림 5−15는 상용 X-ray tube를 보여 준다. 우리가 일상생활에서 사용하는 전구와 같이 X-ray tube의 내부는 높은 진공도를 가지며, 외부와 완전히 차단되어 있다. X-ray tube에는 단지 하나의 타깃 물질만이 사용된다. 타깃 물질로 주로 사용되는 것이 Cr, Co, Cu, Mo이다. 예를 들면, Co X-ray tube는 Co를 타깃 물질로 가지고 있는 것이다. 따라서 X-ray 장비를 구입할 때는 일반적으로 몇 개의 다른 타깃 물질을 가지는 X-ray tube를 구입한다.

상용 X-ray tube의 내부구조를 보여 주는 것이 그림 5−16이다. 얇은 필라멘트는 약 10 mm의 길이로 coiling되어 있으며, 전류가 흐르면서 저항 열을 발생하여 열전자를 방

그림 5-15. 상용 X-ray tube의 사진.

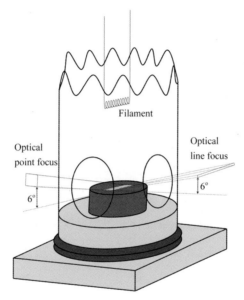

그림 5-16. X-ray tube의 내부구조.

출한다. 음극 필라멘트와 양극에 놓인 타깃 물질 사이에는 $30 \sim 40\,keV$의 가속전압이 걸린다. 이 가속전압에 의하여 필라멘트에서 발생한 전자는 빛의 속도의 약 ~ 0.3배 정도로 운동하면서 그 운동에너지를 양극인 타깃 물질에서 잃으면서 X-ray가 발생하는 것이다.

양극에 놓인 타깃의 면적은 대개 $1.0 \times 10\,mm$이며, 이 면적에서 X-ray는 모든 방향으로 발생한다. 그런데 타깃의 조금 위쪽에는 X-ray를 tube 밖으로 내보내는 창(window)이 존재한다. 이런 창은 X-ray를 잘 통과시키는 가벼운 물질인 Be 등을 $0.25\,mm$의 두께로 얇게 가공하여 사용한다. X-ray가 통과하는 창의 위치는 X-ray의 발생하는 면과 약 $6°$의 각도를 가지게끔 놓여진다. 이렇게 $6°$의 take-off 각을 가지고 발생하는 X-ray가 타깃에 평행하게 놓인 창을 통과하여 0.1×10 mm 크기의 X-ray line source를 만들며, 타깃에 수직하게 놓인 창을 통과하여 1.0×1.0 mm 크기의 X-ray point source를 만드는 것이다. 일반적으로 X-ray line source는 $\theta - 2\theta$ X-ray 회절시험에 주로 사용되며, X-ray point source는 X-ray 극점도(pole figure) 측정 등에 주로 사용된다.

필라멘트에서 발생한 전자는 빠른 속도로 운동하면서 그 운동에너지를 양극인 타깃 물질에서 잃으면서 X-ray뿐 아니라 많은 열을 발생시킨다. 따라서 모든 X-ray tube의 양극은 온도 상승을 방지하기 위하여 냉각수로 냉각해야 한다. 조그만 부품인 X-ray tube는 3만 Volt 이상의 고압 전기와 냉각을 위한 높은 압력의 물이 공급되는 조건에서 사용하는 것이다. 따라서 X-ray tube의 장착과 X-ray 실험 시에는 엄격히 정해진 방법과 순서를 따라 사용해야 X-ray tube가 손상되는 것을 방지할 수 있다.

5.1.6 X-ray filter

4장에서 여러 번 언급하였듯이 결정재료의 회절시험에는 단파장의 X-ray가 사용된다. 실험실용 X-ray 장비는 X-ray tube의 타깃 물질이 대부분 Cr, Co, Cu, Mo이기 때문에, 이 물질의 특성 X-ray인 K_α-선이 단파장을 가지는 X-ray로 회절시험에 사용되는 것이다. 예를 들면, X-ray 장비에 Co X-ray tube가 장착되어 있으면 $\lambda_{K_\alpha} = 0.1792$ nm 만을 이용하여 회절시험을 한다.

그런데 X-ray tube로부터는 다양한 파장의 연속 X-ray와 특성 X-ray K_α-선과 K_β-선이 발생한다. 그림 5-17(a)는 Co X-ray tube에 발생하는 X-ray의 강도를 개략적으로 보여 준다. 실제 K_α-선의 강도 I_{K_α}는 이웃하는 파장의 연속 X-ray 강도의 약 100배 정도이고, K_β-선의 강도 I_{K_β}에 약 10배 정도이다. 따라서 개략도인 그림 5-17(a)에서 K_α-선의 강도는 실제보다는 매우 낮게 그려져 있는 것이다.

X-ray tube로부터 발생하는 연속 X-ray와 K_β-선을 차단하고, 단지 K_α-선만을 선택하기 위하여 X-ray filter를 사용한다. X-ray filter로는 0.1 mm 이하의 얇은 금속 foil을 사용한다. Co(원자번호 $Z = 27$) X-ray tube를 사용 시 Fe($Z = 26$) foil X-ray filter를 사용하는데, 표 5-5에는 X-ray tube의 타깃 물질에 따른 filter foil에 사용되는 금속 foil을 열거하였다.

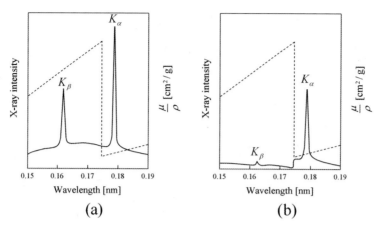

그림 5-17. X-ray filter의 역할. (a) Co X-ray tube에 발생하는 X-ray의 강도, (b) Fe filter를 통과한 후 X-ray의 강도.

표 5-5 X-ray tube의 타깃 물질과 X-ray filter foil 물질의 특성.

Target	Filter	Thickness [mm]	μ / ρ [cm²/gm] of Filter
24 Cr	23 V	0.015	75.06 (by Cr K_α)
27 Co	26 Fe	0.017	56.25 (by Co K_α)
29 Cu	28 Ni	0.020	48.83 (by Cu K_α)
42 Mo	40 Zr	0.116	16.10 (by Mo K_α)

타깃 물질에서 발생하는 K_α-선의 강도 I_{K_α} 와 K_β-선의 강도 I_{K_β} 의 비 $I_{K_\alpha} / I_{K_\beta}$ 는 약 5~10 정도이다. 그런데 타깃 물질에서 발생하는 X-ray는 filter foil을 통과하면서 filter foil의 두께가 두꺼워질수록 $I_{K_\alpha} / I_{K_\beta}$ 는 급격히 증가한다. 일반적으로 X-ray 회절 장비의 제조사들은 X-ray tube에서 발생한 X-ray가 filter foil을 통과한 후에 $I_{K_\alpha} / I_{K_\beta}$ 의 비가 약 500배가 되는 조건에서 X-ray filter foil의 두께를 선택하여 제조한다. 표 5-5에는 X-ray filter foil에 사용되는 금속 foil의 두께가 보여진다. 이 표에서 주목할 것은 질량흡수계수 μ / ρ 가 큰 filter 재료일수록 얇은 filter를 사용하는 것이 보여진다. 표 5-5를 보면 X-ray filter의 원자번호 Z_{Filter} 가 K_α-선이 발생하는 타깃의 원자번호 Z_{Target} 에 비하여 1 또는 2가 작다.

그림 5-17(a)의 Co X-ray tube에 발생하는 X-ray의 강도와 함께 그림 5-17(b)는 약

0.017 mm의 두께를 가지는 Fe foil로 제작된 X-ray filter를 통과한 후 변화한 K_α-선과 K_β-선의 강도를 개략적으로 보여 준다. 실제 X-ray filter를 통과한 후 K_α-선과 K_β-선의 강도 비 I_{K_α}/I_{K_β} 는 약 500이다. 이렇게 Fe filter에 의하여 I_{K_α}/I_{K_β} 가 급격히 증가하는 것은 Fe filter의 absorption edge의 파장 $\lambda_K^{Abs\ Edge}=0.174\ nm$가 타깃 Co에서 발생하는 K_α-선과 K_β-선의 파장 $\lambda_{K_\alpha}=0.179\ nm$와 $\lambda_{K_\beta}=0.162\ nm$ 사이에 놓이기 때문이다. 그림 5-17(b)에서는 filter인 Fe의 absorption edge $\lambda_K^{Abs\ Edge}=0.174\ nm$에서 Fe의 질량흡수계수 μ/ρ 가 급격하게 증가하는 것을 점선으로 보여 주고 있다. 이렇게 Co X-ray tube에 발생하는 X-ray는 약 0.017 mm의 두께를 가지는 Fe foil X-ray filter를 통과 후 99.8%의 $\lambda_{K_\alpha}=0.179\ nm$인 Co K_α-선이 회절시험 목적으로 얻어지는 것이다. 물론 Fe foil X-ray filter를 통과한 후 Co K_α-선의 강도도 타깃에서 발생한 것에 비하여 절반 이하로 감소한다.

5.1.7 Monochromator

앞에서 설명하였듯이 X-ray filter를 통과 후 K_α-선과 K_β-선의 강도 비 I_{K_α}/I_{K_β} 는 약 500이다. 즉, X-ray filter를 사용하더라도 약 0.2% 정도는 λ_{K_α} 의 파장을 가지지 않는 X-ray가 회절시험에 사용되는 것이다. 이렇게 X-ray filter를 사용하여 얻어진 K_α-선은 약간 다른 파장의 X-ray를 포함하고 있지만, 일반적으로 분말재료와 다결정 덩어리 재료의 회절시험에는 전혀 문제없이 단파장 λ_{K_α}으로 인정하고 사용된다.

그러나 단결정 소자나 박막 등의 X-ray 회절시험에는 정확히 단파장 λ_{K_α}가 필요하다. 이렇게 정확한 단파장 X-ray를 얻기 위해서는 monochromator라는 장치를 이용해야 한다. Monochromator는 결함이 거의 없는 단결정으로 만들어진다. 그림 5-18에서 (hkl) 결정면 간의 거리 d_{hkl} 를 가지는 단결정에 회절이 일어나는 입사각도 θ_{hkl} 로 8개의 X-ray 가 각각 비슷한 4개의 파장 λ_1, λ_2, λ_3, λ_4 을 가지고 입사되고 있다. 만약 λ_1 만이 $\lambda_1=2d_{hkl}\sin\theta_{hkl}$ 조건, 즉 회절조건을 만족시킨다면 단결정 내부에서 파장 λ_2, λ_3, λ_4 를 가지는 X-ray는 상쇄간섭으로 소멸되고, 단결정으로부터 θ_{hkl} 방향으로 단지 λ_1 의 파장을 가지는 2개의 X-ray만이 방출될 것이다.

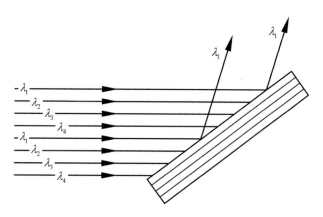

그림 5 – 18. 단결정 monochromator의 원리.

이렇게 일정한 결정면 간의 거리를 가지는 단결정에 여러 파장의 X-ray를 회절각도 θ_{hkl} 로 단결정에 입사시켜, 단결정으로부터 회절방향 θ_{hkl} 로 단지 하나의 파장 λ 만을 얻어내는 것이 단결정 monochromator의 원리이다. NaCl, SiO₂(quartz), LiF, InSb, graphite, Al, Si, Ge 등의 많은 단결정들이 monochromator로 사용되고 있다. 단결정들은 일정한 면간거리를 가지기 때문에 회절시험에 사용하는 X-ray의 파장에 따라 다른 종류의 단결정 monochromator 를 선택하여 사용한다.

비슷한 파장을 가지는 X-ray를 단결정 monochromator에 통과시키면 단파장의 X-ray 가 얻어지지만, 얻어진 단파장의 X-ray 강도는 입사강도에 비하여 매우 낮은 단점이 있다. 이런 단점을 극복하기 위하여 상용 단결정 monochromator는 특정한 각도로 휘어져 X-ray의 반사효율을 증대시켜 사용한다. 그림 5 – 19는 BD 사이의 길이가 곡률반경 R 의 2배가 되게 단결정을 탄성한계에서 구부리고, 단결정의 일부분을 제거한 것을 보여 준다. 단결정에서 제거된 부분이 점선으로 보여지고 있다. 먼저 제거를 하면 단결정은 보다 잘 구부러질 수 있다. 이렇게 제조된 단결정에 E 점에서 출발한 X-ray가 단결정 monochromator의 ABC 를 거치는 넓은 면적에서 회절을 일으킨 후에 F 점에 초점을 맞게 하여 단결정 monochromator로부터의 X-ray의 반사효율을 증대시키는 방법을 보여 준다. X-ray와 중성자 회절시험에서는 이와 같은 거울 형태의 상용 단결정 monochromator를 대부 분 사용한다.

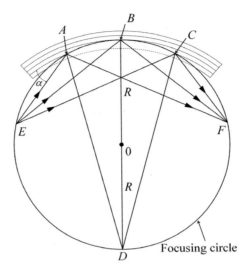

그림 5-19. X-ray의 반사효율 증대를 위한 휘어진 상용 단결정 monochromator.

■ 5.2 Synchrotron X-ray

5.2.1 Tube X-ray의 문제점

Röntgen이 1895년 그 특성을 발표한 X-ray는 의학 분야뿐 아니라 X-ray 회절현상을 이용하여 결정재료의 정성적 정량적 분석을 위하여 사용되고 있다. X-ray tube의 타깃 물질에서 발생한 K_α-선은 X-ray filter를 통과 후 결정재료의 분석에 사용된다. 그러나 대부분의 실험실에서 회절시험에 사용되는 X-ray는 λ_{K_α}에서 벗어난 다른 파장을 가지는 약 0.2% 정도의 X-ray를 포함한다. 즉, 일반적으로 실험실 장비에서 X-ray 회절시험을 할 때에는 정확히 단파장의 λ_{K_α}를 가지고 실험을 하는 것이 아니다.

그러나 결정의 자세한 정보가 요구되는 결정재료의 X-ray 회절시험에는 정확히 단파장 λ_{K_α}가 요구된다. 단파장 X-ray를 얻기 위하여 monochromator라는 장치를 이용하면 된다. 그런데 여러 파장의 X-ray를 단결정 monochromator를 통과 후에 거의 단파장의 X-ray가 얻어지지만, 이 단파장의 X-ray 강도는 입사강도에 비하여 매우 낮은 단점이 있다. 우리가 어두운 밤에 빛이 적으면 사물을 잘 판단할 수 없듯이, 측정하는 재료에 입사하는 X-ray의 입사강도가 낮으면 X-ray를 이용하여 회절시험을 하는데 많은 시간이 소모되며,

정확한 회절 정보를 얻는 데 문제가 있다. 이와 같이 실험실에서 X-ray tube로 얻는 X-ray 는 그리 밝지 않은, 즉 X-ray의 밀도가 낮은 편이다. 이것을 극복하여 실험실에서 X-ray tube로 얻는 X-ray의 밝기에 비하여 수백억 배 이상 밝은 것이 synchrotron X-ray이다.

5.2.2 Synchrotron X-ray의 발생

Synchrotron X-ray를 사용하면 더욱 밝은 X-ray, 즉 단위면적에 매우 높은 밀도의 X-ray와 단파장 X-ray를 이용하여 X-ray 회절시험이 가능하다. 그런데 대부분의 재료시 험에 사용되는 실험실용 X-ray 회절시험 장비에서 X-ray를 발생시키는 X-ray tube는 소 모품이기 때문에 천만 원 정도의 가격으로 구입이 가능하다. 그러나 synchrotron X-ray 의 발생을 위해서는 synchrotron 방사광 가속기의 storage ring의 길이가 대부분 200 m가 넘는 엄청난 시설의 투자가 필요하다.

우리나라에는 1994년 포항가속기 연구소의 방사선 가속기가 준공되어 운영되고 있다. 포항 방사선 가속기의 선형가속기는 길이 170 m, 입사된 전자 빔을 원형궤도에 저장하 여 2극 자석이나 삽입장치를 통과할 때마다 방사광을 방출시키는 장치인 둘레 길이 281 m(직경 약 88 m)의 storage ring을 가지고 있다(참고 http://pal.postech.ac.kr). 2013년에 는 4세대 방사광 가속기가 설치되기 시작하였다. 이 설비는 0.1 nm 정도의 파장에서 현 재 사용하고 있는 실험실용 X-ray나 병원에서 사용하는 X-ray에 비하여 1,000억 배의 밝은 X-ray 방사광을 발생시키는 장치이다.

전자와 같은 전하를 가지는 입자가 가속되거나 감속되면 입자로부터 빛(photon)이 발 생한다. 낮은 속도로 휘어진 곡선 궤도를 날아가는 전자들은 강도가 약한 빛을 여러 방 향으로 방출한다. 그러나 빛의 속도 c 에 근접한 속도 v (한 예로 $v = 0.99999996c$)로 휘어진 곡선 궤도를 날아가는 전자들은 강도가 매우 크며, 진동수가 큰 빛을 방출하는데

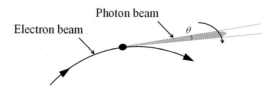

그림 5-20. Synchrotron 방사의 원리.

이런 빛들은 아주 좁은 면적에 집중되어 방출된다. 그림 5-20에서 보여 주듯이 빠른 속도의 전자가 휘어진 곡선 궤도를 날라가며 빛이 발생하는 현상을 synchrotron 방사(radiation)라 한다.

빠른 속도의 전자가 휘어진 곡선 궤도를 날라가며 발생하는 빛이 synchrotron 방사될 때 방출되는 natural emission angle θ는 정지 상태의 전자의 질량 m_0과 운동 상태의 전자의 질량 m 의 비 γ 에 의하여 $\theta = 1/\gamma$ 로 얻어진다. 각도 γ 는 가속전압 E 에 의존하는데, 대략 $\gamma = 1997 \times E$ [GeV]이다. 따라서 가속전압 E = 1.5 GeV일 때 대략 γ = 3,000 그리고 θ = 0.3 milliradian(약 0.017°)이다.

최초에 synchrotron은 입자물리학에서 출발되었고, synchrotron 방사는 synchrotron에서 원하지 않았던 하나의 에너지 손실의 원인이었다. 그러나 synchrotron X-ray는 아주 다양한 과학, 공학, 의학, 생명공학 분야에서 중요한 광원, 즉 빛으로 현재 사용되고 있으며, 보다 밝은 synchrotron X-ray 빛을 이용하는 미래에는 그 사용이 더욱 증대될 것이다.

그림 5-21는 synchrotron 방사광을 발생시키는 시설의 개략도를 보여 준다. 여기서 전자가 가장 먼저 발생하는 곳은 전자총이며, 전자총에서 발생한 전자는 linac(linear accelerator, 직선가속기)에서 가속전압 50 MeV(5,000만 Volt) 정도로 가속된다. 이 linac에서 나온 전자는 다시 booster synchrotron에 들어가 가속전압 1.5 GeV(15억 Volt) 정도의 전압으로 가속된다. 이렇게 가속된 전자의 속도는 빛의 속도 c 에 근접한 속도 v = 0.99999996 c 정도

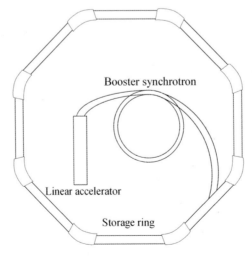

그림 5-21. Synchrotron 방사광을 발생시키는 시설의 개략도.

를 가진다. 이렇게 빠른 속도로 가속된 전자는 200 m 이상의 긴 원주의 길이를 가지는 storage ring에 들어가게 된다. storage ring에 들어온 전자들은 그들의 에너지를 유지하며 수 시간 동안 storage ring에서 회전한다.

그림 5-21에서 storage ring은 휘어진 8개의 곡선-구역과 8개의 직선-구역의 설비로 구성되어 있음을 개략도로 보여 준다. 실제로 현재 사용되는 synchrotron 방사광 장치에는 10~12개의 곡선-구역과 직선-구역을 가진다. 곡선구역에는 곡선으로 bending(휘어진) 자석과 전자를 모아주는 focusing(집속) 자석이 장착되어 있다. Focusing 자석은 전자 빔을 이동방향의 수직방향으로 타원형의 모양을 가지게 모아주는데, 타원형의 긴축이 ~100 micron 정도로 매우 작은 면적을 가지게 전자 빔을 집속한다. Bending 자석에는 원호 방향에 synchrotron 방사광이 나오는 port들이 있다.

Bending 자석과 focusing 자석을 가지고 있지 않는 storage ring의 직선-구역은 다른 목적을 위하여 사용된다. 하나의 직선-구역은 booster로부터 가속된 전자를 받아들이는 데 사용된다. 또 하나의 직선-구역은 전자장이 500 MHz의 진동수를 가지고 진동하는 radio-frequency(RF) cavity로 만들어져 있다. 이 전자장은 synchrotron 방사광으로 손실되는 전자 빔의 에너지를 보충시킨다. 그런데 bunched(다발) 전자 빔에 의하여 방출되는 synchrotron 방사광은 연속적으로 방출되지 않고 펄스 형태로 단속적으로 방출된다. 그림 5-22는 storage ring을 회전하는 전자 빔의 bunch들의 구조와 synchrotron 방사광이 펄스 형태로 방출되는 원리를 보여 주고 있다. 일반적으로 storage ring에는 250개 정도의 전자 빔의 bunch들이 회전하고 있으며, bunch들 사이의 간격은 RF frequency에 지배를 받는다.

Storage ring에 존재하는 직선-구역에는 undulator와 wiggler 디바이스가 장착되는데, 이것들의 역할은 synchrotron 방사광의 품질을 향상시키는 것이다. 이 undulator와 wiggler 를 통틀어 'insertion device'라 하며, 이들은 그림 5-23과 같이 N극과 S극이 번갈아 가

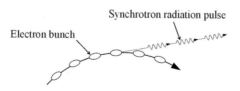

그림 5-22. 전자 빔 bunch의 구조와 펄스형태의 synchrotron 방사광 방출.

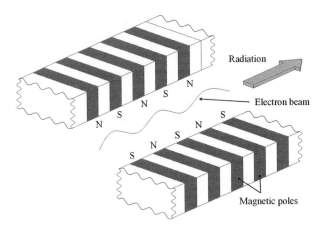

그림 5 - 23. Insertion device의 구조.

면서 직선적으로 배열된 영구자석으로 제조된다. 거의 빛의 속도로 이동하는 전자들은 이와 같은 반복되는 자장에 의하여 자기장에 수직한 방향으로 진행하는데, 전자들은 주기 λ_u 를 가지는 sine 형태의 파동 운동을 수평면에서 하게 된다.

그림 5 - 24(a)는 bending 자석 그리고 그림 5 - 24(b)는 undulator가 만들어내는 synchrotron 방사광의 형태를 개략도로 보여 준다. Undulator에서 보다 작고 보다 일정한 파장을 가지는 synchrotron 방사광의 품질이 얻어진다.

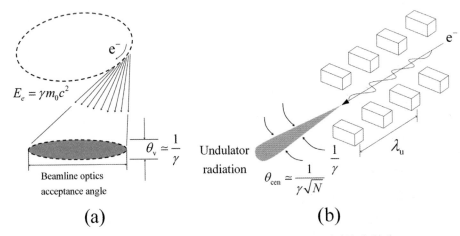

그림 5 - 24. Bending 자석과 undulator가 만들어내는 synchrotron 방사광의 형태.

5.2.3 Synchrotron X-ray의 특성

Synchrotron 방사광의 개별적인 특성은 (1) 대단히 높은 밝기(brightness): high spatial resolution, high spectral resolution, (2) Tuning의 가능성(tunability), (3) Coherence가 매우 높음, (4) 펄스 형태의 빔(pulsed nature) 그리고 (5) 높은 flux이다. 이런 특성들 중에서 가장 중요한 것은 synchrotron 방사광 X-ray의 높은 밝기이다.

높은 밝기의 가장 중요한 장점은 높은 spatial resolution이다. 이것은 높은 focusability와 같은 뜻이다. 즉, 아주 작은 spot로 많은 photon들을 모을 수 있다는 것이다. 일반적으로 synchrotron 방사광은 직경 약 20 nm까지 작게 만들어져 이웃하는 곳과 차별되는 데이터를 제공할 수 있다. 높은 밝기의 두 번째 장점은 높은 spectral resolution이다. 높은 밝기를 이용하여 monochromator에 방사광을 모아주면 많은 단파장의 방사광을 얻어 resolution이 매우 높은 다양한 실험을 할 수 있다.

Synchrotron 방사광을 tuning할 수 있는 것은 또 하나의 중요한 성질이다. 다양한 synchrotron 방사광의 파장 중에서 원하는 X-ray의 파장(또는 광자 에너지)을 tuning하여 얻을 수 있다. 우리가 선택한 X-ray 파장을 이용하여 시편에서 급격한 광자의 흡수가 일어나는 현상의 관찰도 가능하다. 이를 응용한 장비가 X-ray absorption spectroscopy인데, 이를 이용하여 전자의 구조, 화학결합 상태 등을 연구하는 데 사용한다.

▪▪■ 5.3 중성자 빔

5.3.1 원자로에 의한 중성자 빔의 발생

재료를 분석하기 위해 사용되는 중성자는 원자로와 입자가속기에서 얻는다. 핵분열은 대단히 큰 열원을 제공하기 때문에 원자로는 주로 원자력 발전에 사용된다. 원자력 발전에 사용하는 원자로 시설은 핵분열에 의하여 열을 발생시키는 reactor core와 reactor core에서 발생한 열을 고압 고온의 증기로 변환시키는 heat exchanger 그리고 heat exchanger에서 발생한 증기로 발전기를 돌리는 turbine 시설로 구성되어 있다.

모든 원자로의 reactor core는 콘크리트로 차폐되어 있으며, reactor core 내에서 핵분열이 일어난다. Reactor core는 연료봉(fuel element), 감속재(moderator), 제어봉(control rod)으로 구성된다. 원자로의 연료는 핵분열 가능 물질인 $^{235}_{92}$U 과 $^{238}_{92}$U이다. 연료봉은 연료 펠릿(pellet)이 들어있는 직경 1 cm 정도의 지르코늄합금 관이다.

감속재로는 경수(H_2O) 또는 중수(^2H_2O 또는 D_2O)가 사용된다. 중수(heavy water)는 중수소를 포함하는 것으로 중수소는 중성자를 2개 가지고 있는 ^2_1H 이다. 핵분열 가능 물질에 중성자가 입사되어 핵분열을 일으킨다. 약 0.04 eV의 에너지를 가지는 열중성자 가 $^{235}_{92}$U 에 입사되면 핵분열이 일어나면서 약 1 MeV의 에너지를 가지는 빠른 속도의 중성자를 발생시킨다. 이런 높은 에너지의 중성자가 다른 핵분열 가능 물질에서 핵분열을 일으킬 확률은 매우 적으며, 열중성자의 1/500 정도이다. 따라서 reactor core에서는 감속재인 H_2O 또는 D_2O를 사용하여 열중성자를 만들어 핵분열이 계속 일어나게 한다. 제어봉은 핵분열 시 방출하는 중성자를 흡수하여 핵분열의 속도를 제어하는 데 사용된다. 제어봉 재료는 중성자를 잘 흡수하며, 핵분열이 잘 일어나지 않는 재료인 boron, silver, cadmium 등으로 제조된다. 재료의 물성의 측정에 원자로에서 발생한 중성자를 이용할 때에는 핵분열 후 감속재에 의하여 감속된 열중성자를 가이드로 뽑아서 분석을 위한 중성자원으로 사용한다.

그림 5-25와 같이 원자로 노심에서 중성자를 235U에 충돌시키면 들뜬 불안정한 236U 핵이 생성된다. 이 핵은 질량이 다른 두 핵으로 분열되며, 엄청난 에너지와 함께

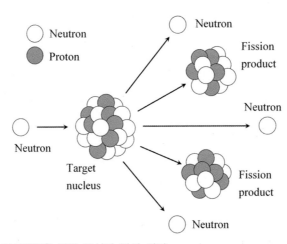

그림 5-25. 핵분열 연쇄반응을 통한 중성자 발생 원리.

2 ~ 3개의 중성자(평균 2.4개)를 생성한다. 연쇄반응을 일으키기 위해서 평균 2.4개 중 1개는 다음 단계 핵분열에 사용해야 한다. 중성자원으로 사용할 수 있는 중성자는 나머지인 1.4개인 것이다.

연쇄반응을 통해 얻어진 중성자는 1 ~ 2 MeV의 높은 에너지를 가지고 있다. 이러한 높은 에너지의 중성자들을 감속시키기 위해 감속재(경수 또는 중수)를 이용하여 흡수확률을 증가시키고, 좀 더 많은 분열을 유도하기도 한다. 감속재에 의하여 낮은 에너지를 가지는 열중성자가 만들어지며, 열중성자를 가이드로 뽑아서 우리가 원하는 재료를 분석할 중성자원으로 사용한다.

1926년 de Broglie는 움직이는 입자는 파동의 성질을 가지고 있다고 다음의 de Broglie 식을 발표하였다.

$$\lambda = \frac{h}{mv} \qquad \text{(식 5-13)}$$

여기서 Plank 상수 $h = 6.626 \times 10^{-34}$ [J · s], λ, m, v은 각각 파장, 질량, 속도이다.

그런데 질량 $m = 1.674 \times 10^{-27}$ kg을 가지는 중성자가 빛의 속도의 약 4/30 정도인 v = 40,000,000 m/s로 빠르게 진행한다면 $\lambda = \sim 1.0 \times 10^{-5}$ nm로 매우 짧은 파장을 가질 것이다. 그러나 원자로 내에서 감속재에 의하여 감속되어 속도 v = 4,000 m/s와 v = 400 m/s를 가지는 중성자들의 파장은 각각 $\lambda = \sim 0.1$ nm와 $\lambda = \sim 1.0$ nm이다. 파장 $\lambda =$ ~ 0.4 nm 이하의 중성자를 열중성자, $\lambda = \sim 0.4$ nm 이상의 중성자를 냉중성자라 한다. 다. 우리는 원자로 내에서 감속되어 파장 $\lambda = \sim 0.1$ nm 정도를 가지는 열중성자를 원자로에서 가이드로 뽑아서 재료를 분석하는 중성자 빔으로 사용한다. 감속을 제어하면 속도 v를 제어할 수 있기 때문에 중성자 빔의 파장을 tuning하여 얻을 수 있는 것이다.

원자로에서 얻는 중성자들은 연속적인 flux를 가진다. 원자로에서 발생하는 중성자는 45°의 takeoff 각을 가지는 4 mm 정도 두께의 단결정(BPC, bent perfect crystal, 그림 5−19)으로 만들어진 monochromator 결정에 반사시켜 단지 하나의 단파장 λ을 가지는 중성자 빔을 만들어 회절시험을 한다. BPC로는 Si (220) 결정면과 Si (111) 결정면이 사용되는데, 이때 얻어지는 단파장은 각각 0.147 nm, 0.240 nm이다. 4장에서 배웠듯이 회절조건은 $\lambda = 2d_{hkl} \sin\theta$이다. 회절시험 시에 단파장 λ을 사용하면 입사 빔과 detector

의 사이 각도 2θ 를 변화시킴으로써 detector에서 여러 개의 각도 θ 에서 회절강도 I_θ 를 측정하여 결정면의 간격 d_{hkl} 를 확정하고, 회절이 일어나는 $\{hkl\}$ 결정면에서 I_θ 의 크기 변화로 결정의 상태를 고찰한다.

그림 5-26은 원자로에서 얻어진 다양한 파장을 가지는 중성자가 단파장 λ 을 가지는 중성자 빔으로 monochromator에서 걸러진 후, 시료에 θ 각으로 입사되어 시료로부터 시료와 θ 각을 가지고 놓여진 detector로 진행해 나가는 것을 보여 준다. 작은 θ 각으로 부터 큰 θ 각까지 θ 각이 연속적으로 변화할 때, 입사 중성자 빔과 시료의 사잇각 θ 와 시료와 detector의 사잇각 θ 도 같이 변화한다. 또한 입사 빔과 detector로 중성자가 산란 되어 들어가는 사잇각은 항상 2θ 이다. 일반적인 중성자 회절분석 실험 시에는 중성자 입사 빔이 들어오는 방향은 항상 일정하게 하고, 시편과 detector가 연속적으로 θ, 2θ 만큼 회전하면서 측정을 수행한다.

그림 5-27은 Si (111)를 이용하여 단파장 $\lambda = 0.240$ nm의 중성자로 austenite Fe의 $\{111\}$ 결정면의 회절 피크를 시뮬레이션하여 보여 준다. 즉, 시료에 존재하는 결정립들 중에서 우연히 입사 중성자 빔과 그 결정립의 $\{111\}$ 결정면이 θ 각을 가지고 놓여진 결 정립들에서 보강간섭이 일어나 그림 5-27의 회절상이 얻어지는 것이다.

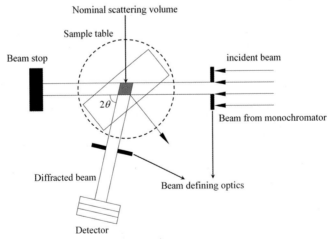

그림 5-26. 원자로 발생 중성자 빔 회절시험 장치의 구조.

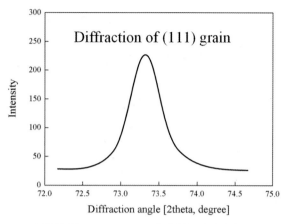

그림 5-27. λ = 0.240 nm의 중성자로 austenite Fe의 {111} 결정면의 회절 피크를 시뮬레이션한 피크.

5.3.2 핵파쇄에 의한 중성자 빔의 생성

핵파쇄(spallation)를 이용하여 중성자를 얻어내는 시설은 매우 크고, 많은 장비가 순차적으로 배열된다. 그림 5-28은 Spallation Neutron Source(SNS)의 개략도로 이온발생장비(ion source), 선형가속기(linac, linear accelerator), 양성자 축적 링(proton accumulator ring), 타깃(target)이 순차적으로 배열되어 있는 것을 보여 준다.

이온발생 장비는 양성자를 만들기 위한 시작점으로서 여기에서는 플라즈마의 밀도를 높게 상승시켜 H 원자에 전자 하나를 결합시켜 H⁻ 이온을 생성시킨다. 이렇게 만들어진 H⁻ 이온을 아주 높은 전압인 2.5 ~ 3 MeV로 가속시켜 다음 장비인 linac(선형가속기)로 보낸다.

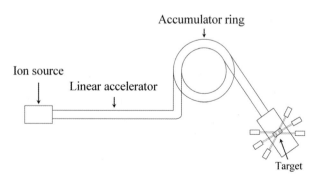

그림 5-28. Spallation Neutron Source (SNS)의 개략도.

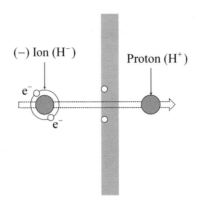

그림 5-29. H⁻ 이온으로부터 H⁺를 얻는 원리.

Linac에서는 전자기장을 이용해 H⁻ 이온을 가속시키는 장치로 2.5 MeV에서부터 1 GeV까지 H⁻ 이온을 가속시켜 준다. 또 하나의 Linac의 역할은 H⁻ 이온 빔을 가속시키며 집속(focusing)하여 H⁻ 이온이 운동해 나가는 방향을 제어하는 것이다.

양성자 축적 링에서는 이곳을 떠난 양성자가 타깃 물질에 충돌하여 pulse 형태의 중성자를 발생시킬 수 있도록 가속된 양성자를 bunches(다발) 형태로 저장시킨다. 먼저 매우 짧고 샤프한 양성자 다발을 만들기 위하여 **그림 5-29**와 같이 H⁻ 이온을 탄소와 같은 stripper foil에 통과시켜 전자들은 걸러내고, 양성자(H⁺)만을 얻는다. 이렇게 만들어진 양성자(H⁺)들이 양성자 축적 링에서는 축적 저장된 후에 다음 장비인 타깃 물질에 1초 동안 수십 번 충돌하여 수십 번 중성자를 bunch 형태로 발생시키는 것이다.

그림 5-30은 타깃 물질에서 양성자가 무거운 원소(W, Ta, Hg 등) 핵을 충돌시키는 과정을 보여 주고 있다. 매우 빠른 속도로 가속된 양성자가 무거운 원소의 원자핵에 충돌하면 충돌의 충격에 의하여 원자핵은 먼저 π 중간자(pion)를 방출한다. π 중간자를 방출한 원자핵은 에너지가 매우 높은 들뜬 상태가 되어 핵파쇄가 일어나면서 중성자, 양성자, γ-선을 발생시킨다. 텅스텐과 같이 무거운 금속에 가속된 양성자 하나는 약 25개의 중성자를 발생시킨다. 이런 핵파쇄에 의하여 얻어지는 중성자들은 발생 시점에서는 매우 높은 에너지를 가지고 있다. 원자로에서 방출하는 중성자를 경수 또는 중수로 감속하는 것과 같이 핵파쇄 공정을 통하여 얻은 중성자도 감속재를 사용하여 에너지를 낮춘다.

그림 5-31은 핵파쇄 공정을 통하여 만들어진 중성자를 이용하여 중성자 빔을 회절시

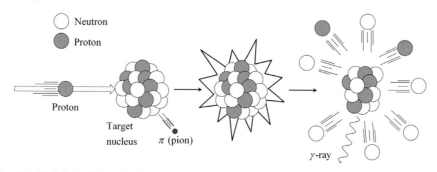

그림 5-30. 핵파쇄에 의한 중성자의 발생.

험하는 장치를 보여 준다. 타깃 물질에서 핵파쇄 공정을 통하여 얻은 중성자는 연속적인 flux를 가지지 않고, 시간적으로 끊어진 형태, 즉 단속적으로 발생하며, 강도가 매우 큰 pulse 형태로 중성자 빔이 얻어진다. 핵파쇄 중성자 빔은 다양한 파장 λ 를 가지는 white 빔이다. 여기에서는 파장이 다른 중성자는 다른 속도로 날라간다는 TOF(time of flight) 기법을 이용하여 회절시험을 행하는데, 회절조건 $\lambda = 2d_{hkl}\sin\theta$ 에서 입사 빔과 detector의 사이 각도 2θ 를 일정하게 정하고, 중성자가 시료에서 detector까지 거리 L을 날라가는 시간 t 를 측정한다. 이 원리는 de Broglie 식으로부터 출발한다.

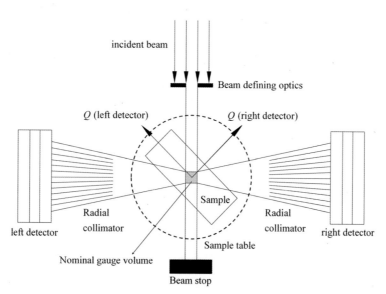

그림 5-31. 핵파쇄 중성자 빔 회절시험 장치의 구조.

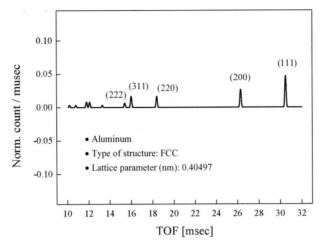

그림 5-32. 핵파쇄 중성자 빔 회절시험을 통해 얻어진 Al의 회절상.

$$\lambda = \frac{h}{mv} = \frac{ht}{mL}, \quad \lambda = 2d\sin\theta$$

$$t = \frac{mL2d\sin\theta}{h}$$

(식 5-14)

(식 5-14)는 결정면 간격 d_{hkl} 이 중성자가 날아가는 시간 t 에 비례하는 것을 보여준다. 이런 원리로 다양한 파장 λ 를 사용하여 시간 t 의 함수로 모든 d_{hkl} 를 측정하는 것이다. 즉, 시간 t 의 함수로 각 결정면의 회절시험 결과를 얻는 것이다. 그림 5-32는 Al 시료로부터 얻어지는 결과를 시뮬레이션한 것으로, 여기서 주목할 것은 결정면 간격 d_{hkl} 이 넓을수록 긴 시간 t 에서 결정면 $\{hkl\}$ 의 회절피크가 얻어진다는 것이다. 재미있는 것은 $\{111\}$ 면에서 회절피크가 얻어지는 시간이 $\{222\}$ 면에서 회절피크가 얻어지는 시간의 2배이다. 이것은 $d_{111} = 2d_{222}$ 이기 때문이다. 이와 같이 그림 5-32의 회절상은 결정면의 정보를 시간 t 의 함수로 직접 제공한다.

5.3.3 중성자 빔의 특성

이 절에서는 회절시험에 사용하는 중성자 빔의 특징을 다음과 같이 간단히 정리하였다. 중성자 빔의 특징을 대부분 우리가 실험실에서 가장 많이 사용하는 X-ray tube로부터 얻어지는 X-ray와 비교하여 그 장점을 설명하였다. 중성자 빔은 실험실용 X-ray 장비에서 얻는 X-ray에 비하여 많은 장점이 있지만, 중성자 빔을 얻기 위한 시설은 실험실용 X-ray 장비에 비교하여 수천 배 이상의 경비가 필요하다.

X-ray는 빛으로써 전자기적 성질을 가지고 있으며, 하나의 결정질 시료를 X-ray를 사용하여 회절시험할 때 X-ray는 시료 표면에 존재하는 원자들의 외각 전자들과 산란 반응을 일으켜 회절현상이 일어난다. 즉, X-ray를 사용하여 회절시험할 때 원자핵은 회절에 어떠한 기여도 하지 않는다.

그러나 중성자는 빛이 아니며 원자의 외각 전자와 어떠한 반응도 하지 않는다. 중성자 빔이 결정질 재료에 입사되면 재료에 있는 원자의 원자핵과 직접 반응하여 튀어나가면서 Bragg 식 $\lambda = 2d_{hkl} \sin\theta$ 을 만족하면 회절이 일어나는 것이다. 즉, Bragg 식을 만족시키는 2θ 들에서는 보강간섭이 일어나고, 이 조건을 만족시키지 않는 각도에서는 상쇄간섭이 일어나는 것이다.

X-ray는 원자에 존재하는 외각 전자와 산란 반응을 하는데, 한 원자에 입사된 X-ray가 외각 전자와 반응한 결과로 산란되는 X-ray 파동의 진폭(amplitude)이 atomic scattering factor f 이다. 이에 상응하여 한 원자에 입사된 중성자가 원자에 존재하는 핵과 반응하는 강도가 중성자의 산란길이(neutron scattering length) b 이다.

그림 5-33은 원자번호 Z 가 증가함에 따른 f 와 b 의 변화를 개략적으로 보여 준다.

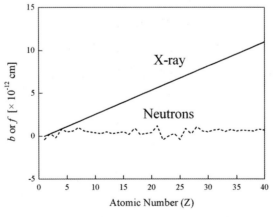

그림 5-33. 원자번호 Z 에 따른 X-ray atomic scattering factor f 와 neutron scattering length b 의 변화.

여기서 f 는 원자번호 Z 에 정확히 직선적으로 비례하는 것을 보여 주는데, 이것은 X-ray 파동의 진폭이 한 원자의 외각 전자수에 비례하기 때문이다. 이에 반하여 중성자 의 산란길이 b 는 원자번호 Z 에 무관하다. 이것은 중성자와 원자핵과의 반응은 외곽 전자의 수와는 전혀 관계가 없기 때문이다. 중성자의 산란길이 b 는 중성자와 원자핵과 의 반응에 지배를 받으며, 원자핵의 구조에 의존하는 것이다.

그림 5-34는 계산으로 얻어진 몇 가지 원소의 산란단면적(scattering cross-section) σ 을 보여 준다. 산란단면적 $\sigma = 4\pi b^2$ 은 산란길이 b 또는 f 의 제곱에 비례한다. X-ray 산란의 경우 원자번호 Z 에 b 가 비례하기 때문에 Z 가 큰 원소에서 아주 큰 산란단면 적 σ 이 얻어진다. 그러나 중성자 빔 산란의 경우에는 그림 5-34에서 보듯이 원소의 산 란단면적 σ 은 원자번호 Z 의존성이 거의 없다. 수소와 같은 가벼운 원소는 X-ray 산 란 시 너무 작은 산란단면적 σ 을 가지기 때문에 X-ray 산란에 의하여 의미있는 분석결 과를 얻을 수 없다. 그러나 중성자는 수소 원자의 핵과 반응하므로 그 반응의 강도에 해 당하는 크기의 산란단면적 σ 을 가진다. 이와 같이 중성자는 원자번호 Z 가 아주 작은 가벼운 원소에서도 산란단면적 σ 을 가지기 때문에 이런 원소들도 중성자 빔 산란에 의 하여 결정 구조의 분석이 가능한 것이다.

그림 5-35는 물질 원소의 원자번호 Z 가 증가함에 따라 X-ray와 중성자 빔의 투과하 는 깊이를 비교해 보여 준다. 여기서의 투과 깊이는 원소에 입사된 초기 빔 강도의 약 40% 정도가 얻어지는 거리를 개략적으로 표시하였다. 그림 5-35에서 투과 깊이의 길이 가 log 좌표임을 주목하자. X-ray는 원자에 존재하는 외각 전자와 산란을 한다. 이런 X-ray는 적은 수의 외각 전자를 가지는 가벼운 원소(낮은 원자번호 Z 의 원자)에서는 산란을 하면서 에너지를 적게 잃기 때문에 투과 깊이가 크다. 반대로 X-ray가 통과하는 물질의 원자에 존재하는 외각 전자가 많으면 전자와의 산란에 의하여 많은 에너지를 잃

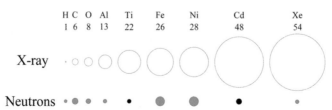

그림 5-34. 원자번호 Z 에 따른 X-ray와 중성자 빔의 scattering cross-section σ 의 변화.

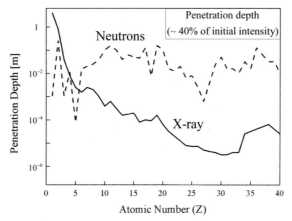

그림 5-35. 원자번호 Z에 따른 X-ray와 중성자 빔의 투과 깊이.

게 된다. 따라서 X-ray가 통과할 수 있는 물질의 두께는 원자번호 Z가 증가하면 급격히 짧아진다. $\lambda = 0.179$ nm의 X-ray는 약 0.1 mm 두께의 Fe($Z = 26$)를 거의 투과하지 못한다.

X-ray는 원자에 존재하는 외각 전자와 산란하는 것과는 다르게 중성자는 외각 전자가 아닌 단지 원자핵과 반응하여 산란한다. 전자의 개수가 많은 원자번호 Z가 큰 원자에 중성자 빔이 입사되어 원자 내에서 산란을 일으키는 확률은 X-ray에 비하여 매우 낮다. 따라서 중성자 빔은 X-ray에 비하여 대부분의 재료에서 매우 높은 투과율을 가지고 있다. 또한 중성자 빔은 실험실용 장비에서 얻는 X-ray에 비하여 매우 큰 조사 면적, 즉 수 mm^2 이상의 큰 면적의 빔을 사용하기 때문에 넓은 면적의 시료 분석이 가능하다. 즉, 중성자 회절시험을 통하여 불균질한 미세조직을 가지거나 다양한 상들이 존재하는 시료에서 한 번의 측정으로 넓은 면적의 통계적인 결과를 얻을 수 있는 것이다.

표 5-6은 재료공학에서 물질의 분석에 사용되는 다양한 빛인 전자기파(electromagnetic wave)와 물질파(matter wave)의 에너지 범위를 보여 주고 있다. 우리가 입자가속기에서 얻는 synchrotron X-ray와 실험실의 X-ray tube로부터 얻는 X-ray의 에너지는 10^4 eV 근처이다. 인간이 사물의 형태와 색을 관찰하는 가시광선의 에너지는 1.0 eV 내외이다. 빛은 아니지만 파장을 가지는 파동의 성질을 갖는 전자현미경에서 사용하는 전자 빔의 에너지는 $10^4 \sim 10^6$ eV 사이이다.

원자로나 핵파쇄로부터 얻어지는 중성자는 물이나 중수 등의 감속재를 통과하면서 낮

표 5-6 다양한 전자기파와 물질파의 에너지 범위.

Wavelength [nm]	Electromagnetic waves	Energy [eV]	Matter waves	Wavelength [nm]
10^{-7} 10^{-6} 10^{-5} 10^{-4}	γ-ray	10^9 10^8 10^7	High-energy electrons	10^{-5} 10^{-4} 10^{-3} 10^{-2}
10^{-3} 10^{-2} 10^{-1} 1	X-ray	10^6 10^5 10^4 10^3	Low-energy electrons	10^{-1} 1 10^1
10	UV	10^2 10^1		
10^2	Visible light	1 10^{-1}		
10^3 10^4	IR	10^{-2} 10^{-3}	Thermal neutrons	10^{-2} 10^{-1}
10^5 10^6 10^7 10^8 10^9	Radio waves	10^{-4} 10^{-5} 10^{-6} 10^{-7}	Cold neutrons	1 10^1 10^2 10^3

은 에너지를 갖는 열중성자로 변한다. 또한 액체 수소를 이용하여 더 낮은 에너지를 갖는 냉중성자도 얻을 수 있다. 중성자가 10～100 meV 사이의 에너지를 가질 때 열중성자라 하며, 0.1～10 meV의 아주 낮은 에너지를 가지는 것을 냉중성자로 구분하여 부른다. 앞에서 언급한 de Broglie 식에서 알 수 있듯이 높은 에너지를 갖는 열중성자의 파장은 낮은 에너지를 갖는 냉중성자에 비교하여 짧은 파장을 가진다. 따라서 분석 목적에 따라 열중성자(또는 냉중성자)가 물질의 구조 분석에 사용된다.

물질의 분석에 사용하는 X-ray는 중성자 빔에 비하여 수백만 배 이상 에너지가 높기 때문에 취약한 구조를 가지는 시료 물질의 구조 변화를 일으킬 수 있다. 예를 들면, 고분자 사슬 구조나 단백질 구조는 X-ray에 의하여 큰 손상을 받을 수 있다. 이러한 시료의 분석에서는 에너지가 낮은 중성자 빔 구조분석이 큰 장점을 갖는다.

표 5-7에서는 실험실의 X-ray tube에서 얻는 X-ray와 synchrotron X-ray 그리고 중성자 빔을 이용하여 금속재료 시료의 회절시험을 할 때, 각종 빔들과 재료의 반응구역을

보여 준다. 회절시험을 할 때 회절 데이터가 얻어지는 빔과 재료의 매순간 반응 범위가 gauge volume인데, synchrotron X-ray는 매우 작은 gauge volume을 갖는 것을 보여 준다. 또한 중성자는 아주 깊은 투과성을 가져 1 cm의 두께에서도 통계적인 데이터를 얻을 수 있는 것을 보여 준다.

표 5-7 실험실 X-ray 빔, synchrotron X-ray 빔, 중성자 빔의 gauge volume과 attenuation length.

	Laboratory X-ray	Synchrotron X-ray	Neutron
Energy (at target)	8 keV	80 keV	20 meV
Wavelength [nm]	0.154	0.015	0.1
Gauge volume	$\sim mm^3$	$\sim \mu m^3$	$\sim mm^2$
Attenuation (for Fe sample)	$\sim 10\,\mu m$	$\sim 1\,mm$	$\sim 1\,cm$

제5장 **연습문제**

01. 빛의 속도는 $c = 3 \times 10^8$ m/s이다. 파장이 0.1 nm인 X-ray의 진동수 ν와 에너지 E를 구하라.

02. KBS1 TV의 주파수가 200 MHz이다. 가장 최적의 안테나 길이를 구하라.

03. 한 전자의 질량은 9.11×10^{-31} kg 이고, 한 전자의 charge는 1.6×10^{-19} coulomb이다. X-ray tube의 가속전압이 30 kV 일 때, 가속된 전자의 속도를 구하라(1 J = 1 N·m = 1 kg·m²·s^{-2}, 1 volt = 1 joul/coulomb).

04. X-ray tube의 가속전압이 25 kV 일 때 X-ray로부터 나오는 가장 짧은 X-ray의 파장을 계산하라 ($\lambda_{\text{SWL}} = \dfrac{12.40 \times 10^2}{V}$ [nm]).

05. Cu K_α의 X-ray가 Al을 통과하고 있다. 1 mm, 0.1 mm의 Al을 통과 후 X-ray의 세기 변화는 얼마인가?(Cu K_α에 대한 Al의 질량흡수계수 $\mu / \rho = 50.23$ [cm² / g]이며, Al의 밀도 $\rho = 2.70$ g/cm³ 이다.)

06. Cu와 Al이 부피 비로 각각 50%인 혼합물이 있다. Cu K_α를 사용 시 이 혼합물의 μ / ρ는 얼마인가? (부록 1 참조할 것)

07. 금 Au 원자의 K-shell에서 전자를 떼어낼 수 있는 critical energy E_K를 구하라. 단 Au의 K absorption edge wavelength λ_K는 0.0153 nm이다.

08. Fe와 Co의 Excitation voltage of K electron V_K를 각각 구하라. 단 Fe와 Co의 K absorption edge wavelength λ_K는 각각 0.1743 nm, 0.1608 nm이다.

09. Mg의 형광수율(fluorescence yield)이 0.03이다. K-shell의 전자가 여기(exited)되었다. 어떠한 일이 일어나겠는가?

10. Mo의 K_α 선과 K_β 선을 상상해서 그려라. 그리고 어떠한 흡수단을 가지는 filter를 사용해야 하는지 흡수단의 위치를 상상해서 그려라.

11. X-ray filter의 두께는 무엇을 기준으로 제작되어야 하는가?

12. 입사된 X-ray 빔이 monochromator에서 반사 후 X-ray의 강도가 현저하게 낮아지는 이유는 무엇인가? NaCl, SiO₂(quartz), LiF, InSb, graphite, Al, Si, Ge 등이 monochromator에 사용되는 이유는 무엇인가?

13. 실험실용 X-ray 빔의 가장 큰 한계점 2개는 무엇인가?

14. Synchrotron X-ray 빔의 발생 원리에 대하여 간단히 설명하라.

15. Natural emission angle $\theta = 1/\gamma$, $\gamma = 1997 \times E$ [GeV]이다. 만약 가속전압이 1.2 GeV라면 angle θ는 얼마인가?

16. Synchrotron X-ray 빔의 발생 장치에서 insertion device에는 무엇이 있으며, 그것의 역할은 무엇인가?

17. Synchrotron X-ray 빔의 특징 5개를 열거하라.

18. 발전용 원자로 시설의 3가지 요소와, reactor core의 3가지 요소는 무엇인가?

19. 중성자의 파장을 지배하는 것은 무엇인가? 중성자를 3가지로 분류할 수 있다. 무엇으로 어떻게 분류되는가?

20. 무거운 원소에 가속된 양성자를 충돌시키면 핵파쇄 중성자 빔이 발생하는 원리는 무엇인가?

21. 원자로와 핵파쇄에서 얻은 중성자 빔의 가장 큰 차이점은 무엇인가?

22. 원자로에서 얻은 중성자 빔으로 얻은 중성자 회절패턴의 측정 방법과 핵파쇄 중성자 빔으로 얻은 중성자 회절패턴의 측정 방법의 차이를 설명하고, 각 회절패턴을 비교하라.

23. 다음의 표를 완성시켜라.

	Laboratory X-ray	Synchrotron X-ray	Neutron
Energy (at target)	8 keV	8. keV	
Wavelength [nm]	0.154		0.1
Gauge volume		$\sim \mu m^3$	
attenuation (for Fe sample)	$\sim 10\ \mu m$		$\sim 1\ cm$

24. Neutron scattering length b와 X-ray의 atomic scattering factor f가 atomic number에 의존함을 설명하고, 이렇게 b와 f가 atomic number에 대한 의존성이 다른 이유를 설명하라.

25. X-ray와 중성자의 산란단면적과 물질의 투과 깊이를 비교하라.

CHAPTER
06
XRD
(X-ray diffractometers)

▪▪▪ 6.1 X-ray 회절시험의 역사

5장에서 이미 배운 것처럼 X-ray는 독일의 Wilhelm Conrad Röntgen이 1895년에 발표하였다. 우리 눈은 X-ray를 볼 수 없지만, X-ray는 우리가 볼 수 있는 빛인 가시광선과 같이 필름을 감광시킨다. 따라서 방사선과의 의사들은 X-ray 필름의 콘트라스트를 해석해서 우리 몸의 이상 여부를 판단하는 것이다. 공학분야에서도 이와 같은 X-ray의 높은 투과력을 이용하여 덩어리 제품에 존재하는 크랙(crack)이나 제조결함을 찾아내는 시험들을 한다. 이와 같이 X-ray의 투과력을 이용하여 인간과 같은 생체나 금속제품의 내부를 관찰하는 기법을 radiography라 한다.

1912년 Maxwell von Laue는 처음으로 X-ray를 이용하여 단결정 재료인 copper sulfate에서 회절(diffraction)현상이 일어남을 발표하였다. 4장에서 배웠듯이 회절현상이란 결정에서 Bragg 식 $n\lambda = 2d_{hkl}\sin\theta$ 을 만족시키는 몇몇 2θ 방향들에서만 X-ray의 산란강도가 높게 나오는 현상이다. 인류 최초의 X-ray 회절상(diffraction pattern)은 Laue가 1912년에 흑백 필름을 이용하여 촬영한 Laue 회절상(diffraction pattern)이다. 이 회절상에는 몇 개의 특정한 2θ 방향들로만 산란이 일어나 그 방향의 필름이 검게 감광되었고, 그 이외의 방향으로는 X-ray의 산란이 거의 일어나지 않아 필름의 감광이 거의 일어나지 않았다.

1914년 W. H. Bragg와 W. L. Bragg는 결정질 분말시료를 이용하여 회절상을 얻는 방법을 발표하였다. 이 실험결과로 Bragg 식인 $n\lambda = 2d_{hkl}\sin\theta$ 을 제안하였다. Bragg 식은 결정시료의 회절시험에서 가장 기초적인 식으로, X-ray, 중성자 빔, 전자 빔을 이용한 결정의 회절시험 해석에 사용되고 있다. 이 책에서 소개한 X-ray를 발견하고, 결정 재료의 구조해석에 기여한 Wilhelm Conrad Röntgen, Maxwell von Laue, W. H. Bragg와 W. L. Bragg는 1901년, 1914년, 1915년에 노벨 물리학상을 받았다.

Laue와 Bragg는 결정질 재료의 회절시험에서 흑백 필름을 사용하여 실험결과를 얻었다. 필름의 감광물질에 가시광선 또는 X-ray와 같은 빛이 들어오면 광화학 반응에 의하여 감광물질의 화학 변화가 일어난다. 빛과 반응한 흑백 필름을 현상액(developer)에 담그면 필름에서 감광된 부분이 검게 변하게 된다. 현상에 의하여 필름이 검게 변하는 정도는 감광된 빛의 양에 직선적으로 비례하지는 않지만, 어느 정도 X-ray가 검출되었는지를 정성적으로 판단할 수는 있는 것이다. 따라서 전자기기가 발달하여 X-ray를 정량적으로 측정하는 X-ray detector(X-ray 검출기, counter)가 개발되기 전까지는 흑백 필름을 이용하여 결정 재료의 회절시험을 하였다.

흑백 필름을 사용하여 X-ray 회절시험 결과를 얻는 기기를 X-ray 카메라(camera)라 하고, 실험결과를 얻는 필름을 X-ray 포토그래프(photograph)라 한다. Laue 카메라는 주로 단결정시료의 방위(orientation)와 결정의 품질(quality)을 측정하는 기기이다. 그림 6−1에는 투과 Laue 카메라와 후방−반사 Laue 카메라가 보여진다. Laue 카메라는 collimator, 시편, 필름이 들어있는 film-cartridge(FC)로 구성된다. Collimator는 평행한 X-ray만이 시편에 입사되게 하는 tube이다. 투과 Laue 카메라의 시편은 X-ray가 투과할 수 있게 0.1 mm 이하의 두께를 가져야 한다. 하지만 후방−반사 Laue 카메라의 시료는 반사하는 X-ray로 회절상을 얻기 때문에 시편 크기에 제한이 없다. FC에는 가시광선의 투과가 불가능한 검은 종이 속에 필름이 들어있다.

Laue 카메라에서는 단파장의 X-ray를 사용하지 않고 다파장의 연속 X-ray를 사용하여 회절시험을 한다. 다파장의 X-ray를 사용하기 때문에 Laue 포토그래프에서 측정된 회절점의 위치는 회절방향 2θ 의 정보를 직접 제공하지 못한다. Laue 포토그래프에서는 하나의 zone axis에 속하는 회절점들이 필름에 하나의 포물선 위에 연속적으로 얻어져, 이런 zone axis들을 해석함에 의하여 시료의 방위를 결정하는 것이다. Laue 포토그래프는 현재는 거의 사용되지 않으며, 2000년 이후에는 단결정의 방위 측정에 9장에서 배우는 EBSD가 대부분 사용되고 있다.

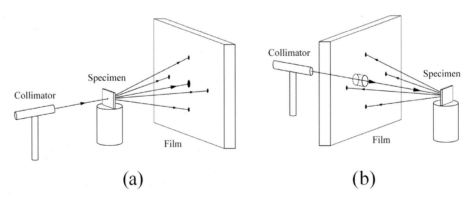

(a)   (b)

그림 6−1. 투과 Laue 카메라와 후방−반사 Laue 카메라.

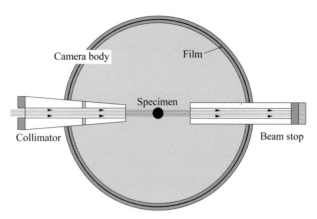

그림 6-2. Debye-Scherrer 카메라에서 시편과 필름의 위치

흑백 필름을 사용하여 분말시료의 회절시험을 하는 X-ray 카메라의 가장 대표적인 것이 Debye-Scherrer 방법이다(Hull/Debye-Scherrer 방법이라고도 한다). Debye-Scherrer 카메라에서는 $\mathrm{Cu}\,K_\alpha$, $\mathrm{Co}\,K_\alpha$와 같은 단파장의 X-ray를 이용하며, 시료는 결정 분말을 작은 원통형으로 제조하여 측정한다. Debye-Scherrer 카메라는 원형의 납작한 쟁반 형태를 가지는데, 작은 원통형 시료는 카메라의 중앙에 놓이며, 리본 형태의 필름은 카메라의 원주를 따라 놓이게 된다. 그림 6-2는 Debye-Scherrer 카메라를 위에서 보았을 때 시편과 필름의 위치를 보여 준다. 이 카메라에는 평행한 X-ray만이 시편에 입사되게 하는 collimator와 투과된 X-ray가 흡수되어 소멸되는 beam stop도 장착된다.

그림 6-3은 Debye-Scherrer 카메라에 장착된 작은 결정분말 시료에 단파장 λ의 X-ray가 입사되어 단지 하나의 $\{hkl\}$ 결정면에서 회절조건 $\lambda = 2d_{hkl}\sin\theta$이 만족되는 2θ 방향으로 회절을 일으켜 회절콘(diffraction cone) 하나가 만들어지는 것이다. 분말시료에서 회절각 2θ를 만족시키는 조건에 놓여있는 분말이 존재하는 확률은 모든 방향에서 동등하기 때문에 이런 회절콘이 만들어지는 것이다. 그림 6-3에는 Debye-Scherrer 카메라에 놓여진 필름을 보여 준다. 필름은 $2\theta = 0° \sim 180°$ 사이의 회절각의 회절선들을 모두 측정하게끔 Debye-Scherrer 카메라의 원 주위에 놓여진다.

그림 6-4는 Debye-Scherrer 카메라의 필름에 측정된 회절상을 보여 준다. 결정면의 간격 d_{hkl}가 가장 큰 $\{hkl\}$에서 가장 작은 회절각 2θ을 가지는 1번 회절선이 형성되며, 다음으로 큰 d_{hkl}가 2번째, 3번째 순으로 큰 회절각 2θ을 가지고 회절선이 형성되는 것이다.

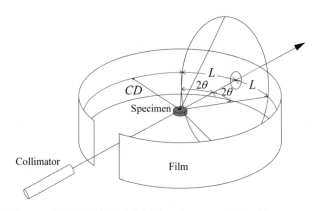

그림 6-3. Debye-Scherrer 카메라에서 회절콘(diffraction cone)의 형성

그림 6-4에서 주목할 것은 2θ 가 0°에 가까울수록 필름에서 보여지는 회절선의 곡률 반경이 작으며, 2θ 가 커져서 90°에 가까우면 회절선의 곡률반경이 커져 직선에 가까운 회절선이 얻어지고, 2θ 가 90°를 넘어서면 다시 필름에서 얻어지는 회절선의 곡률반경이 다시 감소한다. 이것은 그림 6-3에서 보여지는 회절콘의 형태가 2θ 에 의존하기 때문이다.

그림 6-3의 Debye-Scherrer 카메라에서 시료로부터 필름까지의 거리가 카메라 거리 (camera distance) CD 이다. CD 는 Debye-Scherrer 카메라의 반경에 해당한다. 그림 6-4 의 Debye-Scherrer 카메라의 회절상 필름에서 $2\theta = 0°$인 곳으로부터 한 회절선까지의 길이 L 는 (식 6-1)로 계산될 수 있다.

$$L = CD \cdot 2\theta \qquad\qquad\qquad (\text{식 } 6\text{-}1)$$

따라서 Debye-Scherrer 카메라에서 측정한 회절상 필름에서 $\{hkl\}$ 결정면의 회절각 $2\theta_{hkl}$ (radian)은 길이 L_{hkl} 에 의하여 얻어지는 것이다. Debye-Scherrer 카메라의 반경 CD 가 클수록 정확하게 회절각 $2\theta_{hkl}$ 의 측정이 가능하지만, 일정한 X-ray 회절강도를 얻기 위하여 오랜 시간의 측정이 요구되는 단점이 있다.

전자기기가 발달하여 X-ray를 정량적으로 측정하는 다양한 X-ray detector가 개발되어

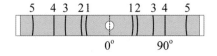

그림 6-4. Debye-Scherrer 카메라의 필름에 측정된 X-ray 회절상.

상용화되기 전까지는 Debye-Scherrer 카메라가 결정질 재료를 정성분석하는 표준 방법으로 널리 사용되었다. Debye-Scherrer X-ray 카메라의 장점은 카메라의 구조가 간단하여 누구나 똑같은 형태의 장비를 쉽게 만들 수 있고, 분말시료를 사용하므로 언제나 거의 같은 회절시험 결과를 얻을 수 있다는 것이다. 그러나 Debye-Scherrer X-ray 카메라의 가장 큰 단점은 실험결과를 필름을 통하여 얻는다는 것이다.

Debye-Scherrer 카메라의 필름으로 회절상의 방향인, 즉 회절각 2θ를 정확히 측정하는 데는 전혀 문제가 없다. 그러나 Debye-Scherrer 카메라의 필름에서 감광된 정도를 파악하여 한 회절각 2θ에서 얻어지는 회절강도를 정확히 정량화하는 것은 불가능하다. 뿐만 아니라 필름의 가장 큰 단점은 한 번 밖에 사용이 불가능하며, 필름의 현상을 위하여 암실 등의 공간과 현상액 등의 공해 물질인 화학약품의 사용도 요구된다. 이런 필름의 불편을 획기적으로 바꾼 것이 X-ray 검출장치이다. 전자기적인 X-ray detector(X-ray 검출기, counter)는 시료로부터의 산란하는 X-ray를 정량적으로 측정할 수 있는 장치인 것이다.

현재 Debye-Scherrer 카메라는 대부분의 연구실에서 거의 사용하지 않는다. 그런데 Debye-Scherrer 카메라의 필름 위치에 X-ray detector를 장착하여 시료로부터 산란하는 X-ray를 정량적으로 측정하는 X-ray diffractometer(XRD)는 많은 회사들이 상용화하여 재료를 연구하는 많은 실험실에서 가장 기본적인 연구장비로 사용되고 있다.

■■ 6.2 XRD의 구조

많은 실험실에서 사용하는 일반적인 XRD(X-ray diffractometer)의 구조는 앞에서 보면 그림 6−5와 같다. 그림 6−5에서 보듯이 XRD는 하나의 '원(circle)'의 형태를 가지는 'XRD-원'의 원주 위에 X-ray tube가 있는 X-ray가 발생하는 점 S와 X-ray detector(counter)가 있는 점 C가 놓인다. 그리고 측정하는 시료 표면의 중앙이 XRD-원의 중심점 O에 놓이게 된다.

일반적으로 그림 6−5의 XRD-원은 지면에 평행한 평면 위에 놓이게 된다. X-ray가 발생하는 X-ray tube 점 S는 XRD-원의 원주 위의 일정한 곳에 고정된다. 시편 테이블

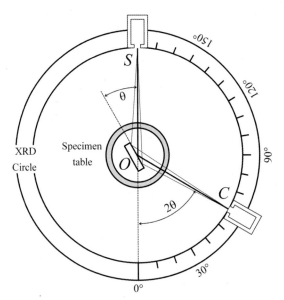

그림 6-5. 일반적인 상용 Bragg-Brentano XRD(X-ray diffractometer)의 구조.

(specimen table)은 XRD-원의 중심부에 있다. 시편 테이블은 시편 표면의 중앙이 XRD-원의 중심점 O에 항상 놓이며, 시편 표면에 입사되는 X-ray의 입사각 θ이 연속적으로 변화하게 점 O를 축으로 회전한다. 또한 X-ray detector의 입구점 C도 항상 XRD-원의 원주에 놓여진다. X-ray detector는 입사 X-ray의 방향과 항상 2θ 각을 그리고, 시료의 표면과는 항상 θ 각을 갖도록 점 O를 축으로 회전한다. 따라서 $\theta = 2\theta = 0°$에서 출발하여 시편 테이블은 θ, detector는 2θ만큼 동시에 점 O를 축으로 회전하는 것이다. 예를 들면, 시료가 $\theta = 10°$부터 $80°$까지 회전하면 detector는 $2\theta = 20°$부터 $160°$까지 회전한다. 이런 방법의 XRD 회절시험을 '$\theta - 2\theta$ 회절시험'이라 하며, 가장 기본적인 XRD 회절시험 방법인 것이다.

$\theta - 2\theta$ 회절시험은 Bragg-Brentano parafocusing XRD 회절시험으로 대부분 부른다. 그림 6-5에서는 XRD에서 $\theta = 30°$의 각으로 X-ray가 시료에 입사될 때 X-ray의 입사방향과 $2\theta = 60°$의 각을 가지는 위치에 detector C가 놓여진 것을 보여 준다. Bragg-Brentano $\theta - 2\theta$ 회절시험에서는 2θ 각의 변화에 따라 detector에 들어오는 X-ray의 산란강도 $I_{2\theta}$를 측정한다.

그림 6-6에서는 최근에 상용화된 XRD의 사진을 보여 준다. 앞에서 언급한 것과 같

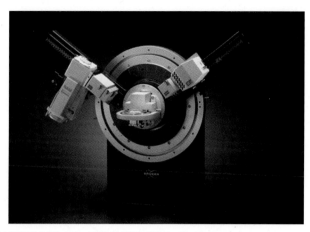

그림 6-6. 최근에 상용화된 분말 또는 액체의 회절시험이 가능한 Bragg-Brentano XRD(Courtesy of Bruker Korea).

이 대부분의 XRD의 XRD-원은 지면에 평행한 평면 위에 놓인다. 그러나 **그림 6-6**의 XRD-원은 지면에 수직한 면에 놓인다. 이 XRD의 특징은 시편이 회전하지 않고 항상 지면과 평행하게 동일한 위치에 고정되어 있다는 것이다. 따라서 시료가 지면에 수직으로 놓이는 XRD에서는 측정이 불가능하였던 시료, 즉 서로 결합력이 약한 분말이나 액체와 같이 수직으로 세우면 형태를 유지할 수 없는 시료까지도 전혀 문제 없이 측정 가능한 것이다.

물론 **그림 6-6**의 XRD에서도 X-ray가 발생하는 점 S와 X-ray detector의 입구점 C는 항상 XRD-원의 원주에 놓여진다. 그런데 여기에서도 **그림 6-7**과 같이 Bragg-Brentano $\theta - 2\theta$ 회절시험을 할 때 시편 표면의 X-ray 입사각 θ와 detector와 입사 X-ray의 사이 각도 2θ는 항상 유지되어야 한다. 그런데 **그림 6-6**의 XRD에서는 시료가 일정한 위치에 놓여있기 때문에 $\theta - 2\theta$ 회절시험을 하기 위하여 X-ray가 발생하는 점 S와 X-ray detector의 입구점 C는 동시에 XRD-원의 원주를 회전한다.

그림 6-7은 $\theta - 2\theta$ 회절시험할 때 X-ray가 발생하는 점 S가 시계방향으로 $\omega = \theta$ 만큼 그리고 X-ray detector의 입구점 C가 시계 반대방향으로 같은 θ만큼 동시에 회전하면 Bragg-Brentano parafocusing $\theta - 2\theta$ 회절시험 조건이 얻어지는 것을 보여 준다. 이렇게 X-ray tube와 X-ray detector가 XRD-원의 원주에서 시계방향과 그 반대방향으로 같은 θ만큼 동시에 회전하면 Bragg-Brentano $\theta - 2\theta$ XRD 회절시험이 가능하다.

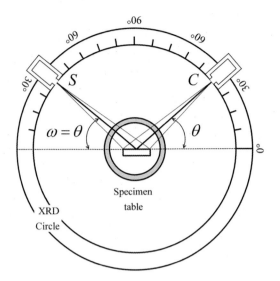

그림 6-7. 분말 또는 액체의 회절시험이 가능한 Bragg-Brentano XRD의 구조.

지금 Bragg-Brentano $\theta-2\theta$ XRD 회절시험은 결정질 재료의 정성적 그리고 정량적 분석에 가장 널리 유용하게 사용되고 있다.

그림 6-8은 동 분말을 $\lambda = 1.542\ \text{Å}$의 Cu K_α 선으로 Bragg-Brentano $\theta-2\theta$ 회절시험 조건으로 XRD에서 측정할 때 얻어지는 회절상을 보여 준다. 이 회절상에서 2θ 각이 변화함에 따라 각각의 2θ에서 측정된 $I_{2\theta}$을 보여 주고 있다. 같은 결정 구조 재

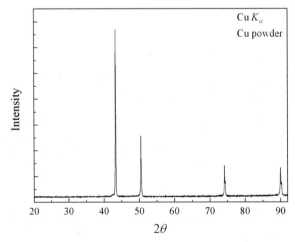

그림 6-8. Cu K_α 선을 이용한 동 분말의 Bragg-Brentano $\theta-2\theta$ XRD 회절상.

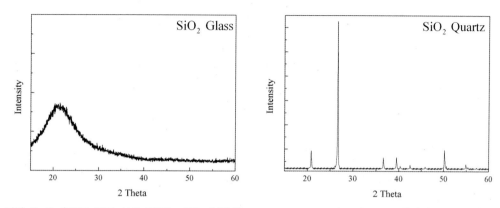

그림 6-9. 2가지 다른 상을 가지는 SiO₂ 분말의 Bragg-Brentano $\theta-2\theta$ XRD 회절상.

료의 덩어리는 Bragg-Brentano X-ray 회절시험 조건으로 측정할 때 측정되는 회절상의 회절피크의 위치 2θ 는 대부분 일치하지만, 각 회절피크의 회절강도는 대부분 다르다. 그러나 한 결정 재료를 $10\ \mu m$ 이하의 미세한 분말시료로 만들면 측정하는 X-ray 회절 시험 기기에 관계없이 항상 동일한 회절피크의 상대강도를 가지는 X-ray 회절상이 얻 어진다. 따라서 $\theta-2\theta$ XRD 회절시험은 결정질 재료가 무엇인지를 가르쳐주는 표준 정성분석법으로 널리 사용되고 있다.

XRD Bragg-Brentano parafocusing $\theta-2\theta$ 회절시험의 장점은 같은 성분을 가지는 결 정질 재료도 재료의 결정 구조에 따라 확실히 다른 X-ray 회절상이 얻어져, 회절상 분석 을 통하여 물질이 무엇인지 알아낼 수 있다는 것이다. 그림 6-9는 SiO₂ 분말을 $\lambda = 1.542$ Å의 Cu K_α 선으로 $\theta-2\theta$ 회절시험 조건으로 XRD에서 측정할 때 얻어지는 2가지 회 절상을 보여 준다. SiO₂는 상온에서 유리(glass)와 같이 비정질로 존재할 수 있으며, 결정 상으로는 quartz로 존재한다.

액체와 구조가 유사한 비정질 SiO₂ 유리에서는 X-ray의 특정한 몇 개의 방향으로 보 강간섭 그리고 다른 방향에서는 상쇄간섭이 일어나는 회절이 일어나지 않는다. 그러나 결정질 quartz에서는 회절이 일어난다. 따라서 몇 개의 회절방향 2θ 에서는 보강간섭이 일어나 높은 회절강도가 얻어지며, 그 이외의 방향에서는 상쇄간섭이 일어나 아주 낮은 회절강도가 얻어진다. 이와 같이 비정질 SiO₂와 결정질 SiO₂ 분말로부터는 완전히 다른 XRD Bragg-Brentano parafocusing $\theta-2\theta$ 회절상이 얻어지는 것이다.

■■ 6.3 XRD에서 X-ray 경로와 회절상의 형성

실험실에서 사용하는 XRD에 사용되는 X-ray tube의 내부구조를 보여 주는 것이 그림 5−16이다. X-ray tube의 양극에 놓인 타깃의 면적은 대개 1.0×10 mm이며, 이 면적에서 X-ray는 모든 방향으로 발생한다. 타깃의 조금 위쪽에는 X-ray를 tube 밖으로 내보내는 창(window)이 존재하는데, 이 창은 X-ray가 발생하는 면과 약 6°의 각도를 가지게 놓여진다. 이렇게 6°의 take-off 각을 가지고 발생하는 X-ray가 타깃에 평행하게 놓인 창을 통과하면 0.1×10 mm 크기의 X-ray line source를 만들며, 타깃에 수직하게 놓인 창을 통과하면 1.0×1.0 mm 크기의 X-ray point source를 만든다. XRD에서는 X-ray line source를 회절시험에 주로 사용한다.

그림 6−5의 XRD-원을 위에서 보면 그림 6−10에서 보는 것과 같이 XRD-원의 원주에 X-ray가 발생하는 점 S 와 X-ray detector가 있는 점 C 가 놓이고, 측정하는 시료 표면의 중앙이 XRD-원의 중심점 O 에 놓인다. XRD를 위에서 관찰한 그림 6−10에서 X-ray line source는 점 S 에서 출발 시 하나의 점으로 보인다. 이 점으로부터 X-ray의 발산

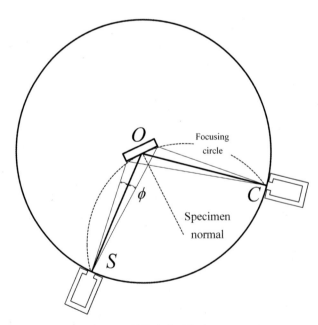

그림 6−10. Bragg-Brentano XRD의 XRD-원에서 초점효과.

각도 ϕ는 X-ray가 진행하는 방향에 놓인 slit에 의하여 결정된다. Slit의 간격이 좁아 ϕ가 작으면 시편에 X-ray가 입사되는 면적이 줄어들며, slit가 너무 큰 간격을 가져 ϕ가 아주 크면 시편에 X-ray가 입사되는 면적이 시편을 벗어나게 된다. 따라서 XRD-원의 반경과 시편의 크기에 의하여 적절한 slit의 간격을 결정한다. 그림 6 − 10에서 중요한 점은 점 S를 출발하여 발산 각도 ϕ로 시료에 입사된 X-ray가 다시 점 C에 모아지는 초점효과(focusing effect)가 XRD-원 위에서 얻어진다는 것이다. 즉, 이 초점효과에 의하여 시료의 모든 곳에서 산란되어 나오는 X-ray가 모두 점 C에 놓인 detector로 들어오는 것이다.

점 S에서 발생하는 X-ray line source는 그림 6 − 10과 같이 각도 ϕ를 가지고 수평면에서 발산하지만, 역시 상하로도 발산한다. 그림 6 − 10에서 초점효과는 단지 수평면에서 발산하는 X-ray들에서만 얻어지며, 상하로 발산하는 X-ray들에서는 얻어지지 않는 것이다. 따라서 X-ray line source를 사용하여 Bragg-Brentano $\theta - 2\theta$ 회절시험을 하는 XRD에서는 상하로 발산하는 X-ray들이 회절시험에 참여하는 것을 억제하기 위하여 그림 6 − 11과 같이 soller slit를 사용한다.

Soller slit는 0.05 mm의 얇은 금속 판재를 약 0.4 mm 간격으로 10여장 아래 위로 쌓아 제조한다. 이 적층된 금속 판재 사이를 X-ray들이 진행하면서 상하로 발산하는 X-ray는 모두 금속 판재에 흡수되고, 단지 수평면에서 발산하는 X-ray만 soller slit를 통과하

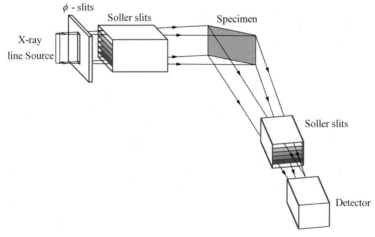

그림 6 − 11. XRD의 수평 ϕ - slit과 soller slits.

여 나와서 회절시험에 사용되는 것이다. Soller slit의 입구와 출구에는 X-ray의 수평 발산 각도 ϕ를 결정하는 ϕ- slit도 장착한다. ϕ- slit는 그림 6–11에서 soller slit의 앞에 독립적으로 그려져 있지만, 실제로는 soller slit의 앞에 장착한다.

그림 6–12는 XRD의 중앙에 작은 부피의 동(Cu) 분말 덩어리 시료가 놓여있을 때 파장 $\lambda = 1.54\,Å$의 Cu K_α가 입사되어 분말시료에 존재하는 {111}, {002}, {022} 결정면들에서 각각 $2\theta = 43.4°$, $2\theta = 50.6°$, $2\theta = 74.2°$ 방향으로 회절콘(diffraction cone)들을 만드는 것을 보인다. X-ray가 진행하는 앞에 필름을 놓으면 필름에는 그림 6–12와 같은 3개의 회절원들이 존재하는 회절상(diffraction pattern)이 얻어질 것이다.

그런데 일반적으로 XRD의 X-ray detector는 그림 6–12의 적도면에 존재하는 XRD-원 위를 회전하면서 단지 회절콘의 한 점에 해당하는 곳에서 X-ray를 검출하는 것이다. 이런 point detector(점–검출기)가 대부분의 실험실 XRD의 X-ray detector로 사용된다. 이 point detector는 한 번에 단지 한 점 2θ의 X-ray를 검출하기 때문에 여러 2θ에 대한 결과를 얻기 위해서는 긴 시간이 요구되는 것이다.

평균 크기가 $10\,\mu m$인 동 분말로 제조된 부피 $10\,mm^3$의 분말시료에 있는 약 1,000만 개의 분말에 $\lambda = 1.54\,Å$의 X-ray가 입사된다고 가정하자. 입사 X-ray와 {111} 결정면이 $\theta = 21.7°$에 놓여있는 분말이 0.1%라고 가정하면, 1만 개의 분말이 $2\theta = 43.4°$ 방향으

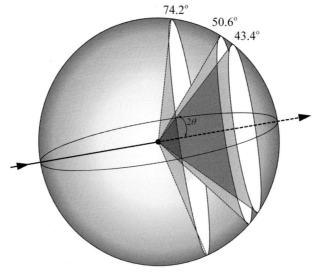

그림 6–12. Cu 분말시료의 회절에 의한 회절콘의 형성.

로 {111} 회절콘을 만드는 데 참여한다. 이제 point detector에서 X-ray를 받아들이는 detector 창의 크기가 회절콘의 $1/100$ 이라 가정하면, XRD에서 $2\theta = 43.4°$ 방향에 놓인 point detector에서는 단지 100개의 동 분말에서 회절된 X-ray를 검출하는 것이다.

앞에서 설명한 것과 같이 Bragg-Brentano $\theta - 2\theta$ XRD 분말 회절시험은 (1) 분말 시료에서 형성되는 회절콘의 단지 일부분만 point detector에서 X-ray 신호로 측정되며, (2) 시료에 존재하는 분말들 중 단지 소수의 분말들만 회절에 참여하는 것이다. 이런 2가지 이유에서 Bragg-Brentano 분말 XRD 회절시험은 대단히 효율이 낮은 시험방법인 것이다.

X-ray의 이동거리는 고체 재료에서 0.1 mm 내외로 매우 짧기 때문에, 평평한 분말 시료를 사용하는 Bragg-Brentano $\theta - 2\theta$ XRD 회절시험 시 시편 표면으로부터 0.1 mm 안에 있는 분말들만 회절에 참여가 가능하다. 그런데 표면 근처에 존재하는 분말 중에서 회절에 참여하는 분말들은 그림 6-13과 같이 표면에 평행하게 {hkl} 결정면을 가지는 분말들뿐이다.

Bragg-Brentano XRD 회절시험에서 파장 $\lambda = 1.54$ Å의 Cu K_{α}를 사용하여 동(Cu) 분말 시편의 측정 예를 들어보자. 분말의 {111} 결정면이 시료 표면에 평행하게 놓이고,

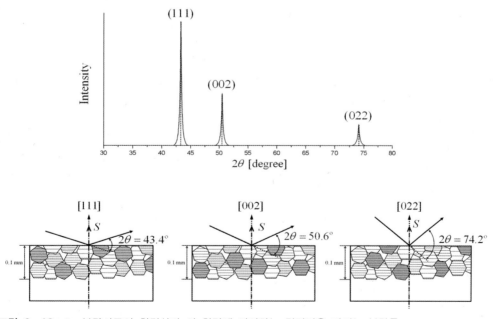

그림 6-13. Cu 분말시료의 회절상과 이 회절에 기여하는 결정면을 가지는 분말들.

{111} 면이 입사 X-ray와 $\theta = 21.7°$에 놓여있는 분말들에서만 회절이 일어나 회절상에서 {111} 피크가 생겨나는 데 기여하는 것이다. 마찬가지로 {002}, {022} 결정면이 시료 표면에 평행하게 놓이고, {002}, {022} 면이 입사 X-ray와 각각 $\theta = 25.3°$, $\theta = 37.1°$ 에 놓여있는 분말들에서만 회절이 일어나 회절상에서 {002}, {022} 피크가 만들어지는 것이다. 그림 6-13에서는 회절 가능한 분말들을 무척 과장해서 그린 것으로, 실제로는 단지 수 퍼센트의 분말들만 X-ray 회절조건에 놓여 회절강도(diffraction intensity)에 기여하는 것이다.

■ ■ 6.4 분말시료의 Bragg-Brentano XRD 회절시험

Bragg-Brentano parafocusing XRD가 일반적인 실험실에서 사용하는 X-ray 회절시험용 기기이며, 결정질 분말시료의 측정을 기본으로 다양한 결정 구조 분석에 사용한다. 동일한 조성과 결정 구조를 가지는 결정 재료는 분말이 아닌 덩어리 형태일 때 X-ray로 Bragg-Brentano $\theta - 2\theta$ 회절시험을 하면 회절상의 회절피크 위치 2θ는 대부분 일치하지만, 각 회절피크의 회절강도는 대부분 다르게 얻어진다. 그러나 동일한 조성과 동일한 결정 구조를 가지는 결정 재료를 10 μm 이하로 미세한 분말시료를 만들면 측정하는 X-ray 회절시험 기기에 관계없이 언제나 동일한 $\theta - 2\theta$ X-ray 회절상이 얻어진다. 따라서 분말시료의 XRD Bragg-Brentano 회절시험이 결정질 재료의 상(phase) 분석에 가장 기본적인 X-ray 회절시험인 것이다.

XRD 측정용 분말시료의 분말은 10 μm 이하의 크기를 가져야 한다. 연성을 가지는 금속과 같은 덩어리 결정시료는 대부분 연마 등의 기계적 방법으로 먼저 분말로 만든다. 취성을 가진 세라믹과 같은 덩어리 시료는 파쇄 등의 방법으로 분말로 만든다. 기계적 방법이나 파쇄에 의해 제조된 분말은 재결정 온도 이상에서 가열하여 분말제조 시에 재료에 도입될 수 있는 잔류응력이나 dislocation들을 최대한 제거한다. 이렇게 처리된 분말들은 체(sieve)를 이용하여 10 μm 이하의 분말로 선별된다.

분말시료를 측정하는 Bragg-Brentano XRD 회절시험에서는 그림 6-14(a)와 같이 직사각형 또는 원형으로 얕은 음각의 홈이 파여진 시편 틀(specimen holder)을 사용한다. 그림 6-14(b)는 이 시편 틀에 분말이 채워진 상태를 보여 주는데, 시편 틀의 윗면과 평행하게 분말을 빼곡하게 채운 시료를 제조하여 XRD 회절시험에 사용한다. 일반적으로 압력을 가하여 될 수 있도록 많은 분말이 시편 틀의 홈에 들어가게 한다. 거친 표면을 가지는 분말은 시편 틀에서 분말 간의 높은 결합력을 가진다. 분말 사이의 결합을 위하여 묽은 풀(paste) 등과 같은 접착제도 분말에 혼합하여 사용할 수 있다. 또한 시편 틀의 표면에 바세린(Vaseline)을 살짝 발라서 분말이 시편 틀의 홈에 잘 붙어있게 도와주기도 한다.

최근에는 ZBH(zero background holder)나 유리(glass)를 평평한 시료 지지대로 사용하여 지지대의 표면에 분말을 부착시켜 XRD 회절시험의 분말 시편으로 사용한다. 유리는 비정질이기 때문에 유리로부터 특징적인 비정질 X-ray 산란을 일으켜 XRD로 측정되는 회절상에 영향을 준다. 이런 단점을 제거한 것이 ZBH이다. 단결정은 XRD 회절시험 시 단결정 표면의 {hkl}이 Bragg 조건을 만족하는 조건에서만 보강간섭을 일으키며, 이 조건이 아닌 경우에는 언제나 상쇄간섭을 일으켜 background를 zero로 만든다. 따라서 XRD를 측정하는 회절각 범위 $0° \le 2\theta \le 180°$에서 보강간섭 조건인 $2d \sin \theta = \lambda$가 만족하지 않는 {hkl}을 표면으로 가지는 단결정이 ZBH(zero background holder)이다. 따라서 ZBH는 ZBH 위에 존재하는 분말시료로부터 측정되는 X-ray 회절상에 전혀 영향을 주지 않는 것이다.

ZBH에 소량의 분말시료를 부착하는 방법에는 몇 가지가 있다. 분말을 알코올에 골고

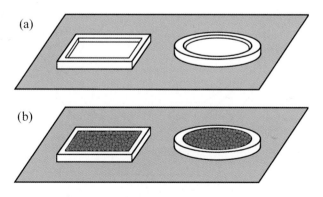

그림 6-14. 분말시료의 XRD 회절시험을 위한 specimen holder.

루 분산한 후 ZBH 판 위에 뿌려주면, 알코올이 증발된 후 ZBH 판에는 분말이 부착될 수 있다. ZBH 판에 바세린을 가볍게 바른 후 분말을 뿌려주는 방법도 있다. 또한 양면 테이프를 사용하여 소량의 분말을 부착하는 방법도 있다. 이렇게 소량의 분말을 ZBH에 부착한 분말시료의 XRD 측정 결과는 정성분석에는 전혀 문제가 없지만, 시료가 아주 적은 양이기 때문에 정량분석에는 문제가 있을 수 있다. 따라서 정량분석이 요구되는 경우에는 ZBH 시편 틀을 사용하여 일정한 부피의 시료로부터 XRD 측정 결과 데이터를 얻어야 하는 것이다.

■ ■ 6.5 Bragg Brentano XRD 회절시험의 측정 오류

분말시료를 측정하는 Bragg-Brentano parafocusing XRD에서는 그림 6–15와 같이 X-ray tube로부터 X-ray가 출발하는 점과 X-ray detector(X-ray 검출기, counter)의 입구 점이 XRD의 focusing circle 위에 놓여져야 한다. 또한 시편에서 X-ray가 조사되는 면적에서 parafocusing 조건이 정확히 얻어지려면 이 면적이 모두 focusing circle에 놓여야 하는 것이다. 하지만 평평한 시료를 사용하는 시료 표면에서는 이 조건을 벗어나므로 X-ray 회절

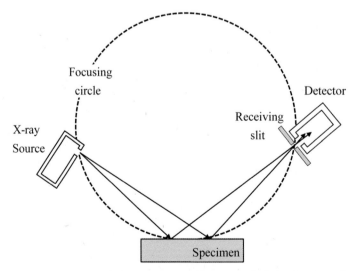

그림 6–15. Bragg-Brentano XRD의 focusing circle에는 X-ray 출발점, 시료의 표면, X-ray detector 의 입구가 놓인다.

상에서 비대칭적인 회절피크의 broadening이 일어난다. 이런 측정 오류를 억제하기 위해서는 X-ray tube 앞과 detector 앞의 slits의 틈을 좁게 하여 X-ray가 시편에 조사되는 면적을 줄이면 된다. 하지만 이 방법은 시편으로부터 얻어지는 정보량을 줄이는 단점이 있다. 평평한 시편을 사용하기 때문에 필연적으로 생겨나는 측정 오류는 평행 빔의 X-ray를 사용하면 억제될 수 있다. 앞으로 배우게 될 HR XRD에서는 X-ray tube 앞에 Göble mirror를 사용하여 평행 빔의 X-ray를 만들어 회절시험을 한다.

분말시료를 측정하는 Bragg-Brentano parafocusing XRD에서 시편이 XRD-원의 중심을 벗어나, 즉 시편 표면의 위치가 XRD의 focusing circle과 다르면 그림 6-16과 같이 시편으로부터 출발한 다수의 X-ray가 detector 입구점으로 모여지지 않는 측정 오차가 생겨난다. 이것은 회절상에서 얻어지는 피크의 위치 2θ를 변화시키기 때문에 큰 주의가 요구되는 측정 오차인 것이다. 이 측정 오차는 모든 회절피크의 위치 2θ를 (식 6-2)와 같이 변화시킨다.

$$\Delta 2\theta = -\frac{2\delta \cos\theta}{R} \qquad\qquad \text{(식 6-2)}$$

여기서 δ는 시편의 표면이 XRD-원의 중심 또는 focusing circle로부터 벗어난 거리이며, R은 XRD-원의 반경이다. $R = 200\,\text{mm}$, $2\theta = 50°$인 XRD에서 $\delta = 0.2\,\text{mm}$ 이

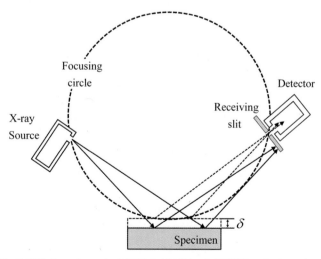

그림 6-16. 시료의 표면이 focusing circle로부터 벗어날 때 발생하는 측정 오차.

면 $\Delta 2\theta = 0.0018$ [radian] $= 0.104°$가 얻어지는 것이다. O로부터 벗어난 δ에 의하여 생겨나는 측정 오차는 ZBH(zero background holder)를 사용하거나 평행 빔의 X-ray를 사용하여 감소시킬 수 있다.

Bragg-Brentano parafocusing XRD에서는 그림 6-17에서 보듯이 단지 일정한 하나의 면에서 X-ray 산란이 일어나는 것이 아니라 이 면을 벗어난 다른 위치에서도 산란이 일어난다. 그 결과 시편으로부터 출발한 다수의 X-ray가 detector 입구점으로 모여지지 않는 측정 오차가 생겨난다. 이것은 X-ray가 시료 표면으로부터 어느 정도 두께 층에 침투하여 산란하기 때문이다. 5장에서 배웠듯이 X-ray의 침투 깊이는 시료의 질량흡수계수 μ/ρ에 의존하며, X-ray의 입사각 α에 의존한다. μ/ρ이 작을수록, α가 90°에 가까울수록 X-ray의 침투 깊이가 증가하여 그림 6-17에서 볼 수 있는 측정 위치의 오차는 커진다. 이런 측정 위치의 오차는 평행 빔의 X-ray를 사용하여 감소시킬 수 있으며, 얇은 시편을 사용하여도 감소시킬 수 있다.

분말시료를 측정하는 Bragg-Brentano parafocusing XRD에서 통계적으로 신빙성이 있는 회절시험 결과를 얻기 위해서는 분말시료의 특성도 중요한 역할을 한다. 분말시료는 10 μm 이하의 분말로 제조되어야 하며, 항상 무질서한 집합조직을 갖게끔 제조되어야 하는 것이다.

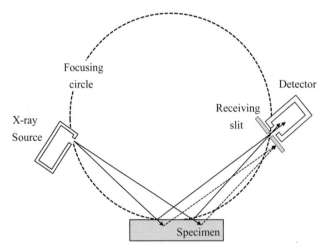

그림 6-17. X-ray가 시료의 침투 깊이의 차이에 의하여 발생하는 측정 오차.

■■ 6.6 XRD 회절시험의 응용

Bragg-Brentano parafocusing XRD에서 측정한 X-ray 회절상을 이용하여 결정 재료의 특성을 분석할 수 있는 것을 정리하면 다음과 같다. 1. 재료의 결정상(phase) 정성 (qualitative)분석, 2. 재료에 존재하는 결정상의 정량(quantitative)분석, 3. 결정상의 격자 상수(lattice parameter)분석, 4. 결정 크기분석, 5. 잔류응력(residual stress)분석, 6. 집합 조직(texture)분석 등이 있다. 여기서는 이런 분석방법에 대하여 그 원리를 간단히 소개한다.

6.6.1 결정상의 정성분석

Bragg-Brentano parafocusing XRD에서 분말시료의 X-ray 회절상을 측정하면 이 분말 시료가 무슨 결정질 상(phase)을 가지는지 분석이 가능하다. 즉, 각각의 모든 결정 재료 는 특정적인 형태와 크기를 가지는 결정 구조를 가지고 있다.

1장에서 배운 바와 같이 결정은 격자이다. 격자는 격자점의 3차원적인 규칙적인 배 열로 만들어진다. 모든 결정의 격자점 위치를 결정하는 격자벡터 $\vec{a}_1$, $\vec{a}_2$, $\vec{a}_3$로 만들 어지는 격자 단위공간이 단위포(unit cell)이다. 단위포의 크기와 형태는 격자벡터의 절 대적인 길이인 격자상수 a_1, a_2, a_3와 격자벡터의 사잇각 α, β, γ에 의하여 결정된 다. 그런데 모든 결정은 각각 특징적인 다른 격자상수 a_1, a_2, a_3와 사잇각 α, β, γ을 가진다. 그러므로 XRD에서 일정한 파장 λ의 X-ray로 회절시험을 하면 범위 $0° \leq 2\theta \leq 180°$에서 $2d\sin\theta = \lambda$가 만족하는 회절각 2θ들은 모든 결정마다 다르며, 단위포에 존재하는 원자들의 위치에 따라 각 2θ에서 얻어지는 회절강도 $I_{2\theta}$의 크기도 다른 것이다.

그림 6-18에서는 알루미늄(Al) 분말과 동(Cu) 분말의 XRD 회절상을 보여 준다. 동일 한 조성과 동일한 결정 구조를 가지는 결정 재료를 10 μm 이하의 미세한 분말시료로 만 들면 측정하는 X-ray 회절시험 기기에 관계없이 항상 동일한 $\theta-2\theta$ X-ray 회절상이 얻 어진다. 따라서 Al 분말과 Cu 분말로 $\theta-2\theta$ XRD 회절상을 측정하면 항상 그림 6-18과 같은 회절상이 얻어지는 것이다.

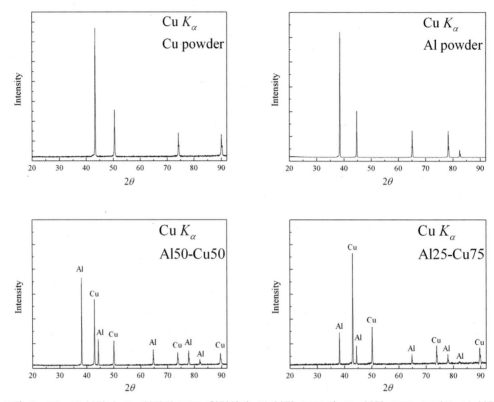

그림 6-18. Al 분말과 Cu 분말의 XRD 회절상과 Al 분말 50%와 Cu 분말 50% 그리고 Al 분말 25%와 Cu 분말 75%인 혼합시료의 XRD 회절상.

그런데 7장에서 자세히 설명할 것이지만, 지구 상에 존재하는 대부분의 결정 재료 분말시료의 XRD 회절시험 결과는 이미 database로 널리 상용화되어 있다. 따라서 우리가 무슨 결정인지 알고 싶은, 즉 미지의 결정 시료를 미세한 분말로 제조하여 Bragg-Brentano 회절시험을 행하여 회절각 2θ 과 회절강도 $I_{2\theta}$ 를 측정하고, 그 결과를 기존의 database 와 비교하면 이것이 어떤 결정 구조의 상(phase)을 가지는 어떤 물질인지 정성(qualitative) 분석을 할 수 있는 것이다. 7장의 주요 내용이 XRD 정성분석에 관한 기초 이론이며, 상용 database를 이용하여 정성분석을 하는 방법도 7장에서 소개한다.

6.6.2 결정상의 정량분석

그림 6-18에서는 100% Al 분말과 100% Cu 분말의 XRD 회절상과 함께 Al과 Cu 분

말이 무게비(weight ratio)로 각각 50%인 시료와 무게비로 Al 분말이 25%, Cu 분말이 75%인 시료의 XRD 회절상을 보여 준다. 이렇게 무게비를 일정하게 정하고 만든 시료를 참고시료(reference sample)라 하며, 참고 시료의 XRD 회절상을 참고 회절상이라 한다. 만약 혼합 비율을 모르는 Al과 Cu 혼합체 분말시료를 가지고 있다면, 이 시료의 XRD 회절상을 참고 회절상과 비교하여 혼합비를 구할 수 있는 것이다. 즉, XRD 회절상을 통하여 시료에 존재하는 결정상의 상대적인 무게비를 구하는 것을 정량(quantitative)분석이라 한다.

정확한 측정을 행하여 얻은 XRD 회절상을 이용하면 다양한 상이 섞여있는 혼합체 시료에서 각 상의 양을 구할 수 있는 것이다. 2개의 α, β 상이 섞여있는 혼합체 시료에서 같은 $\{hkl\}$ 면의 α와 β 상의 회절강도를 I_α와 I_β라 하자. 여기서 회절강도 I_α와 I_β는 회절피크의 면적이다. 혼합체 시료에서 $I_\alpha / (I_\alpha + I_\beta)$ 또는 $I_\beta / (I_\alpha + I_\beta)$의 비는 α와 β 상의 무게분율(weight fraction) X_{wt}^α와 X_{wt}^β에 의존한다. 순수한 α 상과 β 상의 회절강도가 I_α와 I_β이며, I_α와 I_β가 같다고 가정하자. 회절피크의 간섭이 없는 이상적인 경우에 α와 β 상이 섞여있는 혼합체 시료의 $I_\alpha / (I_\alpha + I_\beta)$의 회절강도비는 그림 6-19와 같이 X_{wt}^α에 따라 직선적으로 증가한다. 그러나 α와 β 상의 $\{hkl\}$ 면의 회절강도에 미치는 다양한 인자가 존재할 뿐 아니라 α와 β 상 혼합시료의 질량흡수계수 μ / ρ도 X_{wt}^α와 X_{wt}^β에 의존하여 변화하기 때문에 항상 그림 6-19의 실선을 벗어난 변화가 얻어진다.

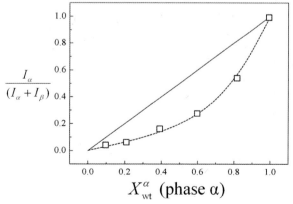

그림 6-19. α와 β 상의 혼합시료에서 α 상의 무게분율 X_{wt}^α에 따른 회절강도비 $I_\alpha / (I_\alpha + I_\beta)$의 변화.

우리는 다양한 조성의 X_{wt}^{α}와 X_{wt}^{β}를 가지는 참고시료(reference sample)를 만들어서 그림 6-19의 점선과 같은 실험 결과를 확정할 수 있다. 이렇게 실험을 통하여 측정한 결과 database를 한 번만 만들어 놓으면, 미지의 혼합체의 X-ray 회절상에서 측정되는 I_{α} / I_{β}를 이미 알고 있는 database와 비교하여, 미지의 혼합체에 존재하는 α와 β 상의 X_{wt}^{α}와 X_{wt}^{β}을 결정할 수 있다. 이것이 RIR(reference intensity ratio)의 원리이다.

6.6.3 결정상의 격자상수 분석

한 결정질 분말로 Bragg-Brentano parafocusing XRD 회절상을 측정하면 회절이 일어나는 각 2θ을 측정할 수 있다. 회절각 2θ에서 회절을 일으키는 $\{hkl\}$ 결정면의 면간거리 d_{hkl}는 Bragg 식으로부터 계산된다. 면간거리 d_{hkl}는 결정계(crystal system)에 의존한다. 3장에 이에 관한 내용이 자세히 설명되어 있다. 예를 들면, cubic 결정계에서 $\{hkl\}$ 면의 면간거리 d_{hkl}는 $1/\sqrt{h^2 + k^2 + l^2}$에 비례한다.

그런데 Bragg 식에서 $d_{hkl} = \lambda / (2 \sin \theta)$이다. 따라서 d_{hkl}의 정확성은 $\sin \theta$에 의존하는데 θ각에 따른 $\sin \theta$의 변화는 그림 6-20과 같다. θ각이 작을 때는 θ각이 조금만 변해도 $\sin \theta$는 많이 변하지만, $\theta = 90°$ 근처에서는 θ각이 변해도 $\sin \theta$는 거의 변화하지 않는다. 예를 들어, $\theta = 30°$와 $\theta = 31°$의 $\sin \theta$ 값 차이는 3.0%이지만, $\theta = 85°$와 $\theta = 86°$의 $\sin \theta$ 값 차이는 단지 0.13%이다. 따라서 큰 θ 각에서 측정된 d_{hkl}를 이용하는 것이 정확한 격자상수 a를 구하는 데 유리한 것이다.

시편 표면의 위치가 XRD의 focusing circle에서 벗어나 있으면 회절상에서 얻어지는 피크의 위치 2θ가 (식 6-2)와 같이 규칙적으로 $\Delta 2\theta$ 만큼 변화한다. 따라서 Bragg-Brentano parafocusing XRD 회절상으로 정확한 격자상수 a를 구하기 위해서는 시편이 XRD-원의 중심에 정확히 놓이게 하여 $\Delta 2\theta$를 최소화해야 한다.

그림 6-21은 Au(금)와 Pt(백금)의 평형상태도(equilibrium phase diagram)를 보여 준다. Au와 Pt는 모든 조성의 합금에서 고용체(solid solution)를 만든다. Au와 Pt 고용체는 모든 조성에서 Au와 Pt와 유사한 평균적인 fcc 결정 구조를 가진다. 상온에서 Au와 Pt의 격자상수는 각각 0.407 nm, 0.392 nm이며, Au와 Pt 고용체의 격자상수 a는 그림 6-22와 같이 Pt의 원자분율 X_{Atomic}^{Pt}에 따라 거의 직선적인 관계를 가진다. 따라서 Au와 Pt

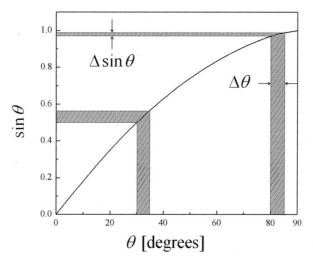

그림 6-20. θ각에 따른 $\sin\theta$의 변화.

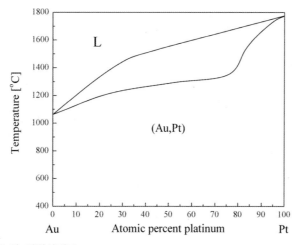

그림 6-21. Au와 Pt의 평형상태도.

의 고용체를 Bragg-Brentano parafocusing XRD 회절상을 측정한 후 2θ를 측정하여 격자상수를 계산하면 고용체의 성분인 $X_{\text{Atomic}}^{\text{Pt}}$을 결정할 수 있는 것이다.

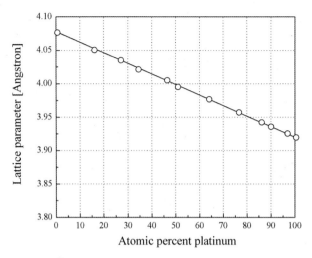

그림 6-22. Pt의 원자분율 X_{Atomic}^{Pt}에 따른 Au와 Pt 고용체의 격자상수 a의 변화.

6.6.4 결정 크기 분석

그림 6-23(a)는 XRD 시료 표면에 {111} 결정면을 가지는 단결정으로부터 측정되는 XRD 회절상을 보여 준다. 회절조건 $2d_{111} \sin \theta = \lambda$을 만족시키는 Bragg $2\theta_B$ 각은 하나이기 때문에 하나의 $2\theta_B$에서만 회절피크가 얻어지는 것을 알 수 있다. 그림 6-23(b)는 분말시료의 {111} 결정면 피크이다. $2\theta_B$보다 큰 각인 $2\theta_2$와 $2\theta_B$보다 작은 각인 $2\theta_1$ 사이에서 회절강도가 얻어지는 것을 알 수 있다. 이것은 $2\theta < 2\theta_1$인 조건과 $2\theta > 2\theta_2$인 조건에서는 완전 상쇄간섭이 일어나기 때문이다. 분말시료의 XRD 회절피크는 피크의 높이 I_{max}와 피크의 폭인 FWHM(full width at half maximum) B로 특징지어진다. FWHM B는 (식 6-3)으로 규정된다.

$$B = \frac{1}{2}(2\theta_2 - 2\theta_1) = \theta_2 - \theta_1 \qquad \text{(식 6-3)}$$

분말 결정의 크기가 작을수록 X-ray 회절강도가 얻어지는 범위인 $2\theta_1$과 $2\theta_2$는 $2\theta_B$로부터 넓어진다. 즉, FWHM B는 결정의 크기 t가 작을수록 (식 6-4)와 같이 커지는데, (식 6-4)를 Scherrer의 식이라 한다.

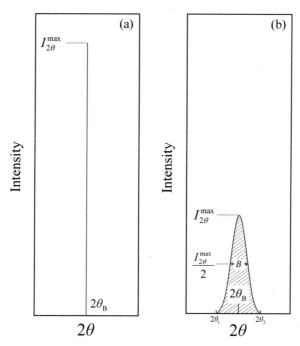

그림 6-23. 단결정과 분말시료의 회절상 비교. (a) 시료 표면에 {111} 결정면을 가지는 단결정의 회절상, (b) 분말시료의 {111} 결정면 회절상.

$$B = \frac{k \cdot \lambda}{t \cos \theta_B}$$ (식 6-4)

여기서 k 는 상수값으로 $0.9 \sim 1.2$ 사이의 값을 가지며, B 의 단위는 radian이다. (식 6-4)의 예로 $k = 0.9$, $\theta_B = 49°$, $\lambda = 0.15$ nm를 가정하자. 결정의 크기 t 가 1.0 mm, 50 nm, 5 nm일 때 B 는 각각 $1.1 \times 10^{-5°}$, 0.23°, 2.3°가 얻어진다. 이와 같이 XRD 회절피크에서 FWHM B 를 측정하면 이것을 이용하여 결정의 크기 t 를 결정할 수 있는 것이다.

6.6.5 잔류응력분석

Bragg 회절조건 $2d_{hkl} \sin \theta = \lambda$ 에서 일정한 파장 λ 를 사용하여 XRD 회절상을 측정할 때 d_{hkl} 가 변하면 회절각 $2\theta_B$ 가 변화한다. 그림 6-24는 simple cubic Bravais 격자를 가지는 결정시료가 탄성변형(elastic deformation)에 의하여 결정 재료의 {001} 결

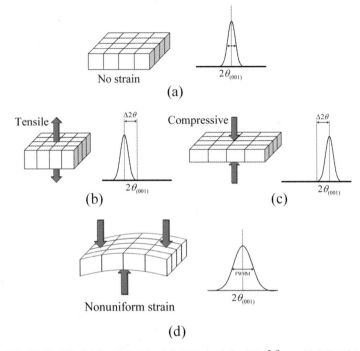

그림 6-24. 탄성변형에 의한 {001} 결정면의 거리 변화와 이에 따른 $2\theta_{\{001\}}$ 회절피크의 변화. (a) 변형이 없을 때, (b) 인장응력을 받을 때, (c) 압축응력을 받을 때, (d) 구부림 변형을 받을 때.

정면의 거리가 어떻게 변화하며, 이에 따라 $2\theta_{\{001\}}$ XRD 피크가 어떻게 변화하는지 보여 준다.

격자가 전혀 찌그러져 있지 않은 상태의 다결정시료에서는 시료의 어느 방향에서 XRD 회절상을 측정하여도 그림 6-24(a)와 같이 똑같은 $2\theta_{\{001\}}$ 에서 XRD 피크가 얻어진다. 그림 6-24(b), (c)와 같이 압축 또는 인장 잔류응력(residual stress)에 의하여 {001} 결정면의 거리가 짧아지거나 넓어지면, $2\theta_{\{001\}}$ 는 큰 값 또는 작은 값으로 같게 이동한다. 구부림 변형을 행한 그림 6-24(d)의 시료에서는 회절상 피크의 최대점이 얻어지는 $2\theta_{\{001\}}$ 는 변하지 않지만 회절피크의 FWHM B 가 커진다.

변형률 상태가 복잡한 소성변형 후에 금속재료에는 다양한 형태로 잔류응력이 존재할 수 있다. 그림 6-25와 같이 잔류응력이 존재하는 시료에서는 방향 Ψ 에 따라 격자상수 a 가 다르다. 즉, 잔류응력이 존재하지 않는 시료에서는 모든 방향에서 동일한 a_0 가 얻어진다. 그러나 그림 6-25와 같이 시료의 표면 방향으로 압축 잔류응력이 존재하면 Ψ

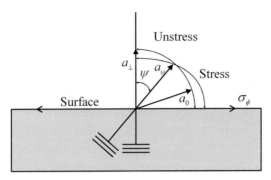

그림 6 – 25. 잔류응력이 존재하는 시료에서 방향 Ψ 에 따른 격자상수 a 의 변화.

$=0°$에서 $a < a_0$ 이며, $\Psi = 90°$에서 $a > a_0$ 가 얻어진다. 여기서 주목할 것은 잔류응력이 Ψ 각에 따라 연속적으로 변해 나간다는 것이다. 잔류응력이 존재하는 재료에서 격자상수 a 가 잔류응력이 없을 때의 격자상수 a_0 로부터 벗어난 a_0 / a 비가 잔류변형(residual strain) $\varepsilon_{\mathrm{res}}$ 이다. 탄성 잔류응력의 크기는 $\varepsilon_{\mathrm{res}}$ 에 직선적으로 비례한다.

6.6.6 집합조직분석

동일한 조성과 동일한 결정 구조를 가지는 결정 재료를 10 μm 이하의 미세한 분말시료로 만들면 측정하는 X-ray 회절시험 기기에 관계없이 항상 동일한 상대강도를 가지는 회절피크들의 회절상이 얻어진다. 그 이유는 분말시료는 항상 무질서한 집합조직을 가지기 때문이다. 이 분말시료를 이용하여 앞에서 언급한 결정질 재료의 정성분석, 정량분석, 결정상의 격자상수분석, 결정크기분석 등을 할 수 있는 것이다.

그러나 동일한 조성과 결정 구조를 가지는 결정 재료는 덩어리 형태로는 Bragg-Brentano X-ray 회절시험 조건으로 측정할 때 얻어지는 회절상의 회절피크의 위치 2θ 는 대부분 일치하지만, 각 회절피크의 회절강도는 대부분 다르게 얻어진다. 이것은 덩어리 재료에서는 결정립의 방위분포가 무질서하지 않고, 특정 방위의 결정립들이 많이 존재하기 때문이다. 즉, 대부분의 덩어리 재료에는 집합조직이 존재하기 때문이다.

덩어리 재료에서 응고, 결정화, 소성변형, 재결정, 결정립 성장, 박막의 생성 등 다양한 과정 중에 집합조직이 형성된다. 3장에서 자세히 설명하였듯이 결정질 재료의 다양한 성질은 결정 이방성을 가지기 때문에 덩어리 재료에서 집합조직의 제어는 매우 중요하다. 8장과 9장에서는 X-ray 회절과 전자 빔 회절에 의한 덩어리 재료의 집합조직 측정 원리와 함께 평가 방법에 대하여 자세히 설명할 것이다.

■■ 6.7 HR XRD의 진보

지금까지 X-ray 회절시험에서 가장 일반적으로 사용되는 Bragg-Brentano parafocusing XRD에 대해 공부하였다. Bragg-Brentano XRD는 결정질 분말시료의 다양한 회절시험에는 매우 유용하지만, 단결정시료나 박막시료의 회절시험을 위해서는 특별한 부가장치들이 장착된 X-ray 회절시험기가 필요하다. 그 이유는 단결정이나 박막 등의 측정을 위해서는 보다 정확한 X-ray 회절조건이 요구되기 때문이다. 그림 6 – 26은 단결정시료나 박막시료의 회절시험에 주로 사용되는 high resolution XRD(HR XRD)의 구조를 보여 준다. HR XRD는 일반적인 XRD에는 부착하지 않은 평행 빔 거울(parallel mirror, Göbel mirror, X-ray mirror), monochromator, 3축으로 회전이 가능한 시편 테이블 등의 특별한 부가 장치들이 장착되어 있다.

그림 6 – 27(a)에서 보듯이 X-ray tube에서 나오는 X-ray는 평행하지 않고, 여러 각도를 가지고 넓게 퍼져 나온다. Bragg-Brentano parafocusing XRD에서는 이렇게 퍼져서 나

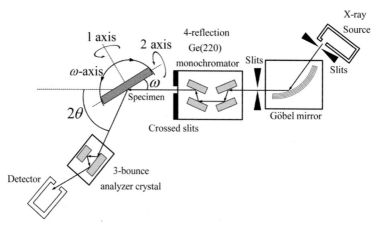

그림 6 – 26. High resolution XRD(HR XRD)의 구조.

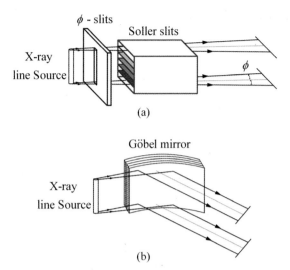

그림 6-27. Bragg-Brentano XRD와 HR XRD에서 평행한 빔을 얻기 위한 장치들. (a) Bragg-Brentano XRD에서 ϕ-slit과 soller slits, (b) HR XRD에서 평행 빔 Göbel 거울.

오는 X-ray를 slit를 이용하여 시편에 X-ray가 조사되는 각도 ϕ를 제한한다. 그러나 slit를 통과한 X-ray들은 완전히 평행하지는 않기 때문에 앞에서 언급한 측정 오류들이 발생한다. 따라서 보다 정확한 회절시험을 위해서는 X-ray source로부터 시편으로 입사되는 X-ray를 평행하게 만들어주는 장치가 필요하다. 이미 설명했듯이 collimator와 soller slit를 사용하면 평행한 X-ray만을 골라내서 시편에 입사되게 할 수 있다. 하지만 X-ray source로부터 나온 X-ray들이 collimator와 soller slit를 통과할 때 평행하지 않은 X-ray들은 흡수되어 사라지기 때문에 시편에 입사되는 X-ray의 양이 크게 감소하는 단점이 있는 것이다.

그림 6-27(b)에서 보듯이 대부분의 HR XRD에 필수적으로 장착된 평행 빔 Göbel 거울은 X-ray source로부터 다양한 방향으로 발산된 X-ray들을 평행하게 만들어주는 장치이다. 평행 빔 Göbel 거울은 비정질 텅스텐과 탄소 layer들이 약 200층 정도 층층이 겹쳐져서 제조된다. 평행 빔 Göbel 거울은 포물선 형태로 휘어져 있어서 X-ray source로부터 넓게 퍼져 나오는 X-ray들을 반사하여 모두 평행한 X-ray가 시편에 동시에 입사될 수 있게 해주는 것이다. 이와 같이 평행 빔 Göbel 거울의 가장 큰 장점은 X-ray source로부터 나온 X-ray를 모두 손실 없이 평행한 빔으로 만들어 주는 것이다.

X-ray tube로부터 출발한 X-ray들은 $K_{\alpha1}$, $K_{\alpha2}$, K_β 등 다양한 파장을 가진다. Target 이 Cu인 X-ray tube를 예로 들면 Cu $K_{\alpha1}$(λ =0.154056 nm), Cu $K_{\alpha2}$(λ =0.154439 nm), Cu K_β(λ =0.139221 nm)인 X-ray들이 방출되는 것이다. $K_{\alpha1}$, $K_{\alpha2}$, K_β 의 강도는 일 반적으로 10 : 5 : 2 정도의 비를 가진다. K_β 선은 $K_{\alpha1}$, $K_{\alpha2}$ 와 파장의 차이가 크기 때문 에 K_β filter인 얇은 Ni filter를 이용하여 쉽게 걸러낼 수 있다. 하지만 $K_{\alpha1}$과 $K_{\alpha2}$ 는 파 장이 거의 비슷하기 때문에 일반적인 Ni filter를 이용하여 걸러낼 수는 없다. 그런데 분말 시료의 정량, 정성분석에 사용하는 일반적인 Bragg-Brentano parafocusing XRD에서는 $K_{\alpha1}$과 $K_{\alpha2}$ 를 구분하지 않고, 단지 Ni filter를 사용하여 X-ray 회절시험을 하는 것이다.

시편에 입사되는 X-ray가 다양한 파장을 가지면 회절피크의 broadening이 일어나서 회절피크의 해석에 문제점이 있다. 즉, 정확한 회절각 2θ 를 측정할 때 문제점이 있는 것이다. 따라서 HR XRD와 같이 높은 resolution이 요구되는 정확한 회절시험을 위해서 는 입사 X-ray에서 $K_{\alpha1}$ 선만 골라내서 하나의 파장으로 만들어주는 monochromator가 요구되는 것이다. 따라서 HR XRD에서는 X-ray tube와 시편 사이에 항상 monochromator 를 장착한다.

X-ray가 시료에 입사되면 시료로부터 X-ray 탄성산란과 비탄성산란이 일어나며, 시료 에서 입사된 X-ray에 의하여 형광 X-ray(fluorescence X-ray)가 발생할 수도 있다. 탄성산 란된 X-ray의 파장은 입사된 X-ray의 파장과 같아서 회절현상에 기여한다. 하지만 비탄 성산란은 산란할 때 에너지를 잃어 파장이 약간 길어지기 때문에 회절현상에는 기여하지 않는다. 비탄성산란된 X-ray와 형광 X-ray는 회절시험에서 noise로 작용하므로 정확한 회절시험을 위해서는 최대로 제거되어야 한다. 따라서 HR XRD에서는 그림 6－26에서 보듯이 시편과 X-ray detector(X-ray 검출기, counter) 사이에도 항상 monochromator를 장 착한다. monochromator에 의하여 비탄성산란된 X-ray와 형광 X-ray를 제거하고, 단지 단 파장의 X-ray만 detector가 검출하게 되는 것이다.

시편의 표면에 수직한 벡터를 회절벡터(diffraction vector) $\vec{s}$ 라 하자. Bragg-Brentano parafocusing XRD에서는 결정면 $\{hkl\}$ 의 수직방향이 벡터 $\vec{s}$ 와 일치하며, 동시에 Bragg 식 $2d_{hkl} \sin\theta = \lambda$ 을 만족시키는 결정면에서만 회절이 일어난다. 분말시료를 사용할 때는 수많은 분말 중에서 이 조건을 만족시키는 단지 소수의 분말들만이 회절에 참여한다. 그러나 단결정시료에서는 이 조건이 모두 만족될 때만 회절피크가 얻어지는 것이다. 그림 6-28은 Bragg-Brentano parafocusing XRD에서 {001} Bragg 조건을 만족하는 결정면이 회절벡터 $\vec{s}$와 수직하여 있으며, $2d_{hkl}\sin\theta = \lambda$ 의 조건이 만족하는 조건에서 얻어지는 XRD 회절상을 보여 준다. {001} 회절피크와 {002} 회절피크가 다른 2θ에서 얻어지지만, {001}와 {002}이 아닌 다른 {hkl} 결정면들에서는 회절피크가 얻어지지 않는다.

따라서 단결정시료의 X-ray 회절피크를 얻기 위해서는 측정하는 {hkl} 결정면의 수직방향이 $\vec{s}$와 일치해야 한다. 이런 목적으로 HR XRD에서는 시료를 원하는 방향으로 회전시킬 수 있는 시편 테이블이 필요한 것이다. 또한 다음에 설명할 rocking curve 측정에는 시편을 모든 방향으로 회전할 수 있는 시편 테이블이 필요하다.

평행 빔 Göbel 거울, monochromator 그리고 회전 가능한 시편 테이블이 장착된 HR XRD는 용도에 따라 다양한 scan mode로 구동될 수 있다. 그림 6-26에서 보듯이 입사 빔과 시료 표면 사이의 각도를 ω, X-ray detector와 입사 빔이 시료를 투과한 방향의 각도를 2θ라 한다. 첫 번째 scan mode는 2θ를 Bragg 조건에 맞게 고정하고, 입사각 ω

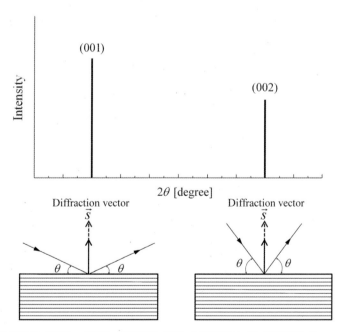

그림 6-28. 회절조건의 {001}, {002} 결정면과 이에 수직하게 놓인 회절벡터 $\vec{s}$.

만 아주 조금씩 변하면서 X-ray 회절강도를 측정하는 ω scan이다. ω scan 법은 rocking curve 측정을 위해 사용된다. 두 번째 scan mode에서는 ω와 2θ 각을 함께 회전하는 coupled scan mode이다. ω-2θ scan mode는 단결정시료나 아주 얇은 두께를 가지는 박막시료의 회절시험을 위해 사용된다. 세 번째 scan mode는 주로 박막시료를 측정할 때 X-ray의 침투 깊이를 최소화하기 위하여 입사각 ω을 3° 이하로 고정하고, 2θ만 변화시키는 방법이다. 세 번째 scan mode를 glancing XRD 또는 grazing XRD 법이라고도 한다.

■■ 6.8 Rocking curve, HR XRD

Rocking curve는 주로 단결정시료나 박막시료에서 시료의 결정이 얼마나 perfect한지를 측정하는 데 사용된다. Rocking curve 측정을 위해서 2θ는 Bragg 조건에 맞게 고정하고, 입사각 ω만 아주 조금씩 변화시키면서 X-ray 회절강도를 측정한다. 따라서 rocking curve는 ω에 따른 X-ray 강도의 변화로 보여진다. 그림 6-29는 아주 perfect한 결정시료와 defect를 많이 포함하고 있는 시료의 rocking curve를 모사하여 보여 준다. 그림 6-29에서 주목할 것은 ω의 측정 범위가 34.20° ~ 34.60°로 매우 작은 각도의 ω 범위에서 rocking curve를 측정한다는 것이다.

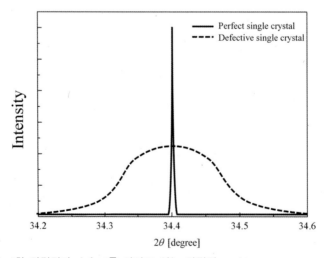

그림 6-29. Perfect한 단결정과 defect를 가지고 있는 단결정 rocking curve.

거의 perfect한 결정에서는 결정면 간격과 결정면의 배열이 매우 일정하기 때문에 모든 결정면들에서 회절조건이 거의 하나의 2θ 각에서 얻어져 매우 sharp한 rocking curve 가 얻어진다. 그러나 단결정시료 내에 lattice strain, mosaicity, dislocations, lattice curvature 와 같은 결정 결함들이 많이 존재하면 결정면 간격과 결정면의 배열이 조금씩 다르다. 따라서 이런 결정 결함이 존재하는 단결정시료에서는 broad한 rocking curve가 얻어지는 것이다.

Rocking curve는 다결정 재료의 연구에도 사용될 수 있다. 다결정 재료에서 particle size와 grain size가 작을수록 broad한 rocking curve가 얻어진다. 그리고 ductile한 다결정 재료에서는 변형 정도를 측정할 때에도 rocking curve를 이용할 수 있다.

■■■ 6.9 Coupled scan, HR XRD

분말시료의 회절시험에 일반적으로 사용되는 Bragg-Brentano parafocusing XRD의 θ -2θ scan에서는 X-ray 입사 빔이 완전히 평행하지 않으며, X-ray 입사 빔의 파장이 단 파장이 아니고 어느 정도 범위를 가지기 때문에 resolution이 낮은 편이다. 따라서 아주 근접한 회절피크들을 정확히 구분하여 측정하기는 어렵다.

그런데 HR XRD에는 평행 빔 Göbel 거울을 이용하여 다양한 방향으로 발산되는 입사 빔을 완전히 평행하게 만들어서 높은 강도를 가지는 평행한 X-ray 입사 빔을 얻어낸다. 또한 HR XRD에는 monochromator를 이용하여 입사 빔과 회절 빔에서 정확히 하나의 파장만을 걸러내어 단파장의 X-ray로 회절시험이 가능한 것이다. 이렇게 평행 빔 Göbel 거울과 monochromator를 이용하여 얻어진 평행하고 단파장의 X-ray를 이용하여 회절시험을 하면 정확한 회절피크를 얻을 수 있기 때문에, 아주 근접한 회절피크들도 정확히 구분하여 측정하는 것이 가능하다. 특히 유사한 구조를 가지는 기판 위에 증착된 박막시료들은 HR XRD ω-2θ coupled scan mode를 이용해야 정확한 회절시험이 가능하다.

Bragg-Brentano parafocusing XRD를 이용하여 단결정시료를 회절시험하면 Bragg 조건을 만족하는 결정면이 시료의 표면과 평행하게 존재할 때에만 이 결정면의 회절피크

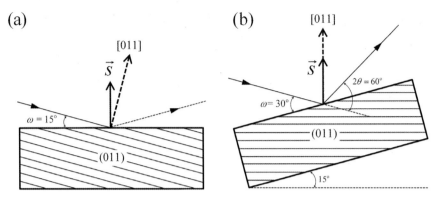

그림 6-30. 단결정시료에서 회절벡터 $\vec{s}$와 회절이 일어나는 결정면의 수직방향을 일치시키기 위한 시편 테이블의 회전.

가 얻어질 수 있다. 그림 6-30(a)는 시료표면과 15° 기울어진 (011) 결정면을 보여 준다. (011) 결정면의 Bragg 회절각 $2\theta = 60°$이라고 가정하자. 이때 X-ray의 입사각은 $\omega = 15°$이다. 이 조건에서는 시편의 표면에 수직한 회절벡터 $\vec{s}$가 (011)에 놓이지 않아 (011) 결정면에서 회절은 일어나지 않는다. 그러나 그림 6-30(b)는 시편을 15° tiling하여 X-ray의 입사각 $\omega = 30°$가 되었을 때 회절벡터 $\vec{s}$가 (011) 결정면에 수직인 [011]와 평행하게 된 것을 보여 준다. 이런 상태에서는 (011) 면에서 Bragg 회절조건이 얻어져 회절피크를 측정할 수 있는 것이다. 이렇게 단결정시료의 회절시험을 위해서는 회절이 일어나는 (hkl) 결정면의 수직방향이 회절벡터 $\vec{s}$와 일치하게 시편 테이블을 회전시킬 필요가 있다.

그림 6-31과 같이 rocking curve 측정과 coupled scan mode에서는 X-ray가 발생하는 위치는 고정되어 있다. 그림 6-31(a)와 같은 rocking curve 측정 시에는 회절이 일어나는 (hkl)의 수직방향이 회절벡터 $\vec{s}$와 일치하도록 X-ray 입사각 ω이 결정되며, X-ray detector의 위치는 회절방향 2θ에 고정된다. 이런 조건에서 시편 테이블이 3개의 축 방향으로 아주 조금씩 회전하면서 X-ray 회절강도를 측정하는 것이 rocking curve 측정법이다. 그림 6-31(b)와 같은 coupled scan mode에서는 회절이 일어나는 (hkl)의 수직방향이 회절벡터 $\vec{s}$와 일치하도록 X-ray 입사각 ω와 회절각 2θ가 우선 고정한다. 이렇게 먼저 ω와 2θ를 고정한 후에 시편 테이블의 ω 각과 X-ray detector의 2θ를 1° 미만 범위에서 회전시키면서 미세한 ω와 2θ의 변화에 따른 회절강도를 측정한다. 이렇게 ω와 2θ가 동시에 회전하기 때문에 이러한 측정방법을 coupled scan mode라 한다.

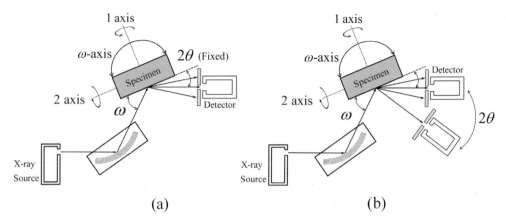

그림 6-31. Rocking curve와 Coupled scan mode에서 입사각 ω 와 X-ray detector의 위치. (a) Rocking curve 측정, (b) Coupled scan mode.

그림 6-32는 Si 단결정 기판 위에 불순물이 포함된 Si 단결정 박막이 입혀진 시료를 rocking curve와 coupled scan mode로 측정하여 얻어지는 결과를 모사한 것이다. 그림 6-32(a)와 같이 rocking curve 측정 시에는 X-ray detector의 위치는 회절방향 2θ 에 고정된 상태에서 시편 테이블을 조금씩 회전시키면서 data를 얻기 때문에 입사각 ω 가 미세하게 변화함에 따른 회절피크를 측정한다. 여기서는 2θ 가 Si의 회절조건에 고정되어 있기 때문에 Si의 피크만이 얻어진다. 그림 6-32(b)와 같이 coupled scan mode에서는 X-ray detector가 XRD-원을 회전하면서 data를 얻기 때문에 2θ 에 따른 회절피크를 측정한다. 여기서는 Si 기판의 회절피크와 불순물이 포함된 Si 박막의 회절피크가 다른 2θ 에서 동시에 얻어지고 있다.

HR XRD coupled scan mode는 회절각 2θ 가 1° 미만인 경우에도 정확히 구분하여 측정할 수 있다는 것이 큰 장점이다. 그림 6-33은 (004) Si 기판 위에 SiGe 박막이 증착된 시료를 coupled scan하여 얻어진 결과를 보여 준다. Si 기판과 SiGe layer의 회절피크는 각각 $2\theta = 69.13°$ 와 $2\theta = 68.60°$ 에서 얻어진다. 두 물질의 회절각 2θ 는 불과 0.53° 차이 밖에 나지 않지만, 이 방법에 의하여 명확히 구분이 되는 회절피크가 얻어지는 것을 확인할 수 있다.

HR XRD를 이용한 coupled scan 측정 결과에서는 Si substrate와 SiGe layer의 회절피크뿐 아니라 많은 두께 fringe들이 얻어진다. 두께 fringe는 HR XRD 또는 XRR(X-ray

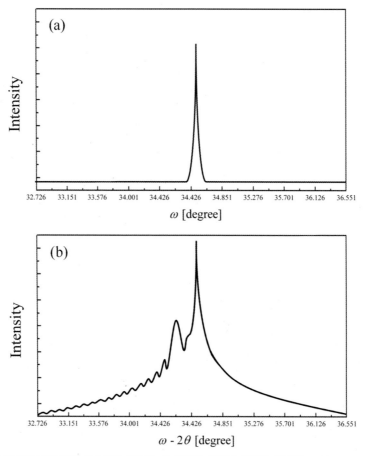

그림 6 - 32. Si 단결정 기판 위에 불순물이 포함된, Si 단결정 박막이 입혀진 시료의 rocking curve와 coupled scan mode 측정 결과의 비교. (a) rocking curve 측정 결과, (b) Coupled scan mode 측정 결과(Courtesy of Bruker Korea).

reflectometer)로 박막시편을 측정할 때 계면에서 일어나는 X-ray의 반사에 의해 얻어진다. 박막 시편에 X-ray가 입사되면 박막의 윗면과 아랫면에서 X-ray들이 반사된다. 반사된 X-ray들 사이에는 경로차(path difference) δ가 존재하는데, δ는 입사각과 박막의 두께 t에 따라 변화한다. δ가 정수 n의 배수 $n\lambda$가 되면 보강간섭이 일어나서 높은 강도가 얻어지고, 반대로 δ가 $n\lambda$로부터 벗어나면 낮은 강도가 얻어진다. 그러므로 반사된 X-ray의 강도가 일정한 주기를 가지고, 피크의 강약이 얻어지는 것을 두께 fringe라 한다. 두께 fringe의 폭(width)은 시편의 두께에 반비례한다. 따라서 두꺼운 박막층에서는 얇

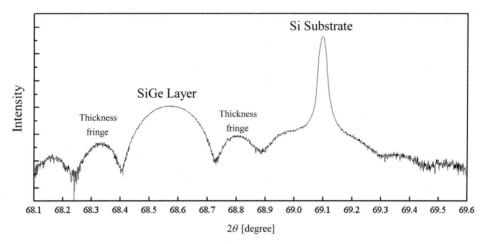

그림 6-33. (004) Si 기판 위에 SiGe 박막이 증착된 시료의 coupled scan 결과(Courtesy of Bruker Korea).

은 폭의 두께 fringe가 얻어지며, 반대로 얇은 박막층에서는 두꺼운 폭의 두께 fringe가 얻어진다.

■■ 6.10 Detector scan(Glancing or Grazing XRD), HR XRD

일반적인 Bragg-Brentano parafocusing XRD법에서 X-ray의 입사각은 0°부터 90°까지, 즉 회절각 2θ는 0°부터 180°까지의 범위에서 회절상을 측정한다. X-ray의 입사각 ω가 0°부터 90°까지 변함에 따라 X-ray가 시편의 두께 방향으로 침투하는 깊이가 변화한다. 따라서 기판 위에 박막이 증착된 시편을 큰 입사각 ω로 회절시험하면 그림 6-34(a)와 같이 X-ray 입사 빔이 박막층을 통과하여 기판까지 침투하기 때문에, 박막층의 회절 정보뿐 아니라 기판의 회절 정보가 동시에 얻어진다. 따라서 기판의 회절 정보를 제외하고 박막 층만의 회절 정보만을 얻기 위해서는 일반적인 Bragg-Brentano parafocusing XRD법은 부적절하며, 특별한 형태를 가진 XRD 측정기기가 요구된다.

HR XRD detector scan법은 그림 6-34(b)와 같이 X-ray 입사각 ω를 아주 작은 각도 (3° 이하)로 고정한다. 이와 같이 아주 작은 입사각 ω을 가지는 특징 때문에 이 측정법

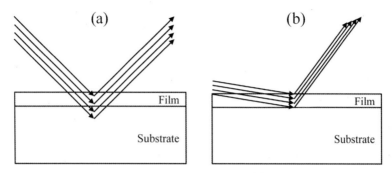

그림 6 – 34. 박막이 증착된 시편에서 X-ray 입사각 ω에 따른 시편 침투 깊이 비교. (a) 입사각 ω이 클 때, (b) 입사각 ω이 작을 때.

을 glancing XRD 또는 grazing XRD라고 한다. X-ray 입사각 ω가 아주 작으면 입사된 X-ray는 기판까지 침투하지 않기 때문에 단지 시편의 표면층만이 X-ray 회절에 기여하여 박막층만의 회절정보를 얻어낼 수 있는 것이다. 또한 glancing XRD 또는 grazing XRD에서는 다양한 입사각 ω에서 glancing XRD 시험을 하여 시편의 깊이에 따른 결정 구조 분석도 가능하다.

일반적인 Bragg-Brentano parafocusing XRD법에서는 입사각이 $\omega = \theta$이므로 일정한 입사각 ω에서 $n\lambda = 2d\sin\omega$를 만족하는 결정면이 시편의 표면에 평행하게 존재할 때만 회절이 일어난다. Detector scan을 행하는 glancing XRD에서는 시료에 평행 빔 Göbel

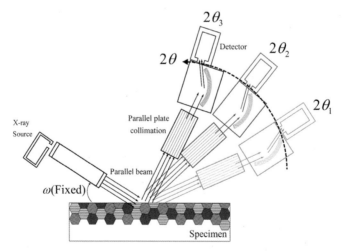

그림 6 – 35. Glancing XRD에서 고정된 입사각 ω과 3개의 $2\theta_1$, $2\theta_2$, $2\theta_3$에서 회절 빔을 검출하기 위한 detector의 회전.

거울에 의하여 시편 표면에 평행한 X-ray가 일정한 ω 각도로 입사된다. 입사 X-ray와 회절조건에 놓인 몇 개의 결정면에서는 몇 개의 2θ 방향으로 회절이 일어난다. Glancing XRD에서는 단지 detector가 XRD-원을 따라 회전하면서 어떠한 2θ 각에서 회절이 어떤 강도를 가지고 일어나는지를 측정한다. 이 측정법에서는 단지 detector만 회전하기 때문에 detector scan HR XRD라고 한다. X-ray 입사각 ω가 고정되어 있는 그림 6-35에서는 평행한 X-ray에 의하여 3개의 회절방향 $2\theta_1$, $2\theta_2$, $2\theta_3$에서 회절이 일어나는 결정면들을 보여 주고 있다.

그림 6-36은 Detector scan glancing XRD에서 시편에 입사된 X-ray가 시편에서 지나가는 경로를 보여 준다. 시편 안에서 이동하는 거리 l은 (식 6-5)과 같이 ω와 2θ에 의존한다.

$$
\begin{aligned}
l = d_1 + d_2 &= \frac{z}{\sin \omega} + \frac{z}{\sin(2\theta - \omega)} \\
&= z \left(\frac{1}{\sin \omega} + \frac{1}{\sin(2\theta - \omega)} \right) = z \cdot k_\omega
\end{aligned}
\tag{식 6-5}
$$

여기서 t와 z는 각각 시편 두께와 X-ray 침투 깊이이다. 강도 I_0를 가지는 X-ray가 시편에 입사되어 l만큼 이동하면 강도 $I_0 \exp(-\mu l)$의 X-ray가 얻어진다. 그런데 X-ray 입사각 ω, 회절각 2θ 조건에 있는 두께 t를 가지는 박막 시편에서 정보가 얻어지는 깊이는 정보 깊이(information depth) τ라 하며 (식 6-6)으로 구해진다.

$$
\tau = \frac{1}{\mu k_\omega} + \frac{t}{1 - \exp(\mu t k_\omega)}
\tag{식 6-6}
$$

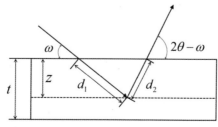

그림 6-36. Glancing XRD에서 시편에 입사된 X-ray의 경로.

표 6−1. 600 nm의 두께를 가지는 TiO₂ rutile 박막 시편에서 회절각 2θ 가 20°에서 60°의 범위일 때 입사각 ω 에 따른 정보 깊이 τ.

Angle of incidence ω [°]	Information depth τ [nm]
0.5	146 − 147
1	210 − 212
2	250 − 253
3	264 − 268

여기서 μ 는 선흡수계수이다.

표 6−1은 600 nm의 두께를 가지는 TiO₂ rutile 박막 시편에서 회절각 2θ 가 20°에서 60°의 범위일 때 입사각에 따른 정보 깊이 τ 를 보여 준다. 이때 선흡수계수 $\mu = 0.0528$ μm^{-1} 이고, $\mathrm{Cu}K_{\alpha} = 0.154$ nm의 파장으로 계산한 것이다. 입사각 ω 이 증가할수록 정보 깊이 τ 는 증가한다. 입사각 ω 이 1.0° 이하에서는 ω 가 증가하면 τ 의 변화가 특히 크다.

Detector scan glancing XRD에서는 X-ray 입사각 ω 이 3° 이하로 매우 작다. 그런데 X-ray 입사각 ω 이 작을수록 sample displacement error가 크게 증가한다. 따라서 glancing XRD에서는 항상 평행 빔 Göble 거울을 이용하여 입사 빔을 완전히 평행하게 만들어 사용한다.

그림 6−37은 glass 기판 위에 TiO₂ 박막을 증착한 시료를 일반적인 Bragg-Brentano parafocusing XRD로 회절시험한 결과와 glancing XRD로 회절시험한 결과를 함께 보여 준다. Bragg-Brentano parafocusing XRD로 회절시험하면 TiO₂ 박막에서 얻어지는 회절강도는 비정질 glass 기판에서 얻어지는 회절강도에 비해 매우 약해서 거의 인지할 수 없다. 이에 반해서 glancing XRD로 회절시험한 결과에서는 기판의 영향이 최소화되어 TiO₂ 박막의 회절피크를 명확히 얻어낼 수 있는 것이다.

그림 6−38은 Ti 기판 위에 HA(hydroxyapatite) 박막을 증착한 시료를 다양한 X-ray 입사각 ω 로 glancing XRD로 회절시험 한 결과이다. 아주 낮은 입사각 ω 에서는 Ti 기판의 회절피크가 거의 관찰되지 않고 HA 박막의 회절피크만 뚜렷하게 나타난다. 입사각이 증가하면 HA 박막의 회절피크뿐만 아니라 Ti 기판의 회절피크도 얻어지며, X-ray 입사각 ω 가 아주 크면 Ti 회절피크가 아주 강하게 얻어져 HA 박막의 회절피크가 거의 사라진다. 이와 같이 다양한 입사각 ω 에서 glancing XRD로 회절 시험하여 두께 방향

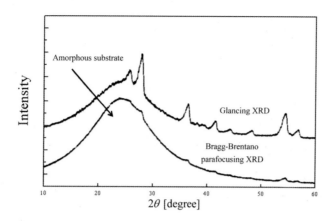

그림 6 - 37. Glass 기판 위에 TiO₂ 박막을 증착한 시료를 Bragg-Brentano XRD로 측정한 회절상과 glancing
XRD로 측정한 회절상(Courtesy of Bruker Korea).

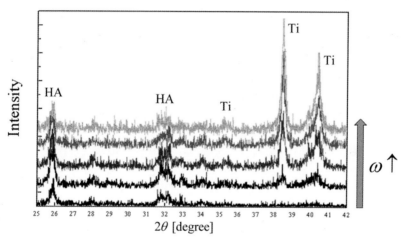

그림 6 - 38. 다층 박막시료에서 glancing XRD의 입사각 ω 에 따른 회절상의 변화(Courtesy of Bruker
Korea).

의 구조적 정보를 얻어낼 수 있는 것이다.

■■ 6.11 X-ray reflectometry(XRR)

지금까지 배운 XRD와 HR XRD에서는 X-ray Bragg 회절(diffraction)을 이용하여 분말

265

시료, 단결정시료, 박막시료 등 다양한 결정들의 구조를 분석할 수 있었다. 그런데 HR XRD 장비에는 평행 빔 Göbel 거울과 monochromator가 장착되어 단파장이며, 아주 평행한 X-ray 입사 빔을 사용할 수 있다. 이런 장치를 갖춘 HR XRD 장비는 X-ray Bragg 회절(diffraction)뿐 아니라 X-ray 반사(reflection)를 이용하여 박막 재료의 다양한 특성을 평가하는 데 사용될 수 있다.

XRR(X-ray reflectometry)은 그 명칭에서 의미하듯이 X-ray의 반사를 이용한다. 여러 개의 층을 가지는 박막을 다층 박막이라 한다. 다층 박막은 여러 개의 층 사이에 계면을 가지고 있다. 이런 다층 박막에 X-ray가 조사되면 시료의 표면과 계면들에서 다양한 형태로 반사(reflection)가 일어난다. 이렇게 반사(reflected)된 X-ray들은 상호 간섭에 의하여 다양한 형태의 반사 강도를 보여 준다. XRR을 이용하여 박막 또는 다층 박막 시편의 밀도, 두께, 표면 또는 계면의 roughness를 측정할 수 있다.

그림 6–39는 XRR의 구조를 보여 준다. 여기에는 물론 X-ray tube 앞에 평행 빔 Göbel 거울이 놓여지며, slit가 X-ray 입사면적을 제한한다. 시료 위에는 knife edge collimator가 장착되어 X-ray 입사각 ω과 입사각과 같은 각도인 반사각 ϑ을 제한한다. 시료에서 반사된 X-ray는 반사강도가 매우 높기 때문에 강도를 낮추기 위하여 얇은 흡수판(absorber)을 통과시킨다. 흡수판을 통과한 X-ray는 slit를 통과한 후 시료 표면과 반사각 ϑ에 놓인 detector로 진행한다. 반사 강도를 측정할 때는 입사각 ω과 반사각 ϑ이 같은 값을

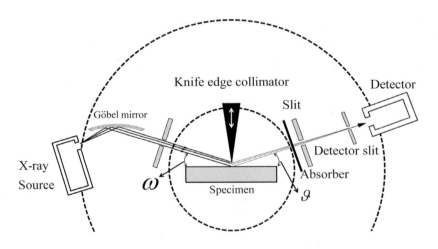

그림 6–39. XRR(X-ray reflectometry)의 구조.

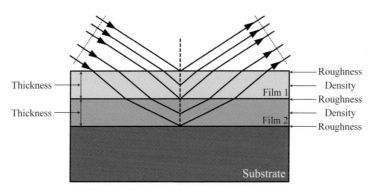

그림 6-40. 기판 위에 2개의 다른 물질로 증착된 다층 박막시료.

가지고 조금씩 XRD-원을 따라 회전한다.

　그림 6-40은 기판 위에 2개의 다른 물질로 증착된 다층 박막시료를 보여 준다. 시료에서 X-ray의 반사 강도는 박막시료를 구성하는 3개의 물질층의 밀도, 박막의 두께, 시료 표면 및 계면의 roughness에 의존한다.

　X-ray reflectometry(XRR)로 측정한 결과는 그림 6-41과 같이 X-ray 입사각 ω에 따라 reflectivity(반사도)가 어떻게 변하는지를 보여 주는 것이다. 입사 X-ray가 시료에서 100% 반사된다면 reflectivity=1.0이다. X-ray 입사각 ω=0.1° 이하인 조건에서는 항상 시료 표면에서 전반사가 일어나서 reflectivity=1.0이다. 전반사가 일어나는 X-ray 입사각 ω

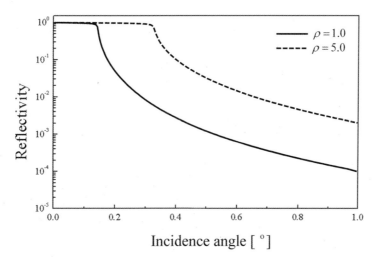

그림 6-41. 밀도가 다른 2개의 시료에서 입사각에 따른 reflectivity의 변화(Courtesy of Bruker Korea).

의 범위를 임계 입사각 ω_c 라 한다. ω_c 는 시료의 밀도 ρ 가 높을수록 증가한다. 충분한 두께를 가지고 있고, 고른 표면을 가지고 있는 시료에서는 두께와 roughness의 영향은 무시할 수 있다. 이런 시료에서는 ω_c 를 측정하면 밀도를 추정할 수 있는 것이다. 그림 6-41은 밀도 $\rho = 1.0$에서 $\rho = 5.0$으로 커지면 ω_c 가 0.15°에서 0.32°로 증가함을 보여 준다. 그림 6-41에서 전반사 구간을 벗어나서 입사각 ω 이 증가하면 reflectivity는 점차 감소하는 것을 보여 준다. 이것은 입사각 ω 이 커지면 X-ray가 시료에 침투하는 깊이가 증가하여 reflectivity가 감소하기 때문이다.

그림 6-42는 Si 기판과 Si 기판 위에 10 nm와 40 nm의 두께를 가지는 Au 박막을 제조하여 XRR로 측정한 결과이다. 여기서는 X-ray 입사각 ω 이 증가함에 따라 3개의 시료에서 reflectivity가 어떻게 변화하는지를 보여 준다. Si 기판은 이 기판 위에 증착된 Au에 비하여 밀도 ρ 가 낮기 때문에 전반사가 일어나는 구간 ω_c 가 작다. 물론 시료의 표면에 증착된 Au층은 거의 같은 ω_c 를 가진다.

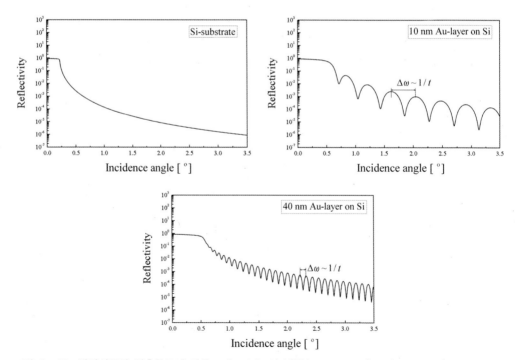

그림 6-42. 박막시료의 적층구조에 따른 reflectivity의 변화(Courtesy of Bruker Korea).

단일 재료인 Si에서는 구간 ω_c을 지나면 입사각 ω이 증가함에 따라 reflectivity가 서서히 감소한다. 그러나 Si 기판 위에 Au가 증착된 시료에서는 구간 ω_c을 지나면 reflectivity가 일정한 형태의 oscillation을 나타내며 감소한다. 이러한 reflectivity의 oscillation을 두께 fringe라고 한다. 박막 시편의 윗면과 아랫면에서 반사되는 X-ray들 사이에는 경로차(path difference) δ가 생겨나는데, δ는 입사각 ω에 따라 변화한다. 경로차 δ가 X-ray의 파장 λ의 정수배가 되면 보강간섭이 일어나서 높은 reflectivity가 얻어지며, 반대로 경로차 δ가 $\lambda/2$의 홀수 정수배가 되면 상쇄간섭이 일어나서 낮은 reflectivity가 얻어진다. 이것이 반복되면서 reflectivity의 oscillation이 일어나는 것이 두께 fringe이다. 두께 fringe oscillation의 주기 $\Delta\omega$는 박막의 두께 t에 반비례한다. 이에 따라 40 nm의 두께를 가지는 Au 박막시료는 10 nm의 두께를 가지는 시료보다 좁은 $\Delta\omega$를 가지는 두께 fringe가 얻어지는 것이다.

그림 6-43은 동일한 덩어리 재료로 다양한 표면 roughness σ를 가지는 시료를 제조하여 XRR로 측정한 결과를 보여 준다. 이 시료들은 같은 재료이므로 전반사가 일어나는 임계 입사각 ω_c가 같다. 또한 덩어리 재료이므로 두께 fringe도 나타나지 않는다. 표면이 거친 시료일수록 입사각이 증가함에 따라 reflectivity가 급격히 감소하는 것을 보여 준다. 이것은 표면이 거친 시료일수록 X-ray가 표면에서 산란이 많이 일어나기 때문이다.

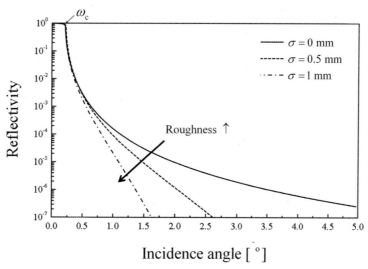

그림 6-43. 다양한 표면 roughness σ에 따른 reflectivity의 변화(Courtesy of Bruker Korea).

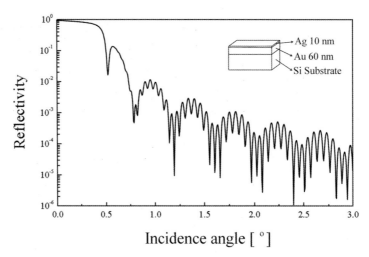

그림 6-44. 다층 박막시료의 입사각 ω에 따른 reflectivity의 변화(Courtesy of Bruker Korea).

　그림 6-44는 Si 기판 위에 60 nm의 Au를 증착한 후에 다시 10 nm의 Ag를 증착하여 표면에 Ag 박막층 밑에 Au 박막층이 있는 다층 박막시료를 XRR로 측정한 결과를 보여 준다. 입사각 ω가 0.3° 이하로 아주 작을 때 표면층의 Ag에서 전반사가 일어나서 1.0에 가까운 reflectivity가 얻어진다. 입사각 ω가 0.5° 이상에서는 두께 fringe oscillation의 주기 $\Delta\omega$ 각 0.36°인 Ag 박막층의 두께 fringe가 보여진다. 또한 입사각 ω가 0.8° 이상에서는 $\Delta\omega$ 각이 약 0.05°인 Au 박막층의 두께 fringe가 보여진다. 입사각 $\omega > 1.2°$인 조건에서 ω가 증가하면 Au 박막층의 두께 fringe가 점점 명확해지고, 반대로 Ag 박막 층의 두께 fringe가 점점 흐려진다. 이것은 입사각 ω가 증가하면 X-ray의 침투 깊이가 증가하여 깊은 층에 존재하는 Au로부터 많은 정보가 얻어지기 때문이다.

■■ 6.12 X-ray detector

　X-ray tube에서 출발한 X-ray는 시편에 조사되어 입사된 X-ray와 결정면이 Bragg 조건을 만족하면 회절이 일어난다. 이때 회절된 X-ray의 양을 정량적으로 측정하기 위해서 X-ray detector(검출기, counter)가 사용된다. X-ray detector는 detector에 들어오는 X-ray의 양에 비례하여 전류를 발생시켜 X-ray의 양을 정량화한다. X-ray detector는 gas detector와 solid state detector로 구분된다. Gas detector로는 Geiger detector와 proportional detector가 있고, solid detector로는 scintillation detector와 semiconductor detector가 있다.

그림 6-45는 gas detector의 구조를 보여 준다. 이 구조를 ionization chamber라고도 한다. Ionization chamber 내에는 Ar, Xe, Kr과 같은 불활성 기체가 채워져 있다. 이것의 중심부에는 음극인 벽과 절연된 양극인 금속선이 존재하는데, 음극과 양극 사이에는 수백 volt의 potential이 존재한다. Detector window는 X-ray를 거의 흡수하지 않는 Be 등의 얇은 박막으로 만들어져 있다. Window를 통과하여 chamber에 들어온 X-ray는 gas 분자와 반응하여 gas들을 이온화시키며 동시에 전자를 발생시킨다. 만약 음극과 양극 사이에 potential이 존재하지 않으면 양이온과 전자는 재결합한다. 그러나 음극과 양극 사이에 potential이 존재하면 전자는 양극인 금속선을 따라 흘러가며 전류를 발생시킨다. 이러한 전류의 양을 측정하면 window를 통하여 detector에 들어온 X-ray의 양을 정량화할 수 있는 것이다.

Ionization chamber에 약 1,000 volt 정도의 전압이 가해지면 multiple ionization 또는 gas amplification 현상이 발생한다. 이런 높은 전압 하에서는 X-ray와 gas 분자의 반응에서 생성된 전자가 빠른 속도로 양극인 금속선으로 이동하게 된다. 전자의 이동 속도가 빠르면 전자는 gas 분자와 다시 반응하여 gas들을 다시 이온화시키며, 동시에 전자를 발생시킨다. 이것이 gas amplification 현상이다. X-ray와 gas 분자와의 반응에 의하여 생성되는 전자수에 비하여 gas amplification에 의하여 생성되는 전자의 수가 약 $10^3 \sim 10^5$배일 때 입사된 X-ray의 양과 생성된 전자의 수가 비례한다. 따라서 이러한 조건에서

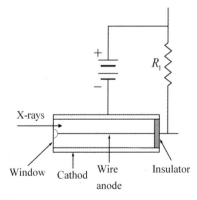

그림 6-45. Gas detector의 구조.

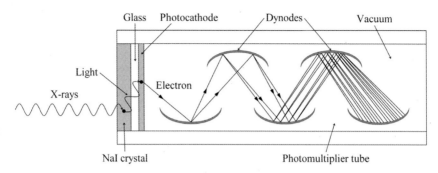

그림 6-46. Scintillation detector의 구조.

X-ray를 검출할 때 이것을 proportional detector라고 한다.

Ionization chamber의 양극과 음극 사이에 전압이 약 1,500 volt 이상으로 높아지면 X-ray와 gas 분자의 반응에서 생성된 전자가 매우 빠른 속도로 양극인 금속선으로 이동하게 된다. 따라서 gas amplification 현상이 크게 증대된다. 따라서 gas amplification에 의하여 생성되는 전자의 수가 proportional detector에 비하여 약 10^5 정도가 된다. 이런 현상을 이용한 detector를 Geiger detector라고 한다. Geiger detector는 X-ray diffractometer에서는 사용하지 않고, X-ray와 같은 높은 에너지를 가지는 방사선의 유무를 판별하는 데 주로 사용된다.

그림 6-46은 scintillation detector의 구조를 보여 준다. Scintillation detector는 sodium iodide(NaI) crystal, photocathode, photomultiplier tube로 구성되어 있다. Thallium이 약간 포함된 sodium iodide(NaI) crystal에 X-ray가 들어오면 가시광선이 발생한다. 이 가시광선이 cesium-antimony intermetallic compound로 되어 있는 photocathode에 들어가면 전자들을 방출한다. Photomultiplier tube는 약 10개의 dynode로 구성되어 있다. Dynode는 전자의 진행 방향으로 약 100 volt 정도의 positive potential이 부가된 dynode들로 만들어져 있다. Dynode에 하나의 전자가 들어오면 4~5개의 전자를 방출시킨다. 따라서 photomultiplier를 통과하면서 전자의 수는 약 5^{10}배, 즉 10^7배 증가한다. 이렇게 detector에서 증폭된 전류를 이용하여 입사되는 X-ray의 강도를 측정하는 것이다.

그림 6-47은 scintillation detector에서 X-ray 파장 변화에 따른 X-ray 흡수 효율을 보여 준다. X-ray의 파장이 0.03 nm 이하인 X-ray는 에너지가 너무 커서 detector에 흡수되지 못하므로 매우 낮은 흡수 효율이 얻어진다. X-ray 파장이 0.05 nm 이상일 때 scintillation

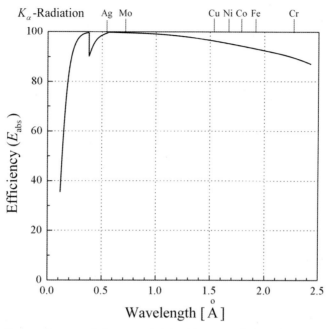

그림 6 - 47. Scintillation detector에서 X-ray 파장에 따른 X-ray 흡수 효율의 변화.

detector는 매우 높은 흡수 효율을 나타낸다. 따라서 대부분의 XRD들이 scintillation detector 를 사용하고 있다.

Semiconductor detector는 그림 6 - 48과 같은 구조로 이루어져 있다. Si-crystal과 Ge-crystal 이 semiconductor detector 재료로 사용되며, Li이 doping 물질로 사용된다. Semiconductor detector는 intrinsic semiconductor이지만 X-ray가 조사되는 면은 p-type이고, 반대 면은 n-type으로 만들어진다. Semiconductor detector에 X-ray가 조사되면 electron-hole pair가 만들어진다. 이때 전압을 걸어주면 electron-hole pair의 재결합을 방지하고 전류가 생성 된다. 이 전류를 측정하여 detector에 들어온 X-ray의 강도를 알아내는 것이다.

Proportional detector나 scintillation detector는 X-ray 파장에 민감하지 않아 X-ray 파장 을 구분하여 측정하는 것이 불가능하고, 얼마나 많은 X-ray가 검출되는지를 알아내는데 사 용된다. 그러나 semiconductor detector는 X-ray 파장에 따른 X-ray의 에너지를 구분하여 측정하는 것이 가능하다. 따라서 semiconductor detector는 energy dispersive spectroscopy (EDS)와 같은 장비에 사용되어 어떠한 파장의 X-ray가 얼마나 검출되는지 측정하는 데 주로 사용된다.

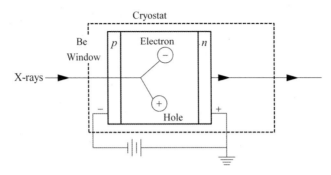

그림 6 - 48. Semiconductor detector의 구조.

Semiconductor detector에서 파장이 긴 X-ray들은 window에 대부분 흡수되고, 파장이 짧은 X-ray는 detector에 흡수되지 않고 detector를 투과되므로 X-ray의 검출 효율이 낮은 편이다. 또한 semiconductor detector 재료는 상온에서도 thermal excitation에 의하여 noise 전류가 흐를 수 있다. 따라서 대부분의 semiconductor detector는 항상 액체 질소 정도의 낮은 온도에서 X-ray를 검출하는 데 사용된다. 이와 같이 낮은 효율과 thermal excitation 에 의한 noise 전류 발생 때문에 대부분의 XRD에서는 semiconductor detector를 잘 사용 하지 않는다.

■■ 6.13 X-ray detector의 진보

종래의 X-ray detector는 단지 한 회절방향 2θ 에서 X-ray를 검출하였다. 따라서 여러 회 절방향에서 X-ray를 검출하려면 XRD-원 위를 X-ray detector가 연속적으로 회전하면서 다 양한 2θ 에서 X-ray를 검출한다. 현재 실험실에 있는 대부분의 Bragg-Brentano parafocusing XRD는 이런 형태의 X-ray detector를 가지고 있다. 이와 같이 한 방향, 즉 한 점에서 X-ray 를 검출하는 detector를 0-dimensional(0-D) detector라 한다. 그런데 최근 한 번에 여러 회절 방향 2θ 의 X-ray를 검출하는 1-dimensional(1-D) detector, 2-dimensional(2-D) detector가 개발되었다. 그림 6 - 49에서는 (a) 0-D detector, (b) 1-D detector, (c) 2-D detector의 사진을 각각 보여 준다. 0-D detector의 window는 한 점이며, 1-D detector의 window는 한 선, 2-D detector의 window는 한 면이다.

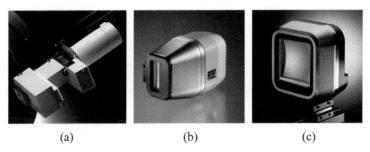

그림 6 – 49. X-ray detector의 종류(Courtesy of Bruker Korea). (a) 0-D detector, (b) 1-D detector, (c) 2-D detector.

그림 6 – 50은 단파장의 X-ray가 분말시료에 입사되어 하나의 {*hkl*} 결정면에서 2θ 방향으로 회절이 일어나 하나의 회절콘이 형성된 것을 보여 준다. 회절콘은 입사 X-ray와 모두 2θ의 각도를 가지는 방향이다. 일반적인 Bragg-Brentano parafocusing XRD에 사용되는 0-D detector(point detector)는 detector circle(XRD-원) 위를 회전하면서 각 2θ 방향에 해당하는 점에서 X-ray를 검출한다. 그런데 1-D detector의 window는 detector circle 위에서 일정한 각도 범위를 가지고 놓여진다. 따라서 1-D detector는 약 10° 범위의 다양한 2θ 방향에서 X-ray를 한 번에 검출할 수 있는 것이다. 즉, 2θ 범위의 회절 정보 $I_{2\theta}$는 한 번에 측정되는 것이다.

그런데 0-D detector는 한 번에 하나의 2θ의 회절강도를 측정하지만, 1-D detector는 2°에서 10° 사이의 넓은 2θ 영역을 동시에 측정하기 때문에 측정 시간을 매우 단축할

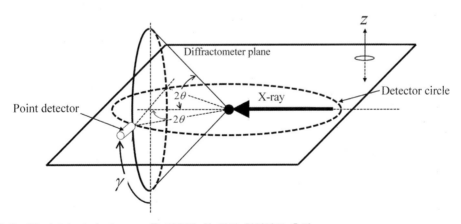

그림 6 – 50. 0-D(point) detector를 이용한 한 점의 회절강도 측정.

수 있다. 측정 시간이 짧아지면 시간이 흐름에 따른 상의 변화와 같이 dynamic한 결정 구조 분석이 가능하다.

그림 6-51은 두 가지 위치에 놓여진 2-D detector를 보여 준다. 2-D detector는 회절 콘들의 형태를 직접 관찰할 수 있기 때문에, 2θ 방향의 정보뿐만 아니라 하나의 회절콘 위에서 회절강도의 변화를 γ의 함수로써 얻을 수 있다. 2-D detector를 XRD 축을 중심 으로 α 각만큼 단지 몇 번만 회전하면 3차원적인 입체적이며 전체적인 X-ray 검출 정 보를 얻을 수 있는 것이다.

분말시료는 모든 방위들이 무질서하게 분포하여 있으므로 하나의 회절콘에 존재하는 모든 방향의 회절강도는 같다. 그러나 집합조직이 발달한 시편에서는 하나의 회절콘에서 방향 γ에 따라 다른 회절강도가 얻어지게 된다. 그리고 격자의 탄성변형 strain이 존재하 는 시편에서는 시편의 방향에 따라 격자 상수가 다르기 때문에 회절콘이 정확한 원형이 아닌 타원 형태로 얻어진다. 이와 같이 집합조직이 존재하거나, 격자의 탄성변형 strain 이 존재하는 시편의 회절정보를 분석하는 데 2-D detector는 유용하다. 2-D detector의 가 장 큰 장점은 한 번에 넓은 2θ 영역과 γ 영역의 회절강도를 동시에 측정할 수 있어 측 정 시간을 현저히 단축할 수 있다는 것이다.

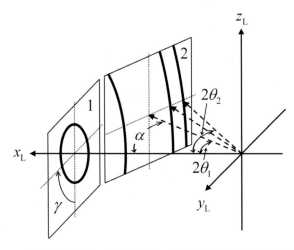

그림 6-51. 2D-detector를 이용한 넓은 2θ 영역과 γ 영역의 회절강도를 동시에 측정.

제6장 연습문제

01. Bragg-Brentano parafocusing geometry를 작도하고, 입사 빔의 각 $\omega = 10°, \omega = 35°, \omega = 75°$ 일 때의 X-ray tube와 detector의 위치를 각각 보이고, 회절각 2θ 를 각각 나타내라.

02. Co K_α ($\lambda = 0.179$ nm)를 이용하여 상온에서 Fe 분말($a = 0.286$ nm)의 회절시험을 할 때 회절각 2θ 들을 구하라(단, $2\theta < 110°$ 까지만 계산하라).

03. Fe₃C는 orthorhombic primitive 격자($a_1 = 0.451$ nm, $a_2 = 0.504$ nm, $a_3 = 0.673$ nm)이다. Co K_α 로 회절시험 시 (002)와 (110) 결정면의 회절각 2θ 는 얼마인가?

단 orthorhombic primitive 격자의 결정면 간격 d 는 $\dfrac{1}{d^2} = \dfrac{h^2}{a_1^2} + \dfrac{k^2}{a_2^2} + \dfrac{l^2}{a_3^2}$ 과 같다.

04. 일반적으로 X-ray diffractometer용 분말 시편을 만들 때 시편 틀에 bulk 분말을 위에서 넣어 만든다. 그 방법에서 틀린 것은?

(1) 될수록 동글동글한 분말을 사용한다.
(2) 밀가루나 전분 같은 binder를 사용한다.
(3) 좀 더 단단하고 미세한 금속재료를 섞어서 만든다.
(4) Vaseline 등을 살짝 발라 사용한다.
(5) 분말은 10 μm 이상인 큰 분말을 사용한다.
(6) 시편 밑 바닥을 평평하게 꽉 눌러준다.

05. X-ray diffractometer에서 Bragg-Brentano 회절상을 얻을 때 좀 더 높은 해상도를 얻기 위한 세 가지 방법은 무엇인가?

06. X-ray diffractometer에서 Bragg-Brentano 회절상을 얻을 때 diffractometer circle과 focusing circle을 작도하고, 이 때 X-ray source와 receiving slit의 위치, 시편의 위치를 정확히 표시하라.

07. 다음 그림은 Fe 분말의 X-ray 회절상(Bragg-Brentano diffraction pattern)이다. 만약 시편의 표면이 (001) 방향을 가지는 단결정으로 같은 실험을 한다면 어떠한 회절상이 얻어지는가? 또한

시편 표면 방향으로 {110}//ND 집합조직이 발달한 시편으로 같은 실험을 한다면 어떠한 회절상이 얻어지는가?

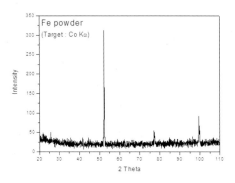

08. 집합조직을 측정하는 X-ray diffractometer와 일반적인 분말의 회절상을 얻는 X-ray diffractometer의 차이점은 무엇인가?

09. X-ray diffractometer에서 Bragg-Brentano 회절상을 얻을 때 diffractometer detector에서 얻는 정보가 무척 작은 이유는 무엇인가?

10. Bragg-Brentano 회절상으로부터 얻을 수 있는 물질 정보가 아닌 것은 다음 중 무엇인가?
  (1) Phase의 정량분석 및 정성분석
  (2) Alloying elements of solid solution
  (3) Residual Strain(macrostrain)
  (4) Crystal Structure
  (5) Texture/Orientation
  (6) Crystallite Size and Microstrain
  (7) Unit cell lattice parameter
  (8) Array of electrons
  (9) Density of dislocations
  (10) Vacancy concentration

11. X-ray diffractometer에서 Bragg-Brentano geometry의 focusing circle에 수반되어 얻어지는 error source들에 대하여 설명하라.

12. HR XRD는 일반적인 Bragg-Brentano parafocusing XRD에는 부착하지 않은 특별한 부가적인 장치들이 장착되어 있다. 이러한 부가적인 장치 3가지를 열거하고 그 역할들에 대해 설명하라.

13. Bragg-Brentano parafocusing XRD 회절상과 HR XRD Coupled scan mode 회절상의 공통점은 무엇이며, HR XRD Coupled scan mode의 가장 큰 장점은 무엇인가?

14. X-ray diffractometer에서 Bragg-Brentano 회절상을 얻을 때와 glancing angle X-ray에서 회절상을 얻을 때 geometry의 가장 큰 차이점은 무엇인가?

15. X-ray diffractometer에서 Bragg-Brentano 회절상과 glancing angle X-ray 회절상의 특징을 비교하라.

16. Glancing angle X-ray 회절상에서 glancing angle을 변화시켜 substrate의 영향을 무시하고, thin film의 정보만을 얻을 수 있는 원리를 설명하라.

17. X-ray reflectometer(XRR)를 이용하여 박막시편의 어떠한 특성들을 분석할 수 있는가?

18. X-ray detector로 주로 scintillation detector가 사용된다. 이 detector의 작동원리를 설명하라.

19. Neutron detector로 주로 proportional detector가 사용된다. 이 detector의 작동원리를 설명하라.

20. 0D-detector와 비교하여 1D-detector와 2D-detector의 장점은 무엇인가?

CHAPTER
07 분말 결정의
X-ray 회절강도

▪■ 7.1 분말 결정의 특징

7장에서는 재료를 연구하는 대부분의 실험실에서 보유하고 있는 X-ray diffractometer 장비로, 분말 결정시료를 측정하여 얻어지는 회절상의 회절피크의 회절강도(diffraction intensity)가 어떻게 이론적으로 계산될 수 있는지에 대하여 공부할 것이다. 분말시료의 X-ray 회절피크의 회절강도는 6장에서 설명한 Bragg-Brentano X-ray 회절시험 조건에서 측정되는 것이다.

그림 7-1은 한 자동차 회사의 동일한 공장에서 제조된 2대의 자동차를 보여 준다. 물론 이 2대의 자동차는 동일한 외관과 부품을 가지고 있어 거의 동일한 성능을 가질 것이다. 그런데 자동차의 엔진을 덮고있는 보닛의 강판을 같은 곳에서 절단하여 덩어리 시료를 X-ray diffractometer로 회절상을 측정하면 거의 비슷한 회절피크를 가지는 회절상이 얻어질 것이다. 그러나 분명한 것은 절대로 똑같은 회절상이 얻어지지는 않는다는 것이다. 이것은 지금까지 그 강판이 겪었던 제조공정, 즉 history가 조금씩은 다르기 때문에 2개의 강판에서는 똑같은 강판의 조성, 미세조직, 집합조직이 얻어질 수 없는 것이다.

그림 7-2는 우리나라 서해안 염전에서 제조된 소금을 아주 미세하게 부순 후 X-ray diffractometer로 회절상을 측정한 결과이다. 재미있는 사실은 히말라야 산중에서 발굴된 소금이나 미국 동해안의 소금공장에서 제조된 소금도 모두 10 µm 이하의 분말로 만들면 그림 7-2와 똑같은 X-ray 회절상이 얻어지는 것이다.

동일한 조성과 결정 구조를 가지는 결정 재료를 분말이 아닌 덩어리 형태로 Bragg-Brentano parafocusing X-ray 회절시험 조건으로 측정하여 얻어지는 회절상에서는 회절 피크의 위치 2θ 는 대부분 일치하지만, 각 회절피크의 회절강도는 대부분 다르게 얻어

그림 7-1. 동일한 외관과 부품을 가지고 있는 2대의 자동차.

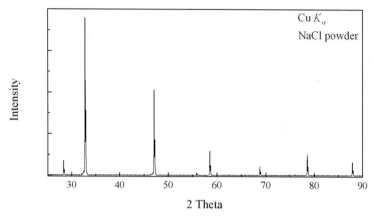

그림 7－2. 미세한 소금 분말의 X-ray 회절상.

진다. 그러나 동일한 조성과 동일한 결정 구조를 가지는 결정 재료를 10 μm 이하의 미세한 분말시료로 만들면 측정하는 X-ray 회절시험 기기에 관계없이 항상 동일한 X-ray 회절상이 얻어진다. 여기서 동일한 X-ray 회절상이 뜻하는 것은 각 회절피크의 절대적인 강도가 아니라 회절피크들의 상대강도(relative intensity)이다. 가장 중요한 것은 어떤 하나의 결정 재료가 어떠한 재료인지를 식별(identification)하려면, 먼저 이 시료를 분말로 만들어야 하는 것이다.

■■ 7.2 파동의 강도(intensity)

4장에서 언급한 것과 같이 하나의 파동(wave)은 $\varphi = 0 \sim 2\pi$ 사이에서 변하는 각도 변수 φ 를 가지는 $\sin\varphi$ 함수 또는 $e^{i\varphi}$ 함수로 표현될 수 있다. $\sin\varphi$ 함수와 $e^{i\varphi}$ 함수의 최솟값과 최댓값은 -1.0과 $+1.0$이다. 진폭 A 인 파동은 $A\sin\varphi$ 함수와 $Ae^{i\varphi}$ 함수로 수학적으로 표현될 수 있으며, 파동의 φ 를 알면 그 파동의 형태를 확정할 수 있는 것이다.

$Ae^{i\varphi}$ 함수로 표현될 수 있는 하나의 파동의 강도(intensity) I 는 진폭 A 의 제곱인 A^2 에 비례하므로 (식 7－1)로 간단히 계산될 수 있다.

$$I \propto A^2 = \left| Ae^{i\varphi} \right|^2 = Ae^{i\varphi} \cdot Ae^{-i\varphi} \qquad \text{(식 7－1)}$$

■■ 7.3 회절방향과 회절강도

일정한 파장 λ을 가지는 X-ray가 일정한 결정면 간격을 가지고 놓여진 결정면들에 입사되면, 산란각도 θ에 따라 산란되는 X-ray들에서 얻어지는 경로차가 변화한다. 그런데 산란되는 X-ray들의 경로차 $\delta = n\lambda$인 조건이 만족되는 몇몇 각도 θ에서는 X-ray의 보강간섭이 일어난다. 즉, 보강간섭이 일어날 수 있는 회절방향 θ를 가르쳐주는 것이 (식 4-2)의 Bragg 식 $n\lambda = 2d_{hkl} \sin\theta$인 것이다.

그런데 Bragg 식 $n\lambda = 2d_{hkl} \sin\theta$이 만족되는 모든 회절방향 θ에서 보강간섭이 일어나 높은 회절강도가 얻어지는 것은 아니다. 즉, Bragg 식은 보강간섭이 일어나는 필요충분 조건을 알려주는 식은 아닌 것이다.

6장에서 공부하였듯이 Bragg-Brentano parafocusing X-ray diffractometer(XRD)가 가장 일반적인 X-ray 회절시험 장비이며, 결정질 분말시료의 측정을 기본으로 다양한 결정 구조 분석에 사용한다. 그림 7-3은 철 분말시료를 $\lambda = 0.1790$ nm인 Co K_α 단파장 X-ray으로 측정한 XRD 회절상을 보여 준다. 철의 {001}, {011}, {111}, {002}, {012}, {112} 면의 결정면 간격은 각각 $d_{hkl} = 0.286, 0.202, 0.165, 0.143, 0.128, 0.118$ nm이며, 그에 해당하는 회절방향 $2\theta = 36.4°, 52.3°, 65.4°, 77.2°, 88.6°, 99.6°$인 것이다. 그러나 그림 7-3에서는 단지 {011}, {002}, {112} 면에 해당하는 $2\theta = 52.3°$, 77.2°, 99.6°에서만 회절강도가 얻어졌다. 즉, Bragg 식을 만족하는 회절방향 2θ에서 보

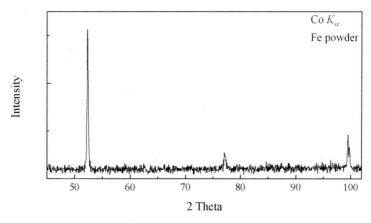

그림 7-3. Co K_α X-ray 빔으로 측정한 철 분말의 XRD 회절상.

강간섭이 항상 일어나지는 않는다는 것을 알 수 있다.

그림 7-4(a)는 a_1 = 0.2 nm, a_2 = 0.25 nm, a_3 = 0.3 nm이며, 단원자 격자점으로 구성된 C-면심(C-base-centered) orthorhombic 단위포와 체심(body centered) orthorhombic 단위포를 보여 준다. 2개의 단위포는 모두 2개의 원자를 가지고 있다. C-면심 orthorhombic와 체심 orthorhombic의 {001} 면의 간격 d_{001}은 모두 0.3 nm이다. 만약 파장 λ = 0.179 nm의 X-ray로 회절시험하면 Bragg 식이 만족하는 θ = 17.4°이다.

그림 7-4(b)는 C-면심 orthorhombic와 체심 orthorhombic의 {001} 면에 θ = 17.4°로 X-ray가 입사된 후 산란되어 나가는 것을 보여 준다. θ = 17.4°가 Bragg 회절조건을 만족시키기 때문에 C-면심 orthorhombic의 {001} 면에서 산란되어 나오는 1번 X-ray와 2번 X-ray의 경로차 $\overline{ABC}$는 파장 λ = 0.179 nm가 되어 보강간섭 조건이 얻어진다. 그러나 체심 orthorhombic의 {001} 면에 놓인 원자에서 산란되어 나오는 1번 X-ray와 1/2 a_3 아래층인 {002} 면인 body center에 놓여있는 원자로부터 산란되어 나오는 3번 X-ray의 경로차인 $\overline{DEF}$는 $\overline{ABC}$의 1/2인 $\lambda / 2$ = 0.0895 nm가 된다. 따라서 1번 X-ray와 3번 X-ray는 결정에 존재하는 원자들에서 산란 후 경로차 $\overline{DEF}$가 $\lambda / 2$가 되어 완전 상쇄간섭 조건이 얻어지는 것이다.

다시 말하면 {001} 면의 간격 d_{001}이 0.3 nm인 체심 orthorhombic에서 파장 λ = 0.179 nm인 X-ray가 입사되면 {001} 면에서 Bragg 식이 만족하는 θ = 17.4°이다. 그러나 이 격자에는 체심(body center)에 원자가 존재하기 때문에 그 결과 θ = 17.4°에서는 X-ray의 완전 상쇄간섭이 일어나 XRD 회절강도가 전혀 얻어지지 않는 것이다. 이와 같이 Bragg 식 $n\lambda = 2d_{hkl} \sin \theta$이 만족되는 모든 회절방향 θ에서 높은 회절강도가 얻어지는 것은 아니고, 격자의 단위포에 존재하는 원자들의 위치에 따라 회절강도의 크기가 결정되는 것이다. 1장에서 공부한 것처럼 결정은 격자이고, 격자에는 다양한 위치에 격자점이 존재하며, 격자점에는 다양한 원자가 존재할 수 있다. 따라서 한 결정으로부터의 회절강도는 그 결정을 이루는 원자들이 단위포에 존재하는 위치에 의하여 결정되는 것이다.

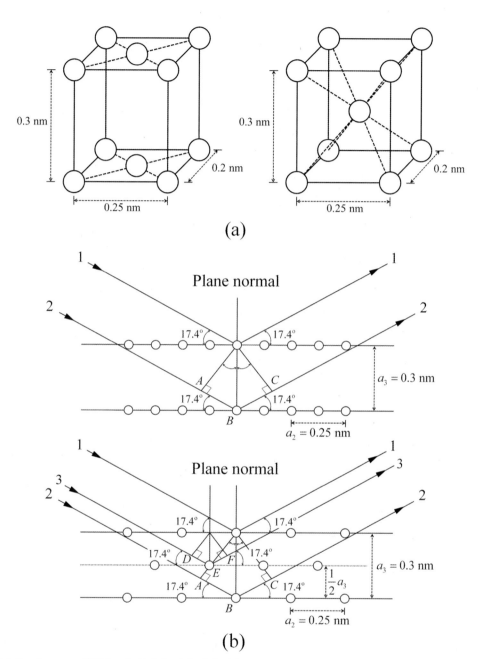

(a)

(b)

그림 7−4. X-ray 회절강도와 원자의 위치 관계. (a) C-base-centered와 body centered orthorhombic 의 단위포, (b) 2개의 단위포 {001} 면에서 얻어지는 X-ray의 경로차.

■■ 7.4 한 원자에서 X-ray의 산란

하나의 원자는 원자핵과 외각 전자들로 구성된다. 원자핵은 X-ray의 산란에 거의 기여하지 않으며, 한 원자에 입사된 X-ray는 주로 외각 전자와 반응하여 산란 강도가 얻어진다.

파장 λ_1를 가지는 X-ray가 원자의 외각 전자와 반응하여 같은 파장 λ_1을 유지하면서 산란하는 것을 탄성산란(elastic scattering)이라 한다. 이것과는 상반되게 파장 λ_1를 가지는 X-ray가 원자의 외각 전자와 반응하여 파장이 변화하여 다른 파장 λ_2을 가지고, 산란하는 것을 비탄성산란(inelastic scattering)이라 한다. 비탄성산란을 하면 원자 내에서 X-ray가 에너지를 잃기 때문에 $\lambda_2 > \lambda_1$이 된다.

원자핵과 큰 결합력을 가지며 일정 위치를 돌고 있는 외각 전자와 X-ray는 일반적으로 탄성산란을 한다. 그러나 약한 결합력을 가지고 원자에 존재하는 전자들과 X-ray가 반응하면 파장이 길어지는 비탄성산란을 일으킬 확률이 높아진다. 따라서 약한 결합력을 가지는 전자가 많이 존재하는 작은 원자번호의 가벼운 원소로부터는 비탄성산란 X-ray가 많이 얻어진다. 비탄성산란 X-ray는 회절에 참여하지 않아 X-ray 회절강도에 어떤 영향도 주지 않는다. 그러나 비탄성산란 X-ray는 항상 발생하며, XRD 회절상의 background 발생의 원인이 된다.

그림 7-5는 I_0의 강도를 가지고 입사된 X-ray가 입사방향과 2θ 각을 가지는 방향으로 하나의 전자로부터 탄성산란해 나가는 것을 보여 준다. 산란각 2θ 방향에서 전자와 거리 r 만큼 떨어진 위치 P 에서 얻어지는 산란 강도 I_P 는 (식 7-2)로 얻어진다.

$$I_P = I_0 \frac{K}{r^2} \left(\frac{1+\cos^2 2\theta}{2} \right) \qquad \text{(식 7-2)}$$

여기서 K 는 정수값으로 공기 중에서 X-ray가 진행할 때 $K = 7.94 \times 10^{-30}$ [m²]이다. $(1+\cos^2 2\theta)/2$ 는 0.5부터 1.0 사이의 값을 가진다. $2\theta = 0°$, 180°일 때 전자부터의 거리 $r = 10\,cm$에서 얻어지는 산란 강도와 입사 강도의 비는 $I_P / I_0 = 7.94 \times 10^{-28}$로 매우 작은 값이다. 이것은 전자로부터의 산란 강도가 매우 약하다는 것을 의미한다. 앞

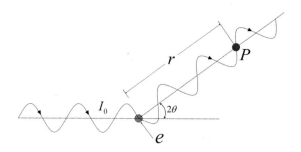

그림 7-5. 하나의 전자로부터 X-ray의 탄성산란.

에서 언급한 것과 같이 X-ray와 원자의 외각 전자와 반응하여 얻어지는 것이 X-ray 산란 강도이기 때문에, 원천적으로 산란 강도가 약해서 X-ray 회절시험은 대부분 신속한 측정이 불가능하며, 어느 정도 측정 시간이 요구되는 시험이다.

그림 7-6은 4개의 외각 전자를 가지는 하나의 가상적인 원자를 보여 주고 있다. 그림 7-6(a)와 같이 2개의 전자에 I_0의 강도를 가지고 입사되는 X-ray 1, 2 는 입사방향과 같은 방향으로 산란되어 나갈 때 같은 거리를 지나간다. 즉, $2\theta = 0°$인 조건에서는 전자에서 산란 후 2개의 X-ray 경로차 $\delta = 0$인 것이다. 따라서 전자들에서 산란 후에 X-ray 1, 2 의 파동의 위상(phase)은 모두 같아, 하나의 X-ray 진폭이 A_i이라면 2개의 X-ray가 합쳐진 X-ray 진동의 진폭은 2배의 A_i가 되어 $2A_i$가 얻어지는 것이다. 그림 7-6(a)와 같이 4개의 외각 전자를 가지는 원자에 $2\theta = 0°$인 조건에서 X-ray가 입사되어

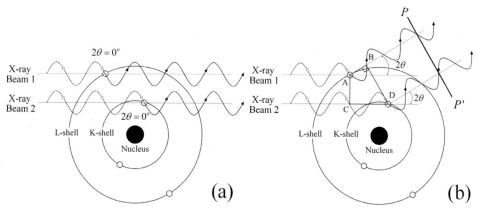

그림 7-6. 산란각 2θ에 따른 경로차 δ의 변화. (a) $2\theta = 0°$, (b) $2\theta \neq 0°$.

산란된다면 X-ray 진동의 진폭은 $4A_i$ 가 얻어진다. 한 원자의 외각 전자들로부터 산란되어 합쳐진 X-ray의 진폭을 A_{Atom} 라고 하면, $2\theta = 0°$인 조건에서는 $A_{\text{Atom}} = 4A_i$ 가 얻어지는 것이다.

그림 7-6(b)는 2개의 전자에 I_o 의 강도를 가지고 입사되는 X-ray 1, 2 가 입사방향과 2θ 의 각을 가지는 방향으로 산란되어 나가는 것을 보여 준다. 이 조건에서는 산란해 나가는 X-ray 1에 대하여 빔 2 는 경로차 $\delta = \overline{CD} - \overline{AB}$ 만큼 더 긴 거리를 이동하기 때문에 한 평면 $P - P'$ 에서 X-ray 1, 2 의 파동들은 경로차 δ 를 가지게 된다. 이 원자에 존재하는 4개의 전자들에 4개의 X-ray가 입사방향과 2θ 의 각을 가지는 방향으로 산란되면 4개의 X-ray 파동들은 모두 다른 경로차 δ 를 가지게 된다. 경로차 δ 가 입사 X-ray의 λ 과 일치하거나, λ 의 정수배수가 아니면 산란된 X-ray들이 합쳐져 얻어지는 X-ray 진동의 진폭은 항상 $4A_i$ 보다 작은 진폭이 얻어진다.

$2\theta = 0°$ 가 아닌 다른 모든 2θ 방향에서는 한 원자번호 Z 를 가지는 한 원자의 Z 개의 외각 전자들로부터 산란되어 합쳐진 X-ray의 진폭 A_{Atom} 은 그 원자의 외각 전자로부터 산란되는 X-ray의 경로차 δ 에 의하여 결정된다. 그런데 δ 는 산란각 2θ 와 X-ray 파장 λ 에 의존한다. 즉, 한 원자의 외각 전자들로부터 산란되어 합쳐진 X-ray의 진폭 A_{Atom} 은 2θ 와 λ 에 의존하는 것이다.

원자에 존재하는 독립된 하나의 외각 전자로부터 얻어지는 X-ray 산란 진폭 A_{Electron} 과 한 원자에 존재하는 모든 전자들로부터 얻어지는 X-ray 산란 진폭 A_{Atom} 의 비를 (식 7-3)과 같이 원자산란인자(atomic scattering factor) f 로 규정한다. f 는 원자형상인자(atomic form factor)라고도 한다.

$$f = \frac{A_{\text{Atom}}}{A_{\text{Electron}}} \qquad (식\ 7\text{-}3)$$

$2\theta = 0°$일 때 $A_{\text{Atom}} = Z \cdot A_i$ 이므로 $f = Z$, 즉 외각 전자의 수가 원자산란인자 f 이다. f 는 $\sin\theta$ 값이 증가하거나 X-ray의 파장 λ 이 짧을수록 감소하는 경향을 가진다. 따라서 f 값은 $\sin\theta / \lambda$ 의 함수로 변화한다. 그림 7-7은 원자번호 $Z = 13$인 Al의 f 값이 $\sin\theta / \lambda$ 가 증가함에 따라 감소하는 것을 보여 주는데, $\sin\theta / \lambda$ 의 단위는 $[\text{Å}^{-1}]$

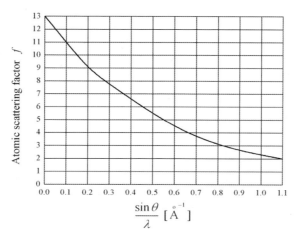

그림 7-7. Al에서 $\sin\theta/\lambda$에 따른 원자산란인자 f의 변화.

이다. 만약 X-ray의 파장 $\lambda = 1.790$ Å이면 $\sin\theta/\lambda$는 0 [Å^{-1}]부터 0.558 [Å^{-1}]까지 변화한다. 물론 $\theta = 0°$일 때 $f = Z = 13$이다. $\sin\theta/\lambda = 0.5$ [Å^{-1}]일 때 $f = 5.5$가 얻어지는데, 이것은 $\sin\theta/\lambda = 0.5$ [Å^{-1}]인 조건에서 한 전자로부터의 산란 진폭 $A_{\!}$의 5.5배의 산란 진폭이 Al 원자로부터 얻어짐을 뜻하는 것이다. 이 조건에서는 $\theta = 0°$일 때에 비하여 산란 진폭이 5.5/13만큼 작게 얻어지는 것도 의미한다.

부록 2에는 다양한 원소의 f값이 $\sin\theta/\lambda$의 함수로 수록되어 있는데, 여기에서 $\sin\theta/\lambda$는 0부터 1.1까지 0.1 간격으로 f값을 보여 준다. 주목할 것은 $\sin\theta/\lambda = 0$ [Å^{-1}]인 조건에서 f값이다. 이 조건에서 $Z = 11$인 Na의 $f = 11$이지만 Na^{+} 이온의 $f = 10$이며, $Z = 17$인 Cl의 $f = 17$이지만, Cl^{-} 이온의 $f = 18$이다. 이것은 원자로부터 X-ray의 산란 진폭을 결정하는 원자산란인자 f가 전적으로 외각 전자의 수에 의존한다는 것이다. 결론적으로 한 원자로부터 X-ray의 산란 진폭을 $\sin\theta/\lambda$의 변수로 정량화한 것이 원자산란인자 f인 것이다.

■■ 7.5 한 단위포에서 X-ray의 산란

결정격자는 단위포(unit cell)가 3차원적인 공간에 규칙적으로 반복되어 쌓여져 만들어진다. 그런데 **그림 7−4**에서 보듯이 하나의 단위포에 2개의 같은 원자가 존재하여도, 원자들이 존재하는 위치에 따라 특정 결정면에서 회절강도의 유무가 결정되었다. 즉, 한 결정으로부터의 회절강도는 그 결정의 단위포에 존재하는 원자들의 위치에 의하여 확정되는 것이다.

크기 a_1, a_2, a_3를 가지는 한 단위포에 존재하는 한 원자의 위치는 분율좌표(fractional coordinate) uvw로 정의될 수 있다. **그림 7−8(a)**는 단원자 격자점으로 구성된 C-base-centered orthorhombic 단위포의 C-면의 중앙인 $\frac{1}{2}a_1 \frac{1}{2}a_2 0a_3$에 놓인 원자를 보여 주는데, 이 원자의 분율좌표 uvw는 $\frac{1}{2}\frac{1}{2}0$이다. 따라서 C-base-centered orthorhombic 단위포에는 2개의 원자가 분율좌표로 원점인 $uvw = 000$과 C-면의 중앙인 $uvw = \frac{1}{2}\frac{1}{2}0$에 존재한다. **그림 7−8(b)**는 단원자 격자점으로 구성된 body-centered orthorhombic 단위포의 체심에 놓인 원자를 보여 주는데, 이 원자의 분율좌표는 $uvw = \frac{1}{2}\frac{1}{2}\frac{1}{2}$이므로, 이 단위포에는 분율좌표 $uvw = 000$과 $\frac{1}{2}\frac{1}{2}\frac{1}{2}$에 원자가 2개 존재하는 것이다.

(hkl) 결정면에서 회절이 일어날 때 원점 000에 존재하는 원자로부터의 산란 파동과 분율좌표로 uvw에 존재하는 원자로부터의 산란 파동의 위상차 φ는 (식 7−4)로 얻어진다.

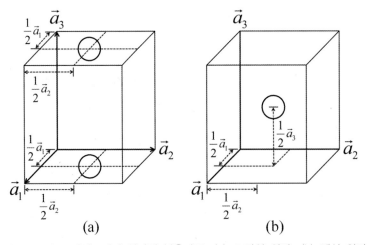

그림 7−8. Orthorhombic 단위포에서 원자의 분율좌표. (a) C-면심 원자, (b) 체심 원자.

$$\varphi = 2\pi(hu + kv + lw) \qquad \text{(식 7-4)}$$

(식 7-4)는 분율좌표 uvw와 회절이 일어나는 결정면 지수 (hkl)에만 의존하기 때문에 이 식은 단위포의 형태나 크기에 상관없이 사용될 수 있는 것이다.

그림 7-9(a)는 단원자 격자점으로 구성된 C-base-centered orthorhombic의 $uvw = 000$과 $\frac{1}{2}\frac{1}{2}0$에 존재하는 원자와 $(hkl) = (001)$ 결정면을 보여 준다. 원점인 $uvw = 000$의 원자에서 얻어지는 위상차 $\varphi = 2\pi(0 \cdot 0 + 0 \cdot 0 + 1 \cdot 0) = 0$이며, $uvw = \frac{1}{2}\frac{1}{2}0$에서 얻어지는 위상차 $\varphi = 2\pi(0 \cdot \frac{1}{2} + 0 \cdot \frac{1}{2} + 1 \cdot 0) = 0$인 것이다. 즉, 2개의 원자에서 산란되는 파동에서 얻어지는 위상차 φ는 모두 0인 것이다. 따라서 (001) 결정면의 회절조건에서 단위포의 000과 $\frac{1}{2}\frac{1}{2}0$에 존재하는 원자들로부터 산란되는 X-ray 파동은 보강간섭을 하는 것이다.

그림 7-9(b)는 단원자 격자점으로 구성된 body centered orthorhombic의 $uvw = 000$과 $\frac{1}{2}\frac{1}{2}\frac{1}{2}$에 존재하는 원자와 $(hkl) = (001)$ 결정면을 보여 준다. 물론 원점인 $uvw = 000$의 원자에서 얻어지는 위상차는 $\varphi = 0$이며, $uvw = \frac{1}{2}\frac{1}{2}\frac{1}{2}$에서 얻어지는 위상차는 $\varphi = 2\pi(0 \cdot \frac{1}{2} + 0 \cdot \frac{1}{2} + 1 \cdot \frac{1}{2}) = \pi$인 것이다. 즉, (001) 결정면 회절조건에서 단위포의 원점 000 원자와 체심의 $\frac{1}{2}\frac{1}{2}\frac{1}{2}$ 원자로부터 산란되는 X-ray 파동은 위상차 $\varphi = \pi$

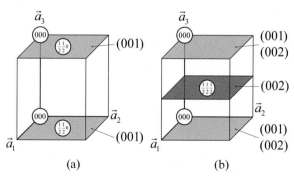

(a)   (b)

그림 7-9. Orthorhombic 단위포에서 원자의 분율좌표와 (001), (002) 결정면. (a) C-면심 원자, (b) 체심 원자.

이므로 서로 상쇄간섭을 일으킨다. 따라서 이 결정 구조에서 (001) 회절은 회절강도가 얻어지지 않아 회절이 일어나지 않는 것이다.

그림 7-9(b)의 단원자 격자점으로 구성된 body centered orthorhombic에서 $(hkl) =$ (002) 결정면의 회절조건을 고려해보자. 역시 원점인 $uvw=000$의 원자에서 얻어지는 위상차는 $\varphi=0$이며, $uvw=\frac{1}{2}\frac{1}{2}\frac{1}{2}$에서 얻어지는 위상차는 $\varphi=2\pi(0\cdot\frac{1}{2}+0\cdot\frac{1}{2}+2\cdot\frac{1}{2})$ $=2\pi$ 이다. 이제 (002) 결정면 회절조건에서 단위포의 원점 원자와 체심의 원자로부터 산란되는 X-ray 파동은 위상차 $\varphi=2\pi$ 이므로, 단위포의 000과 $\frac{1}{2}\frac{1}{2}\frac{1}{2}$에 존재하는 원자들로부터 산란되는 X-ray 파동은 보강간섭을 하는 것이다. 따라서 이 결정 구조에서는 (001) 회절은 일어나지 않지만, (002) 회절은 회절강도를 가지고 일어나는 것이다.

앞에서 언급한 것과 같이 진폭 A를 가지는 하나의 파동은 $\varphi=0\sim2\pi$ 사이에서 변하는 각도 변수 φ를 가지는 $Ae^{i\varphi}$ 함수로 수학적으로 표현될 수 있다. 한 원자로 산란되는 X-ray 파동의 진폭 A는 원자산란인자(atomic scattering factor) f인데, 원자형상인자(atomic form factor)라고도 하는 f는 (식 7-3)으로 규정되었다. 따라서 (hkl) 결정면에서 회절이 일어나는 조건에서 한 원자로부터 산란되는 X-ray 파동은 (식 7-5)로 얻어진다.

$$Ae^{i\varphi}=fe^{2\pi i(hu+kv+lw)} \qquad \text{(식 7-5)}$$

하나의 단위포로부터 얻어지는 파동 F는 그 단위포에 존재하는 각각의 원자들로부터 얻어지는 X-ray 파동의 합으로 (식 7-6)과 같이 얻어진다. 하나의 단위포에 N개의 원자가 존재하며, N개 원자들의 분율좌표를 각각 $u_1v_1w_1$, $u_2v_2w_2$, $u_3v_3w_3$, …이라 하고, 이 원자들의 원자산란인자를 각각 f_1, f_2, f_3, …이라 하면 회절이 일어나는 (hkl) 결정면에 의존하는 F_{hkl}는 (식 7-6)으로 얻어진다.

$$F_{hkl}=f_1e^{2\pi i(hu_1+kv_1+lw_1)}+f_2e^{2\pi i(hu_2+kv_2+lw_2)}+f_3e^{2\pi i(hu_3+kv_3+lw_3)}+\ldots \qquad \text{(식 7-6)}$$

(식 7-6)을 일반화하면 (식 7-7)이 얻어진다.

$$F_{hkl} = \sum_1^N f_n e^{2\pi i(hu_n + kv_n + lw_n)} \qquad \text{(식 7-7)}$$

F_{hkl} 를 구조인자(structure factor)라 한다. 구조인자 F_{hkl} 는 하나의 단위포로부터 산란되어 나오는 X-ray의 진폭에 대한 정보를 알려준다.

결정격자의 단위포를 구성하는 격자점의 위치를 결정하는 3개의 격자벡터 $\vec{a}_1$, $\vec{a}_2$, $\vec{a}_3$ 로 만들어지는 격자 단위공간이 단위포인데, 단위포의 모양, 즉 형태를 먼저 결정학적으로 분류한 것이 결정계(crystal system)이다. 결정계는 $\vec{a}_1$, $\vec{a}_2$, $\vec{a}_3$ 의 상대적인 길이와 $\vec{a}_1$, $\vec{a}_2$, $\vec{a}_3$ 의 사잇각 α, β, γ 의 상대적인 관계로 분류한다. 그런데 구조인자 F_{hkl} 의 변수는 결정면 지수 (hkl) 와 분율좌표 uvw 인데, 이 변수는 모두 결정계에 의존하지 않는다. 따라서 단위포의 모양과 형태는 구조인자 F_{hkl} 에 영향을 미치지 않는다. 구조인자 F_{hkl} 는 (hkl) 결정면과 원자들이 단위포의 어느 곳 uvw 에 놓여있느냐에 의하여 결정되는 것이다.

구조인자의 절댓값 $|F_{hkl}|$ 은 하나의 전자로부터 산란되어 나오는 X-ray의 진폭 A_{Electron} 과 하나의 단위포로부터 산란되어 나오는 X-ray의 진폭 $A_{\text{Unit Cell}}$ 의 비로 (식 7-8)로 정의된다.

$$|F_{hkl}| = \frac{A_{\text{Unit Cell}}}{A_{\text{Electron}}} \qquad \text{(식 7-8)}$$

한 단위포로부터의 회절강도(diffraction intensity) $I_{\text{Unit Cell}}$ 는 $A_{\text{Unit Cell}}$ 의 제곱에 비례하여 $I_{\text{Unit Cell}} \propto |F_{hkl}|^2$ 에 의하여 얻어진다. 따라서 F_{hkl} 가 아니라 $|F_{hkl}|^2$ 이 X-ray 회절강도의 계산에 하나의 인자로 사용되는 것이다.

7.6 단원자 격자점 격자의 구조인자

그림 7-10은 단위포의 모서리에만 격자점이 존재하는 P-격자(primitive-격자)를 보여

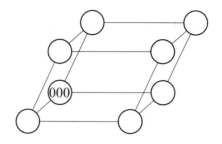

그림 7-10. P-격자 단위포.

주는데, 단위포의 모서리 격자점들은 이웃하는 8개의 단위포들과 격자점을 공유한다. 이런 이유로 원점 $uvw = 000$은 단위포에 존재하는 모든 격자점을 대표한다. 단원자 격자점을 가지는 P-격자 결정에서는 (hkl) 결정면에서의 회절에 대한 구조인자 F_{hkl} 는 (식 7-9)와 같이 000 원점에 있는 원자에 의해 결정된다.

$$F_{hkl} = \sum_1^N f_n e^{2\pi i(hu_n + kv_n + lw_n)}$$

$$= \sum_1^1 f e^{2\pi i(h \cdot 0 + k \cdot 0 + l \cdot 0)} = f e^{2\pi i(0)} = f$$

(식 7-9)

한 단위포로부터의 X-ray 회절강도 $I_{\text{Unit Cell}}$ 는 $|F_{hkl}|^2$ 에 비례한다. 따라서 P-격자 단위포에서 얻어지는 X-ray 회절강도는 모든 (hkl) 결정면에서의 회절에서 (식 7-10)에 비례한다.

$$|F_{hkl}|^2 \propto f^2$$

(식 7-10)

그림 7-11은 단위포의 모서리와 체심 중앙에 격자점이 존재하는 I-격자(body centered lattice)를 보여 준다. 격자점에 하나의 원자만을 가지는 I-격자에는 원점 $uvw = 000$에 있는 원자와 체심 $uvw = \dfrac{1}{2}\dfrac{1}{2}\dfrac{1}{2}$에 존재하는 원자가 하나의 단위포를 구성한다. 동종의 단원자 격자점을 가지는 I-격자 결정에서는 (hkl) 결정면에서의 회절에 대한 구조인자 F_{hkl} 는 (식 7-11)과 같이 000 과 $\dfrac{1}{2}\dfrac{1}{2}\dfrac{1}{2}$에 있는 원자에 의해 결정된다.

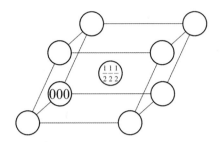

그림 7-11. I-격자 단위포.

$$
\begin{aligned}
F_{hkl} &= fe^{2\pi i(h\cdot 0 + k\cdot 0 + l\cdot 0)} + fe^{2\pi i(h\cdot\frac{1}{2} + k\cdot\frac{1}{2} + l\cdot\frac{1}{2})} \\
&= f\left[1 + e^{\pi i(h+k+l)}\right]
\end{aligned}
\qquad \text{(식 7-11)}
$$

이 식에서 구조인자 F_{hkl} 는 회절이 일어나는 결정면의 지수 (hkl) 에 의존한다. 그런데 $e^{n\pi i} = e^{1\pi i} = e^{3\pi i} = -1$, $e^{n\pi i} = e^{2\pi i} = e^{4\pi i} = +1$ 이므로 $e^{n\pi i}$ 의 값은 n 이 홀수인가 짝수인가에 의하여 결정된다. 그러므로 $h+k+l$ 이 짝수(even number)면 $F_{hkl} = 2f$ 이며, $h+k+l$ 이 홀수(odd number)면 $F_{hkl} = 0$ 이 얻어지는 것이다.

$I_{\text{Unit Cell}}$ 는 $\left|F_{hkl}\right|^2$ 에 비례하므로 I-격자 단위포에서 얻어지는 X-ray 회절강도는 (식 7-12)의 2가지로 계산된다.

$$
\begin{aligned}
\left|F_{hkl}\right|^2 &\propto 4f^2 \quad \text{when } (h+k+l) = \text{even number} \\
\left|F_{hkl}\right|^2 &\propto 0 \qquad \text{when } (h+k+l) = \text{odd number}
\end{aligned}
\qquad \text{(식 7-12)}
$$

그림 7-12는 단위포의 모서리와 단위포 모든 면의 중앙에 격자점이 존재하는 F-격자 (face centered lattice)를 보여 준다. 단원자 격자점을 가지는 F-격자에는 $uvw = 000$ 원점에 있는 원자와 $uvw = \dfrac{1}{2}\dfrac{1}{2}0,\ \dfrac{1}{2}0\dfrac{1}{2},\ 0\dfrac{1}{2}\dfrac{1}{2}$ 에 존재하는 원자가 하나의 단위포를 구성한다. 이 F-격자에서 (hkl) 결정면에서의 회절에 대한 구조인자 F_{hkl} 는 (식 7-13) 과 같이 단위포에 존재하는 4개의 원자에 의해 결정된다.

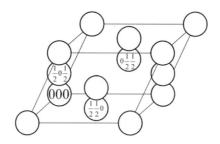

그림 7-12. F-격자 단위포.

$$F_{hkl} = fe^{2\pi i(h\cdot 0 + k\cdot 0 + l\cdot 0)} + fe^{2\pi i(h\cdot\frac{1}{2} + k\cdot\frac{1}{2} + l\cdot 0)} + fe^{2\pi i(h\cdot\frac{1}{2} + k\cdot 0 + l\cdot\frac{1}{2})} + fe^{2\pi i(h\cdot 0 + k\cdot\frac{1}{2} + l\cdot\frac{1}{2})}$$
$$= f\left[1 + e^{\pi i(h+k)} + e^{\pi i(h+l)} + e^{\pi i(k+l)}\right]$$

(식 7-13)

이 식에서 구조인자 F_{hkl} 는 회절이 일어나는 결정면의 지수 (hkl)에 의존한다. 이미 언급한 것과 같이 n이 홀수일 때 $e^{n\pi i} = -1$이며, n이 짝수일 때 $e^{n\pi i} = +1$이다. 그런데 지수 h, k, l이 (111), (002), (220), (113)과 같이 모두 홀수거나 모두 짝수일 때에는 $h+k$, $k+l$, $h+l$가 모두 짝수가 되어 $e^{\pi i(h+k)}$, $e^{\pi i(k+l)}$, $e^{\pi i(h+l)}$은 모두 $+1$이 되므로 구조인자 $F_{hkl} = 4f$가 얻어진다. 그러나 (100), (110), (120), (112)과 같이 홀수와 짝수 지수 h, k, l이 섞여있을 때는 $e^{\pi i(h+k)}$, $e^{\pi i(k+l)}$, $e^{\pi i(h+l)}$의 2개가 -1이 되어 구조인자는 $F_{hkl} = 0$이 얻어진다.

$I_{\text{Unit Cell}}$는 $\left|F_{hkl}\right|^2$에 비례하므로 F-격자 단위포에서 얻어지는 X-ray 회절강도는 (식 7-14)의 2가지로 계산된다.

$$\left|F_{hkl}\right|^2 \propto 16f^2 \quad \text{when indices of } (h,\ k,\ l) \text{ are unmixed number}$$
$$\left|F_{hkl}\right|^2 \propto 0 \qquad \text{when indices of } (h,\ k,\ l) \text{ are mixed number}$$

(식 7-14)

그림 7-13은 단위포의 모서리와 단위포 C-면의 중앙에 격자점이 존재하는 C-면심 격자(C-base-centered lattice)를 보여 준다. 단원자 격자점을 가지는 C-면심 격자에는 원점 000에 있는 원자와 C-면심 $\frac{1}{2}\frac{1}{2}0$에 존재하는 원자가 하나의 단위포를 구성한다. C-면심 격자에서 (hkl) 결정면에서의 회절에 대한 구조인자 F_{hkl}는 (식 7-15)과 같이

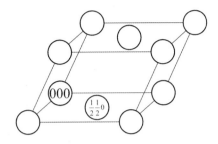

그림 7-13. C-면심 격자 단위포.

단위포에 존재하는 2개의 원자에 의해 결정된다.

$$F_{hkl} = fe^{2\pi i(h\cdot 0 + k\cdot 0 + l\cdot 0)} + fe^{2\pi i(h\cdot\frac{1}{2} + k\cdot\frac{1}{2} + l\cdot 0)}$$
$$= f\left[1 + e^{\pi i(h+k)}\right]$$

(식 7-15)

식에서 F_{hkl} 는 회절이 일어나는 결정면 지수의 hk 에 의존한다. 결정면 지수 h, k, l 이 (10l), (01l), (12l), (21l)와 같이 $h+k=n$ 가 홀수일 때 $e^{n\pi i} = -1$ 이며, (00l), (11l), (02l), (20l)와 같이 $h+k=n$ 가 짝수일 때 $e^{n\pi i} = +1$ 이다. 따라서 C-면심 격자 단위포에서 얻어지는 X-ray 회절강도는 (식 7-16)의 2가지로 계산된다.

$$|F_{hkl}|^2 \propto 4f^2 \quad \text{when } (h+k) \text{ are even number}$$
$$|F_{hkl}|^2 \propto 0 \quad\quad \text{when } (h+k) \text{ are odd number}$$

(식 7-16)

앞에서 설명한 것과 같이 결정의 구조인자 F_{hkl} 는 격자의 종류에 의존한다. 표 7-1 에서는 단원자 격자점을 가지는 다양한 격자들에서 회절강도가 얻어지는 $\{hkl\}$ 결정면 들을 정리하였다.

이제 단원자 격자점을 가지는 결정의 단위포에서 얻어지는 X-ray 회절강도 결정의 구 조 인자 F_{hkl} 를 계산해 보자. 여기서는 동(Cu, copper)과 철(Fe, iron)의 F_{hkl} 을 예로 보 여 준다.

Cu의 결정격자상수는 $a = 3.61$ Å이며, 단원자 격자점을 가지는 fcc(face centered cubic) 인 F-격자를 가지는 결정이다. 파장 $\lambda = 1.54$ Å의 X-ray로 회절시험할 때 {002} 결정

표 7-1. 단원자 격자점 격자들에서 회절 강도가 얻어지는 {hkl} 결정면들.

$h^2 + k^2 + l^2$	P-lattice	F-lattice	I-lattice	Diamond
1	100			
2	110		110	
3	111	111		111
4	200	200	200	
5	210			
6	211		211	
7				
8	220	220	220	220
9	300, 221			
10	310		310	
11	311	311		311
12	222	222	222	

면에서 회절은 $\theta = 25.2°$에서 일어나므로 $\sin\theta / \lambda = 0.277$ [Å^{-1}]이다. 부록 2에서 이 조건에 해당하는 Cu의 f를 구하면 $f = 18.75$이 얻어진다.

Cu의 {002} 결정면에서 구조인자는 (식 7-13)에 의하여 $F_{hkl} = 4f = 4 \times 18.75 = 75.00$이다. 따라서 Cu의 {002} 결정면에서 회절에 의하여 한 단위포에서 얻어지는 회절강도 $I_{\text{Unit Cell}}$은 $F_{002}^2 = (75.00)^2$에 비례하는 것이다.

또 하나의 예로 Fe의 예를 들어보자. Fe의 결정격자상수는 $a = 2.86$ Å이며, 단원자 격자점을 가지는 bcc(body centered cubic)인 I-격자를 가지는 결정이다. 파장 $\lambda = 1.79$ Å의 X-ray로 회절시험할 때 {002} 결정면에서 회절은 $\theta = 38.6°$에서 일어나므로 $\sin\theta / \lambda = 0.349$ [Å^{-1}]이다. 부록 2에서 이 조건에 해당하는 Fe의 f를 구하면 $f = 14.47$이 얻어진다.

Fe의 {002} 결정면에서 구조인자는 (식 7-11)에 의하여 $F_{hkl} = 2f = 2 \times 14.47 = 28.94$이다. 따라서 Fe의 {002} 결정면의 회절에 의하여 한 단위포에서 얻어지는 회절강도 $I_{\text{Unit Cell}}$은 $F_{002}^2 = (28.94)^2$에 비례하는 것이다.

■■ 7.7 다원자 격자점 격자의 구조인자

그림 7-14는 CsCl의 단위포를 보여 준다. 2장에서 자세히 다루었듯이 CsCl의 결정 구조는 simple cubic 격자구조를 가지는 P-격자이다. CsCl 결정은 P-격자이므로 격자점 은 원점 $uvw = 000$에 존재하고, 하나의 격자점은 $uvw = 000$에 있는 Cs 원자와 $uvw = \dfrac{1}{2}\dfrac{1}{2}\dfrac{1}{2}$에 존재하는 Cl 원자로 이루어진다. 따라서 CsCl의 단위포로부터 얻어지 는 구조인자 F_{hkl}는 (식 7-17)과 같이 얻어진다.

$$F_{hkl} = f_{Cs}e^{2\pi i(h\cdot 0 + k\cdot 0 + l\cdot 0)} + f_{Cl}e^{2\pi i(h\cdot\frac{1}{2} + k\cdot\frac{1}{2} + l\cdot\frac{1}{2})}$$
$$= f_{Cs} + f_{Cl}e^{\pi i(h+k+l)}$$

(식 7-17)

따라서 $h+k+l$이 짝수면 $F_{hkl} = f_{Cs} + f_{Cl}$이며, $h+k+l$이 홀수면 $F_{hkl} = f_{Cs} - f_{Cl}$ 이 얻어지는 것이다.

CsCl 결정격자상수는 $a = 5.45$ Å이다. 파장 $\lambda = 1.54$ Å의 X-ray로 회절시험할 때 {002} 결정면에서 회절은 $\theta = 16.4°$에서 일어나므로 $\sin\theta / \lambda = 0.183$ [Å^{-1}]이다. **부록 1에서** 이 조건에 해당하는 Cs와 Cl 원자의 원자산란인자 $f_{Cs} = 44.37$과 $f_{Cl} = 11.57$이 얻 어진다. 따라서 CsCl의 {002} 결정면에서 구조인자 F_{hkl}는 $h+k+l$이 짝수이므로 $F_{hkl} = f_{Cs} + f_{Cl}$에 의하여 $F_{hkl} = 55.94$가 얻어진다. CsCl의 {001} 결정면에서 회절 시 원자산란인자 $f_{Cs} = 51.09$와 $f_{Cl} = 14.82$가 얻어진다. 그런데 구조인자 F_{hkl}는 {001}

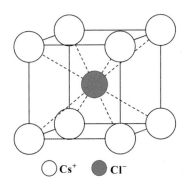

$\bigcirc$ Cs$^+$ $\quad\bullet$ Cl$^-$

그림 7-14. CsCl의 단위포.

결정면에서 회절 시 $h+k+l$ 이 홀수이므로 $F_{hkl} = f_{Cs} - f_{Cl}$ 에 의하여 $F_{hkl} = 36.27$로 매우 낮은 값이 얻어진다.

Cs과 Cl 원자로 구성된 CsCl 결정의 단위포로부터 얻어지는 X-ray 회절강도 $I_{Unit\ Cell}$ 는 (식 7-18)의 2가지로 계산된다.

$$\begin{aligned} &\left| F_{hkl} \right|^2 \propto (f_{Cs} + f_{Cl})^2 \quad \text{when } (h+k+l) \text{ are even number} \\ &\left| F_{hkl} \right|^2 \propto (f_{Cs} - f_{Cl})^2 \quad \text{when } (h+k+l) \text{ are odd number} \end{aligned}$$ (식 7-18)

그런데 실제로 CsCl 결정 구조는 이온결합을 하기 때문에 Cs^+ 이온과 Cl^- 이온이 결합하여 CsCl을 구성한다. 따라서 정확한 CsCl의 구조인자는 $F_{hkl} = f_{Cs^+} + f_{Cl^-}$ 또는 $F_{hkl} = f_{Cs^+} - f_{Cl^-}$ 로 계산되어야 하는 것이다.

그림 7-15는 NaCl의 단위포를 보여 준다. NaCl의 결정 구조는 face centered cubic (fcc) 격자구조를 가지는 F-격자이다. NaCl 결정은 F-격자이므로 격자점은 4개가 $uvw = 000$, $\frac{1}{2}\frac{1}{2}0$, $\frac{1}{2}0\frac{1}{2}$, $0\frac{1}{2}\frac{1}{2}$ 에 존재하며, 하나의 격자점은 Na^+ 이온과 Cl^- 이온으로 구성된다. 000 에 존재하는 Na^+ 이온은 $\frac{1}{2}\frac{1}{2}\frac{1}{2}$ 에 존재하는 Cl^- 이온과 하나의 격자점을 구성하므로, 한 단위포에서 Na^+ 이온의 uvw 는 000, $\frac{1}{2}\frac{1}{2}0$, $\frac{1}{2}0\frac{1}{2}$, $0\frac{1}{2}\frac{1}{2}$ 이며, Cl^- 이온의 uvw 는 $\frac{1}{2}\frac{1}{2}\frac{1}{2}$, $00\frac{1}{2}$, $0\frac{1}{2}0$, $\frac{1}{2}00$ 이다. 따라서 NaCl의 단위포로부터 얻

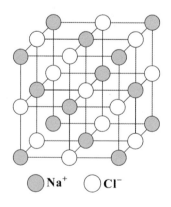

●Na⁺ ○Cl⁻

그림 7-15. NaCl의 단위포.

어지는 구조인자 F_{hkl} 는 (식 7−19)와 같이 얻어진다.

$$F_{hkl} = f_{Na^+}e^{2\pi i(0)} + f_{Na^+}e^{2\pi i(h\cdot\frac{1}{2}+k\cdot\frac{1}{2})} + f_{Na^+}e^{2\pi i(h\cdot\frac{1}{2}+l\cdot\frac{1}{2})} + f_{Na^+}e^{2\pi i(k\cdot\frac{1}{2}+l\cdot\frac{1}{2})}$$
$$+ f_{Cl^-}e^{2\pi i(h\cdot\frac{1}{2}+k\cdot\frac{1}{2}+l\cdot\frac{1}{2})} + f_{Cl^-}e^{2\pi i(l\cdot\frac{1}{2})} + f_{Cl^-}e^{2\pi i(k\cdot\frac{1}{2})} + f_{Cl^-}e^{2\pi i(h\cdot\frac{1}{2})} \qquad \text{(식 7-19)}$$

(식 7−19)를 정리하면 (식 7−20)이 얻어진다.

$$F_{hkl} = \left[1 + e^{\pi i(h+k)} + e^{\pi i(h+l)} + e^{\pi i(k+l)}\right]\left[f_{Na^+} + f_{Cl^-}e^{\pi i(h+k+l)}\right] \qquad \text{(식 7-20)}$$

(식 7−20)에서 면 지수 h, k, l이 (100), (110), (120), (112)과 같이 홀수와 짝수로 섞여있을 때는 $e^{\pi i(h+k)}$, $e^{\pi i(k+l)}$, $e^{\pi i(h+l)}$의 2개가 -1이 되어 그 결과 구조인자는 $F_{hkl} = 0$이 얻어진다. 그러나 h, k, l이 (111), (002), (220), (113)과 같이 모두 홀수거나 짝수일 때 $h+k$, $k+l$, $k+l$는 모두 짝수가 되어 $e^{\pi i(h+k)}$, $e^{\pi i(k+l)}$, $e^{\pi i(h+l)}$이 모두 $+1$이 되어 구조인자는 $F_{hkl} = 4\left[f_{Na^+} + f_{Cl^-}e^{\pi i(h+k+l)}\right]$가 얻어진다. 그런데 이때에도 $h+k+l$가 홀수냐 짝수냐에 의하여 F_{hkl} 값이 결정된다. $h+k+l$이 짝수면 $F_{hkl} = 4\left[f_{Na^+} + f_{Cl^-}\right]$가, $h+k+l$이 홀수면 $F_{hkl} = 4\left[f_{Na^+} - f_{Cl^-}\right]$가 얻어지는 것이다. 따라서 4개의 Na+ 이온과 4개의 Cl⁻ 이온이 결합하여 구성된 NaCl 결정의 단위포로부터 얻어지는 X-ray 회절강도 $I_{Unit\ Cell}$ 는 (식 7−21)과 (식 7−22)의 3가지로 계산된다.

For indices h, k, l are mixed,
$$|F_{hkl}|^2 \propto 0 \qquad \text{(식 7-21)}$$

For indices h, k, l are unmixed,
$$|F_{hkl}|^2 \propto 16(f_{Na^+} + f_{Cl^-})^2 \quad \text{when } (h+k+l) \text{ are even number} \qquad \text{(식 7-22)}$$
$$|F_{hkl}|^2 \propto 16(f_{Na^+} - f_{Cl^-})^2 \quad \text{when } (h+k+l) \text{ are odd number}$$

(식 7−21)과 (식 7−22)를 따라 NaCl의 단위포 $\{100\}$, $\{110\}$, $\{120\}$, $\{112\}$ 결정면으

로부터는 $I_{\text{Unit Cell}} = 0$ 이므로 X-ray 회절강도가 얻어지지 않는다. 그리고 NaCl의 단위포 {111}, {113}, {115}와 같은 결정면의 회절에서 얻어지는 X-ray 회절강도는 낮은 값의 $I_{\text{Unit Cell}}$ 이 얻어진다. 그리고 {002}, {220}, {222}와 같은 결정면의 회절에서는 단위포로부터 높은 값의 X-ray 회절강도 $I_{\text{Unit Cell}}$ 가 얻어지는 것이다.

■■ 7.8 결정질 분말의 회절강도를 결정하는 인자들

바로 앞장에서 배운 것과 같이 한 결정의 단위포로부터 얻어지는 X-ray 회절강도는 단위포에 존재하는 원자들의 위치 uvw 와 회절면 지수 $\{hkl\}$ 에 의존하는 구조인자 F_{hkl} 의 제곱에 비례한다. 구조인자 F_{hkl} 과 함께 다음 몇 가지 인자가 X-ray 회절강도에 영향을 준다. 집합조직을 가지지 않는 분말시료에서는 Bragg-Brentano X-ray 회절시험 조건으로 측정할 때 얻어지는 회절상의 회절피크의 위치 2θ 도 같고, 회절피크들의 상대강도(relative intensity)가 동일한 회절상이 얻어진다.

Bragg-Brentano X-ray 회절시험 조건에서 얻어지는 결정질 분말시료의 X-ray 회절피크들의 상대강도를 결정하는 인자(factor)에는 이미 설명한 구조인자 F_{hkl} 를 포함하여 다음과 같은 5개의 인자가 있다.

1. 구조인자(structure factor) F_{hkl}
2. 전자의 산란각 인자(polarization factor) PF
3. Lorentz 인자(Lorentz factor) LF
4. 다중인자(multiplicity factor) PF_{hkl}
5. 온도인자(temperature factor) TF

여기서 구조인자 F_{hkl} 는 결정의 단위포에 존재하는 원자들의 위치 uvw 와 회절이 일어나는 결정면의 지수 (hkl) 에 의존한다. 전자의 산란각 인자 $PF_{2\theta}$ 와 Lorentz 인자 $LF_{2\theta}$ 는 회절각 2θ 에 의하여 결정된다. 다중인자 PF_{hkl} 는 결정계(crystal system)와 결정면의 지수 (hkl) 에 의존한다. 마지막으로 온도인자 $TF_{2\theta}$ 는 온도와 함께 회절각 2θ 에 의하여 결정된다.

■■ 7.9 전자의 산란각 인자

그림 7-5에서 한 전자에 I_0 의 강도를 가지고 입사된 X-ray가 입사방향과 2θ 각을 가지는 방향으로 탄성산란해 나갈 때 전자와 거리 r 만큼 떨어진 위치 P 에서 얻어지는 산란 강도 I_P 는 (식 7-2)로 얻어졌다. (식 7-2)에서 한 전자로부터의 산란 강도 I_P 는 회절각 2θ 에 의존하는 $(1+\cos^2 2\theta)/2$ 값을 따라 지배를 받는데, 이 값이 (식 7-23)과 같이 전자의 산란각 인자(polarization factor) PF 이다.

$$PF = \frac{1+\cos^2 2\theta}{2}$$

(식 7-23)

■■ 7.10 Lorentz 인자

결정학자 Lorentz는 회절각 2θ 에 따라서 X-ray 회절상의 각 회절피크의 적분강도(integrated intensity)가 변화하는 것을 연구하였다. 그 결과 다음의 3가지 해석을 통하여 X-ray 회절상의 각 회절피크의 적분강도 $I_{2\theta}^{\text{Integral}}$ 의 변화를 회절각 2θ 를 변수로 정량화하였다.

첫 번째 Lorentz 인자

그림 7-16은 정확한 회절각이 2θ 일 때 2θ 뿐 아니라 2θ 보다 큰 각인 $2\theta_2$ 와 작은 각인 $2\theta_1$ 사이에서도 회절강도가 얻어짐을 보여 준다. 그림 7-16에서 회절피크의 빗금친 면적이 회절피크의 적분강도(integrated intensity)이다. 따라서 회절피크의 회절강도를

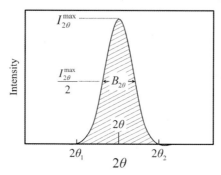

그림 7-16. 첫 번째 Lorentz 인자.

의미하는 적분강도는 정확히 회절조건이 만족되는 회절각 2θ 뿐 아니라 이것보다 조금 크거나 작은 각 사이에서 얻어지는 것이다. 그림 7-16의 2θ의 최대강도는 $I_{2\theta}^{\max}$ 이며, $I_{2\theta}^{\max}/2$ 일 때 회절피크의 폭(breadth at half maximum)을 $B_{2\theta}$ 라고 하자. Lorentz의 해석에 의하면 회절피크의 최대강도 $I_{2\theta}^{\max}$ 과 폭 $B_{2\theta}$ 는 (식 7-24)에 의하여 얻어진다.

$$I_{2\theta}^{\max} \propto \frac{1}{\sin\theta}, \;\; B_{2\theta} = \theta_1 - \theta_2 \propto \frac{1}{\cos\theta} \qquad \text{(식 7-24)}$$

X-ray 회절상의 각 회절피크의 적분강도 $I_{2\theta}^{\text{Integral}}$ 는 $I_{2\theta}^{\text{Integral}} \propto I_{2\theta}^{\max} \cdot B_{2\theta}$ 로 얻어지므로 회절피크의 적분강도 $I_{2\theta}^{\text{Integral}}$ 는 (식 7-25)로 얻어진다.

$$I_{2\theta}^{\text{Integral}} \propto I_{2\theta}^{\max} \cdot B_{2\theta} \propto \frac{1}{\sin\theta_B} \frac{1}{\cos\theta_B} \propto \frac{1}{\sin 2\theta_B} \qquad \text{(식 7-25)}$$

$I_{2\theta}^{\text{Integral}} \propto 1/\sin 2\theta_B$ 가 첫 번째 Lorentz 인자이다. 첫 번째 Lorentz 인자는 정확한 회절각 $2\theta_B$ 뿐 아니라 $2\theta_B$ 보다 큰 각인 $2\theta_2$ 와 작은 각인 $2\theta_1$ 사이의 각들도 회절에 참여하여 회절피크의 적분강도 $I_{2\theta}^{\text{Integral}}$ 에 기여하는 인자이다.

두 번째 Lorentz 인자

그림 7-17(a)는 입사 X-ray와 θ_B 각을 가지고 놓여있는 단결정의 (hkl) 결정면에서 회절이 일어나는 것을 보여 준다. (hkl) 결정면의 수직방향은 반경 r 을 가지는 하나

의 구(sphere)의 표면 위에 한 개의 점으로 그림 7-17(a)와 같이 나타낼 수 있다. 여기서 X-ray diffractometer의 중심 O를 중심으로 만들어지는 구의 표면 면적은 $4\pi r^2$이다.

앞과 같은 조건에서 X-ray가 분말시료에 입사되는 경우를 생각해 보자. 시료가 분말인 경우 (hkl) 결정면이 모든 방향으로 동등하게 존재한다. 따라서 (hkl) 결정면이 우연히 입사 X-ray와 θ_B 각을 가지고 놓여있는 방위(orientation)를 가지는 분말들에서만 회절이 일어날 것이다. 이 조건에서 회절을 일으키는 방위를 가지는 분말들의 (hkl) 결정면의 수직방향은 X-ray diffractometer의 중심 O를 중심으로 반경 r을 가지고 만들어지는 구의 표면 위에 그림 7-17(b)와 같이 원을 만든다. 이 원의 길이는 $2\pi r \sin(90° - \theta_B)$이다.

그런데 회절조건을 정확히 만족하는 방위(orientation)를 가지는 분말뿐만 아니라 정확한 회절조건을 약간 벗어난 방위를 가지는 분말들도 X-ray 회절피크의 적분강도 $I_{2\theta}^{\text{Integral}}$에 기여한다. 회절조건을 벗어난 방위들에서 (hkl) 회절이 일어나는 θ_B의 범위를 $\Delta\theta$라고 하면, 이 $\Delta\theta$ 사이의 θ_B에서 회절조건에 있는 방위를 가지는 분말들의 결정은 그림 7-17(c)와 같이 띠의 폭 $r\Delta\theta$을 가지는 원 띠 위에 결정면의 수직방향을 가질 것이다.

이와 같이 X-ray 회절피크의 적분강도 $I_{2\theta}^{\text{Integral}}$에 기여하는 방위를 가지는 분말들의

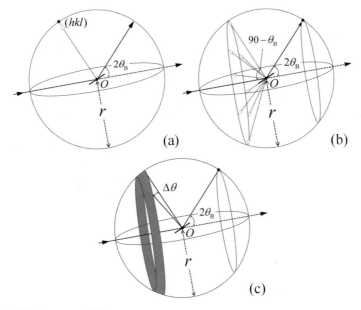

그림 7-17. 두 번째 Lorentz 인자.

(hkl) 결정면의 수직방향은 폭 $r\Delta\theta$ 을 가지며, 길이 $2\pi r \sin(90^\circ - \theta_B)$를 가지는 원 띠(band) 위에 결정면의 수직방향을 가진다. 따라서 X-ray 회절피크의 적분강도 $I_{2\theta}^{\text{Integral}}$ 에 기여하는 방위를 가지는 분말들의 분율은 (원 띠의 면적) / (구의 표면적)으로 (식 7 - 26)에 비례한다.

$$I_{2\theta}^{\text{Integral}} \propto \frac{r\Delta\theta \cdot 2\pi r \sin(90^\circ - \theta_B)}{4\pi r^2} = \frac{r\Delta\theta \cdot 2\pi r \cos\theta_B}{4\pi r^2}$$

$$I_{2\theta}^{\text{Integral}} \propto \cos\theta_B$$

(식 7-26)

$I_{2\theta}^{\text{Integral}} \propto \cos\theta_B$ 가 두 번째 Lorentz 인자이다. 두 번째 Lorentz 인자는 정확한 (hkl) 회절조건으로부터 약간 벗어난 방위(orientation)에 존재하는 분말들도 X-ray 회절피크의 적분강도 $I_{2\theta}^{\text{Integral}}$ 에 기여한다는 인자이다.

세 번째 Lorentz 인자

그림 7 - 18은 X-ray diffractometer의 중심 O 에 아주 작은 크기를 가지는 구형의 분말 시료가 놓여진 것을 보여 준다. 일정한 파장 λ 을 가지는 X-ray가 분말시료에 입사되면 $2d_{hkl}\sin\theta = \lambda$ 를 만족하는 몇 개의 2θ 방향으로 회절이 일어난다. 그런데 시료가 분말인 경우에는 모든 방위(orientation)의 분말이 존재하기 때문에 하나의 회절방향 2θ 은 그림 7 - 18과 같이 콘(cone) 형태로 회절이 일어나며, 회절콘의 크기는 2θ 에 의존한다.

그림 7 - 18에서 보듯이 X-ray diffractometer에서 X-ray detector(X-ray 검출기, counter)는 diffractometer circle 위에 놓여져 2θ 를 변수로 얻어지는 X-ray 산란 강도의 크기 $I_{2\theta}$ 를 측정한다. 그런데 X-ray detector에서 X-ray 검출하는 창(window)의 면적 D_{Area} 은 일정하므로, X-ray detector에서 측정되는 X-ray 신호의 강도 $I_{2\theta}^{\text{Integral}}$ 는 (식 7 - 27)과 같이 회절콘의 길이에 반비례하여 얻어진다.

$$I_{2\theta}^{\text{Integral}} \propto \frac{1}{\sin 2\theta_B}$$

(식 7-27)

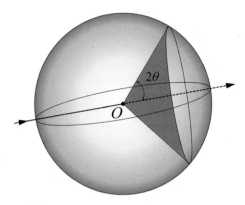

그림 7−18. 세 번째 Lorentz 인자.

$I_{2\theta}^{\text{Integral}} \propto 1/\sin 2\theta_\text{B}$ 가 세 번째 Lorentz 인자이다. 세 번째 Lorentz 인자는 2θ 에 의존하는 회절콘의 크기가 X-ray 회절피크의 적분강도 $I_{2\theta}^{\text{Integral}}$ 에 기여하는 인자이다.

3가지의 Lorentz 인자 조건을 모두 곱하면 (식 7−28)의 Lorentz 인자 LF 가 얻어진다.

$$LF = \left(\frac{1}{\sin 2\theta_\text{B}}\right) \cdot \left(\cos \theta_\text{B}\right) \left(\frac{1}{\sin 2\theta_\text{B}}\right) = \frac{1}{4\sin^2 \theta_\text{B} \cos \theta_\text{B}} \qquad \text{(식 7-28)}$$

(식 7−23)의 전자의 산란각 인자 PF 와 (식 7−28)의 Lorentz 인자 LF 는 모두 독립변수 θ 를 가진다. 두 개의 인자를 곱한 값에 다시 8을 곱한 (식 7−29)를 Lorentz-산란각(Lorentz-polarization) 인자 $L-PF$ 라 한다.

$$L-PF = \frac{1+\cos^2 2\theta_\text{B}}{\sin^2 \theta_\text{B} \cos \theta_\text{B}} \qquad \text{(식 7-29)}$$

(식 7−29)의 $L-PF$ 는 X-ray diffractometer에서 Bragg-Brentano X-ray 회절시험 조건에서 분말시료의 회절강도를 계산할 때, 단지 Bragg 회절각도 2θ 에만 의존하는 인자인 것이다. 그림 7−19에서는 2θ 에 따라 Lorentz-산란각 $L-PF$ 인자가 변화하는 것을 보여 준다. 2θ 가 0° 근처로 작은 값을 가질 때와 2θ 가 180° 근처로 큰 값을 가질 때 높은 $L-PF$ 가 얻어진다. 이와는 반대로 2θ 가 100° 근처에서 최솟값의 $L-PF$ = 2.7이 얻어지는 것이다.

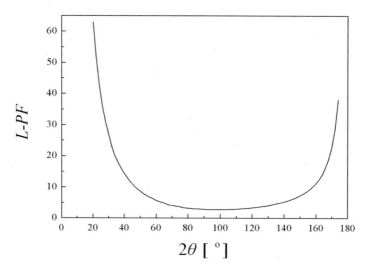

그림 7 – 19. 2θ 에 따른 Lorentz-산란각 $L - PF$ 인자의 변화.

■■ 7.11 다중인자

Bragg 식은 일정한 파장 λ 을 가지는 X-ray가 결정질시료에 입사되면 $2d_{hkl} \sin \theta = \lambda$ 를 만족하는 회절각 2θ 방향으로 보강간섭이 일어나는 것을 알려 준다. 이 식에서 파장 λ 이 일정하면 하나의 보강간섭이 일어나는 2θ 방향으로 회절에 참여하는 결정면 간격 d_{hkl} 는 하나 밖에 없다.

3장에서는 cubic 결정계(crystal system)의 결정에서 동등한 결정면의 개수가 결정면 지수 $\{hkl\}$ 에 의존함을 설명하였다. 예를 들면, $\{001\}$ 가족에 속하는 (001), $(00\overline{1})$, (010), $(0\overline{1}0)$, (100), $(\overline{1}00)$ 6개의 결정면은 모두 동등한 성질을 가진다. 표 3 – 1에 수록되어 있듯이 cubic 결정계에서는 $\{111\}$, $\{110\}$, $\{123\}$ 가족에 속하는 동등한 결정면의 개수가 각각 8개, 12개, 48개가 존재한다. 동등한 결정면의 수를 다중인자(multiplicity factor) PF_{hkl} 라 한다.

다중인자 PF_{hkl} 는 7개의 결정계에 의존한다. 1장에서 설명했듯이 7개의 결정계 (crystal system)는 결정을 분류하는 방법으로, 격자벡터 $\vec{a}_1$, $\vec{a}_2$, $\vec{a}_3$ 의 길이와 격자벡터 사잇각 α, β, γ 의 상대적인 관계로 분류한다. 모든 결정은 그림 1 – 27과 같이 단지 7

개의 결정계로 분류된다. 예를 들면, a_1, a_2, a_3 가 모두 다르고 α, β, γ 도 모두 달라서 이것들 간에 상대적인 관계가 전혀 없는 결정계가 triclinic 결정계이다. 이에 반하여 $a_1 = a_2 = a_3$ 로 길이가 모두 같고, $\alpha = \beta = \gamma = 90°$ 로 모두 사잇각이 같은 결정계가 cubic 결정계이다. 표 7-2에는 7개의 결정계에서 결정면 지수 $\{hkl\}$ 에 따른 다중인자 PF_{hkl} 가 수록되어 있다. Cubic 결정계에서는 $\{001\}$ 가족의 $PF_{hkl} = 6$ 이지만, triclinic 결정계에서는 $\{001\}$ 가족의 $PF_{hkl} = 2$ 이다.

$\{hkl\}$ 지수를 가지는 결정면의 다중인자 PF_{hkl} 는 같은 결정면 간격 d_{hkl} 을 가지는 결정면의 개수와 같다. 예를 들면, $\{001\}$ 가족의 $PF_{hkl} = 6$ 인 cubic 결정계에서는 $d_{001} = d_{00\bar{1}} = d_{010} = d_{0\bar{1}0} = d_{100} = d_{\bar{1}00}$ 이다. 그러나 $\{001\}$ 가족의 $PF_{hkl} = 2$ 인 triclinic 결정계에서는 $d_{001} \neq d_{010} \neq d_{100}$ 이며, 단지 같은 d_{hkl} 를 가지는 것은 $d_{001} = d_{00\bar{1}}$, $d_{010} = d_{0\bar{1}0}$, $d_{100} = d_{\bar{1}00}$ 이다.

결정계와 $\{hkl\}$ 지수에 의존하는 결정면의 다중인자 PF_{hkl} 는 같은 결정면 간격 d_{hkl} 을 가지는 결정면의 개수와 같다. 따라서 표 7-2의 다중인자 PF_{hkl} 는 한 결정에서 같은 d_{hkl} 을 가지는 결정면의 개수를 보여 주는 것이다. 따라서 cubic 결정계의 결정에서 $\{001\}$ 가족에는 6개 그리고 $\{123\}$ 가족에는 48개의 같은 d_{hkl} 을 가지는 결정면들이 존재하는 것이다.

표 7-2. 7개의 결정계에서 결정면 지수 $\{hkl\}$ 에 따른 다중인자 PF_{hkl} .

Cubic	hkl 48	hhl 24	$0kl$ 24	$0kk$ 12	hhh 8	$00l$ 6
Hexagonal Rhombohedral	hkl 24	$hh \cdot l$ 12	$0k \cdot l$ 12	$hk \cdot 0$ 12	$0k \cdot 0$ 6	$00 \cdot l$ 2
Tetragonal	hkl 16	hhl 8	$0kl$ 8	$hk0$ 4	$0k0$ 4	$00l$ 2
Orthorhombic	hkl 8	$h0l$ 4	$0kl$ 4	$hk0$ 4	$h00$ 2	$00l$ 2
Monoclinic	hkl 4	$h0l$ 2	$0k0$ 2			
Triclinic	hkl 2					

표 7-2의 다중인자 PF_{hkl} 는 Bragg 식 $2d_{hkl}\sin\theta = \lambda$ 를 만족하는 d_{hkl} 를 가지는 결정면의 개수를 가르쳐 주는 것이다. Bragg 식을 만족시키는 d_{hkl} 를 가지는 결정면의 개수가 많을수록 이에 상응하는 회절각 2θ 방향으로 높은 보강간섭이 일어날 것이다. 따라서 X-ray 회절피크의 적분강도 $I_{2\theta}^{\text{Integral}}$ 는 다중인자 PF_{hkl} 에 비례하는 것이다.

■■ 7.12 온도인자

앞에서 언급한 것과 같이 원자핵은 X-ray의 산란에 거의 기여를 하지 않으며, 한 원자에 입사된 X-ray는 주로 외각 전자와 반응하여 산란 강도가 얻어진다. 원자산란인자(atomic scattering factor) f 는 하나의 독립된 외각 전자로부터 X-ray 산란 진폭 A_{Electron} 과 한 원자의 외각에 존재하는 모든 전자들로부터의 X-ray 산란 진폭 A_{Atom} 의 비인 $A_{\text{Atom}} / A_{\text{Electron}}$ 로 (식 7-3)과 같이 규정된다. 원자산란인자 f 는 한 원자로부터 X-ray의 산란 진폭을 정량화한 것이다.

절대온도 0 K일 때 결정 내의 원자는 고정된 한 위치에 존재하지만, 상온과 같은 온도에서 원자는 열 진동을 하기 때문에 고정된 위치로부터 약간씩 벗어난다. 0 K일 때 원자산란인자를 f_0 라면 온도 T K에서 열 진동 u 을 하는 원자산란인자 f_T 는 (식 7-30)과 같다.

$$f_T = f_0 e^{-M} \qquad\qquad \text{(식 7-30)}$$

여기서 M 은 $(u/d)^2$ 에 비례한다. 즉, $u = 0$ 이면 $f_T = f_0$ 이고, 온도 T 가 높을수록 u 가 커져서 큰 M 이 얻어져 f_T 가 감소하는 것이다. 또한 M 은 회절이 일어나는 결정면의 간격 d 의 제곱에 반비례한다. $d = \lambda / 2\sin\theta$ 이므로 $(\sin\theta / \lambda)$ 가 증가하면 역시 큰 M 이 얻어져 f_T 가 감소하는 것이다.

7.6절의 구조인자 F_{hkl} 의 계산에서 보았듯이 X-ray 회절피크의 적분강도 $I_{2\theta}^{\text{Integral}}$ 는 f^2 에 비례한다. 따라서 원자의 열 진동에 의하여 X-ray 회절피크의 적분강도 $I_{2\theta}^{\text{Integral}}$

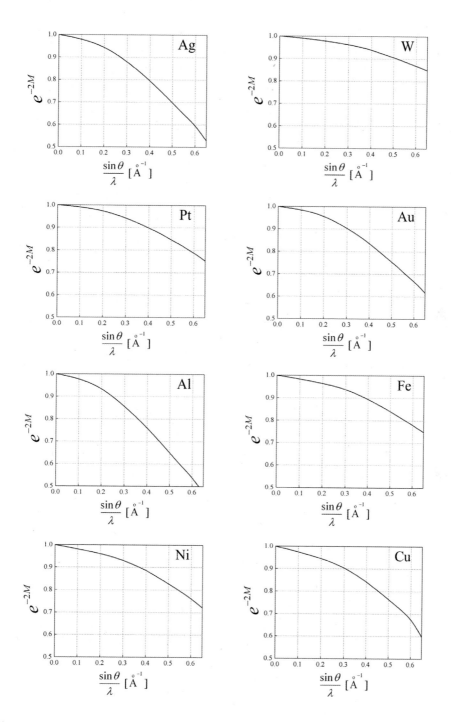

그림 7-20. Al, Fe, Ni, Cu, Ag, W, Pt, Au에서 $\sin\theta/\lambda$에 따른 온도인자 e^{-2M}의 변화.

를 낮추는 인자는 f_T^2에 비례하는 e^{-2M}인 것이다. 즉, e^{-2M}이 온도인자(temperature factor) TF이다. 그림 7－20에서는 Al, Cu, Fe 등의 원소들의 온도인자 TF인 e^{-2M}를 $(\sin\theta/\lambda)$의 함수로 보여 주고 있다. 모든 원소에서 회절각 θ이 커질수록 온도인자 e^{-2M}가 감소하는 것을 보여 주고 있다. 만약 $e^{-2M}=0.8$이라면 열 진동에 의하여 f_T^2가 f_0^2의 0.8배로 감소하여 그만큼 X-ray 회절피크의 적분강도 $I_{2\theta}^{\text{Integral}}$가 낮아지는 것을 의미하는 것이다.

그림 7－21(a)는 열 진동이 없는 상태에서 4개의 회절피크가 같은 적분강도 $I_{2\theta}^{\text{Integral}}$를 가지는 X-ray 회절상을 모델링한 것을 보여 준다. 여기서 열 진동이 존재하는 상태를 가정하면 그림 7－21(b)의 X-ray 회절상이 얻어진다. 열 진동은 회절각 θ이 커질수록 증가하여 회절상 noise에 해당하는 background를 증가시키며, 온도인자 e^{-2M}를 감소시켜 적분강도 $I_{2\theta}^{\text{Integral}}$를 낮춘다. 회절각 θ이 커질수록 열 진동이 증가하는 것은 회절이 일어나는 결정면의 간격 d가 감소하면 $(u/d)^2$에 비례하는 M이 증가하기 때문인 것이다.

■■ 7.13 X-ray 회절피크의 계산식

이미 배운 것과 같이 Bragg-Brentano X-ray 회절시험 조건에서 얻어지는 결정질 분말 시료의 X-ray 회절피크들의 상대강도를 결정하는 인자에는 1. 구조인자(structure factor)

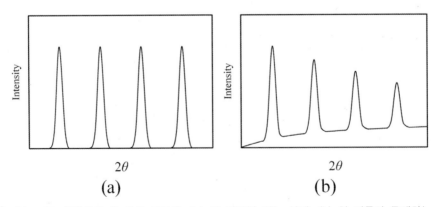

그림 7－21. XRD 회절상의 열 진동 의존성. (a) 열 진동이 없는 상태, (b) 열 진동이 존재하는 상태.

F_{hkl}, 2. Lorentz-산란각(Lorentz-polarization) 인자 $L - PF$, 3. 다중인자(multiplicity factor) PF_{hkl}, 4. 온도인자(temperature factor) TF 로 정리될 수 있다. 4개의 인자들을 곱하여 결정질 분말시료의 X-ray 회절피크 $I_{2\theta}^{\text{Integral}}$ 가 (식 7−31)로 계산될 수 있다.

$$I_{2\theta}^{\text{Integral}} = \left| F_{hkl} \right|^2 \cdot \frac{1 + \cos^2 2\theta_{\text{B}}}{\sin^2 \theta_{\text{B}} \cos \theta_{\text{B}}} \cdot PF_{hkl} \cdot TF \qquad \text{(식 7−31)}$$

■ 7.14 X-ray 회절피크의 계산의 예

(식 7−31)을 이용하여 Bragg-Brentano X-ray 회절시험 조건에서 Fe(철) 결정질 분말시료의 X-ray 회절피크 $I_{2\theta}^{\text{Integral}}$ 를 계산해 보자. 상온인 20°C에서 평형상 bcc에 있는 철분말로 실험한다고 가정하자. 철의 격자상수는 $a = 2.866$ Å이고, X-ray는 $\lambda = 1.79$ Å인 Co K_α 를 사용한다.

철은 bcc이므로 (식 7−12)와 같이 $\{hkl\}$ 지수의 합인 $h + k + l$ 이 홀수인 $\{001\}$, $\{111\}$, $\{102\}$ 면에서는 $F_{hkl} = 0$이므로 회절강도가 얻어지지 않는다. 반면에 $h + k + l$ 이 짝수인 $\{011\}$, $\{002\}$, $\{112\}$ 면에서는 $F_{hkl} = 2f$ 로 회절강도가 얻어진다.

Cubic 결정계의 결정면 간격 d_{hkl} 은 (식 3−1)의 $d_{hkl} = a / (h^2 + k^2 + l^2)^{1/2}$ 로부터 계산되어 $d_{011} = 2.027$ Å, $d_{002} = 1.433$ Å, $d_{211} = 1.170$ Å이다. d_{hkl} 을 Bragg 식 $2d_{hkl} \sin \theta = \lambda$ 에 넣어 Bragg 각을 구하면 $\theta_{011} = 26.2°$, $\theta_{002} = 38.6°$, $\theta_{112} = 49.9°$이다. 따라서 $\dfrac{\sin \theta_{011}}{\lambda} = 0.246$ [Å^{-1}], $\dfrac{\sin \theta_{002}}{\lambda} = 0.349$ [Å^{-1}], $\dfrac{\sin \theta_{112}}{\lambda} = 0.427$ [Å^{-1}]가 얻어진다.

부록 2에는 철(Fe)의 원자산란인자 f 가 $\dfrac{\sin \theta}{\lambda}$ 의 함수로 수록되어 있다. 이 표에 의하여 $f(0.246)$는 $f(0.2)$와 $f(0.3)$ 사이의 값을 가지며, f 값이 선형적으로 변화한다는 가정으로 $f(0.246) = 17.38$이 얻어진다. 마찬가지 방법으로 $f(0.349) = 14.47$, $f(0.472) = 12.84$가 얻어진다. 그리고 $\{011\}$, $\{002\}$, $\{112\}$ 면에서의 $\left| F_{hkl} \right|^2 = 4f^2$ 이므로, $\left| F_{011} \right|^2 = 1208.5$, $\left| F_{002} \right|^2 = 837.8$, $\left| F_{112} \right|^2 = 659.6$이 얻어진다.

이제 Lorentz-산란각 인자 $L-PF$ 를 계산하기 위하여 (식 7-29)에 $\theta_{011} = 26.2°$, $\theta_{002} = 38.6°$, $\theta_{112} = 49.9°$를 대입하자. 그 결과 {011}에서 $L-PF = 7.873$, {002}과 $L-PF = 3.448$, {112}에서 $L-PF = 2.730$이 각각 얻어진다.

결정계와 {hkl} 지수에 의존하는 결정면의 다중인자 PF_{hkl} 는 표 7-2에 수록되어 있다. Bcc 격자를 가지는 철은 cubic 결정계이다. 따라서 $PF_{011} = 12$, $PF_{002} = 6$, PF_{112} = 24가 각각 얻어진다.

마지막으로 온도인자 TF 는 온도인자인 e^{-2M} 을 $(\sin\theta / \lambda)$ 의 함수로 보여 주는 그림 7-20에서 얻을 수 있다. {011}, {002}, {112} 면에서의 $\dfrac{\sin\theta_{011}}{\lambda} = 0.246$ [Å^{-1}], $\dfrac{\sin\theta_{002}}{\lambda} = 0.349$ [Å^{-1}], $\dfrac{\sin\theta_{112}}{\lambda} = 0.427$ [Å^{-1}]이므로 이 값에 해당하는 $e^{-2M} = 0.95$, $e^{-2M} = 0.92$, $e^{-2M} = 0.88$이 각각 얻어진다.

이제 (식 7-31)을 이용하여 Bragg-Brentano X-ray 회절시험 조건에서 Fe(철) 결정질 분말시료의 X-ray 회절피크 $I_{2\theta}^{\text{Integral}}$ 의 계산에 필요한 인자들을 모두 정리하면 표 7-3이 얻어진다. 여기서 {hkl} 결정면의 계산된 상대강도 $I_{2\theta}^{\text{Calculated}}$ (relative intensity)는 $\left|F_{hkl}\right|^2$, $L-PF$, PF_{hkl}, TF 를 각각 곱한 값이다. {011}, {002}, {112} 결정면에서의 $I_{2\theta}^{\text{Calculated}}$ 는 각각 108468, 15947, 38028이다. 가장 높은 $I_{2\theta}^{\text{Calculated}}$ 를 가지는 {011} 결정면의 상대강도 $I_{2\theta}^{\text{Norm.}}$를 100이라 하면, {002} 결정면에서의 $I_{2\theta}^{\text{Norm.}} = 100 \times (15947 / 108468) = 15$, {112} 결정면에서의 $I_{2\theta}^{\text{Norm.}} = 100 \times (38028 / 108468) = 35$가 얻어지는 것이다. 즉, {011} 결정면의 회절피크 $I_{2\theta}^{\text{Integral}}$ 에 비하여 {002}, {112} 결정면에서는 각각 15%, 35% 크기의 회절피크 $I_{2\theta}^{\text{Integral}}$ 가 얻어지는 것이다.

그림 7-22는 Bragg-Brentano X-ray 회절조건에서 철 분말의 회절상을 $\lambda = 1.79$ Å인 Co K_α 로 측정한 결과를 보여 준다. {011}의 회절각인 $2\theta_{011} = 52.3°$에서 가장 높은 회절피크가 얻어지며, 두 번째로 높은 회절피크는 {112}의 $2\theta_{112} = 99.6°$에서 얻어지며, 가장 낮은 회절피크가 {002}의 $2\theta_{002} = 77.2°$에서 얻어진다. 그리고 실험적으로 얻어진 회절피크의 상대강도는 표 7-3과 거의 같은 것을 알 수 있다.

다음은 Bragg-Brentano X-ray 회절시험할 때 Cu(동) 결정질 분말시료의 X-ray 회절피

표 7–3. Fe 결정질 분말시료의 X-ray 회절피크 $I_{2\theta}^{\text{Integral}}$ 의 계산. 20°C에서 X-ray 빔은 $\lambda = 1.79$ Å인 Co K_α 를 사용할 때 얻어지는 결과.

line	hkl	θ	$\sin\theta/\lambda$	$\lvert F_{hkl}\rvert^2$	$L-PF$	PF_{hkl}	TF	Relative Intensity	
								$I_{2\theta}^{\text{Calculated}}$	$I_{2\theta}^{\text{Norm.}}$
1	011	26.16°	0.246	1208.5	7.873	12	0.95	108468.765	100
2	002	38.61°	0.349	837.9	3.448	6	0.92	15947.165	15
3	112	49.82°	0.427	659.6	2.730	24	0.88	38028.934	35

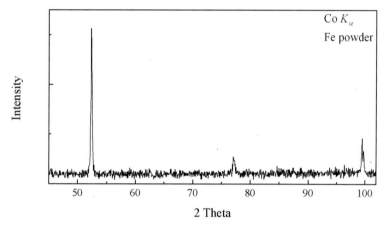

그림 7–22. Co K_α X-ray 빔으로 측정한 철 분말의 XRD 회절상.

크 $I_{2\theta}^{\text{Calculated}}$ 와 $I_{2\theta}^{\text{Norm.}}$ 를 계산한 결과를 고찰해 보자. 상온인 20°C에서 평형상 fcc를 가지는 동 분말의 격자상수는 $a = 3.61$ Å이고, X-ray는 $\lambda = 1.54$ Å인 Cu K_α 를 사용하여 회절시험을 한다고 가정하자. 표 7–4에는 동 결정질 분말시료의 X-ray 회절피크 $I_{2\theta}^{\text{Integral}}$ 의 계산에 필요한 인자들과 함께 회절강도의 상대강도를 계산한 $I_{2\theta}^{\text{Calculated}}$ 와 $I_{2\theta}^{\text{Norm.}}$ 가 모두 정리되어 있다. Cu는 fcc이기 때문에 $\{hkl\}$ 지수가 모두 홀수이거나 짝수인 $\{111\}$, $\{002\}$, $\{022\}$, $\{113\}$ 결정면에서 회절강도가 얻어진다.

표 7–4에서 X-ray 회절피크 $I_{2\theta}^{\text{Calculated}}$ 가 가장 큰 결정면은 $\{111\}$ 면이다. $\{111\}$ 면에서 $I_{2\theta}^{\text{Norm.}} = 100$, $\{002\}$ 에서 $I_{2\theta}^{\text{Norm.}} = 45$, $\{022\}$ 에서 $I_{2\theta}^{\text{Norm.}} = 24$, $\{113\}$ 에서 $I_{2\theta}^{\text{Norm.}} = 29$가 각각 얻어진다. 여기에서도 $\lvert F_{hkl}\rvert^2$, $L-PF$, PF_{hkl}, TF 를 모두 곱하여

표 7-4. Cu 결정질 분말시료의 X-ray 회절피크 $I_{2\theta}^{\text{Integral}}$ 의 계산. 20°C에서 X-ray 빔은 $\lambda = 1.54$ Å인 Cu K_{α}를 사용시 얻어지는 결과.

line	hkl	θ	$\sin\theta/\lambda$	$\|F_{hkl}\|^2$	$L-PF$	PF_{hkl}	TF	Relative Intensity	
								$I_{2\theta}^{\text{Calculated}}$	$I_{2\theta}^{\text{Norm.}}$
1	111	21.65°	0.239	6500.9	12.091	8	0.94	591717.56	100
2	002	25.22°	0.277	5625.6	8.558	6	0.92	266036.66	45
3	022	37.07°	0.391	3815.8	3.707	12	0.85	144103.04	24
4	113	44.96°	0.459	3171.5	2.830	24	0.80	171920.40	29

$I_{2\theta}^{\text{Calculated}}$가 얻어지는데, **표 7-4**을 보면 특히 $L-PF$ 인자가 $I_{2\theta}^{\text{Calculated}}$ 값에 큰 영향을 미치는 것을 알 수 있다.

그림 7-23은 Bragg-Brentano XRD에서 동 분말의 회절상을 $\lambda = 1.54$ Å인 Cu K_{α}를 사용하여 측정한 결과를 보여 준다. {111}의 회절각인 $2\theta_{111} = 43.4°$에서 가장 높은 회절피크가 얻어지며, 두 번째로 높은 회절피크는 {002}의 $2\theta_{002} = 50.6°$에서 얻어지며, 거의 비슷한 강도의 회절피크가 {022}의 $2\theta_{022} = 74.2°$와 {113}의 $2\theta_{113} = 90.0°$에서 얻어진다. 실험적으로 얻어진 회절피크들의 상대강도는 계산된 **표 7-4**와 거의 같은 것을 알 수 있다.

이와 같이 (식 7-31)을 이용하여 Bragg-Brentano X-ray 회절시험 조건에서 모든 결정

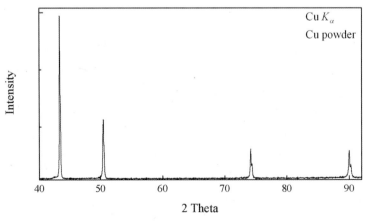

그림 7-23. Cu K_{α} X-ray 빔으로 측정한 동 분말의 XRD 회절상.

질 분말시료의 X-ray 회절피크 $I_{2\theta}^{\text{Integral}}$ 를 계산할 수 있는 것이다. 여기서 강조할 것은 동일한 조성과 동일한 결정 구조를 가지는 결정 재료를 10 μm 이하의 미세한 분말시료를 만들어야 언제나 측정하는 X-ray 회절시험 기기에 관계없이 항상 동일한 X-ray 회절상이 얻어지는 것이다. 즉, (식 7-31)은 집합조직을 갖고 있지 않은 분말시료의 X-ray 회절피크들의 상대강도에 대한 정보를 주는 것이다.

■■ 7.15 결정 재료의 XRD Database

조성과 결정 구조가 동일한 덩어리 재료는 Bragg-Brentano parafocusing XRD로 측정하면 얻어지는 X-ray 회절상의 회절피크의 위치 2θ 는 대부분 일치하지만, 각 회절피크의 회절강도는 대부분 다르게 얻어진다. 그러나 앞에서 설명한 것과 같이 동일한 조성과 동일한 결정 구조를 가지는 결정 재료를 10 μm 이하로 미세한 분말시료를 만들면 언제나 측정하는 XRD 기기에 무관하게 항상 동일한 X-ray 회절상의 상대강도(relative intensity)가 얻어진다. 따라서 하나의 결정 재료가 어떤 재료인지 알아내는데 X-ray 회절상이 사용될 수 있다.

운전면허증과 같은 ID card는 운전자의 특징을 정확히 기록하고 있어 운전자의 신원을 확인하는 데 사용된다. 이것과 동일하게 결정 재료가 어떤 물질인지 확인할 수 있는 ID card가 ICDD(International Centre for Diffraction Data) card이다. 1930년대부터 ICDD card가 제작되어 참고자료로 보관되었는데, 이 card에는 하나의 결정질 물질을 Bragg-Brentano parafocusing XRD로 측정하여 얻어지는 X-ray 회절상의 데이터가 상세히 기록되어 있다. 2000년 전후에 이 card들은 PDF 파일로 제작되었고, 결정질 물질이 어떠한 물질인지 알아내는데 참고자료 database로 제작되어 널리 사용되고 있다. ICDD의 database를 이용하여 X-ray 회절상을 분석하는 상용 ICDD 프로그램에서는 다양한 분석 menu를 제공한다. 이 프로그램에서는 1930년도부터 최근까지 입력된 ICDD card의 정보가 PDF 자료로 제공되며, XRD로 측정한 회절패턴을 해석하는 menu도 제공한다.

ICDD 프로그램에서는 먼저 한 원소의 결정 분말시료로부터 얻어지는 X-ray 회절상의 database를 제공한다. ICDD 프로그램의 menu에서 제공하는 그림 7-24의 주기율표

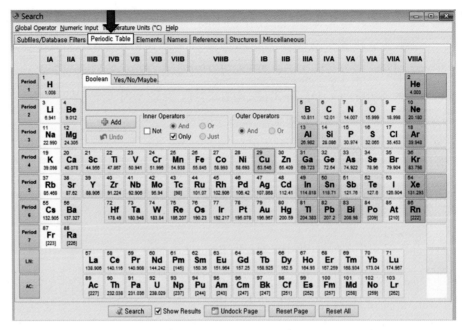

그림 7-24. ICDD 프로그램 menu에서 하나의 원소 선택.

(periodic table)에서, X-ray 회절상의 상세한 정보를 알고 싶은 원소를 하나 선택할 수 있다. 만약 Cu를 선택하고, 이에 해당하는 PDF 파일을 여러 개 얻는데 이 PDF 파일 중에 PDF 00-004-0836을 선택하면 그림 7-25의 창이 나타난다.

　그림 7-25의 창 중앙 부근에는 PDF, Experimental, Physical, Crystal, Reference 등의 선택 menu가 있다. 우선 PDF 창에는 좌측 위의 구석에 이 원소의 이름 Cu와 함께 PDF 번호 00-004-0836이 수록되어 있다. 그 밑에는 실험결과를 얻은 X-ray의 정보인 Cu $K_{\alpha 1}$ 1.54056 Å이 수록되어 있다. 또 그 밑에는 이 실험결과를 얻을 때 고정된 slit를 사용했다는 것이 표시되어 있다. PDF 창 위쪽 중앙에는 회절각 2θ, 결정면 거리 d, 상대회절강도 I, 결정면 지수 (hkl)가 수록되어 있다. 여기에는 8개의 결정면의 데이터가 나타난다. 그 우측에는 어떤 회절각 2θ에서 어떤 회절강도 I가 나오는 것을 보여 주는 그림이 있다.

　PDF 창 우측 중간에 QM(Quality Mark)이 보이는데, 이것은 이 PDF에 수록된 데이터의 신뢰도를 표시하는 것이다. 여기에 표시되는 Star는 신뢰도가 매우 높은 데이터, I는 꽤 믿을만한 데이터, C는 계산된 데이터, O는 신뢰도가 낮은 데이터를 각각 의미한다.

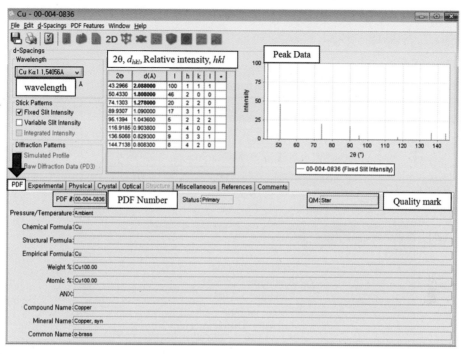

그림 7-25. Cu의 ICDD card(PDF 00-004-0836).

따라서 **그림 7-25**의 PDF 번호 00-004-0836은 신뢰도가 매우 높은 데이터이다. PDF 창 하단부에는 이 시료를 측정한 압력조건, chemical formula, weight %, atomic %, 이름 등이 수록되어 있다.

그림 7-25의 창에서 Experimental을 선택하면 **그림 7-26(a)**의 창이 나온다. 이 창의 하단에는 이 데이터를 얻을 때 사용된 구체적인 실험조건이 수록되어 있다. X-ray의 파장, X-ray 측정기기가 무엇인지 수록되어 있다. **그림 7-25**의 창에서 Physical과 Crystal을 선택하면 **그림 7-26(b)**와 (c) 같이 physical data와 crystallographic data인 결정계(crystal system), space group, 격자상수, molecular weight, 밀도 등이 수록되어 있다. **그림 7-25**의 창에서 Reference를 선택하면 X-ray 회절 데이터를 제공한 참고문헌이 수록되어 있다.

그림 7-23은 Cu 결정을 Bragg-Brentano parafocusing XRD로 측정한 결과였다. **그림 7-23**을 해석하면 **표 7-5**와 같이 회절각 2θ 에서 어떤 회절강도 I 가 얻어지며, 회절각 2θ 이 얻어지는 결정면 거리 d 를 구할 수 있다. **표 7-5**를 **그림 7-25**의 PDF 번호 00-004-0836의 데이터와 비교하면 실험결과가 Cu의 PDF data와 일치하는 것을 확인할

수 있다. 이와 같이 PDF data는 결정질 물질을 어떠한 물질인지 확인하는데 참고자료 database로 사용되는 것이다.

표 7-5. Cu 결정질 분말을 Bragg-Brentano parafocusing XRD로 측정한 결과.

2θ	43.30	50.45	73.17	90.01
d	2.09	1.81	1.28	1.09
I_{Integ}	68900	31122	14551	12519
I_{Rel}	100	45.17	21.12	18.17

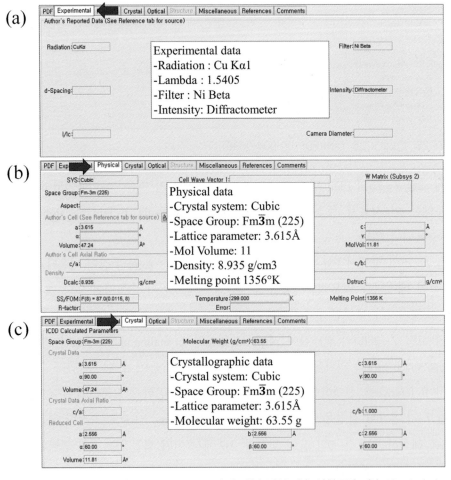

그림 7-26. Cu의 ICDD card(PDF 00-004-0836)의 세부 정보. (a) 실험조건, (b) Physical data, (c) Crystallographic data.

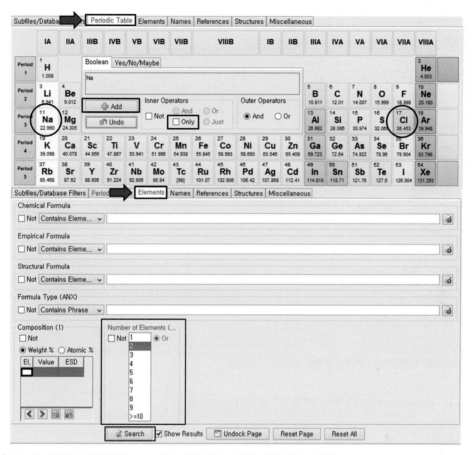

그림 7-27. ICDD 프로그램 menu에서 2개 또는 여러 개의 원소 선택.

ICDD 프로그램에서는 2개 또는 여러 개의 원소로 만들어진 화합물 결정 분말시료로 부터 얻어지는 X-ray 회절상 database도 제공한다. 예를 들어, NaCl의 X-ray 회절상의 자료를 찾아보자. ICDD 프로그램의 menu에서 제공하는 Periodic Table에서 원소 Na를 선택한 후에 Only 항을 해제하고, +Add를 눌러서 Cl을 선택한 후 Periodic Table 우측의 Elements 항을 선택하고 얻어지는 새로운 창에서 Number of Elements 항목에서 NaCl의 원소수 2개를 지정한다. 그리고 하단부에 있는 Search를 누르면 ICDD 프로그램의 database에 존재하는 265,127개의 PDF 중에서 NaCl 결정에 해당하는 28개의 PDF 번호를 찾아낸다. 28개의 PDF 중에서 PDF 00-005-0628을 선택하면 그림 7-28이 얻어진다. 앞의 Cu의 PDF와 같이 PDF 00-005-0628에서는 NaCl 결정의 PDF, Experimental, Physical,

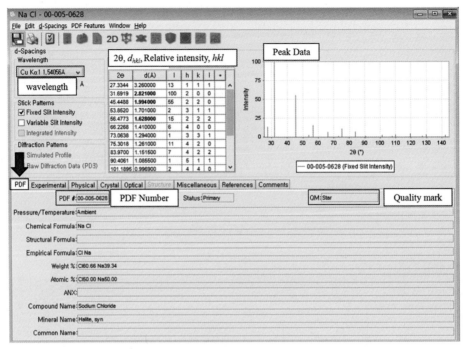

그림 7–28. NaCl의 ICDD card(PDF 00-005-0628).

Crystal, Reference 등 다양한 정보가 제공되는 것이다.

■■ 7.16 ICDD Database를 이용한 XRD 패턴 분석

　동일한 조성과 동일한 결정 구조를 가지는 결정 재료를 10 μm 이하의 미세한 분말시료를 만들어 Bragg-Brentano parafocusing XRD로 측정하면 XRD 기기에 무관하게 거의 동일한 XRD 회절상의 상대강도(relative intensity)가 얻어진다. 따라서 하나의 결정 재료가 어떤 재료인지 알아내는 데 XRD 회절상을 사용한다.

　실험적으로 측정한 XRD 회절상 하나가 그림 7–29에서 보여진다. 이 회절상으로부터 표 7–6의 회절 데이터를 만든다. 여기서 첫 번째 행에 XRD 회절상으로부터 회절각 2θ 를 낮은 값부터 기입한다. 다음은 회절각 2θ 로부터 Bragg 회절식 $2d\sin\theta = \lambda$ 를 이용하여 결정면의 간격 d 를 계산하여 표의 두 번째 행에 기입한다. 여기서 2θ 가 커

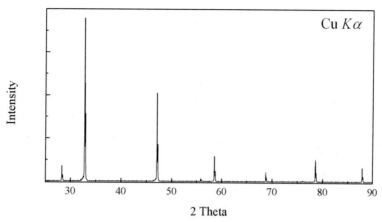

그림 7-29. 실험적으로 측정한 미지의 분말시료의 XRD 회절상.

표 7-6. NaCl 결정질 분말을 Bragg-Brentano parafocusing XRD로 측정한 결과.

2θ	28.30	32.82	47.08	55.86	58.56	68.78	76.02	78.54	87.88
d	3.14	2.72	1.92	1.65	1.58	1.36	1.24	1.19	1.1
I_{Integ}	713	7595	4121	140	1177	440	62	1029	663
I_{Rel}	9.39	100.00	54.26	1.84	15.50	5.79	0.82	13.55	8.73

지면 d는 점차 줄어든다. 그리고 각 회절피크의 면적을 구한다. 각 회절피크의 면적은 XRD 회절상의 noise에 해당하는 background 위의 면적으로 구한다. 이 회절피크의 면적이 적분강도(integrated intensity) I_{Integ}이다. 다음 단계에서는 회절피크 중에서 가장 큰 적분강도 I_{Integ}를 가지는 회절피크의 상대강도 $I_{\text{Rel}} = 100$으로 규정하고, 다른 회절피크의 상대강도 I_{Rel}를 구한다. 예를 들어, 가장 큰 적분강도를 $I_{\text{Integ}} = 26.5$라고 가정하면 $I_{\text{Integ}} = 11.2$인 회절피크의 상대강도는 $I_{\text{Rel}} = 42$인 것이다. 표의 네 번째 행에 상대강도 I_{Rel}를 기입한다. 표 7-6의 회절 데이터에는 2θ가 90°까지 9개의 회절피크의 회절각 2θ, 결정면의 간격 d, 적분강도 I_{Integ}, 상대강도 I_{Rel}가 순서대로 정리되어 있다.

이렇게 회절상의 데이터인 표 7-6을 만든 후에 이것을 이용하여 ICDD의 database 프로그램을 이용하여 측정한 XRD 패턴이 어떤 결정질 물질로부터 얻어지는 것인지 식별할 수 있는 것이다. ICDD의 database 프로그램에서 물질을 식별할 때 다음의 2가지 방법을 사용한다. 첫 번째 방법은 가장 강한 I_{Rel}를 가지는 3개의 회절피크를 이용하여 어떤 결정 재료로부터의 XRD 패턴인지 식별한다. 두 번째 방법에서는 결정면의 간격 d가 가

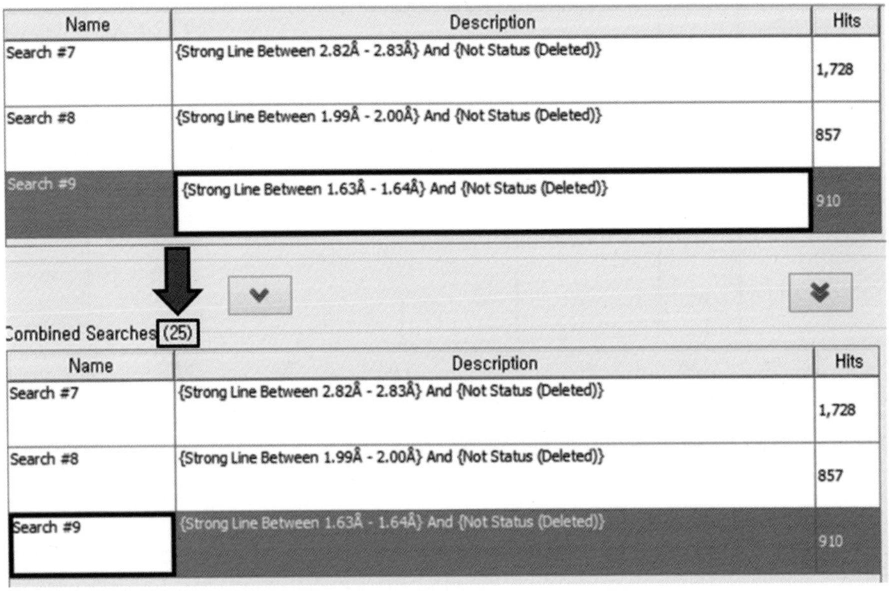

그림 7-30. Strong Line 법을 통한 ICDD card 검색.

장 큰 3개의 회절피크를 이용하여 어떤 결정 재료로부터의 XRD 패턴인지 식별한다.

먼저 가장 강한 I_{Rel}를 가지는 3개의 회절피크를 이용하여 어떤 결정 재료로부터의 XRD 패턴인지 식별하는 방법을 알아보자. ICDD database 프로그램의 Search 창에서 Miscellaneous를 선택하면 Strong Line 메뉴가 있다. Strong Line 메뉴에서 가장 강한 I_{Rel}를 가지는 회절피크의 결정면 간격 d를 강한 I_{Rel} 순서로 회절피크 3개의 d의 범위를 입력하면 History 창에 그림 7-30과 같이 이 조건을 만족하는 25개의 PDF가 검색될 수 있음을 보여 준다.

그림 7-31은 이렇게 검색된 25개의 PDF 데이터의 일부를 보여 준다. 여기에는 25개 물질의 Chemical Formula, Compound Name 및 결정면 간격 d_1, d_2, d_3이 표기되어 있다. 25개의 PDF와 실험에서 얻은 데이터인 표 7-6를 비교하면 실험 데이터와 가장 근접한 PDF를 찾아내어 XRD 실험한 결정 재료를 식별할 수 있는 것이다. 그림 7-32는 가장 근접한 PDF 01-076-3453을 보여 주는데, 이 PDF 데이터는 NaCl 결정의 것으로, XRD에서 측정한 표 7-6의 XRD 실험실험 데이터가 NaCl이라는 것을 확인할 수 있다.

가장 강한 I_{Rel}를 가지는 3개의 회절피크를 이용하여 어떤 결정 재료로부터 XRD 패턴인지 식별하는 방법은 문제점을 가질 수 있다. 가장 강한 I_{Rel}를 3개 선택할 때 회절

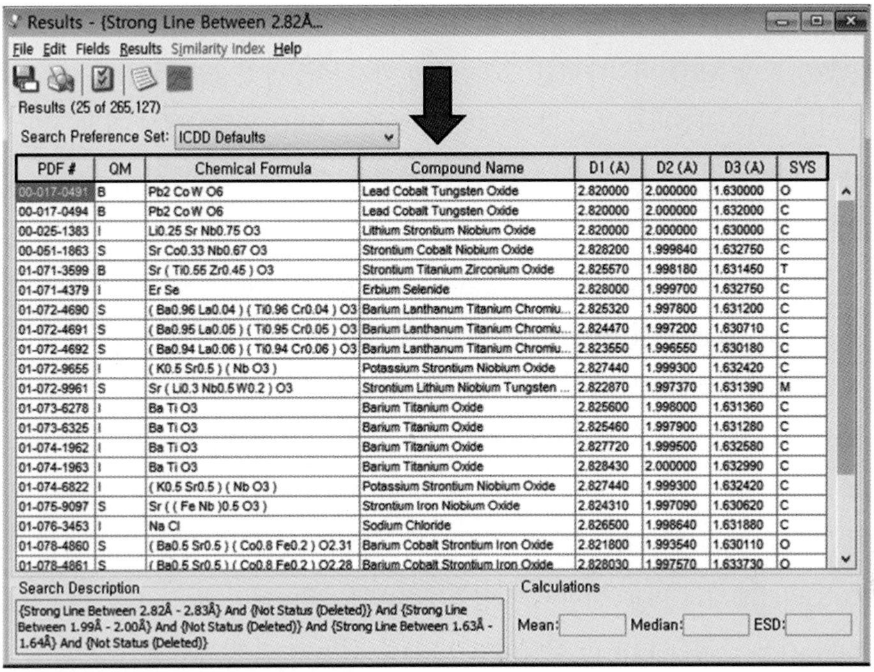

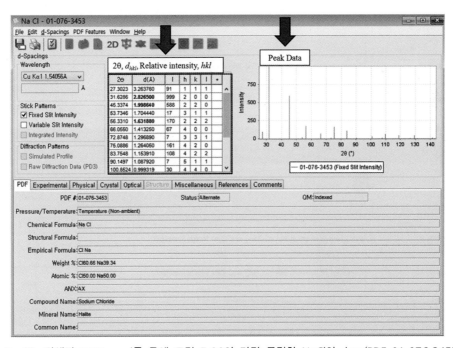

그림 7 - 31. Strong Line 법을 통해 검색된 ICDD card들의 목록.

그림 7 - 32. 검색된 ICDD card들 중에 그림 7-29와 가장 근접한 NaCl의 data(PDF 01-076-3453).

피크들의 I_{Rel} 가 거의 비슷하여, 어떤 회절피크들의 강도 순위를 결정하는 데 문제가 있을 수 있다. 또한 XRD 회절패턴을 $2\theta = 120°$까지 측정하였지만 이것보다 큰 $2\theta > 120°$에서 아주 높은 회절피크 I_{Rel} 가 존재하면, 측정한 XRD 회절상에서 가장 강한 I_{Rel} 를 가지는 3개의 회절피크를 이용하여, XRD 패턴을 식별하는 것에는 문제가 있을 수 있는 것이다.

ICDD의 database 프로그램에서는 결정면의 간격 d가 가장 큰 3개의 회절피크를 이용하여 측정된 XRD 패턴이 어떤 결정 재료로부터의 것인지 식별하는 것도 제공한다. Search 메뉴에서 Miscellaneous를 선택하면 Strong Line 메뉴 좌측에 Long Line 메뉴가 있다. Long Line 메뉴에서 회절피크에서 얻어진 가장 긴 결정면 간격 d를 순서로 3개의 회절피크의 d의 범위를 입력하면 History 창에 그림 7-33과 같이 이 조건을 만족하는 100개의 PDF가 검색된다.

그림 7-33의 100개의 PDF 데이터와 실험에서 얻은 데이터인 표 7-6을 비교하면 실험 데이터와 가장 근접한 PDF를 찾아내어 XRD로 실험한 결정 재료를 식별할 수 있는 것이다. 이 방법이 측정된 XRD 회절상이 어떤 결정 재료로부터 얻어지는지를 판단하는

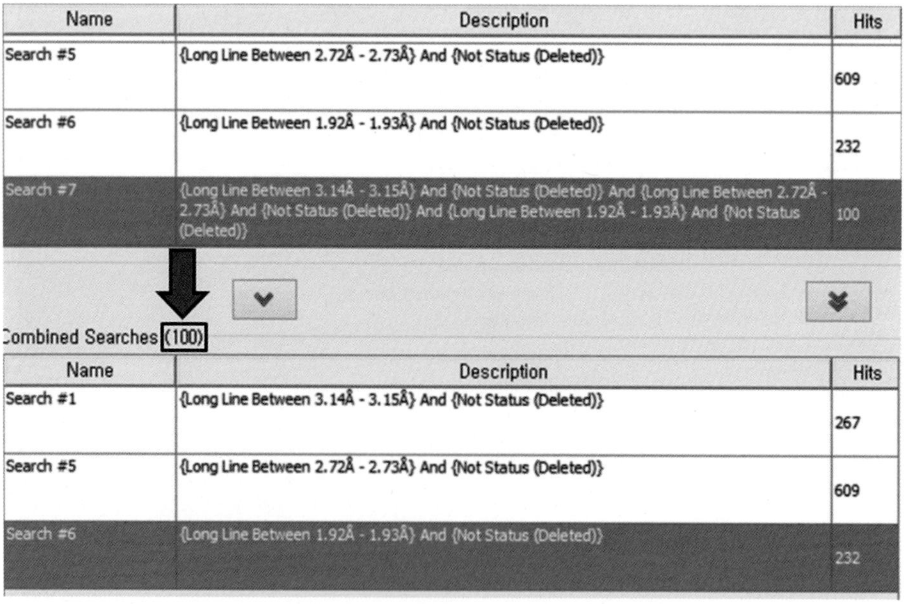

Name	Description	Hits
Search #5	{Long Line Between 2.72Å - 2.73Å} And {Not Status (Deleted)}	609
Search #6	{Long Line Between 1.92Å - 1.93Å} And {Not Status (Deleted)}	232
Search #7	{Long Line Between 3.14Å - 3.15Å} And {Not Status (Deleted)} And {Long Line Between 2.72Å - 2.73Å} And {Not Status (Deleted)} And {Long Line Between 1.92Å - 1.93Å} And {Not Status (Deleted)}	100

Combined Searches ⟨100⟩

Name	Description	Hits
Search #1	{Long Line Between 3.14Å - 3.15Å} And {Not Status (Deleted)}	267
Search #5	{Long Line Between 2.72Å - 2.73Å} And {Not Status (Deleted)}	609
Search #6	{Long Line Between 1.92Å - 1.93Å} And {Not Status (Deleted)}	232

그림 7-33. Long Line 법을 통한 ICDD card 검색.

데 가장 유용하게 사용된다. 이 방법으로 실험 데이터 **표 7−6**에 가장 근접한 PDF 데이터는 NaCl 결정의 것으로 확인될 수 있는 것이다.

이와 같이 Bragg-Brentano parafocusing XRD로 측정한 한 결정질 물질의 XRD 회절상은 기기에 무관하게 거의 동일한 XRD 회절상의 상대강도 I_{Rel} 가 얻어진다. 상용 ICDD의 database 프로그램은 결정 재료를 식별하는 XRD 회절상의 표준 데이터를 제공하므로, 결정질 물질을 정성분석하는 표준 방법으로 사용할 수 있는 것이다.

제7장 연습문제

01. Simple cubic에서는 {001} 결정면의 회절각 θ_{001}이 존재하지만, fcc에서는 {001} 결정면의 회절 각 θ_{001}이 존재하지 않는 이유는 무엇인가?

02. Co K_α 선($\lambda = 1.79$ Å)을 이용하여 상온에서 Fe 분말($a = 2.866$ Å)을 회절시험을 하였다. $2\theta_{110}$, $2\theta_{200}$, $2\theta_{211}$에서 산란각 인자 PF를 구하라.

03. $\theta = 0°$일 때 Na과 Na$^+$의 원자산란인자 f는 얼마인가? 단 Na의 원자번호는 11번이다.

04. Fe를 상온에서 Co K_α 선을 이용하여 diffractometer로 회절시험 시 $\theta_{110} = 26.2°$이다. 이 조건에서 원자산란인자 f는 얼마인가?

05. Cu K_α의 파장은 $\lambda = 1.54$ Å이다. 파장이 같은 두 X-ray의 경로차(path difference)가 1.54 Å 일 때와 0.77 Å 일 때의 위상차(phase difference)는 각각 얼마인가?

06. 단원자 격자점을 가지는 fcc 금속이 있다. 단위포 내에서 각 원자의 분율좌표(fractional coordinate) uvw는 무엇인가?

07. $E_1 = 3\sin(2\pi vt - 30°)$, $E_2 = 2\sin(2\pi vt - 90°)$
위의 진동수가 같은 두 개의 파동이 서로 합쳐질 때 얻어지는 amplitude를 벡터법을 이용하여 구하라.

08. 금(fcc, $a = 4.078$ Å)을 Cu K_α ($\lambda = 1.54$ Å)로 회절시험 시 (100) 면과 (200) 면의 구조인자 F_{100}, F_{200}을 구하라.

09. NaCl의 구조인자 $F = \begin{bmatrix} 4 \\ 0 \end{bmatrix} \left[f_{Na^+} + f_{Cl^-} \exp\left[\pi i (h+k+l) \right] \right]_{\text{mixed}}^{\text{unmixed}}$ 이다.
Cu K_α ($\lambda = 1.54$ Å)로 회절시험 시 NaCl의 $\left| F_{111}^2 \right|$를 구하라.

10. {100} 결정면의 다중인자 PF_{100} 는 얼마인가?

11. Al과 Pb의 질량흡수계수 $\frac{\mu}{\rho}$ 와 밀도 ρ 는 다음과 같다.

Al: $\frac{\mu}{\rho}$ =50.23 cm^2/g, ρ =2.7 g/cm^3, Pb: $\frac{\mu}{\rho}$ =232.1 cm^2/g, ρ =11.34 g/cm^3

표면에 흡수되는 X-ray 강도의 0.1% 의 강도가 얻어지는 시료의 두께가 $t = \dfrac{3.45\sin\theta}{\mu}$ 이다.

θ =30°일 때, 입사 X-ray의 0.1% 의 강도가 얻어지는 Al과 Pb의 깊이는 얼마인가?

12. Cu 분말을 diffractometer에서 Co K_α (λ =1.79 Å)로 회절시험 시 상대회절강도를 비교하라. 단 $2\theta \leq 120°$ 까지만 계산하며, {111}, {200}, {220} diffraction에 대한 e^{-2M} 은 각각 0.940, 0.921, 0.840이다.

13. Al 분말을 diffractometer에서 Co K_α (λ =1.79 Å)로 회절시험 시 상대회절강도를 비교하라. 단 $2\theta \leq 80°$ 까지만 계산하며, {111}, {200}, {220} diffraction에 대한 e^{-2M} 은 각각 0.924, 0.900, 0.810이다.

14. Au 분말을 diffractometer에서 Co K_α (λ =1.79 Å)로 회절시험 시 상대회절강도를 비교하라. 단 $2\theta \leq 80°$ 까지만 계산하며, {111}, {200}, {220} diffraction에 대한 e^{-2M} 은 각각 0.924, 0.900, 0.810이다.

08 덩어리 결정 재료의 X-ray 회절강도

■■ 8.1 분말 결정과 덩어리 결정 재료의 차이점

7장에서는 재료를 연구하는 대부분의 실험실에서 보유하고 있는 XRD 장비로 분말 결정시료를 측정하여 얻어지는 회절상의 회절피크의 회절강도(diffraction intensity)가 어떻게 이론적으로 계산될 수 있는지에 대하여 공부하였다. 분말시료의 회절피크의 회절강도는 Bragg-Brentano parafocusing X-ray 회절시험 조건에서 계산 또는 측정되는 것이다. 여기서 반드시 기억할 것은 7장에서 계산한 X-ray 회절강도는 시료에 집합조직(texture)이 존재하지 않는, 즉 무질서한 집합조직을 가지는 분말시료를 사용한다는 것이다.

동일한 조성과 동일한 결정 구조를 가지는 결정 재료를 10 μm 이하의 미세한 분말시료로 만들면 측정하는 X-ray 회절시험 기기에 관계없이 거의 동일한 X-ray 회절상이 얻어진다. 그러나 동일한 조성과 동일한 결정 구조를 가지는 결정 재료를 분말이 아닌 덩어리 형태로 Bragg-Brentano X-ray 회절시험 조건으로 측정하여 얻어지는 회절상에서 회절피크의 위치 2θ 는 대부분 일치하지만, 각 회절피크의 회절강도는 대부분 다르게 얻어진다. 덩어리 재료에서는 응고, 결정화, 소성변형, 재결정, 결정립 성장, 박막의 생성 등 다양한 과정에서 집합조직이 형성된다. 즉, 덩어리 결정 재료에서 결정립의 방위분포(orientation distribution), 즉 집합조직은 이 재료가 제조된 history에 따라 다르게 형성되는 것이다.

앞에서 설명하였듯이 10 μm 이하의 크기를 가지는 분말재료를 Bragg-Brentano parafocusing XRD 회절시험을 하면 항상 일정한 XRD 회절패턴이 얻어진다. 여기서 일정한 XRD 회절패턴이란 회절강도 $I_{2\theta}$ 의 절댓값이 아니라, 여러 개의 2θ 각들에서 얻어지는 $I_{2\theta}$ 의 상대강도의 비가 같다는 것이다. 즉, $I_{2\theta}$ 의 절댓값은 분말의 크기, X-ray tube의 전류의 세기, X-ray detector의 감도 등에 의존하지만, 분말의 크기가 수십 μm 이하이면 $I_{2\theta}$ 의 상대강도의 비가 일정한 XRD 회절패턴이 항상 얻어진다는 것이다.

그림 8-1(a)는 10 μm 이하의 크기를 가지는 결정질 순철 분말의 Bragg-Brentano parafocusing XRD 회절패턴이다. 또한 비슷한 크기의 결정립을 가지는 덩어리 철강 재료에서도 집합조직이 완전히 무질서하다면 이와 똑같은 XRD 회절패턴이 얻어진다. 그러나 대부분의 철강 판재와 같은 금속 재료에서는 응고 중이나, 압연변형과 같은 소성변형 중이나, 재결정 중이나 결정립 성장 중에 특정한 방위에 놓인 결정립들이 많아져 우선방위(preferred orientation)

335

들이 형성되어 집합조직이 형성된다.

그림 8-1(a)의 무질서한 집합조직을 가지는 철 분말의 XRD 회절패턴과 비교할 수 있는 그림 8-1(b)는 냉간압연한 철 판재에서 측정한 XRD 회절패턴을 보여 준다. 2개의 XRD 회절패턴에서 {110}, {200}, {211} 피크가 얻어지는 회절각은 $2\theta_{110} = 52.5°$, $2\theta_{200} = 77.4°$, $2\theta_{211} = 99.9°$로 정확히 같다. 그런데 {110}, {200}, {211} 피크의 회절강도 $I_{\{110\}}$, $I_{\{200\}}$, $I_{\{211\}}$ 는 명확히 다른 것을 알 수 있다.

회절강도 $I_{2\theta}$ 의 크기는 회절피크의 적분강도(즉, 피크의 면적)로 정의된다. 그림 8-1의 냉간압연한 철 판재에서 측정된 $I_{\{200\}}$ 과 $I_{\{211\}}$ 의 적분강도는 무질서한 집합조직을

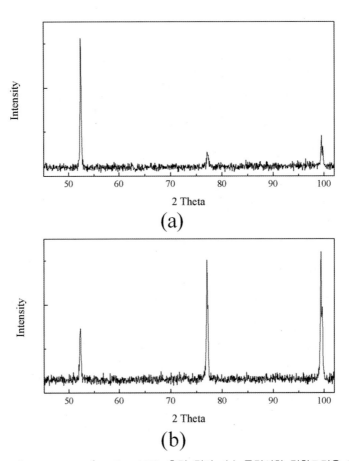

그림 8-1. Bragg-Brentano parafocusing XRD 측정 결과. (a) 무질서한 집합조직을 가지는 철 분말의 XRD 회절상, (b) 냉간압연한 철 판재 XRD 회절상.

가지는 철 분말의 $I_{\{200\}}$ 과 $I_{\{211\}}$ 에 비하여 각각 높게 얻어졌지만, $I_{\{110\}}$ 은 철 분말에 비하여 오히려 낮게 나타났다. 이것은 냉간압연한 철 판재에서는 강한 집합조직이 형성되었기 때문이다.

Bragg-Brentano parafocusing XRD 장비에서 시료에 입사되는 X-ray 빔의 파장이 λ = 0.179 nm이면 {200} 결정면의 회절각 $2\theta_{200}$ =77.4°이다. 그림 8-2는 θ =38.7°, 즉 $2\theta_{200}$ =77.4°의 조건이 만족되게 시료 테이블에 놓여있는 시료와 결정립들의 {200} 결정면들이 무척 과장되게 그려져 있다. 시료에 있는 모든 결정립들은 {200} 결정면을 가지고 있지만, 시편의 표면에 {200} 결정면이 평행하게 놓인 결정립들만 입사 X-ray 와 θ =38.7°에 놓여있어 회절조건을 만족하는 것이다. 즉, XRD 장치에서는 단지 시료 표면에 평행하게 놓여있는 {200} 결정면에서만 회절이 일어나 회절강도 $I_{\{200\}}$ 가 결정되는 것이다.

만약 무질서한 집합조직을 가지는 철 판재에서 회절조건에 있는 {200}을 가지는 결정립이 그림 8-2(a)와 같이 1개라고 가정하자. 그리고 무질서한 시편에 비하여 철 판재의 표면에 {200}이 5배 발달한 시료가 있다면 그림 8-2(b)와 같이 회절조건에 있는 {200} 결정립이 5개가 존재하는 것이다. 이 시료에서는 무질서한 시료에 비하여 5배 높은 $I_{\{200\}}$ 의 적분강도가 얻어지는 것이다.

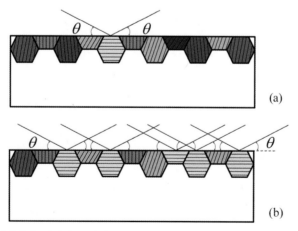

그림 8-2. {200} 결정면이 시편의 표면에 평행하게 놓인 결정립들만 회절조건을 만족한다. {200} 회절조건을 만족하는 결정립이 (a) 적은 시편, (b) 많은 시편.

하나의 동일한 결정질 물질의 분말과 덩어리 시료에서 측정된 XRD 회절상에서 $\{hkl\}$ 결정면의 회절강도비 $I_{\{hkl\}}^{\text{specimen}} / I_{\{hkl\}}^{\text{powder}}$ 는 그림 8-1(a)와 (b)를 비교하여 얻을 수 있다. 이 비는 시료의 표면에 평행한 $\{hkl\}$ 결정면을 가지는 결정립들의 분율(fraction)을 가르쳐 준다. 즉, $I_{\{hkl\}}^{\text{specimen}} / I_{\{hkl\}}^{\text{powder}} = 1.0$인 시료는 $\{hkl\}$ 결정면이 분말같이 무질서하게 분포한 시료이며, $I_{\{hkl\}}^{\text{specimen}} / I_{\{hkl\}}^{\text{powder}} = 5.0$인 시료에서는 분말에 비하여 시료의 표면에 평행한 $\{hkl\}$ 결정립의 분율이 5배 많은 것이다. 그림 8-1(a)와 (b)에서 $I_{\{200\}}^{\text{specimen}} / I_{\{200\}}^{\text{powder}}$ 와 $I_{\{110\}}^{\text{specimen}} / I_{\{110\}}^{\text{powder}}$ 를 측정할 수 있는 것이다. 이와 같이 표준 시료인 분말과 덩어리 시료에서 측정된 회절패턴들에서 $\{hkl\}$ 결정면의 회절강도비 $I_{\{hkl\}}^{\text{specimen}} / I_{\{hkl\}}^{\text{powder}}$ 를 계산하면 무질서한 집합 조직을 가지는 분말시료에 비하여, 덩어리 시료의 표면에 $\{hkl\}$ 결정면이 몇 배 존재하는지 알 수 있는 것이다.

■■ 8.2 극점도 측정

3장에서 언급한 것과 같이 3개의 시편축 RD, TD, ND을 가지는 한 시편에는 3차원적으로 다양한 방향이 존재한다. 그런데 그림 8-1의 Bragg-Brentano parafocusing XRD 회절상은 단지 시료의 표면인 시료의 'ND'에서 얻어진 회절의 정보만을 보여 주는 것이다. 그림 8-3(a)는 3차원적인 RD, TD, ND 공간에서 임의의 방향에 존재하는 (hkl) 면의 수직방향인 $[hkl]$ 방향을 보여 주고, 그림 8-3(b)는 이 방향을 스테레오 투영한 것을 보여 준다. 3개의 시편축 RD, TD, ND가 모두 나오는 스테레오 투영에서 임의의 방향은 2개의 사잇각 α 와 β 로 표현될 수 있다.

이와 같이 RD, TD, ND로 만들어지는 3차원적인 시편 공간에서 하나의 방향은 단지 2개의 변수 α 와 β 로 정의될 수 있는 것이다. 따라서 그림 8-1의 XRD 회절패턴은 모두 ND 방향인 $(\alpha, \beta) = (0°, 0°)$ 에서 얻은 것이다. RD 방향은 $(\alpha, \beta) = (90°, 270°)$, TD 방향은 $(\alpha, \beta) = (90°, 0°)$ 로 표현될 수 있다.

시료의 시편축 RD, TD, ND에 존재하는 하나의 방향은 (α, β) 각으로 표현되며, 다양한 방향 (α, β) 에서 한 $\{hkl\}$ 결정면의 회절강도인 $I_{\{hkl\}}^{\text{specimen}}(\alpha, \beta)$ 를 측정하는 실

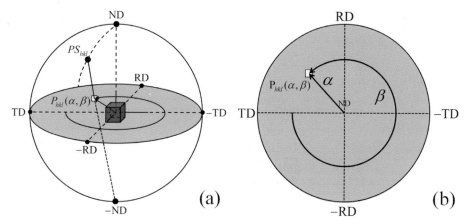

그림 8-3. 한 방향의 스테레오 투영. (a) 3차원적인 시편축에서 한 방향의 스테레오 투영, (b) 스테레오 투영 후 시편축에서 한 방향.

험을 '$\{hkl\}$ 극점도(pole figure) 측정' 실험이라 한다. α 각의 측정 범위는 0°부터 90° 까지이며, β 각의 측정 범위는 0°부터 360°까지이다. (α, β) 각을 5° 간격으로 측정하면 19×72개의 (α, β) 각에서 $I_{\{hkl\}}^{\text{specimen}}(\alpha, \beta)$를 측정하는 것이다. 대부분의 극점도 측정은 일정한 파장을 가지는 X-ray와 중성자 빔을 이용하여 수행한다.

파장이 λ =0.179 nm인 X-ray를 사용하는 XRD에서 bcc 결정 구조를 가지는 저탄소강 철강 재료의 $\{110\}$, $\{200\}$, $\{211\}$ 결정면의 회절각은 각각 $2\theta_{110}$ =52.5°, $2\theta_{200}$ = 77.4°, $2\theta_{211}$ =99.9°이다. 따라서 $\{110\}$ 극점도 측정 시에는 XRD에서 $2\theta_{110}$ =52.5°를 일정하게 고정시키고, 단지 α 와 β 각을 변화시키면서 $I_{\{110\}}^{\text{specimen}}(\alpha, \beta)$를 측정하는 것이다. 마찬가지로 $\{200\}$ 극점도와 $\{211\}$ 극점도를 측정할 때 $2\theta_{200}$ =77.4°, $2\theta_{211}$ = 99.9°는 고정시키고, 다양한 방향 (α, β) 에서 $I_{\{200\}}^{\text{specimen}}(\alpha, \beta)$, $I_{\{211\}}^{\text{specimen}}(\alpha, \beta)$를 측정하는 것이다.

X-ray 빔과 중성자 빔을 이용하여 $I_{\{hkl\}}^{\text{specimen}}(\alpha, \beta)$을 측정하는 장비를 집합조직 측정용 goniometer라 한다. 집합조직 측정용 goniometer는 $2\theta_{\{hkl\}}$ 가 고정된 조건에서 단지 시편의 위치를 3방향으로 변화시키는 장치를 시편이 놓여지는 시료 테이블에 장착하고 있다. 그림 8-4는 시편을 tilting하고, 회전시켜서 α 와 β 각을 변화시킬 수 있는 집합 조직 측정용 goniometer의 작동원리를 보여 준다.

그림 8-4. α와 β 각의 회전이 가능한 집합조직 측정용 goniometer의 구조.

일정한 $2\theta_{\{hkl\}}$ 조건에서 여러 방향 (α, β)에서 측정된 $I^{\text{specimen}}_{\{hkl\}}(\alpha, \beta)$을 무질서한 집합조직을 가지는 시편의 $I^{\text{random}}_{\{hkl\}}(\alpha, \beta)$로 나누면, $\{hkl\}$ 면의 극점강도(pole intensity) $P_{\{hkl\}}(\alpha, \beta)$를 얻는다. 따라서 무질서한 집합조직을 가지는 시편의 모든 (α, β)에서 $P_{\{hkl\}}(\alpha, \beta)$ =1.0이며, 집합조직이 존재하는 시편에서는 시편의 각 방향 (α, β)에 따라 $P_{\{hkl\}}(\alpha, \beta)$가 다른 값을 가지는 것이다. 이와 같이 일정한 $2\theta_{\{hkl\}}$ 조건에서 각 방향 (α, β)을 변수로 $\{hkl\}$ 면의 극점강도(pole intensity) $P_{\{hkl\}}(\alpha, \beta)$를 얻는 실험을 $\{hkl\}$ 극점도 측정이라 한다.

■■ 8.3 극점도를 이용한 집합조직의 평가

그림 8-5(a)는 $\{110\} < 001 >$ 집합조직이 발달한, 즉 $\{110\} < 001 >$ 방위를 가지는 결정립이 많이 존재하는 금속 판재에서 측정되는 $\{100\}$ 극점도를 모델링한 것이다. 이와 같은 극점도는 $\{100\}$ 결정면의 회절각 $2\theta_{\{100\}}$를 고정한 조건에서 각 방향 (α, β)을 변수로 극점강도 $P_{\{100\}}(\alpha, \beta)$를 얻는 X-ray 회절시험 또는 중성자 빔 회절시험을 통하여 얻어진다. $\{100\}$ 극점도에서는 $P_{\{100\}}(\alpha, \beta)$가 등고선으로 보여지는데, 이 등고선은 $P_{\{100\}}(\alpha, \beta)$의 분포를 보여 주는 것이다. 이 시료에는 많은 결정립들이 정확한 $\{110\}$ $< 001 >$ 방위뿐 아니라 $\{110\} < 001 >$ 방위 근처의 방위를 가지고 분포하고 있는 것

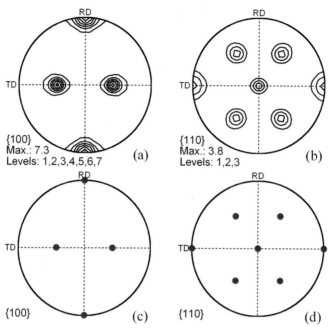

그림 8-5. {hkl} 극점도에서 발달한 방위의 확인. {110} <001> 집합조직이 발달한 시료의 (a) {100} 극점도, (b) {110} 극점도. {110} <001> 이상방위에 존재하는 (c) {100} 극점들의 위치, (d) {110} 극점들의 위치.

을 의미한다.

그림 8-5(b)는 {110} <001> 집합조직이 발달한 판재 시료에서 얻어지는 {110} 극점도를 모델링한 것을 보여 준다. 그림 8-5(a)와 (b)는 같은 {110} <001> 집합조직이지만 측정하는 {hkl} 극점도의 종류에 따라 다른 위치에 $P_{\{hkl\}}(\alpha, \beta)$가 얻어지는 것이 보여진다. 그림 8-5(c)와 (d)는 {110} <001> 이상방위에 존재하는 {100}, {110} 극점들의 위치를 보여 주고 있다. {100}, {110} 극점들의 위치와 그림 8-5(a)와 (b)의 {100}, {110} 극점도를 비교하면 {100}, {110} 극점들의 위치에서 정확하게 $P_{\{100\}}(\alpha, \beta)$, $P_{\{110\}}(\alpha, \beta)$의 최대치가 얻어지는 것을 확인할 수 있다.

이와 같이 시료에 존재하는 우선방위, 즉 집합조직이 어떤 것이 존재하는지를 알아내려면, 먼저 다양한 이상방위의 {hkl} 극점 위치를 알 수 있는 이상방위의 극점도를 먼저 작도하고, 이것들을 실험적으로 측정한 {hkl} 극점도의 $P_{\{hkl\}}(\alpha, \beta)$와 비교하는 것이다. 즉, 그림 8-5(a)와 (c)를 또는 그림 8-5(b)와 (d)를 비교하면 이 시료에 {110}

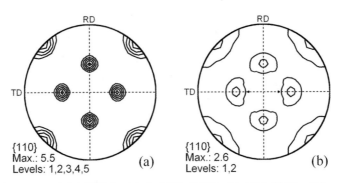

그림 8-6. $\{001\}<100>$ 방위가 발달한 시료의 $\{110\}$ 극점도. (a) 강한 $\{001\}<100>$ 집합조직, (b) 약한 $\{001\}<100>$ 집합조직.

$<001>$ 집합조직이 존재한다고 평가할 수 있는 것이다.

그림 8-6(a)와 (b)는 $\{001\}<100>$ 집합조직이 강하게 발달한 금속 판재와 $\{001\}<100>$ 집합조직이 약하게 발달한 금속 판재에서 측정되는 $\{110\}$ 극점도를 모델링한 것을 각각 보여 준다. 그림 8-6(a)와 (b)에서 최댓값 $P_{\{110\}}(\alpha, \beta)$ 이 얻어지는 위치는 동일하지만, 그림 8-6(a)에서 얻어지는 최댓값은 그림 8-6(b)에서 얻어지는 최댓값보다 2배 이상 크다. 또한 그림 8-6(a)에서보다 그림 8-6(b)에서 $P_{\{110\}}(\alpha, \beta)$ 의 분포가 조금 넓은 범위에서 얻어지는 것을 알 수 있다. 이것은 그림 8-6(a)에서보다 그림 8-6(b)에서 $\{001\}<100>$ 집합조직이 약하게 발달하여, 그림 8-6(b)의 결정립들에 존재하는 $\{001\}<100>$ 방위들의 산란이 더 크기 때문이다.

그림 8-7(a)는 앞과 동일한 $\{001\}<100>$ 집합조직이 발달한 가상적인 판재시료에서 얻어지는 $\{123\}$ 극점도를 보여 준다. 또한 그림 8-7(b)에는 $\{001\}<100>$ 이상방위의 $\{123\}$ 극점들의 위치가 스테레오 투영된 극점도가 보여진다. $\{123\}$ 극점도에서는 무려 24개의 (α, β) 에서 같은 값을 가지는 $P_{\{123\}}(\alpha, \beta)$ 가 얻어지는 것을 보여 준다. 이와 같이 그림 8-6과 그림 8-7을 비교하면 $\{123\}$ 극점도가 $\{110\}$ 극점도에 비하여 대단히 복잡한 것을 알 수 있다. 따라서 극점도를 측정할 때에는 $\{001\}$, $\{110\}$, $\{111\}$ 등과 같은 낮은 결정면의 지수 $\{hkl\}$ 을 사용하는 것이 집합조직의 평가에 유리한 것이다.

그림 8-8(a)는 $\{111\}<110>$ 과 $\{111\}<112>$ 집합조직이 동시에 발달한 철강 판재

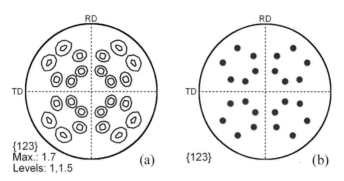

그림 8-7. {123} 극점도 측정의 문제점. (a) {001}<100> 집합조직이 발달한 시료의 {123} 극점도, (b) {001}<100> 이상방위의 {123} 극점들의 위치.

에서 얻어지는 가상적인 {110} 극점도를 보여 준다. 그림 8-8(b)는 {111}<110> 방위들에서 놓여지는 {110} 극점들과 {111}<112> 방위들에서 놓여지는 {110} 극점들이 각각 다른 심볼로 표시되어 있다. {111}<110>과 {111}<112> 방위는 모두 같은 {ND}={111}을 가진다. 또한 이 2개의 방위가 서로 30° 밖에 떨어져있지 않기 때문에 2개의 방위로부터 방위산란이 존재하는 실제 집합조직에서는 2개의 방위가 항상 중첩되어 존재하게 된다.

따라서 **그림 8-8(a)**와 (b)를 비교하면 2개의 방위가 존재하는 것은 확인할 수 있지만, 방위의 중첩에 의하여 명확한 각 방위의 강도를 평가하는 것은 어려운 것이다. 각 방위들의 분포와 강도, 즉 집합조직을 명확하게 평가하기 위해서는 다음에 자세히 설명할 정량적 집합조직 평가 방법을 이용해야 한다.

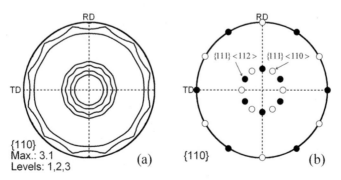

그림 8-8. {111}<110>과 {111}<112>가 중첩된 집합조직. (a) {111}//ND가 발달한 시료의 {110} 극점도, (b) {111}<110>과 {111}<112> 이상방위의 {110} 극점 위치.

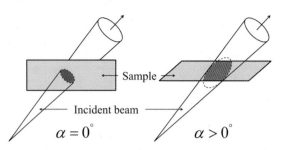

그림 8-9. α 각에 따른 X-ray 빔 입사 영역의 변화.

극점강도 $P_{\{hkl\}}(\alpha, \beta)$ 를 얻는 실험이 $\{hkl\}$ 극점도 측정이다. 측정 시 $2\theta_{\{hkl\}}$ 가 일정하기 때문에 $P_{\{hkl\}}(\alpha, \beta)$ 는 단지 2개의 변수 α 와 β 에 의해 결정된다. 그림 8-3 (b)는 3개의 시편축 RD, TD, ND가 존재하는 스테레오 투영에서 하나의 시편 방향 (α, β) 을 보여 준다. 그림 8-9는 금속 결정질 분말시료의 $P_{\{hkl\}}(\alpha, \beta)$ 를 측정할 때 α 각에 따라 X-ray 빔이 시료에 입사되는 영역을 보여 준다. $\alpha = 0°$ 일 때는 입사 X-ray 가 시료의 표면에 모두 조사되지만, α 각이 0°에서 크게 벗어나면 입사 X-ray가 시료의 바깥 부분까지 조사될 수 있기 때문에 회절 X-ray를 검출하는 X-ray detector에서 측정되는 회절강도 $I_{Abs}(\alpha)$ 가 감소하게 된다.

이론적으로 등방성 성질을 갖고 있는 철 분말시료에서는 모든 방향에서 같은 $P_{\{hkl\}}$ (α, β) 가 얻어져야 한다. 하지만 X-ray로 극점도 측정 시험을 할 때에는 α 각이 0°에서 크게 벗어나면 입사 X-ray가 시료의 바깥 부분까지 조사되어, 그림 8-10과 같이 α

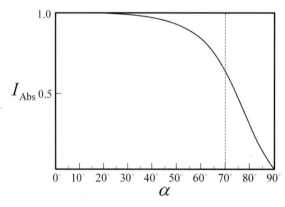

그림 8-10. α 각에 따른 검출 회절강도 $I_{Abs}(\alpha)$ 의 변화.

각이 증가함에 따라 X-ray detector에서 측정되는 회절강도 $I_{Abs}(\alpha)$ 가 급격하게 감소하게 된다. 따라서 α 각이 70° 이상이면 $I_{Abs}(\alpha)$ 가 너무 낮아 믿을 수 있는 정보를 얻는 것이 불가능하다. 따라서 X-ray를 사용하는 집합조직 측정용 goniometer에서는 측정하는 극점도의 α 각 범위는 대부분 0°부터 70°까지로 제한된다.

이와 같이 X-ray를 사용하는 집합조직 측정용 goniometer에서는 70°보다 큰 α 각에서는 X-ray detector로 측정되는 회절강도 $I_{Abs}(\alpha)$ 가 급격히 감소되어 측정이 불가능한 것이다. 이와 같이 제한적인 α 각에서만 측정한 극점도를 불완전극점도(incomplete pole figure)라고 한다. 그림 8-5, 6, 7, 8에서 보여지는 α 각 90°까지 측정한 극점도를 완전극점도(complete pole figure)라 한다. 완전극점도를 측정하려면 투과법과 반사법 X-ray 회절시험을 동시에 병행하여야 하는데, 투과법 X-ray 회절시험 시편은 0.05 mm 정도로 매우 얇아야 하기 때문에 시편을 제조하는데 문제점이 커서 현재는 거의 사용하지 않는다. 그림 8-11(a)는 {001} <100> 집합조직이 발달한 금속 판재에서 측정되는 {110} 완전극점도를 보여 주며, 그림 8-11(b)는 불완전극점도를 보여 준다.

완전극점도 측정 시 α 각의 측정 범위는 0°부터 90°까지이며, β 각의 측정 범위는 0°부터 360°까지이다. 완전극점도를 (α, β) 각을 5° 간격으로 측정하면 19×72개의 (α, β) 각에서 $I^{specimen}_{\{hkl\}}(\alpha, \beta)$ 를 측정하는 것이다. 그런데 불완전극점도 측정 시 가능한 α 각의 범위는 0°부터 70°까지이기 때문에 불완전극점도는 5° 간격으로 측정하면 15×72개의 (α, β) 각에서 $I^{specimen}_{\{hkl\}}(\alpha, \beta)$ 를 측정하는 것이다.

5장에서 자세히 설명한 것과 같이 X-ray에 비하여 중성자 빔은 1,000배 이상의 두께

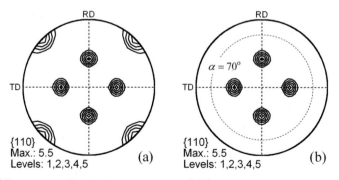

그림 8-11. {001} <100> 집합조직이 발달한 시료의 {110} 극점도. (a) 90°까지 모든 α 각에서 측정한 완전극점도, (b) 70° 이하의 α 각에서 측정한 불완전극점도.

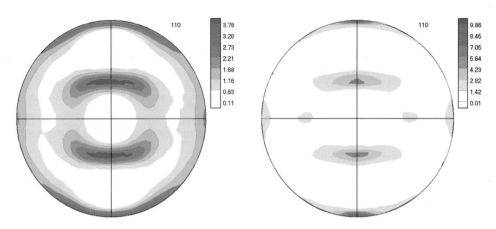

그림 8-12. 중성자 빔 회절시험을 통하여 측정한 {110} 완전극점도(Courtesy of Dr. E.J. Shin, 원자력연구소).

운 시료를 통과하기 때문에 모든 α 각에서 덩어리시료의 집합조직의 측정이 가능하다. 따라서 중성자 빔을 사용하는 집합조직측정용 goniometer에서는 완전극점도의 측정이 가능하며, 측정 시 중성자 빔은 시료를 통째로 투과하므로 중성자 빔의 시료 투과 길이를 균일하게 하기 위하여 측정용 시료는 구형으로 제작한다.

그림 8-12는 중성자 빔을 이용하여 측정한 {110} 극점도의 예를 보여 준다. {110} 극점도는 오스테나이트 스테인리스 강판의 집합조직을 측정한 결과이다. 중성자에 의한 극점도 측정에서는 중성자가 두꺼운 시료를 통과하기 때문에 모든 α 각에서 측정이 가능하다. 즉, 중성자 집합조직 측정은 통계적으로 매우 믿을만한 데이터를 제공하는 것이다.

그림 8-13은 원자력연구소의 하나로 원자로에 설치된 중성자 집합조직 측정용 goniometer를 보여 준다. 우측 상단 뒤에 있는 파이프가 중성자 입사 빔이 나오는 collimator이다. Collimator의 역할은 평행한 빔이 나오게 하는 장치이다. 빔의 크기는 하얀 차폐벽 속에 있는 slit로 조절한다. 앞쪽의 차폐박스 안에 중성자 검출기가 놓여진다. 시료는 다양한 방향으로 회전될 수 있는 FCD(four circle diffractometer)의 중앙부에 놓이게 되는 것이다.

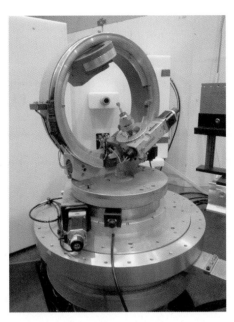

그림 8-13. 중성자 집합조직 측정용 FCD goniometer(Courtesy of Dr. E.J. Shin, 원자력연구소).

■■ 8.4 집합조직의 정량적 평가

X-ray 회절이나 중성자 회절을 이용한 $\{hkl\}$ 극점도 측정결과는 시료에 어떠한 방위의 집합조직이 어느 정도 높게 또는 낮게 존재한다는 것을 알려준다. 그러나 어떠한 방위가 얼마나 높게 존재한다는 집합조직의 정량적인 평가에는 한계가 있다. $\{hkl\}$ 극점도 측정결과는 재료에 존재하는 결정립들의 방위분포인 집합조직에 대한 정보를 간접적으로 가르쳐 준다. 그런데 극점도의 측정결과를 이용하여 방위분포함수(ODF, orientation distribution function) $f(g)$ 를 계산하면 한 재료에서 한 방위 g 가 얼마나 강하게 또는 얼마나 약하게 얻어지는지를 직접 알려주는 방위분포함수 $f(g)$ 를 얻을 수 있는 것이다.

방위 g 들의 분포를 정량화하는 목적으로 하나의 함수 $f(g)$ 를 정의한다. 함수 $f(g)$ 가 방위분포함수(ODF)이다. 한 시료에서 g 와 dg 사이의 한 방위를 가지는 결정립들의 부피분율(volume fraction)은 (식 8-1)에 의하여 얻어진다.

$$\frac{\Delta V}{V} = f(g) \, \mathrm{d}g \qquad\qquad \text{(식 8-1)}$$

여기서 $f(g)$ =방위분포함수, g =방위, V =전체부피이다.

그런데 시료의 집합조직이 무질서할 때 방위분포함수 $f(g)$ 는 모든 방위 g 들에 대하여 $f(g) \equiv 1.0$ 로 정의된다. 즉, 어떤 하나의 방위 g 의 $f(g)$ =1.0이면, 이 시료에 방위 g 가 분말시료와 같은 무질서한 시료와 동일한 양이 존재한다는 것이다. 이 조건을 만족시키려면 $\mathrm{d}g$ 는 (식 8-2)를 만족시켜야 한다.

$$\mathrm{d}g = \frac{1}{8\pi^2} \sin\varPhi \, \mathrm{d}\varPhi \, \mathrm{d}\varphi_1 \, \mathrm{d}\varphi_2 \qquad\qquad \text{(식 8-2)}$$

한 방위 g 는 Euler 각 $(\varphi_1, \varPhi, \varphi_2)$ 으로 표현된다. 따라서 $f(\varphi_1, \varPhi, \varphi_2)$ 는 한 방위의 방위분포함수이다. 예를 들어, 한 시료에서 $f(\varphi_1, \varPhi, \varphi_2) = f(30°, 30°, 30°)$ =2.0이라면, 이 시료에서 $(30°, 30°, 30°)$ 방위에 존재하는 결정립의 부피분율이 무질서한 집합조직을 가지는 시편에 비하여 2.0배 많은 것을 뜻한다. 또한 한 시료에서 $f(\varphi_1, \varPhi, \varphi_2) = f(30°, 30°, 30°)$ =0.5이라면 이 시료에는 무질서한 집합조직을 가지는 시료에 비하여 $(30°, 30°, 30°)$ 방위에 존재하는 결정립의 부피분율이 절반 밖에 안 되는 것을 뜻한다. 이와 같이 방위분포함수 $f(\varphi_1, \varPhi, \varphi_2)$ 는 어떠한 방위 $(\varphi_1, \varPhi, \varphi_2)$ 가 무질서한 집합조직에 비하여 얼마나 높게 얻어지는지를, 즉 집합조직을 정량화할 수 있는 매우 유용한 것이다.

3장에서 설명한 것과 같이 $(\varphi_1, \varPhi, \varphi_2) = (0°, 0°, 0°)$ 는 (ND) [RD] = (001) [100] 과 같은 방위이다. 방위분포함수 $f(0°, 0°, 0°)$ 는 방위분포함수 $f((001)[100])$ 와 정확히 같은 것이다. 즉, 방위분포함수는 $f(\varphi_1, \varPhi, \varphi_2)$ 로만 나타낼 수 있는 것은 아니다. 그러나 Euler 각을 사용하는 것이 방위를 분석하고, 표현하기에 가장 편리한 방법이기 때문에 대부분 방위분포함수는 주로 $f(\varphi_1, \varPhi, \varphi_2)$ 을 사용한다.

방위분포함수 $f(g)$ 는 집합조직을 정량화하는 유용한 함수이지만, $f(\varphi_1, \varPhi, \varphi_2)$ 의 계산은 간단하지 않다. 일반적으로 방위분포함수를 계산하기 위해서는 몇 개의 $\{hkl\}$

극점도(pole figure)의 실험결과가 필요하다. $\{hkl\}$ 극점도는 실험을 통하여 극점강도 $P_{\{hkl\}}(\alpha,\beta)$를 측정한 것이다. $P_{\{hkl\}}(\alpha,\beta)$ 값은 무질서한 방위를 가지는 시편에 비하여 $\{hkl\}$ 결정면이 몇 배 (α,β) 방향에 존재하는가를 가르쳐 주는 것이다.

그런데 $\{hkl\}$ 극점도에서 극점강도 $P_{\{hkl\}}(\alpha,\beta)$는 (α,β) 시료방향에 $\{hkl\}$ 결정면을 가지는 모든 방위들에 의하여 얻어지는 것이다. 이것을 이해할 수 있는 가장 간단한 예를 그림 8-14에서 나타내었다. 여기서 $(\alpha,\beta)=(90°,270°)$에 존재하는 RD에 $(hkl)=(100)$ 결정면을 가지는 방위들은 $(001)[100]$, $(011)[100]$, $(021)[100]$, $(012)[100]$, $(0\bar{1}1)[100]$, $(0\bar{2}1)[100]$, $(0\bar{1}2)[100]$ 등 무수히 많은 것이다. 이 방위들은 Euler 각 $(\varphi_1,\Phi,\varphi_2)$으로 각각 $(0°,0°,0°)$, $(0°,45°,0°)$, $(0°,63.4°,0°)$, $(0°,26.6°,0°)$, $(180°,45°,180°)$, $(180°,63.4°,180°)$, $(180°,26.6°,180°)$이다. 이 방위들의 (001) 결정면의 극점들이 그림 8-14에 각각 표시되어 있다. 이런 방위들은 모두 $P_{100}(90°,270°)$ 극점강도에 기여하는 것이다. 극점강도 $P_{\{hkl\}}(\alpha,\beta)$가 (α,β) 시료방향에 $\{hkl\}$ 결정면을 갖는 모든 방위들에 의하여 얻어지는 것을 수식으로 쓰면 (식 8-3)과 같다.

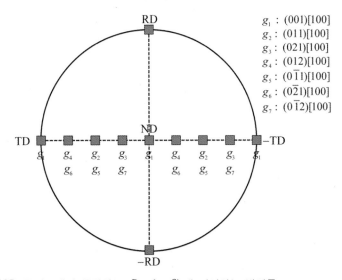

$g_1 : (001)[100]$
$g_2 : (011)[100]$
$g_3 : (021)[100]$
$g_4 : (012)[100]$
$g_5 : (0\bar{1}1)[100]$
$g_6 : (0\bar{2}1)[100]$
$g_7 : (0\bar{1}2)[100]$

그림 8-14. $\{hkl\}$ 극점도에서 극점강도 $P_{\{hkl\}}(\alpha,\beta)$에 기여하는 방위들.

$$P_{\{hkl\}}(\alpha,\beta) = \frac{1}{2\pi} \int f(\varphi_1, \Phi, \varphi_2)\, \mathrm{d}\gamma \qquad\qquad \text{(식 8-3)}$$

(식 8-3)에서 적분은 시료방향 (α,β) 에 그들의 $\{hkl\}$ 결정면이 놓여지는 모든 방위들에 대하여 행해지는 것이다. (식 8-3)에서 $f(\varphi_1, \Phi, \varphi_2)$ 를 알면 정확하게 $P_{hkl}(\alpha,\beta)$ 를 계산할 수 있다. 하지만 실험적으로 얻을 수 있는 것은 몇 개의 $\{hkl\}$ 극점도에서 얻어지는 극점강도 $P_{\{hkl\}}(\alpha,\beta)$ 이다. 이 실험결과 $P_{hkl}(\alpha,\beta)$ 를 이용하여 계산하고 싶은 $f(\varphi_1, \Phi, \varphi_2)$ 를 계산하는 것은 복잡한 수학적인 과정이 필요하다.

실험적인 극점도 결과를 이용하여 방위분포함수 $f(\varphi_1, \Phi, \varphi_2)$ 를 계산하는 과정을 구형조화함수(Spherical harmonic function)의 급수를 도입하여 Bunge 교수가 처음 제안하였고, 이 방법이 현재도 방위분포함수를 계산하는 표준방법으로 사용되고 있다. 이것에 대한 자세한 설명과 참고문헌 등은 '철강재료의 집합조직 첫걸음, 허무영, 문운당(2014)'에 자세히 소개되어 있다.

3장에서 설명하였듯이 cubic 결정계 결정의 방위를 표시하는 방위공간은 $0° \leq \varphi_1$-축 $\leq 90°$, $0° \leq \Phi$-축$\leq 90°$, $0° \leq \varphi_2$-축$\leq 90°$으로 만들어진다. 그림 8-15는 방위공간 $(\varphi_1, \Phi, \varphi_2 = 45°)$ 의 Euler 각을 가지는 방위들이 존재하는 $\varphi_2 = 45°$ 면을 보여 준다. 대부분의 금속판재의 열연판재, 냉연판재, 냉연소둔판재 등의 집합조직에 형성되는 중요한 방위들은 거의 $\varphi_2 = 45°$ 면에 존재한다. 따라서 금속재료의 집합조직을 연구하는

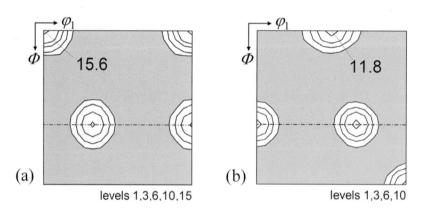

그림 8-15. 방위분포함수 $f(\varphi_1, \Phi, \varphi_2)$의 예. (a) $\{001\}<110>$과 $\{111\}<112>$가 동시에 발달한 집합조직, (b) $\{001\}<100>$, $\{111\}<110>$, $\{110\}<100>$이 동시에 발달한 집합조직.

대부분의 연구자는 3차원적인 방위공간을 사용하지 않고, 단지 $\varphi_2 = 45°$ 면으로 집합조직을 평가한다.

그림 8−15(a)의 집합조직에는 $\{001\} < 110 >$ 방위와 $\{111\} < 112 >$ 방위가 동시에 발달한 가상적인 시료의 방위분포함수 $f(\varphi_1, \varPhi, \varphi_2)$ $(\varphi_2 = 45°)$가 보여진다. 여기서 방위분포함수 $f(\varphi_1, \varPhi, \varphi_2)$는 등고선으로 표시되어 있고, 이 등고선은 $f(g)$ 값이 1.0, 3.0, 6.0, 10.0, 15.0 등의 순서로 표시되어 있고, $f(g) \leq 1.0$가 얻어지는 $(\varphi_1, \varPhi, \varphi_2)$들의 구역은 회색으로 표시되어 있다. 그림 8−15(a)의 집합조직에는 최대의 $f(g) = 15.6$이 $(\varphi_1, \varPhi, \varphi_2) = (0°, 0°, 45°)$에서 얻어진다. 이 시료에서는 $(0°, 0°, 45°)$, 즉 $\{001\}$ $< 110 >$ 방위가 무질서한 집합조직을 가지는 시료에 비하여 15.6배 높게 존재함을 보여 주는 것이다.

그림 8−15(b)은 $\{001\} < 100 >$, $\{111\} < 110 >$, $\{110\} < 100 >$이 동시에 발달한 집합조직을 보여 준다. 그림 8−15(b)의 집합조직에는 $(45°, 0°, 45°)$에서 최대 $f(g) = 11.8$ 이 얻어진다. 또한 $(0°, 55°, 45°)$, $(60°, 55°, 45°)$, $(90°, 90°, 45°)$에서도 $(45°, 0°, 45°)$와 유사한 $f(g)$가 얻어지는 것을 알 수 있다. 이 시료에서는 이러한 방위들이 무질서한 시료에 비하여 약 11.8배 높게 존재하는 것을 보여 주는 것이다. 이와 같이 방위분포함수 $f(\varphi_1, \varPhi, \varphi_2)$를 계산하면, 집합조직이 무질서한 시료에 비하여 각각의 방위 $(\varphi_1, \varPhi, \varphi_2)$들이 어떠한 크기를 갖고 시료에 존재하는지 정량적으로 판단할 수 있는 것이다.

■■ 8.5 방위점의 분포와 방위분포함수

3장에서 설명한 것과 같이 3개의 Euler 각 $\varphi_1, \varPhi, \varphi_2$을 직각좌표로 정하여 방위공간이 만들어진다. 그런데 방위공간에서 Euler 각 $\varphi_1, \varPhi, \varphi_2$은 같은 간격을 가진다. 하나의 Euler 각 $(\varphi_1, \varPhi, \varphi_2)$으로 표현되는 하나의 방위 g는 이 방위공간에서 하나의 점(point)으로 표현된다.

Euler 각인 $\varphi_1, \varPhi, \varphi_2$ 3개의 축으로 만들어지는 방위공간에서 무질서한 집합조직에 존재하는 방위 g 들을 표시하면, 이 방위들이 만드는 점(방위점)들의 분포는 균일하지 않고 그 분포는 $1/\sin\Phi$ 에 비례한다. 그림 8-16은 $\varphi_2 =45°$ 면에서 무질서한 집합조직을 가지는 시료에 존재하는 방위 g 들의 방위점 위치가 어디에 놓여지는지를 보여 준다. $\varphi_2 =45°$ 면에서 Euler 각 Φ 가 커질수록 방위점들의 수가 많은 것을 확인할 수 있다.

모든 결정립의 크기가 같다고 가정하면 $80°\le\Phi\le90°$ 사이의 방위를 가지는 결정립의 수가 1,000개라면, $40°\le\Phi\le50°$ 사이의 방위를 가지는 결정립의 수는 ~530개 그리고 $0°\le\Phi\le10°$ 사이의 방위를 가지는 결정립의 수는 단지 ~60개이다. 즉, Euler 각 Φ 에 따라 이런 개수만큼 방위들이 존재하는 시료가 무질서한 집합조직을 가지는 시료인 것이다.

X-ray 빔이나 중성자 빔 회절을 이용하여 집합조직을 측정할 때는 RD, TD, ND에 놓여있는 1,000개 이상의 시편방향 (α,β) 에서 $\{hkl\}$ 결정면들의 극점강도 $P_{\{hkl\}}(\alpha,\beta)$ 를 측정한다. 그리고 3개 또는 4개의 $\{hkl\}$ 결정면에 대하여 측정한 극점도 실험결과 $P_{\{hkl\}}(\alpha,\beta)$ 를 데이터로 하여 방위분포함수 분석 프로그램을 이용하여 방위분포함수 $f(\varphi_1,\Phi,\varphi_2)$ 를 계산한다.

그러나 9장에서 배울 전자 빔의 회절을 이용한 EBSD 측정에서는 균등히 분할된 시료의 각 위치에서 방위정보인 $(\varphi_1,\Phi,\varphi_2)$ 들을 직접 얻는 것이다. 즉, 1 mm×1 mm의 면

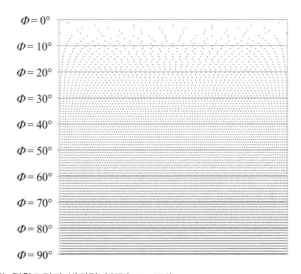

그림 8-16. 무질서한 집합조직의 방위점 분포($\varphi_2 =45°$)

적에서 10,000개의 EBSD 데이터를 얻는다고 가정하면 한 데이터 점은 0.01 mm × 0.01 mm (10 μm × 10 μm) 면적의 방위정보 $(\varphi_1, \Phi, \varphi_2)$를 가지고 있는 것이다.

수만 개, 수십만 개의 방위 $(\varphi_1, \Phi, \varphi_2)$들로 이루어진 EBSD 결과는 단지 방위공간에서 방위점들의 분포를 보여 줄 뿐이지, 그림 8-15의 방위분포함수 $f(\varphi_1, \Phi, \varphi_2)$와 같이 방위들의 분포를 정량적으로 보여 주는 것은 아니다. 각각의 측정점에서 얻어진 방위 $(\varphi_1, \Phi, \varphi_2)$들의 데이터는 일반적으로 Matthies 교수 등이 개발한 Binning 법에 의하여 방위분포함수 $f(\varphi_1, \Phi, \varphi_2)$로 계산될 수 있다(S. Matthies, G. W. Vinel, Phys. Status Solidi B Vol. 112, (1982) p. K111). 이것에 대한 자세한 설명과 참고문헌 등은 '철강 재료의 집합조직 첫걸음, 허무영, 문운당(2014)'에 자세히 소개되어 있다.

9장에서는 EBSD 장비에 대하여 자세히 설명할 것이다. 상용 EBSD 장비와 함께 제공되는 모든 EBSD 응용 소프트웨어들은 EBSD 데이터를 이용하여 방위분포함수 $f(\varphi_1, \Phi, \varphi_2)$를 계산하는 프로그램을 제공한다. 따라서 EBSD 측정하면 측정한 시료의 집합조직을 방위분포함수 $f(\varphi_1, \Phi, \varphi_2)$로 매우 용이하게 평가할 수 있는 것이다.

그림 8-17(a)는 $\{001\}<100>$이 주방위로 가장 높게 발달하고, 여기에 $\{111\}<110>$이 부방위로 약간 존재하는 가상적인 시료에서 얻어진 방위점들의 분포를 $\varphi_2 = 45°$ 면에서 보여 준다. 이 방위점들의 분포를 방위분포함수 $f(\varphi_1, \Phi, \varphi_2)$로 계산한 결과가 그림 8-17(b)이다. 흥미로운 것은 방위점들의 분포에서는 $\{001\}<100>$ 부근과 $\{111\}<110>$에 존재하는 방위점들의 수가 거의 비슷하게 보여진다. 그러나 방위분포함수

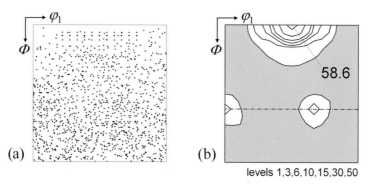

levels 1,3,6,10,15,30,50

그림 8-17. 방위점들의 분포와 방위분포함수. (a) 강한 $\{001\}<100>$과 약한 $\{111\}<110>$이 발달한 시료에서 방위점들의 분포, (b) 이 시료의 방위분포함수 $f(\varphi_1, \Phi, \varphi_2)$.

$f(\varphi_1, \Phi, \varphi_2)$ 로 나타낸 그림 8-17의 우측에는 $\{111\} <110>$ 에 비하여 $\{001\} <100>$ 에서 월등히 높은 방위밀도 $f(g)$ 가 얻어지는 것을 알 수 있다. 이와 같이 방위점들의 분포로는 집합조직을 정량화하는 것이 불가능하지만, 방위분포함수 $f(\varphi_1, \Phi, \varphi_2)$ 를 계산하면 집합조직을 명확히 정량화할 수 있는 것이다.

제8장 연습문제

01. 철 기체, 철 액체, 철 고체인 철 다결정, 철 단결정, 철 비정질을 단파장의 X-ray로 회절시험할 때 각각 X-ray 회절상(2θ 각에 따른 산란강도 I)을 각각 상상해서 작도하라.

02. $\{hkl\}$ 극점도 측정 시 일정하게 유지하는 것은 무엇인가? $\{hkl\}$ 극점도 측정 시 변화시키는 것은 무엇인가? 한 극점도에서 가장 큰 (α, β) 각도와 가장 작은 (α, β) 각도는 무엇인가? RD, TD, ND의 (α, β) 는 각각 무엇인가?

03. 극점도에서 측정하는 것은 무엇이며, 어떠한 방법으로 실험적으로 측정한 결과를 normalizing하는가? Normalizing 후에 얻는 것은 무엇인가? 똑같은 시료에서 측정되는 $I^{\text{specimen}}_{\{200\}} / I^{\text{powder}}_{\{200\}}$ 와 $I^{\text{specimen}}_{\{110\}} / I^{\text{powder}}_{\{110\}}$ 가 차이가 나는 이유는 무엇인가?

04. $\{001\} <100>$ 이상방위가 높게 발달한 시료와 $\{001\} <100>$ 이상방위가 낮게 발달한 시료의 $\{110\}$ 극점도를 상상하여 작도하라.

05. $\{110\} <001>$ 이상방위가 높게 발달한 시료와 $\{110\} <001>$ 이상방위가 낮게 발달한 시료의 $\{001\}$ 극점도를 상상하여 작도하라.

06. 일반적으로 $\{134\}$ 극점도를 실험적으로 측정하지 않는 이유는 무엇인가?

07. $f(30°, 20°, 10°) = 4.5$, $f(30°, 20°, 10°) = 0.5$, $f(30°, 20°, 10°) = 20.1$은 각각 무엇을 의미하는가?

08. $f(0°, 0°, 0°) = 4.5$일 때 $f((001)[100])$는 얼마인가?

09. Cubic 결정계 방위공간의 크기 φ_1-축, Φ-축, φ_2-축은 어떠한 범위를 가지는가?

10. 다음은 $\varphi_2 = 45°$ 면을 보여 준다. 각각 어떠한 방위가 발달하여 있는가?

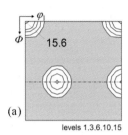

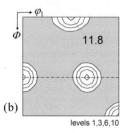

SEM을 이용한 결정분석

■■ 9.1 파동을 가지는 전자 빔

전자현미경은 인간의 눈으로 볼 수 없는 물체를 확대하여 인간이 볼 수 있는 확대된 이미지(image)를 만들어낸다. 이러한 확대된 이미지를 미세조직(microstructure)이라 한다. 전자현미경에서는 미세조직을 관찰함과 동시에 전자 빔을 이용한 회절시험을 할 수 있다. 주사전자현미경(Scanning Electron Microscope, SEM)과 투과전자현미경(Transmission Electron Microscope, TEM)이 대표적인 전자현미경이다.

TEM에서는 전자가 시료를 투과해야 관찰이 가능하기 때문에 대부분의 TEM 시료는 약 200 nm 이내의 두께를 가진 곳에서만 미세조직 관찰 및 전자 빔 회절시험이 가능하다. 일반적으로 TEM에서는 결정립 한 개보다 작은 부분을 관찰하고, 전자 빔 회절을 측정하여 시료의 극히 국부적인 부분의 결정 구조를 분석한다.

SEM은 모든 고체재료를 덩어리째 시료로 측정할 수 있다는 장점을 가진다. SEM에서는 배율을 수십 배에서 수만 배까지 변화시킬 수 있어, 원하는 면적을 선택하여 전자 빔 회절을 통하여 시료에 존재하는 결정립들의 통계적인 방위분포, 즉 집합조직을 측정하는 것이 가능하다. 따라서 EBSD라는 장치를 부착한 SEM은 X-ray 빔, 중성자 빔과 함께 결정 재료에 존재하는 결정립들의 방위분포 분석에 폭넓게 사용되고 있다.

상용의 TEM과 SEM 장비에서 전자가 이동하는 전자현미경 기둥의 맨 위에 있는 전자총(electron gun)에서 전자 빔이 발생한다. 전자총은 전자를 방출하는 음극과 양극으로 구성되는데, 음극과 양극 사이에 TEM에서는 200,000 volt 이상의 전압이 그리고 SEM에서는 보통 30,000 volt의 전압이 걸린다.

이 전압을 가속전압 E_{Acc} 이라 하며, 가속전압 E_{Acc} 에 의하여 전자총은 빠른 속도로 전자 빔을 시료에 쏘는 것이다. 전자 빔의 속도 v 와 파장 λ 은 (식 9-1)과 같이 E_{Acc} 에 의존하는데, 이 식은 de Broglie 식에서 출발한다.

$$\lambda = \frac{h}{p} = \frac{h}{mv}, \quad E_{Kinetic} = E_{Acc}e = \frac{1}{2}mv^2, \quad m_o v = \sqrt{2m_o E_{Acc}e}$$

$$\lambda = \frac{h}{\sqrt{2m_o E_{Acc}e}} \qquad \text{(식 9-1)}$$

여기서 전자의 전하량 $e = -1.602 \times 10^{-19}$ coulomb, 정지 전자의 질량 $m_o = 9.1091 \times 10^{-31}$ kg이다.

전자 빔의 속도 v 가 느릴 때에는 (식 9–1)로 전자의 파장 λ 을 계산할 수 있다. 그러나 가속전압 E_{Acc} 이 높을 때는 전자 빔의 속도 v 가 빛의 속도 $c = 2.997 \times 10^{8}$ m/s에 근접하게 된다. 이런 경우에는 상대성 이론에 의하여 운동하는 전자의 질량 m 이 변화하여 전자의 파장 λ 가 (식 9–2)로 계산된다.

$$\lambda = \frac{h}{\sqrt{2m_o E_{Acc} e \left(1 + \frac{E_{Acc} e}{2m_o c^2} \right)}}$$

(식 9–2)

이 식을 이용하여 전자현미경의 전자총에서 발생하는 전자 빔의 파장 λ 이 계산되어 얻어지는데, 표 9–1은 가속전압 E_{Acc} 이 증가함에 따라 운동하는 전자의 질량과 정지 전자의 질량비 m / m_o, 전자의 속도와 빛의 속도의 비 v / c, 전자 빔의 파장 λ 의 변화를 보여 준다. 운동하는 전자의 질량 m 은 가속전압 E_{Acc} 에 비례하여 증가하며, 전자의 속도 v / c 는 가속전압 E_{Acc} 가 아주 커지면 $v / c = 1.0$에 근접한 값으로 접근한다. SEM에서는 대부분 30,000 volt의 가속전압 E_{Acc} 이 그리고 TEM에서는 200,000 volt 이상의 가속전압 E_{Acc} 이 사용된다. $E_{Acc} = 30$ keV에서 작동하는 SEM 전자 빔의 파장 λ 은 0.0071 nm이며, $E_{Acc} = 200$ keV에서 작동하는 TEM의 전자 빔의 파장 λ 은 0.00275 nm이다.

표 9–1 가속전압 E_{Acc} 이 증가함에 따른 운동하는 전자의 질량과 정지 전자의 질량비 m / m_o, 전자의 속도와 빛의 속도의 비 v / c, 전자 빔의 파장 λ 의 변화.

E_{Acc} [keV]	30	50	200	400	1,000
m / m_o	1.058	1.098	1.391	1.782	2.957
v / c	0.2608	0.3311	0.5905	0.7365	0.8903
λ [nm]	0.0070	0.0054	0.00275	0.0016	0.0009

■■ 9.2 전자총

SEM과 TEM의 전자 빔은 전자총(electron gun)에서 발생한다. 전자총은 전자를 방출시키는 방법에 따라 열전자 방사(thermionic emission) 전자총과 전장 방사(field emission) 전자총으로 구분된다.

종래의 전자현미경은 대부분 텅스텐으로 제조된 hair pin 형태의 필라멘트를 가지는 열전자 방사 전자총을 가지고 있었다. 그림 9-1은 열전자 방사 전자총의 구조를 보여준다. 이 전자총은 위쪽의 Wahnelt cylinder와 필라멘트로 만들어진 음극과 아래쪽의 양극으로 구성된다. 음극과 양극 사이에는 전자현미경의 종류에 따라 30 keV부터 1,000 keV의 가속전압 E_{Acc} 이 걸리며, (식 9-2)를 따라 E_{Acc} 에 의존하여 전자 빔의 파장 λ 이 결정되는 것이다.

열전자 방사 전자총의 필라멘트에서는 백열전구의 필라멘트와 전기난로의 발열체에서 열전자가 발생하는 것과 같은 원리로 열전자가 방출한다. 가열된 텅스텐 필라멘트에서 열에 의하여 운동하는 전자가 텅스텐(W)의 work function ϕ_W 을 뛰어넘는 확률은 $\exp(-\phi_W / kT)$ 이다. 즉, 필라멘트에서 발생하는 전자의 밀도(전류) J_C 는 (식 9-3)의 Richardson-Dachmann 식으로 계산되는데, 필라멘트의 온도가 높을수록 J_C 는 급격

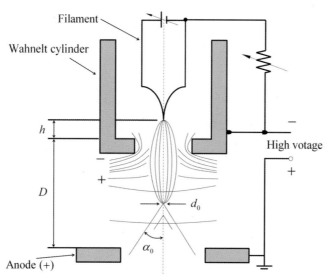

그림 9-1. 열전자 방사 전자총의 구조.

히 높아진다.

$$J_C = A \cdot T^2 \exp\left(\frac{-\phi}{kT}\right)$$
(식 9-3)

여기서 A는 비례상수로 텅스텐 필라멘트일 때 $8.26\ \mathrm{eV}/k$이다. ϕ는 필라멘트 재료의 work function이며, k와 T는 각각 Boltzmann 상수와 절대온도이다.

음극인 텅스텐 필라멘트에서 발생한 전자는 음극과 양극 사이의 가속전압 E_{Acc}에 의하여, 표 9-1에 정리된 것과 같이 빠른 속도로 양극 방향으로 이동한다. 만약 음극에 Wahnelt cylinder가 없다면 전자는 아래 양극방향으로 퍼져나가면서 진행할 것이다. 그런데 필라멘트와 Wahnelt cylinder 사이에는 수십 volt의 전위차가 놓여지는데, 즉 Wahnelt cylinder가 필라멘트에 비하여 수십 volt 낮은 negative 전위를 가지는 potential이 존재하는 것이다. 필라멘트를 출발한 전자는 보다 낮은 전위를 가지는 Wahnelt cylinder를 피하기 위하여 그림 9-1 같이 Wahnelt cylinder를 통과한 후에 그 밑에서 d_0의 직경을 가지고 모아지게 되는 것이다. 이것이 전자현미경에서 전자 빔의 첫 광원(electron beam source)인 것이다.

전자 빔의 질, 즉 특성에 가장 중요한 것이 전자 빔의 밝기(밀도=단위면적당 전자의 수)와 전자 빔의 크기(직경)이다. 밝기가 클수록 전자현미경에서 밝은 이미지, 즉 많은 정보를 가진 이미지들을 얻을 수 있다. 또한 빔의 직경이 작을수록 전자현미경에서 보다 미세한 부분을 구분하여 분석하고, 보다 작은 부분의 정보를 얻을 수 있는 것이다. 최근에는 종래의 열전자 방사 전자총에 비하여 전자 빔의 밝기를 1,000배 이상 높이고, 빔의 직경을 1,000배 이상 작게 할 수 있는 전장 방사(field emission) 전자총이 개발되어 대부분의 전자현미경에 사용되고 있다.

그림 9-2의 위에는 전장이 없는 금속 재료에서 자유 전자가 표면 쪽으로 진행하다 표면에서 다시 재료 안으로 되돌아가는 과정을 보여 준다. 그러나 이 금속 재료에 외부로부터 높은 + 전장이 가해지면 표면으로 오는 전자는 그림 9-2의 아래와 같이 표면을 떠나 재료 밖으로 튀어나올 수 있는 것이다. 이와 같이 금속 재료에 높은 + 전위를 가해서 전자를 얻는 전자총이 전장 방사(field emission) 전자총이다.

그림 9-3은 전장 방사 전자총의 구조를 보여 준다. V_1이 약 $3\ \mathrm{kV}$ 정도로 전장 방사

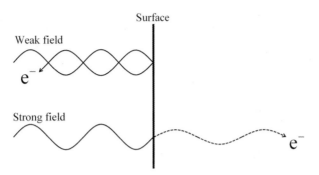

그림 9-2. 전장 방사의 원리.

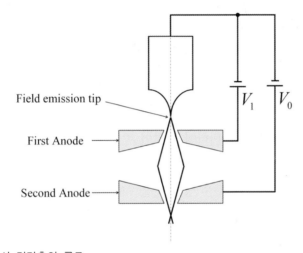

그림 9-3. 전장 방사 전자총의 구조.

tip과 위쪽의 첫 양극과의 방사 전류(emission current)를 제어한다. V_0는 전장 방사 tip 과 두 번째 양극과의 전압으로 이것이 전자현미경의 가속전압이다. 전자총에서 전자가 발생하는 tip 끝은 매우 날카롭게 제조하여 단위면적당 표면에 도달하는 전자의 수를 많게 하고, 표면으로부터 떠나가는 전자의 수를 늘린다.

표 9-2는 열전자 방사 전자총과 전장 방사 전자총의 특성을 비교하여 보여 준다. 열전자 방사 전자총에서 열전자가 발생하는 필라멘트와 전장 방사 전자총에서 전자가 발생하는 tip은 모두 텅스텐(W)으로 제조된다. 열전자 방사 전자총의 필라멘트는 약 2800 K의 고온에서 열전자를 방사하는 동시에 필라멘트 물질도 evaporation 되기 때문에 정상작동 시 30시간 정도에서 끊어지는 단점이 있다. 즉, 열전자 방사 전자총의 필라멘트

표 9-2 열전자 방사 전자총과 전장 방사 전자총의 특성.

	Therm. filament gun	Field emission gun
Material	W	W
Working temperature	~ 2800 K	~ 1000 K
Gun brightness at 10 KeV [$acr^{-2}sr^{-1}$]	5×10^4	$2 \times 10^8 \sim 2 \times 10^9$
Gun brightness at 100 KeV [$acr^{-2}sr^{-1}$]	$1 \sim 5 \times 10^5$	$2 \times 10^8 \sim 2 \times 10^9$
Cross over diameter [d_o]	$10 \sim 20$ μm	$5 \sim 10$ nm
Energy width [ΔE]	$0.5 \sim 2.0$ eV	$0.2 \sim 0.4$ eV
Life time	25 h	> 2 years
Vacuum	$10^{-2} \sim 10^{-3}$ Pa	$10^{-7} \sim 10^{-8}$ Pa

는 소모품이다. 이에 반해서 전장 방사 전자총의 tip은 1,000 K 이하의 온도에서 작동하기 때문에 수년간 교체하지 않고 사용이 가능하다. 그러나 전장 방사 전자총을 갖춘 전자현미경은 높은 진공도가 요구되며, 엄격한 부품과 장치 기준이 적용되어 열전자 방사 전자총을 가지는 전자현미경에 비하여 가격이 수배 이상 비싸다.

열전자 방사 전자총에 비교하여 전장 방사 전자총의 가장 큰 장점은 약 5,000배 이상의 밝기를 가진다는 것이다. 어두운 방에 촛불 1개를 켠 경우와 촛불 5,000개를 동시에 켠 경우를 비교하면 밝은 빛을 제공하는 전장 방사 전자총이 얼마나 많은 정보를 주는지 상상할 수 있다. 또 하나의 전장 방사 전자총의 장점은 전자총에서 만들어진 최초의 광원의 크기인 cross over의 직경 d_0이 열전자 방사 전자총에 비하여 1,000배 이상 작다는 것이다. 즉, 작은 전자 빔의 크기를 가지기 때문에 보다 미세한 구역으로부터 전자 빔에 의하여 발생하는 정보를 얻을 수 있다는 큰 장점을 가지는 것이다. 따라서 최근에는 대부분 전장 방사 전자총을 가지는 전자현미경이 설치되어 이용되고 있다.

■■■ 9.3 SEM의 구조

전자가 투과할 정도의 매우 얇은 관찰용 시료로 만들어야만 TEM에서 미세조직 관찰과 전자 빔 회절시험이 가능하다. 그러나 SEM에서는 고체 재료를 덩어리째 전자현미경

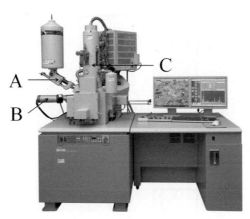

그림 9-4. EBSD와 EDS 측정장치가 부착된 주사전자현미경(Courtesy of Hitachi High-Technologies Corporation).

에 시료로 직접 넣어 관찰할 수 있다. 따라서 SEM에서는 시료 제작에 큰 어려움이 없다는 큰 장점을 가진다. SEM에서는 배율을 수십 배에서 수만 배까지 변화시킬 수 있어 우리가 원하는 면적을 선택하여 미세조직을 관찰할 수 있다.

SEM에서 시료에 전자 빔이 조사되면 재료와 전자 빔의 상호작용에 의하여 다양한 signal이 발생하는데, 각각의 signal이 특정한 미세조직을 만드는 데 사용된다. 또한 특성 X-ray signal은 EDS(Energy Dispersive X-ray spectroscopy) 또는 WDS(Wavelength Dispersive X-ray spectroscopy)라는 장치에 의하여 국부적인 화학분석에도 사용된다. 또한 EBSD (Electron Backscattered Diffraction)라는 장치를 부착한 SEM에서는 후방산란전자(BE) 빔 회절을 통하여 시료에 존재하는 결정립들의 방위(orientation)들을 측정하며, 넓은 구역에서 얻은 EBSD data를 이용하여 통계적인 방위분포, 즉 집합조직도 계산할 수 있다.

그림 9-4는 EBSD와 EDS 장치가 장착된 상용 SEM의 사진을 보여 준다. 대부분의 상용 SEM은 그림 9-4와 같은 형태를 가진다. 그림 9-4에서 A가 EDS 장치, B가 EBSD 장치, C가 SEM column 그리고 오른쪽 테이블 위에는 측정한 결과를 보여 주는 monitor가 2개 보여진다.

SEM에서 전자 빔이 이동하는 수직기둥이 SEM column인데, 이것을 단면으로 자른 면의 개략도가 그림 9-5이다. SEM의 맨 위에는 전자총(electron gun)이 있다. 전자총에서 발생하는 전자 빔의 특성은 전자 빔의 직경 d_0와 전자 빔의 전자 밀도 i_{Gun}에 의하여 결정된다. 전자총은 시료가 놓여있는 아래 방향으로 매우 빠른 속도로 일정한 파장의

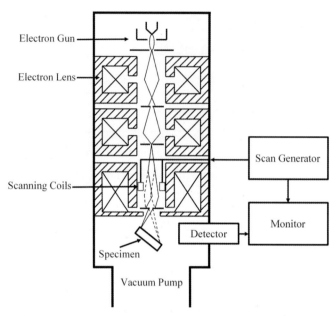

그림 9-5. 주사전자현미경(SEM)의 column을 자른 단면.

전자 빔을 방사한다. 표 9-1과 같이 전자 빔의 속도와 파장은 전자총의 가속전압에 의존한다.

그림 9-5 SEM의 column을 자른 단면에서 보여 주듯이 전자 빔이 전자총에서 시료까지 이동하는 경로에 3개의 전자석렌즈(electromagnetic lens)가 놓여있다. 이 렌즈들은 모두 볼록렌즈이며, 전자총에서 만들어진 전자 빔의 직경 d_0를 작게 만들어 주는 역할을 한다. 즉, 3개의 렌즈 배율이 모두 × 10이라면, 시료에는 $d_p = d_0 / (10 \times 10 \times 10)$, 즉 d_0 보다 1,000배 작은 직경 d_p의 전자 빔이 시료에 조사되는 것이다.

SEM의 이름은 Scanning Electron Microscope(주사전자현미경)이다. 여기서 scanning은 전자 빔을 한 곳이 아닌 일정한 시료의 면적에 순차적으로 쏘아준다는 것이다. 그림 9-5에서 SEM의 맨 아래 최종렌즈에 부착된 주사코일(scanning coil)은 일정한 면적에 전자 빔을 차례로 순차적으로 쏘아주는 주사 역할을 한다.

SEM에서 측정된 미세조직을 관찰하는 모니터 창의 크기는 일정한 면적을 사용한다. 예를 들어, 모니터 창의 크기가 20 cm×10 cm로 일정할 때, 전자 빔의 주사면적이 0.2 cm ×0.1 cm이면 미세조직의 배율이 100배이며, 전자 빔의 주사 면적이 0.02 cm×0.01 cm

366

이면 미세조직의 배율이 1,000배인 것이다. 이와 같이 SEM에서 모니터의 크기는 항상 일정하게 하고, 단지 전자 빔의 주사면적을 변화시켜 정보를 얻는 확대배율을 결정한다.

SEM 시료의 일정한 면적에 어떠한 순서로 전자 빔이 주사되는지를 그림 9-6(a)는 보여 준다. 전자 빔의 주사 위치는 1 → 2 → 3 → 4 ⋯ 49 → 50 → 1 → 2 순서이다. 만약 시료에서 전자 빔이 주사되는 면적이 50개로 분할된다면, 각 위치에서 얻어지는 정보를 표시하는 모니터의 면적도 그림 9-6(b)와 같이 역시 50개로 분할된다.

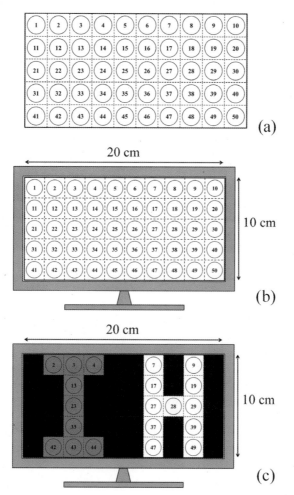

그림 9-6. 주사전자현미경에서 이미지의 형성. (a) 시료가 50개로 분할되어 전자 빔이 순차적으로 주사된다. (b) 50개의 면적으로 분할된 모니터, (c) 모니터의 이미지는 한 면적의 위치에 해당하는 시편에서 생성되는 데이터의 수에 의하여 결정된다.

전자 빔이 시료에 입사되어 얻어지는 signal에는 다음에 자세히 설명할 이차전자, 후방산란전자 등이 있다. 즉, 전자 빔이 입사되는 한 위치에서 이차전자가 많이 나오면 signal이 많은 것이고, 이차전자가 나오지 않으면 signal이 없는 것이다. 즉, 모니터에서는 signal이 많으면 흰색으로, signal이 없으면 검정색으로 나타내며, 그 중간의 signal의 크기는 진하고 연한 회색으로 표시된다. 즉, SEM의 모니터에서는 signal의 강약에 따라 흑백의 이미지를 얻는 것이다.

그러면 이제 시료의 각 위치에서 얻어지는 이차전자 signal로 이미지를 만든다고 가정하자. 만약 위치 2, 3, 4, 13, 23, 33, 42, 43, 44에서 이차전자 signal이 30개 정도 발생하고, 위치 7, 17, 27, 37, 47, 28, 9, 19, 29, 39, 49에서 이차전자 signal이 100개 정도 많이 발생하며, 이 위치를 제외한 모든 곳에서는 이차전자가 전혀 발생하지 않는다고 가정하자. 그러면 그림 9-6(c)와 같이 회색의 I 형태의 이미지와 흰색의 H 형태의 이미지를 모니터에서 얻게 되는 것이다. 결국 그림 9-6(c)의 이미지는 전자 빔이 주사되는 시료의 각 위치에서 발생하는 이차전자의 양을 확대된 이미지로 모니터에서 보여 주는 것이다. 이와 같이 SEM에서는 전자 빔을 시료에 주사하고 전자 빔과 시료의 상호작용에서 발생하는 다양한 정보를 모니터에서 이미지로 확대하여 관찰할 수 있다.

■■ 9.4 후방산란전자와 이차전자

SEM의 전자총에서 매우 빠른 속도로 방출된 전자 빔이 SEM의 맨 아래에 위치한 시료에 충돌하면, 전자와 시료간의 상호작용에 의하여 다양한 에너지를 가지는 전자들과 빛(light)들이 시료로부터 방출된다. 이렇게 시료로부터 방출된 전자들과 빛들은 각각 그것들의 에너지와 방출형태에 따라 특정한 다른 detector에서 검출되어 시료 표면의 형상, 조성, 결정 구조의 정보들을 알려 준다. 예를 들면, 시료로부터 방출되는 이차전자와 후방산란전자는 각각 다른 전용 detector를 통하여 검출하는 것이다.

그림 9-7에서는 빛의 속도의 1/2 근처의 속도로 시료에 입사된 전자 3개가 다른 경로를 가지고, 시료로부터 튀어나오는 것을 보여 준다. 이와 같이 시료에 입사된 전자가 다시 시료 밖으로 튀어나온 전자를 후방산란전자(BE, Backscattered Electron)라 한다. BE

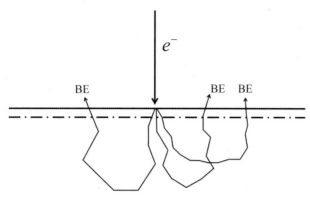

e^-

BE   BE BE

그림 9-7. SEM 시료에서 후방산란전자(BE)의 발생.

가 방출되는 위치는 **그림 9-7**에서 볼 수 있듯이 전자가 시료에 입사된 위치와 동일하지 않다.

가속된 전자가 시료에 조사될 때 입사전자(Primary Electron)의 수 N_{PE} 와 시료로부터 튀어나오는 후방산란전자의 수 N_{BE} 는 (식 9-4)의 후방산란전자 방출계수(backscattered electron coefficient) η 로 정의된다. 예를 들면, 시료에 100개의 전자가 입사되었을 때 70개의 BE가 방출되면 $\eta = 70 / 100 = 0.7$ 이다.

$$\eta = \frac{N_{BE}}{N_{PE}} \qquad\qquad (식\ 9\text{-}4)$$

η는 시료의 원자번호에 의존한다. 그림 9-8에서 보듯이 한 시료에서 BE가 방출되는 양은 시료의 원자번호 Z 가 클수록, 즉 무거운 재료일수록 크다. 즉, BE가 많이 방출되는 곳은 원자번호가 높은 조성을 가지기 때문에, BE의 방출 정보는 한 위치의 화학 조성에 대한 정보를 주는 것이다.

같은 조성을 가지는 시료에서 η값은 시료가 입사되는 전자 빔과 얼마나 기울어져 있는가 하는 경사각도(tilting angle) α 에 의존한다. 그림 9-9는 경사각도 α 에 따른 η의 변화를 보여 준다. α 가 증가하면 η는 점점 더 커지는 것을 알 수 있다. 따라서 입사 전자 빔의 방향에 큰 α 각을 가지게 시료를 경사지게 놓으면 시료로부터 보다 많은 BE가 발생한다.

연못에 돌을 빠른 속도로 비스듬히 던지면 돌과 물이 충돌하여 돌과 물이 함께 튀어

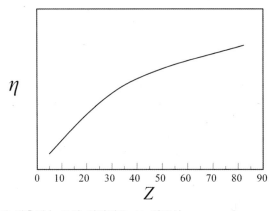

그림 9-8. 후방산란전자 방출계수 η의 원자번호 Z 의존성.

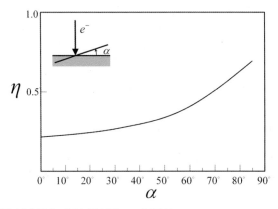

그림 9-9. 후방산란전자 방출계수 η의 경사각 α 의존성.

나올 수 있다. 이 현상과 마찬가지로 고체 재료에 전자를 빠른 속도로 입사시키면 입사된 전자가 다시 튀어나올 수 있으며, 재료 내에 있던 전자들도 튀어나올 수 있다. 원래 입사된 전자가 다시 튀어나오는 것을 BE라 하며, 시료에 존재하는 전자가 빠른 속도로 입사되는 전자에 의하여 원래의 자리로부터 밀려나서 재료의 표면 밖으로 방출되는 전자를 이차전자(SE, Secondary Electron)라 한다.

K, L, M-shell 등에 존재하는 전자들은 원자핵에 단단히 결합되어 있다. 그러나 원자핵으로부터 멀리 놓여있는 전자들은 원자와 약한 결합력을 가진다. 이런 전자들은 매우 빠른 속도로 재료 내부에 들어온 입사전자들에 의하여 원래 존재하던 위치로부터 밀려나갈 수 있다. 그림 9-10은 빠른 속도로 입사된 전자들이 재료에서 이동하는 경로를 실

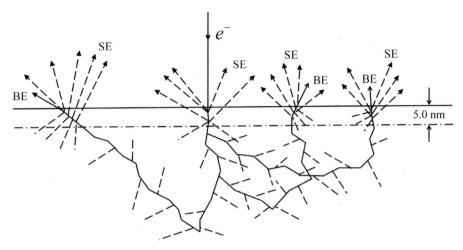

그림 9-10. SEM 시료에서 이차전자(SE)의 발생.

선으로, 재료에 존재하던 전자가 원래의 위치로부터 밀려나가는 전자 SE를 점선으로 표
시하였다.

그림 9-11은 가상적인 재료에서 방출되는 이차전자 SE의 에너지 E_{SE} 분포를 보여 준
다. 입사전자의 수 N_{PE} 에 비하여 훨씬 많은 수 N_{SE} 의 SE가 발생하지만, E_{SE} 는 대부
분 10 [eV] 이하의 에너지를 가진다. 전자의 에너지는 운동에너지인데, 에너지가 작으면
전자는 재료 내부에서 매우 짧은 거리밖에 이동할 수 없다. 따라서 금속 재료에서 SE의
이동거리는 대부분 5.0 nm 이내이다.

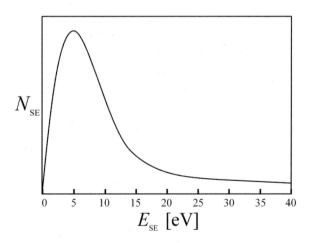

그림 9-11. 고체 재료에서 방출되는 SE 에너지 E_{SE} 의 분포.

재료 내부에서는 그림 9-10과 같이 매우 빠른 속도로 재료 내부에 들어온 입사전자들에 의하여 대단히 많은 SE가 발생하지만(점선), 단지 시료의 표면으로부터 5.0 nm 이내에서 발생하는 SE들만 시료 표면을 뚫고 시료 밖으로 나오는 것이다. 이와 같이 SE가 재료로부터 방출되는 곳은 단지 표면 부근이다. 또한 중요한 것은 SE 발생은 시료의 원자번호, 결정방위, 전자구조 등에 의존성을 거의 가지지 않는다.

그림 9-10에서 볼 수 있듯이 재료 내부에서는 매우 많은 SE가 발생하지만, 발생한 대부분의 SE는 시료 표면 밖으로 방출되지 못한다. 그런데 시료 밖으로 SE를 방출시키는 데 중요한 역할을 하는 것은 BE이다. 시료 밖으로 SE의 방출은 전자 빔이 입사되는 곳에서도 얼마간 일어나지만, 그림 9-10에서 점선으로 표시된 SE는 BE가 시료 밖으로 튀어나가는 곳에서 많이 발생하는 것이다. BE가 발생하는 수 N_{BE}는 시료의 원자번호의 정보를 가지고 있다. 그러나 SE가 발생하는 수 N_{SE}는 시료의 원자번호에 의존하지 않으며, 시료로부터 발생하는 SE의 수 N_{SE}는 단지 시료 표면의 형상에 의존한다.

가속된 전자가 시료에 조사될 때 입사전자의 수 N_{PE}와 시료로부터 튀어나오는 이차전자 SE의 수 N_{SE}는 (식 9-5)의 이차전자 방출계수(secondary electron coefficient) δ로 정의한다.

$$\delta = \frac{N_{SE}}{N_{PE}}$$ (식 9-5)

그림 9-12는 경사각(tilting angle) α에 따른 이차전자 방출계수 δ의 변화를 보여준다. α가 90°에 가까워질수록 δ가 급격히 증가한다. 즉, α가 0° 근처인 평평한 곳에서는 δ가 ~δ_0로 작아서 SE 이미지가 검게 얻어진다. 이것과는 반대로 α가 90°에 가까운 날카로운 모서리에서는 δ가 매우 커서 SE 이미지가 밝게 얻어지는 것이다. 그림 9-13은 EURO 동전의 SE 이미지를 보여 준다. SE 이미지는 δ 콘트라스트를 보여 주는 것이다. δ가 작은 평평한 면은 검게, δ가 큰 모서리는 밝은 콘트라스트가 얻어지는 것이다. 그림 9-13의 우측 하단부에는 1 mm의 길이 marker가 표시되어 있어 EURO 전체의 길이가 약 3 mm임을 알 수 있다.

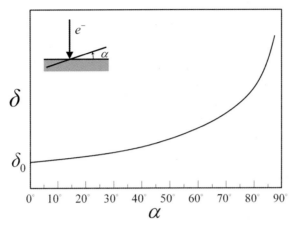

그림 9-12. 이차전자 방출계수 δ의 경사각 α 의존성.

그림 9-13. EURO 동전의 SE 이미지.

■■ 9.5 EBSD 원리

    SEM의 전자기렌즈 하단부에 장착된 EBSD 측정장치는 그림 9-14와 같이 시료 테이

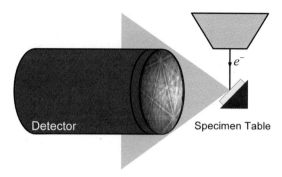

그림 9-14. SEM의 전자기렌즈 하단부에 장착된 EBSD 측정장치.

블과 EBSD Kikuchi 회절패턴 detector로 구성된다. 앞에서 설명하였듯이 시료에 입사하는 전자 빔의 경사각도 α 가 클수록 후방산란전자(Backscattered electron, BE) 방출계수 η 가 증가하여 시료로부터 BE의 발생이 증가하기 때문에 EBSD 측정용 시료는 입사전자 빔에 대하여 70° 기울어지게 시편 테이블에 놓여진다. EBSD Kikuchi 회절패턴 detector 의 앞쪽에 놓인 창은 형광판이다. 형광판에 도포된 형광 물질은 인간이 볼 수 없는 X-ray 와 같은 짧은 파장의 빛이나 전자 빔을 가시광선으로 바꾸어 준다. 즉, 형광판은 형광판 에 들어오는 전자 빔의 양에 따라 가시광선을 발광하는데, 전자 빔이 많이 들어오는 곳 에서 밝은 가시광선을 발광한다.

SEM의 가속전압이 30 kV라면 SEM의 전자총에서 발생되는 전자 빔의 파장은 $\lambda = 0.0071$ nm로 일정하다. 시료에 조사된 일정한 파장의 전자 빔은 시료 내에 들어가서 다양한 방향으로 탄성산란한다. 탄성산란 시 파장 λ 은 변하지 않는다. 시료 내에서 전자의 탄성산란은 무질서한 방향으로 일어난다. 따라서 전자의 탄성산란이 일어나는 재료에서는 입사전자 빔이 도달하는 모든 곳에서 360° 모든 방향에서 입사전자 빔이 존재하는 효과가 얻어진다.

그림 9-15는 SEM 시료에서 전자 빔이 침투하는 깊이에 존재하는 일정한 결정면 간격 d_{hkl} 을 가지는 (hkl) 결정면을 보여 준다. 이 결정면에는 탄성산란 효과에 의하여 일정한 파장 λ 을 가지는 전자 빔이 모든 방향에서 입사된다. 만약 입사된 전자 빔의 입사방향 θ_{hkl} 이 우연히 Bragg 조건 $2d_{hkl} \sin\theta_{hkl} = \lambda$ 을 만족한다면 입사방향과 $2\theta_{hkl}$ 인 방향으로 보강간섭, 즉 회절이 일어나는 것이다.

SEM 시료에서 전자 빔과 반응하는 모든 원자들에는 360° 모든 방향에서 입사전자 빔

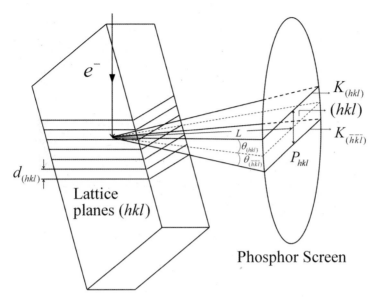

그림 9–15. EBSD Kikuchi 회절패턴의 형성.

이 존재하기 때문에 넓은 사잇각을 가지는 cone 형태로 회절이 일어난다. 그림 9–15에서 보듯이 (hkl) 결정면과 산란방향들이 모두 같은 θ_{hkl} 방향으로 회절콘을 만들어 EBSD 검출기 앞쪽에 놓인 형광판에 하나의 회절 선을 만들게 된다. 이와 동등하게 (hkl)의 반대편 결정면인 $(\bar{h}\,\bar{k}\,\bar{l})$에서의 전자 빔 회절도 형광판에 또 하나의 선을 만들게 된다. 이와 같이 (hkl)와 $(\bar{h}\,\bar{k}\,\bar{l})$ 결정면으로부터의 회절에 의하여 형성되는 한 쌍의 평행한 선을 Kikuchi 회절패턴이라 한다.

EBSD detector의 형광판에서 형성된 Kikuchi 회절패턴이 그림 9–16에서 보여지는데, 다양한 방향으로 다양한 폭을 가지는 Kikuchi 선들이 보여지고 있다. Kikuchi 선들은 각각 회절이 일어난 결정면들의 정보를 가지고 있기 때문에, Kikuchi 회절패턴을 해석하면 전자 빔이 조사되는 곳의 방위를 알아낼 수 있다. EBSD Kikuchi 회절패턴의 해석 방법은 참고문헌(허무영, 철강재료의 집합조직 첫걸음, 문운당, 2014)에 자세히 소개되어 있다.

EBSD Kikuchi 회절패턴을 해석하여 회절패턴이 얻어진 곳의 방위(orientation)를 계산하는 것은 어느 정도 시간이 걸리는 과정이 필요하다. 그러나 우리가 구입하는 상용 EBSD 시스템을 구성하는 EBSD 소프트웨어에서는 아주 짧은 시간에 자동적으로 이러한 계산을

그림 9-16. EBSD 검출기 형광판에 형성된 Kikuchi 회절패턴의 예.

수행한다. 만약 EBSD 시스템의 하드웨어에서 전자 빔이 1초 동안에 20곳을 주사하면, EBSD 소프트웨어는 20곳의 방위 계산을 전자 빔 주사와 동시에 수행한다.

그림 9-17에는 EBSD 시스템을 구성하는 하드웨어를 보여 준다. 전자 빔이 한 점에 조사되어 회절이 일어나면 형광판에 그림 9-16과 같은 Kikuchi 회절패턴이 형성된다. 이

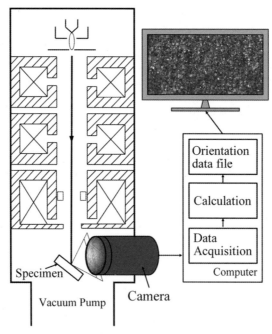

그림 9-17. EBSD 시스템을 구성하는 하드웨어.

Kikuchi 회절패턴은 디지털카메라에 의해 촬영되어 컴퓨터에 데이터로 입력된다. Kikuchi 회절패턴 데이터는 하나의 (x, y) 좌표를 가지는 측정점의 방위 데이터로 계산되어 컴퓨터 파일로 저장된다. 따라서 미세조직에서 10,000곳을 주사하였다면 10,000개의 방위 데이터가 얻어지는 것이다. 이러한 방위 데이터를 이용하여 다양한 형태로 모니터에서 미세조직과 함께 방위 이미지를 만들 수 있는 것이다.

모든 상용 EBSD 시스템에서는 여러 곳을 주사하여 측정하고, 방위를 계산한 결과 데이터 파일을 제공한다. 표 9-3은 상용 EBSD 시스템에서 제공하는 데이터 파일을 보기 쉽게 조금 편집한 것이다. 첫 열, 둘째 열, 셋째 열에는 방위정보인 φ_1, Φ, φ_2 각들이 radian

표 9-3 상용 EBSD 시스템에서 제공하는 데이터 파일의 예.

φ_1	Φ	φ_2	x	y	IQ	CI
3.44836	2.66860	0.80606	0.0	0.0	246.7	0.514
3.51874	0.66093	1.05736	5.0	0.0	144.1	0.086
0.41289	1.65374	3.20226	10.0	0.0	200.5	0.286
0.40874	1.65199	3.20238	15.0	0.0	197.0	0.829
1.95788	1.50070	0.09182	20.0	0.0	147.1	0.143
...	...	...	...	...	...	...
5.02906	1.44476	2.97512	1990.0	0.0	201.7	0.886
0.29133	1.73484	6.15943	1995.0	0.0	224.7	0.486
0.30208	1.72433	3.00309	2000.0	0.0	179.9	0.886
0.99987	0.20694	4.02751	0.0	5.0	186.1	0.886
0.30316	1.72688	3.00713	5.0	5.0	217.7	0.943
0.29809	1.73198	3.00693	10.0	5.0	188.9	0.629
4.78170	2.23094	2.07906	15.0	5.0	138.0	0.029
0.81351	1.21899	0.07880	20.0	5.0	156.4	0.029
...	...	...	...	...	...	...
2.52370	2.36243	0.00309	1985.0	2000.0	175.9	0.786
1.68536	2.42546	0.95672	1990.0	2000.0	251.7	0.843
1.25691	2.73486	0.15648	1995.0	2000.0	214.7	0.546
1.36458	2.12772	0.05309	2000.0	2000.0	159.4	0.915

단위로 기록되어 있다. 넷째, 다섯째 열에는 방위를 측정한 곳의 (x, y) 좌표가 micron 단위로 기록되어 있다. 그 다음 여섯째, 일곱째 열에는 Kikuchi 회절패턴에서 부가적으로 측정한 Kikuchi 회절패턴의 선명도인 IQ(Image Quality)값과 계산된 방위의 신뢰도인 CI(Confidence Index)값 등이 순차적으로 수록되어 있다. 이 파일의 가로행 하나가 한 측정점의 계산 결과이다.

만약 1,000 μm×1,000 μm 면적을 5 μm 간격으로 측정한다면, 200×200＝40,000개의 측정점들이 측정되어 40,000행의 **표 9-3**과 같은 데이터가 만들어지는 것이다. 참고로 초당 20개의 점을 측정하면 2,000초(약 30분)가 EBSD 측정에 요구된다. EBSD 데이터 파일은 EBSD 시스템을 구성하는 상용 소프트웨어에 따라 다른 형태로 기록되어 있지만 대부분 text 파일을 제공하기 때문에 충분한 상호 호환성을 가진다.

■■ 9.6 EBSD IPF Map

SEM의 전자기렌즈 하단에 장착된 EBSD 측정장치는 **그림 9-14**와 같이 시료 테이블과 EBSD Kikuchi 회절패턴 detector로 구성된다. 만약 EBSD 장치에서 시료 위의 1,000 μm × 1,000 μm 면적을 5 μm 간격으로 측정한다면, 200×200＝40,000개의 측정점들이 측정되어 40,000행의 **표 9-3**과 같은 데이터가 만들어지는 것이다. 이 실험결과 파일에는 각 행마다 하나의 측정점의 (x, y) 좌표와 함께 그 위치에서 계산된 방위 g 의 Euler 각 등이 기록되어 있다. 상용의 EBSD 소프트웨어에서는 이런 실험결과를 이용하여 확대된 미세조직에 각 측정점의 (x, y) 좌표에서 얻어진 방위 g 등의 다양한 측정결과를 다양한 EBSD map 그림 파일을 만들어 저장하며, 모니터로 그 결과를 볼 수 있다. EBSD map 들 중에서 가장 널리 사용되며, 대표적인 것이 IPF map(Inverse Pole Figure map)이다.

그림 9-18은 칼라코드(color code) 표준 삼각형(standard triangle)이다. Cubic 결정계 결정에서는 동등한 결정방향을 $<uvw>$ 가족 그리고 동등한 결정면을 $\{hkl\}$ 가족으로 표현한다. 칼라코드 표준 삼각형에서 하나의 색깔은 하나의 동등한 결정방향 지수 $<uvw>$ 또는 동등한 결정면 지수 $\{hkl\}$ 를 나타낸다. 표준 삼각형에 ND 또는 RD를 명기하고,

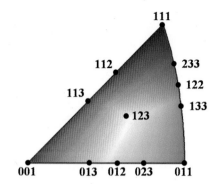

그림 9-18. 칼라코드(color code) 표준 삼각형(standard triangle).

ND 표준 삼각형과 RD 표준 삼각형에 각각 동등한 결정방향을 표시한 것을 역극점도 (Inverse Pole Figure, IPF)라 한다. 하나의 예로 $(12\bar{1})[\bar{1}0\bar{1}]$ 방위의 역극점도를 그림 9-19에 나타내었다. 이 방위는 동등한 $\{hkl\} = \{112\}$, $<uvw> = <011>$을 가지므로, $(12\bar{1})[\bar{1}0\bar{1}]$ 방위는 ND 표준 삼각형인 ND의 IPF에서는 보라색 위치에 표시되며, RD 표준 삼각형인 RD의 IPF에서는 초록색 위치에 표시되는 것이다.

EBSD 실험결과 데이터 파일에는 표 9-3과 같이 각 행마다 측정점의 (x, y) 좌표와 함께 그 좌표의 방위가 Euler 각 $(\varphi_1, \Phi, \varphi_2)$으로 기록된다. Euler 각은 3장에서 배운 바 과 같이 Miller 지수(indices) $(hkl)[uvw]$로 변환할 수 있다.

Cubic 결정계 결정에서 $(hkl)[uvw]$는 동등한 방위가족 $\{hkl\} <uvw>$에 속한다. 따

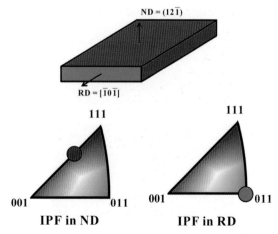

그림 9-19. $(12\bar{1})[\bar{1}0\bar{1}]$ 방위와 이 방위의 역극점도.

라서 한 측정점 (x, y) 은 {ND} = {hkl} 에 해당하는 색깔과 $< RD > = < uvw >$ 에 해당하는 색깔로 표현될 수 있는 것이다. 예를 들어, EBSD 결과파일의 한 측정점 (x, y)의 방위가 $(12\overline{1})[\overline{1}0\overline{1}]$ 이면 이 방위는 동등한 {ND} = {112} =보라색과 $< RD > = < 011 > =$초록색으로 표현될 수 있는 것이다.

이와 같이 {ND} 와 $< RD >$ 를 따로 구분하여 색깔로 표현하는 방법은 그림 9-19의 역극점도(Inverse Pole Figure, IPF)와 똑같은 것이다. EBSD 측정결과를 이용하여 각 좌표의 {ND} 를 색깔로 표시하여 만드는 미세조직을 'ND IPF map'이라고 하며, $< RD >$ 를 색깔로 표시하여 만드는 미세조직을 'RD IPF map'이라 한다.

EBSD 측정을 통하여 ND IPF map과 RD IPF map 미세조직을 얻으면, 미세조직에서 한 위치의 방위 {hkl} $< uvw >$ 를 알 수 있는 것이다. 그림 9-20은 가상의 ND IPF map과 RD IPF map을 보여 주는데, IPF map은 가로 10개 세로 5개로 나누어져 50개의 측정점들로 만들어진다. 이 map들은 같은 색깔을 가지는 3개의 구역으로 분리된다. ND IPF map과 RD IPF map에서 모두 같은 색깔을 가지고 있는 구역은 같은 방위를 가지는 것이다. 칼라코드 표준 삼각형을 참고하여 그림 9-20의 ND IPF map과 RD IPF map을 보면 A 구역의 방위는 {blue} $< green > = \{111\} < 011 >$, B 구역의 방위는 {red} $< red > = \{001\} < 100 >$, C 구역의 방위는 {purple} $< blue > = \{112\} < 111 >$ 임을 확인할 수 있는 것이다.

그림 9-21은 재결정된 무방향성 전기강판의 $1,000 \, \mu m \times 1,000 \, \mu m$ 면적을 $5 \, \mu m$ 간격

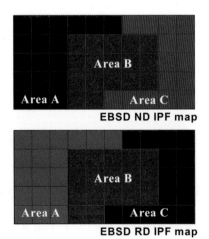

그림 9-20. 3개의 방위를 가지는 시료의 EBSD ND IPF map과 EBSD RD IPF map.

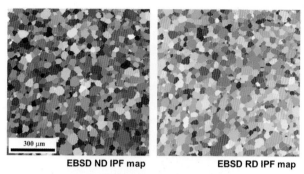

EBSD ND IPF map　　　　　　**EBSD RD IPF map**

그림 9-21. 무방향성 전기강판의 EBSD ND IPF map과 EBSD RD IPF map.

으로 200×200=40,000개의 EBSD 회절패턴을 측정하여 얻은 ND IPF map과 RD IPF map이다. ND IPF map에서 빨간색과 파란색 결정립들이 많이 관찰되어 ND 면에는 {001} 과 {111}에 놓여있는 결정립들이 많이 존재하는 것을 알 수 있다. 그런데 RD IPF map 에서는 다양한 색의 결정립들이 관찰되어 결정립들의 RD 방향은 거의 무질서한 것을 알 수 있다.

■■ 9.7 EBSD GB Map

그림 9-22는 가상시료의 ND IPF map과 RD IPF map을 보여 준다. ND IPF map는 8개의 독립적인 방위를 가지는 구역을 가지며, RD IPF map에서도 역시 8개의 독립적인 방위를 가지는 구역을 가진다. 그런데 ND IPF map의 A 구역은 RD IPF map에서 전혀 다른 2개의 RD를 가지는 방위임을 알 수 있다. 또한 RD IPF map의 B 구역은 ND IPF map에서 전혀 다른 2개의 ND를 가지는 방위인 것이다. 따라서 그림 9-22의 가상 미세 조직에서는 ND IPF map과 RD IPF map를 하나만 관찰하면 8개의 결정립을 가지는 것 으로 보여지지만, 실제로는 9개의 결정립이 존재하는 것이다.

3장에서 설명한 것과 같이 다결정 재료의 미세조직에서 같은 방위를 가지는 영역을 결 정립(grain)이라고 하며, 이웃하는 결정립과 만나는 결정립의 경계를 결정립계(grain boundary, GB)라 한다. 한 결정립의 방위 g_1와 이웃하는 결정립의 방위 g_2 사이에는 (식 9-6) 과 같은 관계가 있다.

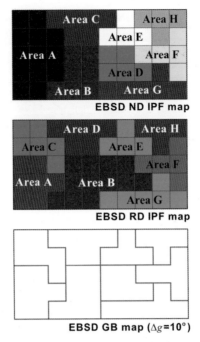

그림 9-22. EBSD GB map과 ND IPF map, RD IPF map의 비교.

$$g_1 = R \cdot g_2 \qquad\qquad \text{(식 9-6)}$$

여기서 R은 방위 g_2를 방위 g_1로 회전하는데 필요한 회전행렬(rotation matrix)이다. 회전행렬 R은 하나의 회전축 $[\vec{r}_1, \vec{r}_2, \vec{r}_3]$과 회전각 ω로 표현될 수 있다. 회전각 ω이 방위 g_1과 방위 g_2 간의 방위차 각(misorientation angle) Δg이다. 이렇게 이웃하는 결정립의 경계 GB에는 방위차 Δg가 존재한다. 따라서 이웃하는 결정립계 GB의 특성은 Δg에 의하여 정의될 수 있다. 일반적으로 결정립계 GB에 방위차 Δg가 10° 또는 15° 이상이면 HAGB(High Angle Grain Boundary, 고경각 결정립계)라 한다. 또한 GB에 방위차 Δg가 3~5° 이하이면 LAGB(Low Angle Grain Boundary, 저경각 결정립계)라 한다.

EBSD 측정결과로부터 결정립계 GB의 위치를 EBSD map에 표시할 때는 GB에 존재하는 방위차 Δg를 정하는 것이 매우 중요하다. 그림 9-22는 가상적인 ND IPF map, RD IPF map과 함께 방위차 Δg =10°로 정하고, 결정립계 GB를 작도한 결과를 보여 준다. 이렇게 GB를 보여 주는 EBSD 미세조직을 GB map이라 한다. EBSD GB map은 결정립의 크기를 결정하고, 결정립의 형상을 관찰하는데 매우 유용하게 사용된다. 이런 이유로 모든 상용의 EBSD 소프트웨어가 EBSD GB map을 제공하고 있다.

EBSD GB map을 이용하여 결정립의 크기나 형태를 결정할 때는 측정하는 재료의 상태가 중요하다. 완전히 재결정이 일어난 재료에서는 대부분의 결정립계 GB의 방위차 Δg 가 10° 또는 15° 이상이기 때문에 Δg 를 10° 또는 15°로 선택하여도 거의 동일한 결정립의 크기와 형태를 보여 주는 EBSD GB map이 얻어진다. 그러나 소성가공을 받은 시료나 부분 재결정이 일어난 시료에서는 다양한 방위차 Δg 가 존재하기 때문에, Δg 를 작게 선택하면 결정립의 크기가 현저히 작아질 수 있다. 특히 심한 소성가공을 받은 금속 재료에는 다양한 방위차 Δg 가 존재한다. 이런 시료에서는 EBSD GB map을 만들 때 GB의 방위차 Δg 를 어떻게 선택하느냐에 따라 완전히 다른 형태의 EBSD GB map이 얻어진다.

그림 9-23은 냉간압연한 페라이트 스테인리스 강판을 EBSD로 측정한 후 세 개의 Δg 를 설정하여 구성한 EBSD GB map을 보여 준다. 이미 언급한 것과 같이 Δg 가 3~5° 이하인 결정립계를 LAGB, Δg 가 10~15° 이상인 결정립계를 HAGB라 한다. 그림 9-23에서 방위차 Δg 가 10° 이상의 HAGB를 검은 선으로, Δg 가 5~10°의 결정립계를 붉은 선으로, Δg 가 5° 이하의 LAGB를 파란 선으로 보여 주고 있다. 대부분의 상용의 모든 EBSD 소프트웨어는 EBSD GB map을 방위차 Δg 에 따라 다른 색깔로 작도해주는 기능을 제공하고 있다.

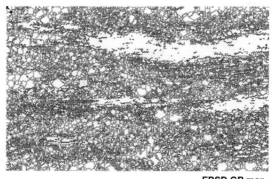

EBSD GB map
($3° \leq \Delta g < 5°$, $5° \leq \Delta g < 10°$, $\Delta g \geq 10°$)

그림 9-23. 세 개의 Δg 를 설정하여 구성한 GB map.

■■ 9.7 EBSD Orientation Map

방위군(orientation component)은 하나의 중심 방위와 이 부근에 존재하는 방위들로 구성된다. 중심 방위로부터 방위들의 산란 폭은 산란각 ψ에 의하여 결정된다. 예를 들면, 한 중심 방위가 Euler 각$(\varphi_1, \Phi, \varphi_2)$이고, 산란각이 $\psi = 10°$인 방위군을 가정하면, $(\varphi_1 \pm 10°, \Phi \pm 10°, \varphi_2 \pm 10°)$ 사이에 존재하는 모든 방위들이 이 방위군에 속하는 것이다.

또한 동일한 하나의 시편축(ND 또는 RD)을 가지는 방위들도 하나의 방위군을 형성한다. 예를 들면, $\{001\} < 100 >$, $\{001\} < 110 >$, $\{001\} < 120 >$, $\{001\} < 230 >$ 방위가족들은 모두 ND//$\{001\}$ 방위군에 속하는 것이다. 재료에 존재하는 집합조직에는 대부분 몇 가지의 특정 방위군에 속하는 방위들이 많이 형성된다. 대부분 재료의 물성은 재료에 존재하는 방위군에 영향을 받는다. 따라서 집합조직에서 방위군을 정량화하는 것은 중요한 의미를 가진다.

그림 9-24는 무방향성 전기강판에서 EBSD GB map과 함께 ND//$\{001\}$ 방위군에 속하는 결정립들을 붉은 결정립으로 표시한 EBSD orientation map을 보여 준다. 여기에서

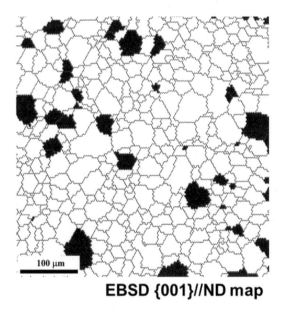

EBSD {001}//ND map

그림 9-24. EBSD ND//$\{001\}$ 방위군 결정립들을 보여 주는 EBSD orientation map.

는 산란각 $\psi = 20°$를 선택하여 map을 만들었다. 이와 같이 EBSD orientation map은 특정한 방위군에 있는 결정립들이 어떻게 그리고 얼마나 많이 재료 내에 분포되어 있는가 하는 정보를 제공하는 것이다.

■■■ 9.8 EBSD Phase Map

표 9-3과 같은 EBSD 실험결과 데이터 파일을 이용하여 EBSD IPF map, EBSD GB map, EBSD Orientation map 등을 얻을 수 있었다. 또한 상용 EBSD 소프트웨어에서는 EBSD Phase map을 제공한다. 시료에 A상과 B상 2개의 다른 결정상(crystalline phase)이 존재하면 각 결정상에서는 다른 형태의 Kikuchi 회절패턴이 얻어진다. 상용 EBSD 소프트웨어에서는 실험적으로 측정되는 Kikuchi 회절패턴이 A상의 것인지 또는 B상의 것인지 database를 이용하여 판단한다. 상을 판단한 결과를 이용하여 EBSD 측정 좌표 (x, y)에 A상 또는 B상을 색깔로 구분하여 표시한 것을 EBSD phase map이라고 한다.

그림 9-25는 철과 동을 용해하여 만들어진 시료의 EBSD phase map을 보여 준다. 철은 체심입방정(bcc) 구조를 가지며, 격자상수 $a = 0.2864$ nm이다. 동은 면심입방정(fcc) 구조를 가지며, 격자상수 $a = 0.3615$ nm이다. 따라서 철과 동은 완전히 다른 Kikuchi 회

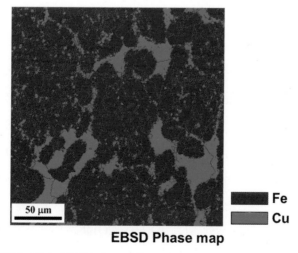

EBSD Phase map

그림 9-25. 철은 빨간색, 동은 초록색으로 표시한 EBSD phase map.

절패턴을 만들게 된다. 그림 9-25에서 철은 빨간색으로, 동은 초록색으로 표시하였다. 여기서 철과 동의 부피분율은 각각 83%와 17%이다. 이와 같이 EBSD phase map은 여러 개의 결정상이 존재하는 시료에서 부피분율을 결정하는 데 매우 유용하게 사용될 수 있다.

■■ 9.9 EBSD IQ Map

EBSD 실험결과 데이터 파일에는 표 9-3과 같이 방위 정보뿐 아니라 측정점들에서 얻은 Kikuchi 회절패턴의 선명도인 IQ(Image Quality) 또는 PQ(Pattern Quality)값이 수록되어 있다. EBSD 시료에서 명확한 Kikuchi 회절패턴이 형성되기 위해서는 먼저 시료 내에서 전자의 탄성산란이 방해받지 않고 일어나야 하며, 둘째로 결정질 시료에 존재하는 결정면들이 구부러지지도 않고, 결정면 간격이 모든 곳에서 일정해야 한다. 냉간 소성가공에 의하여 제조된 금속 재료에는 dislocation 밀도가 10^{10} / cm^2 이상으로 매우 많은 dislocation이 결정 결함으로 존재한다. 이와 같이 dislocation 밀도가 높은 결정에서 자유로운 전자의 탄성산란이 방해를 받으며, 많은 곳에서 결정면들이 구부러져 있고, 결정면 간격도 일정치 않다. 이와 같이 dislocation 밀도가 매우 높은 재료에서는 Kikuchi 회절패턴이 거의 얻어지지 않아 EBSD 방위측정이 거의 불가능하거나, 선명도가 매우 낮은 Kikuchi 회절패턴이 얻어진다. 이것과는 반대로 완전히 재결정이 일어난 재료에서는 dislocation 밀도가 낮아서 선명한 Kikuchi 회절패턴이 얻어진다.

EBSD Kikuchi 회절패턴의 선명도를 IQ(Image Quality) 또는 PQ(Pattern Quality)값이라 한다. IQ값이 높을수록 dislocation 밀도가 낮은 측정점을 뜻하는 것이다. EBSD 측정좌표 (x, y)에 IQ값을 표시한 것을 EBSD IQ map이라 한다. 그림 9-26(a)는 부분 재결정된 강판의 미세조직으로 EBSD IQ map을 보여 주고 있다. EBSD IQ map에서 밝은 부분은 IQ값이 높은 곳이다. 어두운 부분은 IQ값이 낮은 곳으로 dislocation 밀도가 높은 변형미세조직이다.

EBSD IQ map은 데이터 파일에 있는 IQ(또는 PQ)값을 이용하여 재결정된 결정립을 분류하는 간단한 방법으로 사용될 수 있다. 그러나 IQ값은 dislocation 밀도뿐 아니라 시료의 표면에 존재하는 산화층의 두께, 표면의 울퉁불퉁한 정도, 다양한 결정 결함 존재 등 표면상태와 미세조직 등에 민감하게 의존한다. 이런 이유로 IQ값은 dislocation 밀도의 절대적인 값은 아니다.

따라서 최근에는 재결정 부분을 확정하거나 재결정 분율을 얻을 때 GOS(Grain Orientation Spread) 등의 기법을 사용한다. GOS 방법에서는 먼저 미세조직에 존재하는 결정립을 확정하는데, 이때는 이웃하는 측정점들의 방위차 Δg 가 몇 도 이상이면 (예를 들면, Δg =10°) 결정립계로 하여 결정립들을 확정한다. 그 다음에는 각각의 결정립의 평균 방위 g_{Ave} 를 구한다. 다음은 하나의 한 결정립에 존재하는 (x, y) 좌표의 방위 g 와 g_{Ave} 의 차이 g_{GOS} 를 계산한다. 결정립의 평균 방위 g_{Ave} 로부터 벗어난 각도 g_{GOS} 가 GOS값이다. g_{GOS} 이 특정한 값(예를 들면, 1.0°) 이하인 결정립들에서만 재결정이 일어난 것으로 판단하며, 큰 GOS값을 가지는 결정립은 변형된 결정립으로 취급한다.

부분 재결정된 강의 EBSD IQ map으로 관찰한 9－26(a)와 동일한 위치의 EBSD GOS map을 그림 9－26(b)는 보여 준다. EBSD GOS map은 EBSD 측정 좌표 (x, y) 에 GOS 값을 표시한 것이다. EBSD GOS map에서 흰색으로 표시된 부분은 GOS<1°인 재결정된 결정립을 나타내며, 어둡게 표시된 부분은 GOS>1°인 변형된 결정립을 나타낸다. EBSD GOS map으로부터 미세조직에서 재결정된 결정립들의 위치와 분율을 파악할 수 있는 것이다. 그림 9－26(b)의 미세조직에서 재결정 분율은 약 30% 정도로 계산된다.

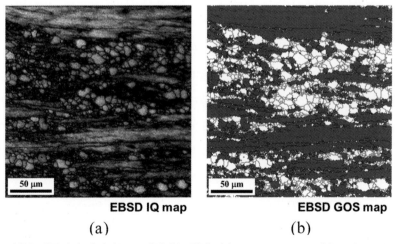

EBSD IQ map　　　　　　　**EBSD GOS map**

(a)　　　　　　　　　　　　(b)

그림 9－26 부분 재결정된 페라이트 스테인리스 강판. (a) EBSD IQ map, (b) EBSD GOS map.

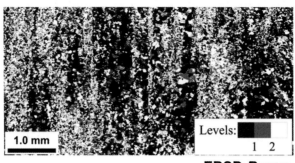

EBSD *R* map

그림 9-27. EBSD *R* map.

▪▪▪ 9.10 EBSD property Map

결정질 재료는 결정방향에 따라 다른 원자의 배열을 가지기 때문에 결정이방성을 가진다. 즉, 결정질 재료의 물리적, 화학적, 기계적, 전기적, 광학적, 자기적 등 각종 성질은 결정방향에 의존한다. 한 방위 g는 시편축 RD, TD, ND에 놓여진 모든 결정방향들을 명확히 규정한다. 따라서 방위 g는 결정이방성의 정보를 갖고 있는 것이다.

금속 재료에서 대표적인 결정이방성이 판재 소성이방성비 R-값, 자속밀도 B-값, 철손 W-값 등이다. 따라서 R-값, B-값, W-값은 독립변수 방위 g의 함수로 계산될 수 있다. 만약 EBSD 측정에 의하여 좌표 (x, y)의 방위 g를 얻으면 좌표 (x, y)의 R-값, B-값, W-값 등을 계산할 수 있는 것이다. EBSD 측정 좌표 (x, y)에 R-값을 표시한 것을 EBSD R map이라 하며, B-값을 표시한 것을 EBSD B map이라 한다. 그림 9-27은 하나의 EBSD R map을 보여 준다. EBSD R map에서 흰색으로 표시된 부분은 R-값이 높은 결정립을 나타내며, 어둡게 표시된 부분은 R-값이 낮은 결정립을 나타낸다. EBSD R map을 EBSD IPF map과 비교 해석하면 어떠한 방위 g에 있는 결정립이 높은 R-값을 가지는지 판단할 수 있다. 또한 넓은 시료의 EBSD R map으로부터는 시료 전체의 통계적인 R-값을 계산할 수 있다.

EBSD R map, EBSD B map, EBSD W map을 EBSD Property map라 한다. 미세조직이 재료의 물성을 어떻게 결정하는지를 보여 주는 EBSD Property map은 재료공학

에서 매우 유용하게 사용될 수 있다. EBSD Property map을 비롯한 다양한 EBSD map 들에 대한 자세한 설명은 참고문헌(철강재료의 집합조직 첫걸음, 허무영, 문운당, 2014) 에 자세히 소개되어 있다.

제9장 연습문제

01. SEM 모니터의 크기가 20 cm×10 cm로 일정하다. 관찰 배율이 1,000배일 때 시료에 전자 빔의 주사면적의 크기는 얼마인가? 이러한 SEM의 scanning coil이 전자 빔을 가로 200개, 세로 100개, 총 200×100=20,000곳을 구분하여 주사한다. 관찰 배율이 1,000배일 때 모니터 한 개 pixel은 시편에서 얼마만한 면적에 해당하는가?

02. SEM과 같이 가속전압 30 keV로 전자총에서 발생한 전자가 철과 같은 금속재료에서 입사되었을 때 Auger electron, backscattered electron, secondary electron, characteristic X-ray가 발생하는 부피를 보여라.

03. 재료로부터 발생하는 backscattered electron coeff. η와 secondary electron coeff. δ의 재료의 원자번호 의존성은 어떻게 되는가? Secondary electron coeff. δ는 무엇에 가장 민감하게 의존하는가?

04. EBSD 시편은 SEM의 어디에 장착되며, EBSD detector는 어떻게 회절상을 얻어내는가?

05. Fe(bcc, a =2.866 Å) 시료를 가속전압 30 keV에서 EBSD 회절상을 얻는다. 30 keV(λ =0.07 Å), L=5 cm이다. $2\theta_{110}$, $2\theta_{200}$, $2\theta_{211}$를 구하고, Kikuchi 회절패턴의 폭을 각각 구하라.

06. EBSD 시편은 어떠한 조건을 가져야 하는가? EBSD 시편을 제조하는 장비에는 무엇이 있는가?

07. EBSD GOS map이 EBSD IQ map에 비하여 우월한 점은 무엇인가?

08. 다음의 집합조직을 해석하라. 집합조직은 모두 $\varphi_2 = 45°$ section이다.

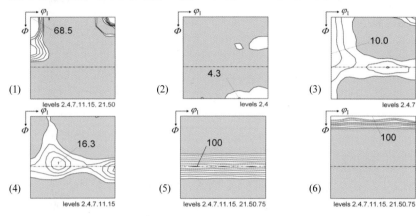

09. 다음과 같은 집합조직을 가지는 시료의 EBSD IPF map을 상상하여 그려라.

(a) 결정립의 크기가 약 30 μm이며, {001}<110>과 {001}<100>등의 {001}//ND집합조직이 발달한 무방향성 전기강판 시료.

(b) 결정립의 크기가 약 3 cm이며, 대부분의 결정립이 {011}<100> Goss 방위를 가지는 방향성 전기강판 시료.

(c) 결정립의 크기가 약 30 μm이며, {111}<110>과 {111}<112>등의 {111}//ND집합조직이 발달한 자동차용 외판 철강재 시료.

■■ 10.1 TEM의 발달

　전자현미경에서는 미세조직을 관찰함과 동시에 전자 빔을 이용한 회절시험을 할 수 있다. 9장에서 설명한 SEM(Scanning Electron Microscope, 주사전자현미경)과 함께 TEM (Transmission Electron Microscope, 투과전자현미경)은 재료공학에서 물질의 분석에 폭넓게 사용되는 대표적인 전자현미경이다. 그림 10-1은 최근에 제작된 상용 TEM을 보여준다.

　세계 최초의 전자현미경 TEM은 독일 Berlin 공과대학의 Ernst von Ruska가 1931년에 처음 설계하였다. 그가 최초로 설계한 TEM의 도면에서 TEM 기기의 전체 높이는 112.7 cm 였다. 그의 설계도를 따라서 1932년에 Ruska와 Knoll에 의하여 최초의 TEM이 제작되었다. 놀랍게도 1932년에 제작된 TEM은 최근에 제작되어 판매되는 첨단 TEM과 거의 같은 구조를 가지고 있다. 그림 10-1의 TEM에서 맨 위부터 테이블까지가 TEM의 본체이

그림 10-1. 최근에 제작된 상용 TEM (Courtesy of Hitachi High-Technologies Corp.).

다. 현재 판매되고 있는 대부분의 상용 TEM에서 본체의 높이는 약 120 cm 정도로 Ernst von Ruska의 설계도와 유사한 것이다. 상용 TEM는 1938년부터 제작되어 대학이나 연구소에서 사용되었다.

9장에서 설명한 주사전자현미경 SEM은 모든 고체재료를 덩어리째 시료로 측정할 수 있다는 장점을 가진다. SEM에서는 덩어리 시료를 사용하여 배율을 수십 배에서 수만 배까지 변화시킬 수 있어, 우리가 원하는 면적을 선택하여 전자 빔 회절을 통하여 시료의 미세조직을 관찰하고, 화학분석을 한다. EBSD로 재료에 존재하는 결정립의 통계적인 방위분포인 집합조직을 측정하는 것도 가능하다.

그러나 투과전자현미경인 TEM에서는 전자 빔이 시료를 투과해야 관찰이 가능하기 때문에 대부분의 TEM 시료는 약 200 nm 이하의 두께를 가지게 만들어야 한다. 이렇게 매우 얇은 시료를 가져야 미세조직 관찰 및 전자 빔 회절시험이 가능한 것이다. 덩어리 시료는 그 자체를 관찰할 수 없고, 덩어리 시료를 매우 얇게 만들어야만 이 시료를 관찰할 수 있다는 것이 TEM의 발전에 커다란 장애로 작용하여, 1950년까지 TEM을 이용한 재료 분야의 연구는 크게 진보를 이루지 못하였다.

1950년까지 TEM에서 재료를 구별할 수 있는 길이인 분해능(resolution)이 10 nm 내외였다. 또한 이때까지는 TEM 시료를 덩어리 시료를 직접 관찰하지 못하고 간접적인 방법인 replica 등으로 표면 형상 등을 관찰하는 데 TEM을 사용하였다. Philip사, RCA사 등 그 당시 가장 앞선 전자전기 회사들이 점차 분해능이 향상된 TEM을 생산하였다.

TEM이 우리 인류에 크게 기여하게 된 것은 우리가 덩어리 재료로부터 전자 빔이 시료를 투과할 수 있는 약 200 nm 이내의 두께를 가지는 금속 시료를 제작하는 방법을 개발한 후이다. Heidenreich는 1949년 전기화학적인 방법으로 덩어리 금속 재료로부터 얇은 박편(thin foil) 시료의 제작이 가능한 것을 제안하였다. 이 방법으로 제조된 TEM 시료로부터 덩어리 재료의 실제 모습인 재료의 내부 미세조직을 관찰할 수 있게 되었다. 1950년에서 1960년 사이에 박편 TEM 시료에서 얻어지는 이미지와 회절상(diffraction pattern)에 대한 이론들이 정립되었다. 현재도 이 이론들은 TEM의 이미지와 회절상을 이해하는 데 매우 유용하게 사용되고 있다.

금속 재료는 전기화학적인 방법으로 TEM 관찰용 얇은 박판 시료의 제작이 가능하다. 그러나 전기화학적 방법으로 TEM 시료를 만들 수 없는 반도체, 세라믹, 광물 같은 시료는 1960년 이후 개발된 ion milling에 의하여 TEM 시료를 제조할 수 있게 되었다. 이렇게 1960년 이후에는 모든 덩어리 재료를 TEM 시료로 제작하여 TEM의 이미지와 회절상을 얻게 되었다. 현재 모든 덩어리 시료로부터 약 200 nm 이내의 두께를 가지는 TEM 시료를 제조할 수 있다. 또한 최근에는 FIB(Focused Ion Beam) 장치가 개발되어 보다 쉽고 빠르게 원하는 부분의 TEM 시료를 제조할 수 있게 되었다. 표 10-1에서는 TEM 시료를 제조하는 다양한 방법을 수록하였다. 이에 대한 중요한 참고문헌은 책 뒤에 수록되어 있다.

1970년대에는 TEM 기기의 전자부품이 발전하여 TEM의 분해능도 약 0.2 nm 내외로 향상되었다. 1970년대 이후에는 고분해능 투과전자현미경(HRTEM) 이론 등이 정립되었

표 10-1. TEM 시료를 제조하는 다양한 방법.

Method	Material	Advantages	Limitation
Cut / Grinding / polishing	Universal	Optimum condition Fast Bulk reduction	Surface damage layer
Electro polishing	Metal	Optimum condition Fast Uniform thinning	Not applicable to insulator Contamination Non-specific site
Ultramicrotomy	Soft sample	Simple Porous sample observation	Deformation Expert needed
Ion beam milling	Universal	Optimum condition Most popular technique	Time-consuming Residual damage layer Sample heating
FIB (Focused Ion Beam)	Universal	Optimum condition High resolution Specific site	Time-consuming Residual Ga on surface
Chemical thinning	Nonmetallic crystalline material	Damage-free Fast	Optimum condition
Floating	Thin film	Simple Good for in-situ/kinetic study	Residuals on the surface
Replica	Universal	Surface structure & Precipitation observation	Matrix observation
Cleaving / Crush	Ceramics	Simple Fast Applicable brittle material	Limited view Cleavable

고, EDS(Energy-Dispersive X-ray Spectroscopy), EELS(Electron Energy Loss Spectroscopy) 등이 부착된 분석투과전자현미경 ATEM(Analytical Transmission Electron Microscope)이 상용화되었다. 그림 10-2는 다양한 분석장치가 부착된 ATEM의 구조를 보여 주고 있다.

1986년에 TEM을 발명한 Ernst von Ruska가 노벨상을 수상하였다. 이후 1990년대에 전자현미경에 새로운 엄청난 도약이 있었다. 새로운 도약은 TEM의 전자총(electron gun)에 FEG(Field Emission Gun)을 사용하기 시작한 것이다. 9장에서 설명한 것처럼 전자 빔의 질, 즉 특성에 가장 중요한 것이 전자 빔의 밝기와 전자 빔의 크기이다. 밝기가 클수록 전자현미경에서 밝은 이미지, 즉 많은 정보를 가진 이미지들을 얻을 수 있고, 전자 빔의 직경이 작을수록 더 미세한 부분을 구분하고 분석하여 더 작은 부분의 정보를 얻을 수 있는 것이다. 최근에는 종래의 열전자 방사 전자총에 비하여 전자 빔의 밝기를 1,000배보다 높이고, 빔의 직경을 1,000배 보다 작게 할 수 있는 FEG 전자현미경이 주로 사용되고 있다.

전자현미경의 전자총에서 발생하는 전자 빔의 파장 λ 는 (식 9-2)로 계산된다. 전자

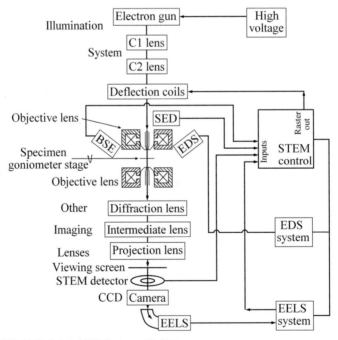

그림 10-2. 다양한 분석장치가 부착된 ATEM의 구조.

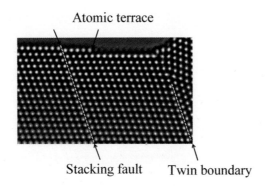

Atomic terrace

Stacking fault   Twin boundary

그림 10-3. C_s corrected TEM으로 관찰한 Au 박막시료의 HRTEM 이미지.

빔의 파장 λ 을 계산하는 (식 9-2)의 유일한 변수는 전자총의 가속전압 E_{Acc} 이다. 따라서 전자현미경에서 단파장의 λ 를 얻기 위해선 가속전압 E_{Acc} 의 변동이 없어야 한다. 예를 들면, E_{Acc} 이 200 keV일 때 0.01%의 변동은 20 eV 전압이며, 이에 따라 전자 빔의 변동이 생기는 것이다. 만약 매우 엄격한 가속전압 E_{Acc} 의 제어가 가능한 TEM이라면 단파장의 λ 가 얻어진다. 또한 TEM에서는 전자기(electro-magnetic)렌즈를 사용하는데, 대부분의 전자기렌즈는 결함을 가지고 있어 정확한 이미지를 형성하지 못한다.

최근에 단파장 λ 를 가지면서 전자기렌즈의 결함을 보완한 C_s corrected TEM(Titan)이 상용화되었다. Ultra-high resolution(UHR) TEM은 이미지 aberration corrector를 장착하여 0.08 nm의 rresolution을 가지는 TEM 이미지를 제공한다. 그림 10-3은 C_s corrected TEM으로 관찰한 Au 박막시료의 HRTEM(High Resolution TEM) 이미지를 보여 준다. 관찰 방향은 Au의 [110]이다. HRTEM 이미지는 Au 원자의 주기성을 명확하게 보여 주며, 시편의 edge 부분에 C_s 에 의해 만들어지는 영상의 fringe가 없음을 보여 준다. 이 이미지로 atomic level에서 terrace, twin boundary, stacking fault layer 등을 관찰할 수 있는 것이다.

그림 10-4는 C_s corrected TEM으로 관찰한 Au 분말시료의 HRTEM 이미지를 보여 준다. 크기 3 nm 이하의 금 분말에 존재하는 원자들의 위치와 배열을 HRTEM 이미지로 정확히 판단할 수 있는 것이다. 이와 같이 C_s corrected TEM은 매우 정확한 HRTEM 이미지를 제공한다.

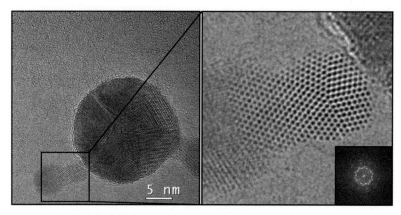

그림 10-4. C_s corrected TEM으로 얻은 Au 분말시료의 HRTEM 이미지.

■■ 10.2 TEM의 구조와 렌즈결함

그림 10-5는 일반적인 TEM의 column(수직기둥)을 측면에서 단면으로 자른 개략도를 보여 준다. TEM 맨 위에는 전자총이 있고, 그 밑에는 차례대로 condenser 렌즈, TEM 시료, objective 렌즈, intermediate 렌즈, projection 렌즈 그리고 형광 screen이 놓여진다. 전자총에서 d_0의 직경을 가지게 모아진 전자 빔은 빛의 속도의 1/2 이상의 속도를 가지고, TEM의 아래방향으로 진행한다. 그림 10-6에서 주목할 것은 모든 렌즈의 간격과 렌즈의 조리개(aperture) 간격이 매우 과장되게 그려져 있다는 것이다. 실제의 길이가 1 m 이상인 TEM column(수직기둥)에서 모든 렌즈와 조리개의 간격은 1 mm 이하이다.

직경 d_0를 가지는 전자 빔은 condenser 렌즈에 의하여 집속되어 직경이 d_{sp}로 모아져서 TEM 시료를 투과하게 되는 것이다. 전자현미경에 존재하는 모든 렌즈는 condenser 렌즈와 같이 빔을 모아주는 볼록렌즈이다. Condenser 렌즈를 통과 후 다시 TEM 시료를 투과한 전자 빔은 objective 렌즈, intermediate 렌즈, projection 렌즈를 거치면서 맨 아래에 있는 형광 screen에 확대된 시료의 이미지를 만들거나 전자 빔 회절상(diffraction pattern)을 만드는 것이다.

그림 10-6은 시편 바로 위에 있는 condenser 렌즈를 측면에서 자른 단면을 보여 준다. 전자현미경에서 사용하는 전자기렌즈는 순철의 철심과 얇은 동 코일로 이루어진 전

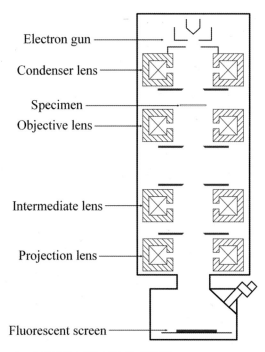

그림 10-5. TEM column을 측면에서 자른 단면의 개략도.

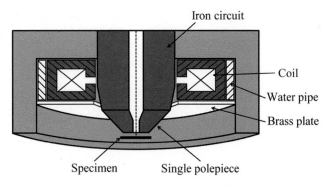

그림 10-6. Condenser 전자기렌즈를 측면에서 자른 단면의 개략도.

자석으로 구성된다. 전자기렌즈의 하단부에 있는 작은 pole piece로 전자 빔이 통과하는데, 작은 pole piece에서 자속밀도(magnetic flux density) B 가 가장 크게 얻어진다. 전자기렌즈의 자속 밀도 B 는 (식 10-1)을 따른다.

401

$$B = \frac{\mu_0 \cdot N \cdot i}{d_{\mathrm{pp}}}$$
(식 10-1)

여기서 μ_0 는 철심재료의 투자율(permeability)이며, 철심이 주어진 자기장에 대하여 얼마나 잘 자화하는지를 나타내는 값이다. N 은 코일이 감긴 수이며, i 는 코일에 흐르는 전류이다. 또한 d_{pp} 는 pole piece의 간격이다. 따라서 전자기렌즈에서 높은 B 를 얻기 위해 pole piece의 구멍을 작게 제작하는 것이다. 이미 제작되어 전자현미경에 장착된 전자기렌즈에서 μ_0, N, d_{pp} 는 일정하다. 따라서 전류 i 를 변화시켜 렌즈의 세기 B 를 변화시킨다. 전류 i 가 많이 흐르면 코일에서 열이 많이 발생하므로, 전자현미경의 전자기렌즈는 항상 물에 의하여 냉각된다.

안경 렌즈로 사용하는 유리 렌즈와 같이 전자현미경에서 사용하는 전자기렌즈에도 다양한 렌즈 결함이 존재한다. 대표적인 렌즈 결함이 구면수차(spherical aberration), 색수차(chromatic aberration), 비점수차(astigmatism), 회절수차(diffraction aberration)이다.

그림 10-7은 시편의 한 점 O 에서 출발한 전자 빔이 볼록렌즈인 전자기렌즈에 입사되어 렌즈에서 굴절하는 것을 보여 준다. 볼록렌즈의 특성상 렌즈의 중심부에서 먼 곳으로 들어간 전자 빔은 렌즈의 중심에서 가까운 곳으로 들어간 전자 빔에 비하여 먼저 굴절하여 P' 점에 초점이 맺히게 된다. 그러나 렌즈의 중심에서 가까운 곳으로 들어간 전자 빔은 P' 점보다 먼 P 점에 초점을 맺는다. 이와 같이 볼록렌즈의 구면 효과로 초점 맺는 거리가 달라져 처음에는 한 점 O 로부터 출발한 전자 빔이 이미지 면에 하나의 disc를 만드는 것을 렌즈의 결함 구면수차라 한다. 구면수차로 형성되는 disc의 크기 d_{s} 는

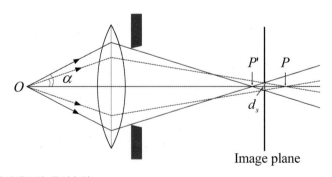

그림 10-7. 전자기렌즈의 구면수차.

(식 10−2)로 표현될 수 있다.

$$d_s = C_s \cdot \alpha^3 \cdot M \qquad \text{(식 10-2)}$$

여기서 C_s는 구면수차계수(coefficient of spherical aberration), α는 조리개 각도 (aperture angle), M은 배율이다. 작은 조리개를 사용하면 α 각이 작아지므로 구면수차를 급격히 줄일 수 있다. 그러나 작은 조리개를 사용하면 전자 빔의 개수가 그만큼 줄어들기 때문에 시료로부터 얻는 정보를 많이 잃어버린다. 따라서 적정한 크기의 조리개를 선택하는 것은 중요하다.

유리렌즈의 구면수차는 렌즈의 곡면을 잘 조절하면 감소시킬 수 있다. 전자기렌즈의 구면수차도 렌즈를 정교히 제작하면 감소시킬 수 있는 것이다. 구면수차의 품질은 C_s 값이 결정하는데, 낮은 C_s 값을 가진 전자현미경이 품질이 우수한 전자현미경인 것이다. 최근에 개발된 C_s corrected TEM은 그림 10−3과 같이 분해능이 매우 높은 이미지를 제공한다.

TEM의 가속전압 E_{Acc}이 200 keV일 때 전자총에서 방출되는 전자 빔의 파장 λ은 0.00275 nm로 일정하다. 그러나 1차 전압의 변동 등에 의하여 가속전압의 변동이 존재하면 전자 빔들은 다양한 에너지를 가지게 되어 다양한 파장을 가지게 된다. $\lambda_1 > \lambda_2$ 이며, 전자총으로부터 가장 긴 λ_1과 가장 짧은 λ_2의 전자 빔이 발생한다고 가정하자. 같은 자속 밀도 B를 가지는 전자기렌즈에서 전자 빔의 초점 거리 f_{dis}는 파장 λ이 짧을수록 길어진다. 따라서 λ_1과 λ_2의 전자 빔의 초점 거리 f_{dis}^1와 f_{dis}^2는 그림 10−8에서 보듯이 $f_{dis}^1 < f_{dis}^2$가 얻어진다.

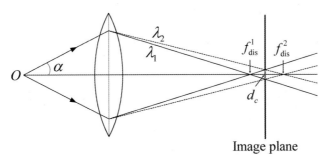

그림 10−8. 전자기렌즈의 색수차.

1990년대부터 전자기술의 진보로 TEM의 가속전압 E_{Acc}이 200 keV일 때 전압변화를 ±1 eV 이하로 제어할 수 있어 TEM에서 이미지와 전자회절상을 얻는데 파장 λ 의 변동에 의한 문제점은 크지 않았다. 또한 최근에는 monochromator를 사용하는 TEM이 개발되어 단파장 λ 의 전자 빔을 사용하여 획기적으로 분해능을 높인 TEM도 상용화되었다.

전자 빔은 전자총의 날카로운 모서리 끝 한 점에서 발생한다. 한 점을 확대하면 동그란 구가 얻어지므로 평면적으로는 하나의 원이 얻어진다. 전자총의 한 점에서 발생한 전자들은 투과전자현미경의 렌즈들을 지나가면서 확대되며, 전자들은 투과전자현미경의 맨 밑의 형광판에 하나의 둥근 원 안에 골고루 떨어져서 형광판에 원 이미지가 만들어진다. 그런데 대부분의 TEM에서는 전자기렌즈에 존재하는 다양한 결함이나 TEM에서 전자 빔 통로의 오염 등에 의하여 형광판에 얻어지는 전자 빔의 이미지가 구형으로부터 벗어나 타원형태를 가질 수 있다. 이 현상을 비점수차(astigmatism)라 한다. 비점수차는 전자현미경에 부착된 stigmator 장치로 전자기렌즈의 자장을 제어하여 비점수차의 방향과 크기를 수정하면 비점수차가 없는 이미지를 얻을 수 있다.

그림 10-9의 위쪽 그림에는 전자기렌즈에 존재하는 미세한 결함이나 TEM column의 오염 등에 의해 전자 빔이 원에서 타원형태로 TEM의 형광판에 형성되는 것을 보여 준다. 전자 빔의 이미지를 over-focus, under-focus하면서 확대하거나 축소하면 타원형의 장축이 90°의 각도를 가지고 변한다. Stigmator를 이용하여 비점수차를 제거하면 그림

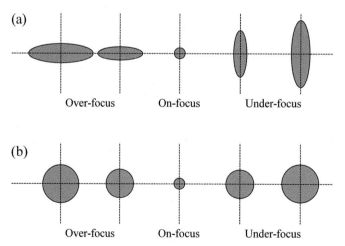

그림 10-9. 전자기렌즈의 비점수차. (a) 비점수차가 존재할 때 전자 빔, (b) 비점수차가 제거 후 전자 빔.

10-9 아래쪽 그림과 같이 over-focus, under-focus하여도 항상 일정한 구형의 전자 빔 이미지가 얻어진다.

그림 10-10은 시편의 한 점 O에서 출발한 전자 빔이 전자기렌즈에서 굴절하여 한 점의 이미지가 만들어지는 것을 보여 준다. 일정한 파장 λ를 가지는 전자 빔은 파동이기 때문에 파동의 회절, 즉 보강간섭과 상쇄간섭에 의하여 이미지가 형성된다. 한 점의 이미지 형성은 이곳에 도달하는 전자들의 분포에 의하여 얻어지는데, 전자들의 분포는 그림 10-10과 같이 Gauss 분포를 가진다. 가장 큰 Gauss 분포가 얻어지는 범위인 disc 의 크기 d_d는 Gauss 분포를 만드는 전자 빔의 개수에 의존한다. 많은 수의 전자 빔은 작은 d_d를 만들며, 반대로 전자 빔의 수가 적을 때는 커다란 Gauss 분포가 얻어져 큰 d_d가 만들어진다. 작은 조리개각 α을 사용하면 진행하는 전자 빔의 통로를 작게 만들기 때문에, 이미지 형성에 참여하는 전자 빔의 개수가 감소하여 (식 10-3)과 같이 d_d가 직선적으로 커진다.

$$d_{\mathrm{d}} = \frac{0.61\lambda}{\alpha}$$

(식 10-3)

TEM에서 전자 빔 파동의 회절에 의하여 만들어지는 disc의 크기 d_d를 회절수차 (diffraction aberration)라 한다. 회절수차 d_d는 조리개각 α가 클수록 그리고 전자 빔의 파장 λ이 짧을수록 감소하는 것이다.

TEM 렌즈에서 구면수차 d_s는 조리개각 α의 3제곱에 비례하고, 회절수차 d_d는 α에 반비례한다. 따라서 2개의 중요한 렌즈 결함에 의하여 α의 함수로 이미지 결함의 크기 $d(\alpha) = d_s + d_d$가 얻어진다. $d(\alpha)$를 α로 미분하여 최소의 $d(\alpha)$이 얻어지는

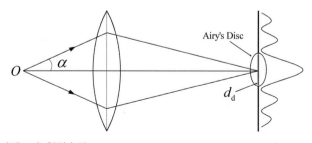

그림 10-10. 전자기렌즈의 회절수차.

405

최적의 α 값인 α_{opt} 는 (식 10-4)로부터 얻어진다. 또한 α_{opt} 를 $d(\alpha)$ 에 대입하면 최소 $d(\alpha)$ 값인 d_{min} 을 (식 10-5)와 같이 얻을 수 있다.

$$\alpha_{opt} = \left(\frac{0.61\lambda}{3C_s} \right)^{1/4} \qquad \text{(식 10-4)}$$

$$d_{min} = 1.21 C_s^{1/4} \lambda^{3/4} \qquad \text{(식 10-5)}$$

TEM에서 d_{min} 를 분해능(resolution)이라 한다. 분해능이 작은 길이를 가질수록 더 작은 이미지를 관찰할 수 있는 것이다. (식 10-5)에서 TEM의 분해능 d_{min} 은 전자 빔의 파장 λ 이 짧을수록, 구면수차계수 C_s 가 작을수록 향상되는 것이다. 앞에서 언급하였듯이 최근에는 C_s corrected TEM이 개발되어 0.08 nm의 분해능을 가지는 ultra-high resolution TEM의 이미지 관찰이 가능해졌다.

■■■ 10.3 회절상과 이미지 형성

그림 10-11은 TEM의 objective(대물) 렌즈 앞에 전자가 투과 가능한 결정질 물체가 놓여있고, 이 물체에 평행한 전자 빔이 입사하는 것을 보여 준다. 그림 10-11(a)는 산란각 $\alpha = 0°$인 직진 방향으로 시료를 투과한 전자 빔들은 렌즈에서 굴절되어 회절면(diffraction plane)에 하나의 점으로 모이는 것을 보여 준다. 여기서 주목할 것은 시편의 모든 곳에서 $\alpha = 0°$인 방향으로 투과한 전자 빔들은 회절면 위에 단 한 점을 만든다는 것이다. 회절면 위에 투과 전자 빔으로 만들어진 점을 000 투과점(transmission point)이라 한다. 이와 같이 실제 공간 $f(x, y)$ 의 물체면(object plane)에 존재하는 물체가 역격자 공간 $F(u, v)$ 의 회절면 위에 한 점이 되는 것을 1차 Fourier 변환을 하였다고 한다. 이 점을 만드는 투과한 전자 빔들은 다시 2차 Fourier 변환을 하면 실제 공간 $\Psi(x, y)$ 에 놓여있는 이미지면 (image plane)에 확대된 투과이미지(transmission image)를 만든다. 투과이미지는 단지 투과된 전자 빔들만으로 만들어지는 이미지이다.

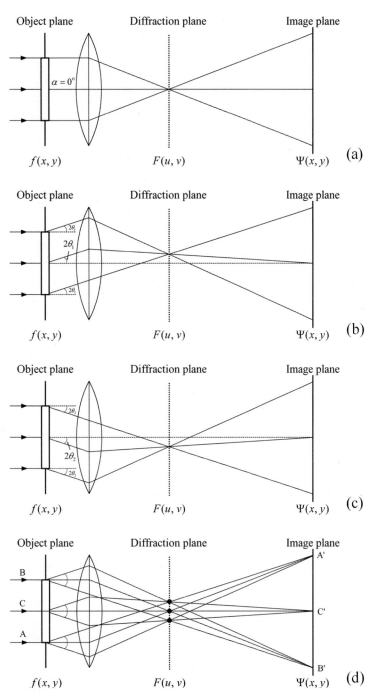

그림 10-11. 산란각 (a) $\alpha = 0°$, (b) $\alpha = 2\theta_1$, (c) $\alpha = 2\theta_2$, (d) 다양한 산란각에서 형성되는 전자 빔 회절상과 이미지.

$f(x,y)$의 물체면에 놓인 결정질 시료에 전자 빔이 입사될 때, 산란각 α가 시료의 $\{h_1k_1l_1\}$ 결정면의 회절각 $2\theta_1$이면 $2\theta_1$ 방향으로 그림 10-11(b)와 같이 Bragg 회절이 일어난다. 이때 Bragg 보강간섭을 일으키는 전자 빔들은 $F(u,v)$의 회절면 위에 하나의 $h_1k_1l_1$ 회절점(diffraction point)을 만든다. 이 회절점은 차후 실제 공간의 이미지면 위에 확대된 회절이미지(diffraction image)를 형성한다. 그림 10-11(c)와 같이 $\{h_2k_2l_2\}$ 결정면은 회절각 $2\theta_2$ 방향으로 회절면 위에 $h_2k_2l_2$ 회절점을 만들며, 이 회절점도 이미지면 위에 확대된 회절이미지를 형성하는 것이다.

그림 10-11(d)는 위의 그림 3개를 합쳐서 그린 것을 보여 준다. 회절면 위에는 1개의 투과점과 2개의 회절점이 보여진다. 이 회절면은 objective 렌즈의 후방초점면(back focal plane)에 해당하는데, 회절면 위에 나타나는 하나의 투과점과 여러 개의 회절점들을 전자 회절상(electron diffraction pattern)이라 한다. 다음에 TEM에서 얻어지는 전자회절상에 대하여 자세히 설명할 것이다.

■■■ 10.4 TEM에서 전자 빔의 진행 경로

대부분의 TEM에서는 전자 빔이 투과 가능한 결정질 시료로부터 이미지와 전자회절상을 얻어서 시료의 미세조직과 결정을 분석한다. 최신의 TEM에서 제공하는 CBED(Convergent Beam Electron Diffraction) 기법에서는 하나의 특정한 각도로 모은(convergent) 전자 빔으로 회절상을 얻는다. CBED 회절상은 다양한 결정질 분석의 정보를 제공한다. 그러나 일반적인 TEM 분석에서는 시료에 입사되는 전자 빔이 시료의 수직한 방향에서 입사되는 것을 가정하여 이미지의 형성 및 회절상 분석을 한다.

그림 10-12는 TEM에서 이미지와 전자회절상을 얻을 때 전자 빔의 경로가 어떻게 변화하는지를 보여 준다. 그림 10-12에서 보여지는 전자 빔의 입사각 α는 거의 10° 이상으로 과장되어 그려져 있지만, 실제 TEM에서 입사각 α는 1.0° 이하로 매우 작은 각이다. 따라서 TEM에서는 거의 평행한 전자 빔이 TEM 시료의 위쪽 방향에서 시료에 입사되는 것이다. 그림 10-12의 좌측과 우측은 각각 전자 빔 회절상과 이미지를 얻을 때 전

자 빔이 어떠한 경로로 이미지와 전자 빔 회절상을 형성하는지 보여 준다.

그림 10-12의 좌측 그림에서 보듯이 condenser 렌즈를 통과하여 시료에 수직으로 입사된 전자 빔은 얇은 결정질 시료를 투과하여 직진하거나, 몇 개의 회절방향 2θ 으로 보강간섭하여 objective 렌즈의 후방초점면(back focal plane)에 최초의 전자회절상을 만든다. 전자회절상은 objective 렌즈 밑에 있는 intermediate 렌즈에서 확대되어 intermediate screen에 첫 번째 확대된 전자회절상을 만든다. Intermediate 렌즈에서 확대된 전자회절

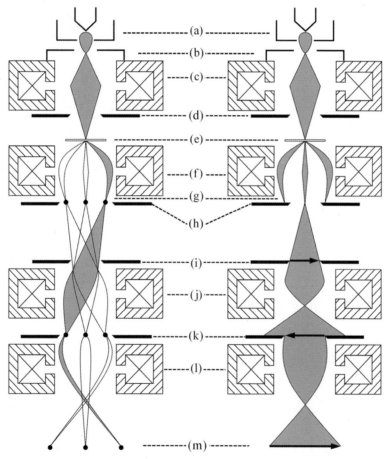

그림 10-12. TEM에서 전자회절상(좌측)과 이미지(우측)를 얻을 때 전자 빔의 경로.
(a) Wehnelt cylinder, (b) anode, (c) condenser lens, (d) condenser lens aperture, (e) specimen, (f) objective lens, (g) Diffracted beam, (h) objective back focal plane also plane of the diffraction pattern and objective lens aperture, (i) single stage magnified image plane and plane of selected are aperture, (j) intermediate lens, (k) intermediate aperture plane, (l) projection lens, (m) screen or photographic plane.

상은 projection 렌즈를 지나가면서 다시 한 번 확대되어 TEM의 맨 아래에 있는 형광 screen에 최종 확대된 전자회절상을 만드는 것이다.

그림 10-12의 우측 그림에서 objective 렌즈 후방초점면에 형성되는 전자회절상의 중앙에 투과 전자 빔이 만드는 투과점이 있다. 이 투과점은 시료의 모든 곳에서 투과한 전자 빔들이 모여 한 점을 만든 것이다. 이 투과점은 TEM의 field limiting selector 조리개가 존재하는 평면에서 첫 번째 확대된 TEM 이미지를 만든다. TEM 이미지는 단지 시편을 투과한 전자 빔의 정보로만 만들어진 것이다. 첫 번째 확대된 투과 이미지는 intermediate 렌즈에서 확대되어 intermediate screen에 두 번째 확대된 투과 이미지를 만들고, projection 렌즈에서 다시 한 번 확대되어 형광 screen에서 최종 확대된 이미지를 만드는 것이다.

TEM의 형광 screen에서는 이미지와 전자 빔 회절상을 관찰할 수 있다. 또한 전에는 screen 밑에 흑백 필름을 이용하여 이것을 기록하였다. 필름으로 기록된 자료는 현상 및 인화 등 암실에서의 힘든 작업을 필요로 하였다. 최근에는 디지털카메라의 해상력이 획기적으로 진보하여 대부분의 상용 TEM에서는 이미지 관찰과 기록에 디지털카메라가 사용되고 있다. 종래의 TEM 필름에 비교하여 진보된 TEM 디지털카메라는 보다 정확한 정보를 제공한다. 또한 디지털카메라의 정보는 화학약품의 사용이 필요없는 친환경 정보인 것이다.

■■ 10.5 비정질 재료에서 TEM 이미지 형성

광학현미경(OM)에서 관찰한 이미지에서는 시료의 한 위치에서 얼마나 많은 가시광선을 흡수하고, 반사하는가에 의하여 이미지의 콘트라스트가 얻어진다. TEM에서는 TEM 시료에 입사된 전자 빔이 시료 내에서 산란을 일으키는 정도와 회절을 일으키는 정도에 의하여 이미지의 콘트라스트가 얻어지는 것이다.

두께가 일정한 비정질 재료에서는 시료에서 얼마나 많은 산란이 일어나는가에 의하여 콘트라스트가 결정된다. 그림 10-13(a)는 TEM 시료 내에 존재하는 한 원자에 파장 λ_1을 가지는 전자 빔이 입사되어 다양한 산란각 β을 가지고 산란하는 것을 보여 준다.

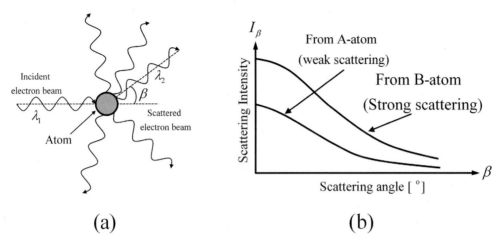

그림 10−13. 비정질에서 전자 빔의 산란. (a) 한 원자로부터 전자 빔의 산란, (b) 전자의 산란강도 I_β 변화의 산란각 β과 원자번호 Z의 의존성.

산란 후 전자 빔의 파장이 λ_2이다. TEM에서 대부분의 전자 빔은 시료와 산란 후 λ_1 = λ_2로 파장이 변하지 않는 탄성산란을 한다.

그림 10−13(b)와 같이 전자 빔의 탄성산란 시 산란강도 I_β는 산란각 β = 0°일 때 가장 크고, β 각이 증가함에 따라 점차 감소한다. 또한 그림 10−13(b)에서는 원자번호 Z가 작고 가벼운 원소 A와 원자번호 Z가 큰 무거운 원소 B의 산란강도 I_β가 보여진다. 가벼운 원소에 비하여 무거운 원소인 B에서 산란이 많이 일어나서 산란강도 I_β가 훨씬 큰 것을 보여 주고 있다.

그림 10−14는 가벼운 원소 A와 무거운 원소 B가 존재하는 TEM 시료에 평행한 전자 빔이 I_0의 강도를 가지고 위로부터 입사되는 것을 보여 준다. 가벼운 원소 A에 입사된 전자 빔은 A에서 거의 산란하지 않고(작은 I_β를 가지기 때문에), 대부분의 시료를 직접 투과하여 objective 렌즈로 진행한다. 그러나 큰 산란강도 I_β를 가지는 무거운 원소 B에 입사된 전자 빔은 많은 산란을 하기 때문에 시료를 투과하여 objective 렌즈로 진행하는 전자의 수가 적다. TEM 시편의 모든 구역을 투과한 전자 빔은 objective 렌즈 조리개가 존재하는 objective 렌즈 후방초점면에 초점을 맺는다. 그러나 TEM 시편에서 산란된 전자들은 이 초점에서 벗어난 곳으로 진행한다. Objective 렌즈 조리개는 단지 투과된 전자 빔의 초점만을 통과시키고, 다른 방향으로 산란된 전자들은 통과시키지 않는

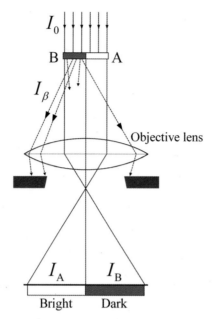

그림 10−14. TEM 이미지 콘트라스트의 원자번호 Z의 의존성.

다. 따라서 단지 투과된 전자 빔의 초점만을 가지고 밑에 있는 형광판에 이미지를 만들면 확대된 A구역 이미지에 도달하는 전자의 수가 많고, 확대된 B구역 이미지에 도달하는 전자의 수가 적을 것이다.

형광판에 전자가 입사되면 형광판에서는 가시광선이 발생한다. 따라서 형광판에 도달하는 전자수가 확대된 많은 A구역은 밝게 관찰될 것이다. 그리고 형광판에 도달하는 전자수가 적은 확대된 B구역은 어둡게 관찰될 것이다. 형광판 스크린의 A구역에 도달하는 전자 빔의 강도 I_A와 B구역에 도달하는 전자 빔의 강도 I_B에 의하여 TEM 이미지의 콘트라스트가 결정된다. 만약 형광판의 모든 곳에서 같은 숫자의 전자가 도달한다면 이미지에서 콘트라스트를 얻을 수 없는 것이다. 이것은 하얀 종이에는 어떤 이미지도 존재하지 않는 것과 같다. 확대된 TEM 이미지에서 콘트라스트는 I_A와 I_B의 차이에 의하여 얻어지는 것이다.

■■ 10.6 결정질 재료에서 TEM 이미지 형성

앞에서 설명하였듯이 두께가 일정한 비정질 재료의 TEM 시료에서는 시료의 위치에 따라, 전자 빔이 탄성산란하는 정도에 의하여 이미지 콘트라스트가 결정되었다. 결정질 재료에서는 몇 개의 Bragg 회절방향으로 전자 빔의 보강간섭이 일어나기 때문에 비정질 재료에서 얻어지는 이미지 콘트라스트와 함께 회절에 의한 콘트라스트가 TEM 관찰할 때 얻어지는 것이다.

그림 10−15는 한 결정질 TEM 시료의 좌측에 결정면 간격 d_{hkl} 을 가지는 (hkl) 결정면이 존재하고, 이 결정면에 파장 λ 를 가지는 전자 빔이 입사될 때 $2d_{hkl} \sin\theta = \lambda$ 조건이 만족되어 입사전자 빔과 2θ 의 방향으로 회절이 일어나는 것을 보여 준다. (hkl) 결정면에서 회절이 일어나면 대부분의 전자 빔은 회절방향으로 진행하고, 소수의 전자 빔만이 점선을 따라 직진한다. 이에 반하여 (hkl) 결정면이 회절조건에 있지 않은 TEM 시료의 우측에서는 거의 대부분의 입사전자 빔이 시료를 투과하여 직진하게 된다. TEM 시료의 모든 곳에서 투과하여 직진한 전자 빔들은 objective 렌즈에 의하여 굴절되어 objective 렌즈 조리개가 존재하는 objective 렌즈 후방초점면의 중앙에 초점인 투과점 (transmission point) 000 을 만든 후에, objective 렌즈 조리개를 통과하여 진행하게 된다. 그러나 (hkl) 결정면에서 회절을 일으킨 전자 빔은 2θ 의 회절방향으로 진행하며, objective

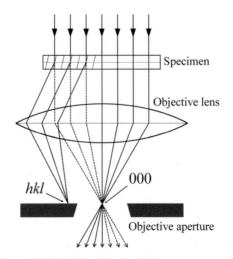

Specimen

Objective lens

hkl 000

Objective aperture

그림 10−15. Objective 렌즈 조리개의 회절 전자 빔 차단.

렌즈에 의하여 굴절되어 objective 렌즈 후방초점면의 중앙으로부터 벗어난 한 곳의 초점인, 즉 회절점(diffraction point) *hkl* 을 만든다. 따라서 회절을 일으킨 전자 빔들은 objective 렌즈 조리개에 막혀서 더 이상 objective 렌즈 조리개의 아래로 진행할 수 없는 것이다.

그림 10-16은 결정질 TEM 시료의 일부분에 존재하는 동그란 결정립의 (*hkl*) 결정면에서 회절이 일어나는 것을 보여 준다. 회절을 일으킨 전자 빔들은 objective 렌즈 후방초점면의 중앙으로부터 벗어난 곳에 회절점 *hkl* 을 만들어 object 렌즈 조리개에 의하여 진행이 차단당하는 것을 보여 준다. TEM 시료의 모든 곳에서 투과하여 직진한 전자 빔들은 objective 렌즈 후방초점면의 중앙에 투과점 000 을 만든 후에 objective 렌즈 조리개를 통과 후 진행하여 이미지면에 투과된 전자 빔의 이미지를 만들게 되는 것이다. (*hkl*) 결정면에서 회절을 일으킨 동그란 결정립에서는 시료를 투과한 전자 빔의 개수가 적기 때문에 투과된 전자 빔의 확대된 이미지에서는 어둡게 관찰되는 것이다. 이와 같이 결정질 시료에서는 회절의 정도에 따라서 이미지의 콘트라스트가 얻어질 수 있는데, 이것을 회절 콘트라스트(diffraction contrast)라 한다.

그림 10-17은 한 결정질 TEM 시료에서 얻은 전자회절상(electron diffraction pattern)을

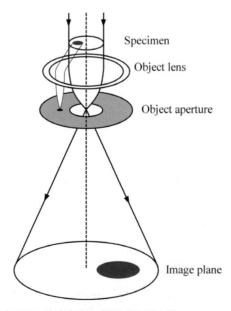

그림 10-16. 결정립 재료의 TEM 이미지에서 회절 콘트라스트.

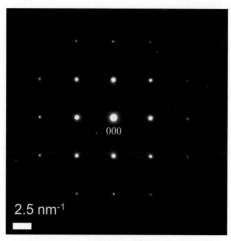

그림 10 – 17. 하나의 투과점 000과 여러 개의 회절점 hkl 들로 구성되는 결정질 시료의 전자회절상.

보여 준다. TEM에서 전자회절상은 objective 렌즈 후방초점면에 최초로 형성되며, intermediate 렌즈, projection 렌즈를 거치면서 맨아래에 있는 형광 screen에 그림 10 – 17과 같은 확대된 전자회절상이 얻어지는 것이다. 전자회절상의 중심에는 투과점 000이 존재한다. 000는 전자 빔이 입사되는 TEM 시료의 모든 곳에서 전자 빔의 입사방향이 바뀌지 않고, 직진한 투과전자 빔으로 만들어지는 것이다. 전자회절상에는 000를 중심으로 여러 개의 회절점 hkl 들이 규칙적으로 배열되어 놓여있다. 각각의 회절점 hkl 은 TEM 시료에 존재하는 수만 개 이상의 평행하게 놓여있는 같은 (hkl) 결정면이 만드는 것으로, 같은 (hkl) 결정면이 입사전자 빔에 $2d_{hkl} \sin\theta = \lambda$ 조건을 만족시키게 놓여있기 때문에 회절점 hkl 이 얻어지는 것이다.

그림 10 – 18에서는 objective 렌즈 조리개면에 전자회절상이 형성되는 것을 다시 한 번 보여 주고 있다. TEM 렌즈의 중앙을 따라 놓여있는 광학축(optic axis)에 평행하게 시료에 입사되어 시료를 투과하여 직진하는 전자 빔들은 objective 렌즈에 의하여 굴절되어 전자회절상 중앙에 투과점 000을 형성한다. 또한 시료에 존재하는 결정면에서 회절이 일어나면 입사방향과 2θ 를 가지는 방향으로 전자 빔들이 진행한다. 전자 빔들은 objective 렌즈에 의해 굴절되어 objective 렌즈의 조리개면에 하나의 회절점 hkl 을 만드는 것이다. 이렇게 objective 렌즈 조리개 면에는 1개의 투과점 000과 함께 여러 개의 회절점 hkl 들이 규칙적으로 배열되어 놓여있는 전자회절상이 형성되는 것이다.

그림 10–18(a)의 모델링한 전자회절상에는 투과점 000와 함께 200, $\overline{2}$00, 020, 0$\overline{2}$0, 220, $\overline{2}$$\overline{2}$0, 2$\overline{2}$0, $\overline{2}$20 8개의 회절점이 규칙적으로 배열되어 놓여있다. 그림 10–18(a)의 TEM에서 objective 렌즈 조리개로 투과점 000만을 통과시켜 이미지를 만들 수 있다. 즉, 이 이미지는 TEM 시료의 위치에 따라 전자 빔이 투과하는 정도로 시료의 확대된 이미지를 제공하는 것이다. 이렇게 투과점 000만으로 만드는 TEM 이미지를 BF 이미지(bright field image)라 한다. 그림 10–18(a)는 BF 이미지를 얻을 때 objective

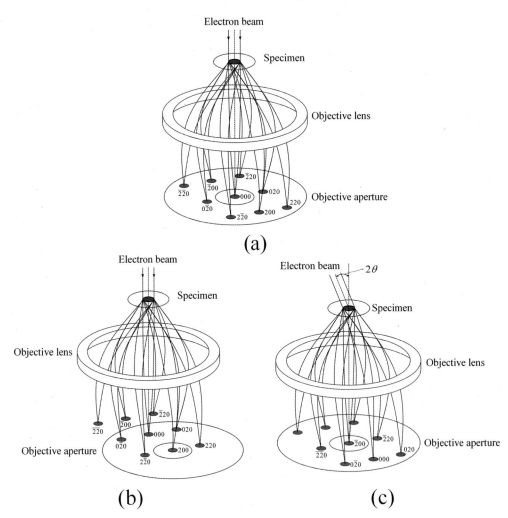

그림 10–18. BF 이미지와 DF 이미지의 형성. (a) BF 이미지의 형성, (b) Objective 렌즈 조리개 이동으로 얻어지는 DF 이미지, (c) 전자총의 tilting으로 얻어지는 DF 이미지.

렌즈 조리개의 위치를 보여 준다.

TEM에서 objective 렌즈 조리개로 그림 10-18(b)와 같이 단지 하나의 회절점 *hkl* 만 objective 렌즈 조리개를 통과시켜서 (*hkl*) 결정면의 회절 정도로 이미지를 얻을 수 있다. 이렇게 하나의 회절점 *hkl* 을 objective 렌즈 조리개로 통과시켜 만드는 TEM 이미지를 DF 이미지(dark field image)라 한다. 그림 10-18(b)에서는 회절점 200의 DF 이미지를 얻을 때 objective 렌즈 조리개의 위치를 보여 준다. objective 렌즈 조리개의 위치는 TEM의 중앙인 광학축으로부터 벗어난 위치인 것이다.

Objective 렌즈 조리개의 위치를 TEM의 중앙인 광학축에 일치하게 하면서 회절점 200의 DF 이미지를 얻는 방법을 그림 10-18(c)에 나타내었다. 여기에서 TEM의 전자총을 회절점 200의 회절각 2θ 만큼 tilting시켜서 전자 빔의 입사방향이 수직으로부터 반시계방향으로 2θ 만큼 기울게 한다. 이 결과 투과점 000은 우측으로 이동하고, (200) 결정면의 반대 결정면인 ($\bar{2}$00) 결정면이 회절조건에 놓이게 되며, 회절점 $\bar{2}$00이 TEM의 중앙인 광학축에 놓이게 된다. (200)과 ($\bar{2}$00)은 완전히 동등하므로, 회절점 200과 회절점 $\bar{2}$00으로 얻는 DF 이미지는 같다. TEM에서는 objective 렌즈 조리개의 위치를 TEM의 중앙인 광학축에 일치해야 이미지의 왜곡을 최소화할 수 있다. 따라서 DF 이미지를 얻을 때에는 대부분 그림 10-18(c)의 방법을 사용한다.

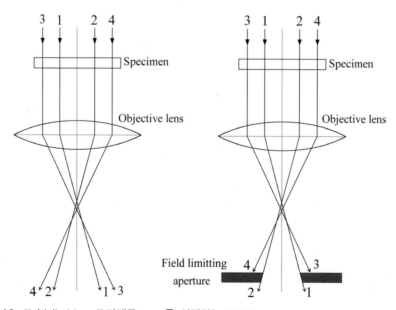

그림 10-19. Field limiting 조리개로 area를 선택하는 SADP.

■■■ 10.7 TEM 전자회절상의 형성

그림 10-12는 TEM에서 이미지와 전자회절상을 얻을 때 전자총에서 발생한 전자 빔이 어떠한 경로로 이동하는지를 보여 주었다. TEM에서 objective 렌즈의 후방초점면에서 최초의 전자회절상이 형성되며, field limiting 조리개가 존재하는 평면에서 첫 번째 확대된 TEM 이미지가 형성된다. 따라서 TEM에서는 첫 번째 확대된 이미지가 형성되는 평면에 field limiting 조리개를 집어넣어 원하는 구역을 선택하여 전자회절상을 얻는다. 이렇게 원하는 구역을 선택하여 만들어지는 전자회절상을 SADP(selected area diffraction pattern)라 한다.

그림 10-19는 field limiting 조리개가 존재하지 않으면 시편을 투과한 전자 빔 1, 2, 3, 4 의 모든 정보가 사용되는 것을 보여 준다. 그러나 field limiting 조리개로 시편에서 정보를 얻는 구역을 선택하면 전자 빔 1, 2만이 선택되고, 전자 빔 3, 4 는 차단되는 것을 보여 주고 있다. 일반적인 TEM에서는 다양한 크기의 field limiting 조리개를 사용하는데, 대부분 TEM 이미지에서 field limiting 조리개를 이용하여 직경 $D_{SA} = 1.0 \, \mu m$ 정도의 면적을 선택한다. 즉, 전자회절상 SADP를 얻기 전에 측정하고 싶은 곳을 TEM 이미지에서 field limiting 조리개로 먼저 선택하고, 이곳으로부터 SADP를 얻는 것이다.

대부분의 다결정 결정질 시료에 존재하는 결정립의 크기는 수십 μm 정도이다. 이런 시료에서 직경 $D_{SA} = 1.0 \, \mu m$의 면적을 선택하면 거의 대부분 한 결정립의 내부가 선택된다. 하나의 결정립은 하나의 방위를 가지기 때문에 직경 D_{SA} 면적에서는 단결정(single crystal)의 회절상이 얻어진다.

그림 10-20은 하나의 face centered cubic 격자에 속하는 결정으로부터 얻어지는 전자회절상 SADP 예를 보여 준다. SADP는 입사전자 빔의 방향(BD, beam direction)이 단결정 TEM 시편의 [001] 방향과 평행할 때 얻어지는 전자회절상 SADP이다. 그림 10-20의 SADP를 $BD = [001]$인 SADP라 한다. [001] SADP에는 투과점 000과 함께 BD에 수직한 결정면 (hkl)들인 회절점 200, $\bar{2}00$, 020, $0\bar{2}0$, 220, $2\bar{2}0$ 등이 얻어진다. 이 회절점을 만드는 (hkl) 결정면은 모두 $BD = [001]$에 수직인 결정면들이다. 이와 같이 $BD = [uvw]$인 SADP에 나오는 회절점들은 모두 BD에 수직한 결정면 (hkl)의 회절점 hkl 이다.

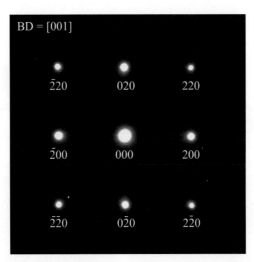

BD = [001]

$\bar{2}20$ 020   220

$\bar{2}00$ 000   200

$\bar{2}\bar{2}0$ $0\bar{2}0$ $2\bar{2}0$

그림 10-20. Fcc 격자의 SADP(BD = [001]).

그림 10-21(a)는 field limiting 조리개의 선택면적 직경 D_{SA} 에 2개의 결정립이 놓여지는 것을 보여 준다. 이렇게 결정립 2개로부터 SADP를 얻으면 전자회절상에 2개의 결정립으로부터 SADP가 얻어진다. 그림 10-21(b)는 body centered cubic 격자에 속하는 결정으로부터 얻어지는 2개의 BD가 만드는 SADP를 보여 준다. 그림 10-21(c)에서는 BD = [001] 인 SADP와 BD = [011] 인 SADP를 구분하여 indexing하는 방법을 보여 주고 있다.

그림 10-22(a)는 결정립의 크기가 수 nm 정도로 무척 작아서 field limiting 조리개의 선택면적 직경 D_{SA} 에 아주 많은 수의 결정립이 놓이는 것을 보여 준다. 만약 1,000개의 결정립이 직경 D_{SA} 에 존재한다면 1,000개의 BD가 만드는 SADP가 겹쳐져서 나오게 된다. 이 경우에는 여러 개의 회절링(diffraction ring)이 존재하는 SADP가 얻어진다. 그림 10-22(b)는 body centered cubic 격자에 속하는 결정으로부터 얻어지는 회절링들을 가진 SADP이다. 여기서 가장 작은 첫 번째 회절링은 {110} 가족 결정면의 회절점 110, $\bar{1}10$, $1\bar{1}0$, $\bar{1}\bar{1}0$, 101, $\bar{1}01$, $10\bar{1}$, $\bar{1}0\bar{1}$ 등이 여러 번 중첩되어 만들어진다. 두 번째 회절링은 {200} 가족 결정면의 회절점 200, $\bar{2}00$, 020, $0\bar{2}0$, 002, $00\bar{2}$ 가 중첩되어 만들어진다. 또한 {211} 가족 결정면의 회절점 112, $\bar{1}12$, $1\bar{1}2$, $\bar{1}\bar{1}2$, 121, $\bar{1}21$, $\bar{1}2\bar{1}$, 211, $2\bar{1}\bar{1}$ 등이 중첩되어 세 번째 회절링이 만들어진다.

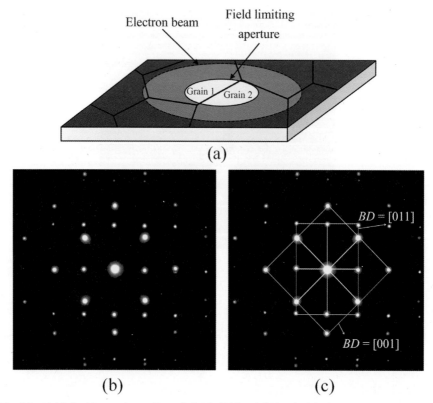

그림 10-21. Field limiting selector로 2개의 결정립을 선택한 예. (a) field limiting aperture의 위치, (b) 이때 얻어진 SADP, (c) 2개의 BD로 해석 결과.

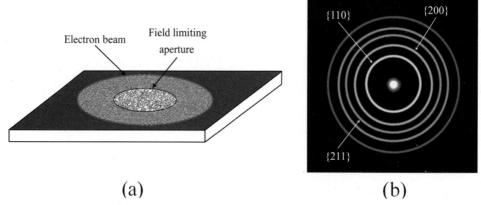

그림 10-22. 매우 작은 결정립들로부터 얻어지는 SADP. (a) 수천 개의 결정립이 field limiting 조리개 안에 선택된 상태, (b) bcc 결정에서 만들어지는 회절링.

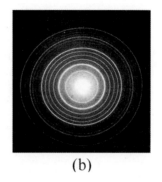

(a)　　　　　　　　(b)

그림 10 – 23. 나노 분말의 (a) 이미지, (b) SADP.

그림 10 – 23(a)는 분말의 크기가 수십 nm 이하로 매우 작은 나노 분말의 이미지를 보여 준다. 그림 10 – 23(b)는 선택면적 직경 D_{SA} 이 약 5.0 μm인 비교적 넓은 field limiting 조리개를 이용하여 나노 분말의 전자회절상 SADP를 측정한 결과이다. Field limiting 조리개로 선택된 나노 분말이 수천 개 정도이므로 SADP에는 수천 개의 **BD**가 만드는 전자회절상이 겹쳐져서 나오게 된다. 따라서 SADP에는 회절링들이 형성되어 있는 것을 볼 수 있다.

■■ 10.8 SADP의 회절점과 역격자의 역격자점

앞에서 설명하였듯이 TEM의 전자회절상 SADP는 입사전자 빔의 방향 **BD**에 의하여 결정된다. **BD** = [uvw]의 SADP에 나오는 회절점들은 모두 **BD**에 수직한 결정면 (hkl)의 회절점 hkl 이다. 또한 **BD** = [uvw]인 SADP에 나오는 결정면 (hkl)들은 [uvw]에 거의 평행한 결정면들이다. 예를 들어, TEM 시료가 Cu라면 Cu의 (111) 결정면의 간격은 d_{111} = 0.2 nm이고, 가속전압 E_{Acc} = 200 keV인 TEM 전자 빔의 파장은 λ = 0.002 nm이므로 회절각은 $2\theta_{111}$ = 0.56°이다. 이와 같이 TEM에서 회절이 일어나는 결정면 (hkl)의 회절각 $2\theta_{hkl}$ 은 1.0° 이하로 매우 작기 때문에 **BD** = [uvw]인 SADP에 나오는 결정면 (hkl)들은 그림 10 – 24와 같이 [uvw]가 zone axis인 결정면들이다.

그림 10 – 25는 전자 빔이 결정질 TEM 시료 하나의 (hkl) 결정면에 입사되어 hkl 회

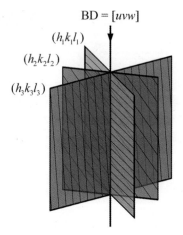

그림 10–24. BD = [uvw]의 SADP에는 [uvw]가 zone axis인 (hkl) 결정면들이다.

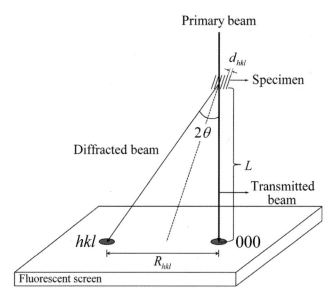

그림 10–25. 전자 빔이 (hkl) 결정면에 입사되어 투과점 000으로부터 R_{hkl}의 거리에 hkl 회절점을 형성한다.

절점이 형성되는 것을 보여 준다. 결정면 간격 d_{hkl}을 가지는 (hkl) 결정면에서 2θ 방향으로 회절이 일어나면 SADP에서 투과점 000으로부터 R_{hkl}의 거리를 가지는 곳에 hkl 회절점이 얻어진다. SADP에서 000부터 하나의 회절점 hkl 사이의 거리 R_{hkl}는 (식 10–6)에 의존한다.

$$\lambda L = R_{hkl} d_{hkl} \qquad\qquad\text{(식 10-6)}$$

이 식에서 L은 시편부터 형광 스크린까지의 거리이며, camera length라 하고, L은 일반적으로 500 mm 정도이다. TEM에서는 가속전압이 일정하면 전자 빔의 파장 λ가 일정하므로(예를 들면, $E_{Acc} = 200\,keV$일 때 $\lambda = 0.002\,nm$) λL은 일정한 하나의 값을 가진다. 즉, $\lambda L = 500\,mm \times 0.002\,nm = 1.0\,mm \cdot nm$이다. 따라서 SADP에서 투과점 000 으로부터 하나의 회절점 hkl 사이의 거리 R_{hkl}를 자로 재면, 이 회절점을 만드는 결정면의 간격 d_{hkl}를 알아낼 수 있는 것이다. 예를 들어, $\lambda L = 1.0\,mm \cdot nm$일 때 투과점 000으로부터 하나의 회절점 hkl 사이의 거리 $R_{hkl} = 5\,mm$가 측정되면 hkl 회절점을 만드는 $\{hkl\}$ 결정면의 면간간격 $d_{hkl} = 0.2\,nm$인 것이다. TEM 시료가 격자상수 $a = 0.361\,nm$인 Cu라면 $d_{111} = 0.361 / \sqrt{3} = \sim 0.2\,nm$이다. 따라서 이 회절점이 Cu의 $\{111\}$ 결정면으로부터 얻어진 것을 알 수 있는 것이다.

표 4-1에는 단원자 격자점을 가지는 다양한 결정격자들에서 회절강도가 얻어지는 결정면을 수록하였다. 단위포의 모서리에만 원자가 존재하는 simple cubic과 같은 P-격자의 SADP에서는 모든 지수의 $\{hkl\}$ 결정면에서 회절점이 얻어진다. 그러나 face centered cubic과 같은 F-격자의 SADP에서는 단지 $\{111\}$, $\{002\}$, $\{022\}$ 등의 $\{hkl\}$ 결정면의 지수 h, k, l이 모두 홀수 또는 모두 짝수일 때만 회절점이 얻어진다. 또한 body centered cubic과 같은 I-격자의 SADP에서는 단지 $\{011\}$, $\{002\}$, $\{112\}$ 등의 $\{hkl\}$ 결정면의 지수 h, k, l의 합, 즉 $h + k + l$이 짝수일 때만 회절점이 얻어진다.

그림 10-26은 $a = 0.2\,nm$를 가지는 가상적인 simple cubic 격자, face centered cubic 격자와 body centered cubic 격자의 $BD = [100]$인 SADP들을 보여 준다. 3개의 SADP 들은 모두 $BD = [100]$이기 때문에 여기에 나오는 모든 hkl 회절점들의 지수가 $0kl$ 인 것을 주목하자. 그림 10-26에서 simple cubic인 P-격자의 SADP에서는 모든 가능한 $0kl$ 회절점이 존재하는 것을 알 수 있다. 그러나 face centered cubic인 F-격자의 SADP 에는 020, $0\bar{2}0$, 002, $00\bar{2}$, 022, $0\bar{2}\bar{2}$, $0\bar{2}2$, $02\bar{2}$ 등의 회절점이 보여진다. 또한 body centered cubic인 I-격자의 SADP에서는 011, $01\bar{1}$, $0\bar{1}1$, $0\bar{1}\bar{1}$, 020, $0\bar{2}0$, 002, $00\bar{2}$, 022, $0\bar{2}\bar{2}$, $0\bar{2}2$, $02\bar{2}$ 등의 회절점이 보여진다.

그림 10-26은 simple cubic 격자, face centered cubic 격자와 body centered cubic 격자

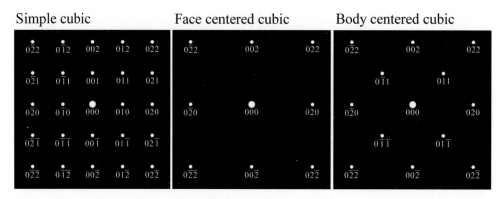

그림 10−26. 격자형태에 의존하는 BD = [100] SADP들. (a) simple cubic 격자, (b) face centered cubic 격자, (c) body centered cubic 격자.

의 BD = [100]인 SADP를 보여 준다. 그런데 그림 4−9는 simple cubic 격자, face centered cubic 격자와 body centered cubic 격자의 (100) 역격자 결정면을 보여 준다. 그림 10−26과 그림 4−9를 비교하면 SADP의 000 투과점은 역격자 결정면의 000 원점과 일치하며, hkl 회절점들은 hkl 역격자점과 일치하는 것을 알 수 있다. 결국 TEM에서 얻어지는 BD = [uvw]인 SADP는 (uvw) 역격자 결정면과 일치하는 것이다.

TEM에서는 사용하는 전자 빔의 파장 λ 가 매우 짧기 때문에 Ewald sphere의 반경의 크기 $1/\lambda$ 가 매우 크다. 따라서 Ewald sphere의 구면이 거의 평면과 같다고 볼 수 있다. 그 결과 하나의 역격자면에 존재하는 역격자점들은 모두 Ewald sphere의 구면에 놓일 수 있는 것이다. 그러므로 BD = [uvw]인 SADP에서는 (uvw) 역격자 결정면에 존재하는 hkl 역격자점들이 hkl 회절점으로 얻어지는 것이다.

■■ 10.9 SADP를 그리는 방법

TEM에서 $\lambda = 0.002$ nm의 전자 빔을 사용하며, camera length $L = 800$ mm를 사용하여 SADP를 얻는다고 가정하고, 하나의 SADP를 그려보자. TEM 시료는 격자상수 $a = 0.1$ nm를 가지는 face centered cubic 격자의 BD = [110]의 SADP를 그려보자. SADP를 그리는 방법은 다음 순서를 따른다. 그림 10−27에서 BD = [110]의 SADP를 보여 준다.

<순서 1> BD에 수직한 가장 낮은 지수의 (*hkl*) 결정면 2개를 선택한다.

시료가 FCC 격자이기 때문에 회절점을 만드는 결정면들의 가족은 {111}, {200}, {220}, {311} 등이 있다. 이 중에서 BD = [110]에 수직한 결정면을 찾아보자. 가장 낮은 지수인 {111}에서 BD = [110]에 수직한 결정면을 찾아보면 (1$\bar{1}$1), (1$\bar{1}$$\bar{1}$), ($\bar{1}$11), ($\bar{1}1\bar{1}$) 등이 있다. 여기에서 그 사잇각이 180°가 아닌 (1$\bar{1}$1)을 회절점 1, (1$\bar{1}$$\bar{1}$)을 회절점 2로 선택하자.

<순서 2> 선택한 회절점 1과 2가 BD을 만드는지 확인한다.

선택한 회절점 1과 2로 vector product한 (1$\bar{1}$1) × (1$\bar{1}$$\bar{1}$)의 결과가 BD 방향의 벡터면과 맞게 회절점 1과 2를 선택한 것이다. 만약 선택한 회절점 1과 2의 vector product의 결과가 −BD의 방향이면 회절점 1과 2를 바꾸면 된다.

<순서 3> R_{hkl}의 길이와 회절점들의 사잇각 ϕ을 계산한다.

Cubic 결정계에서 결정면 간격은 $d_{hkl} = a / \sqrt{h^2 + k^2 + l^2}$ 이므로, SADP에서 000

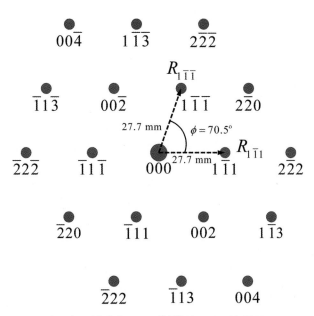

그림 10 − 27. Face centered cubic 격자의 BD = [110]인 SADP의 작도.

부터 하나의 회절점 *hkl* 사이의 거리 R_{hkl} 는 (식 10-7)에 의해 구해진다. 또한 Cubic 결정계에서 $(h_1 k_1 l_1)$ 과 $(h_2 k_2 l_2)$ 결정면들의 사잇각 ϕ 은 (식 3-18)로 계산된다.

$$R_{hkl} = \frac{\lambda L}{a} \sqrt{h^2 + k^2 + l^2}$$

(식 10-7)

$$\cos\phi = \frac{u_1 u_2 + v_1 v_2 + w_1 w_2}{\sqrt{u_1^2 + v_1^2 + w_1^2}\sqrt{u_2^2 + v_2^2 + w_2^2}}$$

(식 3-18)

(식 10-7)로 계산되는 $R_{1\bar{1}1} = R_{1\bar{1}\bar{1}} = 27.7$ mm이다. 그리고 $\mathrm{BD} = [110]$ 의 SADP인 그림 10-27에서 $1\bar{1}1$ 과 $1\bar{1}\bar{1}$ 회절점을 만드는 벡터 $\vec{R}_{1\bar{1}1}$ 과 $\vec{R}_{1\bar{1}\bar{1}}$ 의 사잇각 $\phi = 70.5°$ 이다.

<순서 4> SADP에서 회절점을 만드는 2개의 $\vec{R}_{hkl}$ 를 이용하여 SADP를 완성한다.

2개의 벡터 $\vec{R}_{hkl}$ 를 확정하면 SADP를 구성하는 다른 모든 회절점을 구할 수 있다. 그림 10-27에서 $\vec{R}_{1\bar{1}1}$ 의 반대방향 벡터 $\vec{R}_{\bar{1}1\bar{1}}$ 로 $\bar{1}1\bar{1}$ 회절점이, $\vec{R}_{1\bar{1}\bar{1}}$ 의 반대방향 벡터 $\vec{R}_{\bar{1}11}$ 로 $\bar{1}11$ 회절점이 얻어진다. 또한 $\vec{R}_{1\bar{1}\bar{1}}$ 과 $\vec{R}_{\bar{1}1\bar{1}}$ 를 더해서 만들어지는 벡터 $\vec{R}_{00\bar{2}}$ 로 $00\bar{2}$ 회절점이, $\vec{R}_{1\bar{1}1}$ 과 $\vec{R}_{\bar{1}11}$ 를 더해서 만들어지는 벡터 $\vec{R}_{002}$ 로 002 회절점이 만들어지는 것이다. $\vec{R}_{1\bar{1}1}$ 의 2배 길이를 가지는 $\vec{R}_{2\bar{2}2}$ 로 $2\bar{2}2$ 회절점이 얻어진다. $(2\bar{2}2)$ 결정면 간격 $d_{2\bar{2}2}$ 은 $(1\bar{1}1)$ 결정면 간격 $d_{1\bar{1}1}$ 의 1/2 인데, SADP에서 $\vec{R}_{2\bar{2}2}$ 는 반대로 $\vec{R}_{1\bar{1}1}$ 의 2배이다. 이것은 SADP가 역격자 공간에 존재하는 회절상이기 때문인 것이다. 이와 같이 그림 10-27의 SADP에 존재하는 모든 격자점들은 단지 2개의 벡터 $\vec{R}_{1\bar{1}1}$ 과 $\vec{R}_{1\bar{1}\bar{1}}$ 로 만들어지는 것이다.

앞에서 공부한 순서에 따라 새로운 SADP 그림 10-28을 그려보자. 앞에서와 같이 TEM에서 $\lambda = 0.002$ nm의 전자 빔을 사용하며, camera length $L = 800$ mm를 사용하고, SADP를 얻는다고 가정하자. 이번에는 TEM 시료가 격자상수 $a = 0.1$ nm를 가지는 body centered cubic 격자의 $\mathrm{BD} = [110]$ 의 SADP를 그려보자. 그림 10-28과의 차이점은 단지 격자가 FCC가 아니고 BCC 격자라는 것이다.

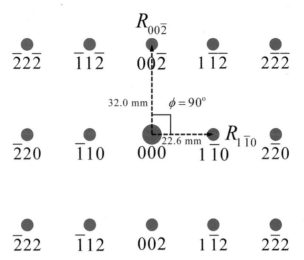

그림 10-28. Body centered cubic 격자의 BD=[110]인 SADP의 작도.

<순서 1> **BD**에 수직한 가장 낮은 지수의 (hkl) 결정면 2개를 선택한다.

시료가 BCC이기 때문에 회절점을 만드는 결정면들의 가족은 $\{110\}$, $\{200\}$, $\{211\}$, $\{220\}$ 등이 있다. 이 중에서 BD=[110]에 수직한 결정면을 낮은 지수의 $\{hkl\}$ 부터 시작해서 찾아보자. 먼저 $\{110\}$ 에서 BD=[110]에 수직한 결정면을 찾아보면 $(1\bar{1}0)$, $(\bar{1}10)$ 단 2개 밖에 없는데, 서로 반대면이므로 SADP를 그릴 때 하나만 이용할 수 있다. 다음에 $\{200\}$ 에서 BD=[110]에 수직한 결정면을 찾아보면 (002), $(00\bar{2})$ 가 있다. 여기에서 $(1\bar{1}0)$을 회절점 1, (002)을 회절점 2로 선택해 보자.

<순서 2> 선택한 회절점 1과 2가 **BD**를 만드는지 확인한다.

선택한 회절점 1과 2로 vector product한 $(1\bar{1}0) \times (002)$ 의 결과는 $-$BD이고, $(1\bar{1}0) \times (00\bar{2})$ 의 방향이 BD이므로 $(1\bar{1}0)$을 회절점 1, $(00\bar{2})$를 회절점 2로 다시 선택한다.

<순서 3> R_{hkl} 의 길이와 회절점들의 사잇각 ϕ 을 계산한다.

(식 10-7)로 계산되는 $R_{1\bar{1}0}=22.6$ mm, $R_{00\bar{2}}=32.0$ mm이다. 그리고 BD=[110]의 SADP인 그림 10-28에서 $1\bar{1}0$과 $00\bar{2}$ 회절점을 만드는 벡터 $\vec{R}_{1\bar{1}0}$ 과 $\vec{R}_{00\bar{2}}$ 의 사잇각 $\phi=90°$이다.

<순서 4> SADP에서 회절점을 만드는 2개의 $\vec{R}_{hkl}$로 SADP를 완성한다.

2개의 벡터 $\vec{R}_{1\bar{1}0}$과 $\vec{R}_{00\bar{2}}$를 확정하면 SADP를 구성하는 다른 모든 회절점을 구할 수 있다. 그림 10-28에서 $\vec{R}_{1\bar{1}0}$의 반대방향 벡터 $\vec{R}_{\bar{1}10}$로 $\bar{1}10$ 회절점이, $\vec{R}_{00\bar{2}}$의 반대방향 벡터 $\vec{R}_{002}$로 002 회절점이 얻어진다. 또한 $\vec{R}_{1\bar{1}0}$과 $\vec{R}_{00\bar{2}}$를 더해서 만들어지는 벡터 $\vec{R}_{1\bar{1}\bar{2}}$로 $1\bar{1}\bar{2}$ 회절점이, $\vec{R}_{1\bar{1}0}$과 $\vec{R}_{002}$를 더해서 만들어지는 벡터 $\vec{R}_{1\bar{1}2}$로 $1\bar{1}2$ 회절점이 만들어지는 것이다. 또한 $\vec{R}_{1\bar{1}0}$의 2배 길이를 가지는 $\vec{R}_{2\bar{2}0}$로 $2\bar{2}0$ 회절점이 얻어지는 것이다. 이와 같이 그림 10-28에 존재하는 모든 회절점들은 $\vec{R}_{1\bar{1}0}$과 $\vec{R}_{00\bar{2}}$로 만들어질 수 있는 것이다

앞에서 설명한 4개의 순서를 따라 새로운 SADP를 하나 더 그려보자. 앞의 예와 같이 TEM에서 $\lambda = 0.002$ nm의 전자 빔을 사용하며, camera length $L = 800$ mm를 사용하여 SADP를 얻는다고 가정하자. 이번에는 TEM 시료는 격자상수 $a = 0.1$ nm를 가지는 body centered cubic 격자의 $BD = [111]$의 SADP를 그려보자.

<순서 1> BD에 수직한 가장 낮은 지수의 (hkl) 결정면 2개를 선택한다.

시료가 BCC이기 때문에 회절 가능한 결정면들의 가족은 {110}, {200}, {211}, {220} 등이 있다. 이 중에서 $BD = [111]$에 수직한 가장 낮은 지수를 가지는 {110} 가족의 결정면은 $(1\bar{1}0), (10\bar{1}), (0\bar{1}1), (\bar{1}10), (\bar{1}01), (0\bar{1}1)$ 6개이다. 여기에서 $(1\bar{1}0)$을 회절점 1, $(10\bar{1})$을 회절점 2로 선택해보자.

<순서 2> 선택한 회절점 1, 2가 BD을 만드는지 확인한다.

선택한 회절점 1, 2로 vector product한 $(1\bar{1}0) \times (10\bar{1})$의 방향이 BD이므로 $(1\bar{1}0)$을 회절점 1과 $(10\bar{1})$을 회절점 2로 선택한다.

<순서 3> R_{hkl}의 길이와 회절점들의 사잇각 ϕ을 계산한다.

(식 10-7)로 계산되는 $R_{1\bar{1}0} = R_{10\bar{1}} = 22.6$ mm이다. 그리고 $BD = [111]$의 SADP인 그림 10-29에서 $1\bar{1}0$과 $10\bar{1}$ 회절점을 만드는 벡터 $R_{1\bar{1}0}$과 $\vec{R}_{10\bar{1}}$의 사잇각은 $\phi = 60°$이다.

<순서 4> SADP에서 회절점을 만드는 2개의 $\vec{R}_{hkl}$ 로 SADP를 완성한다.

2개의 벡터 $\vec{R}_{hkl}$ 인 벡터 $R_{1\bar{1}0}$ 과 $R_{10\bar{1}}$ 를 확정하면 SADP를 구성하는 다른 모든 회절점을 구할 수 있다. 그림 10-29에서 $\vec{R}_{1\bar{1}0}$ 의 반대방향 벡터 $\vec{R}_{\bar{1}10}$ 로 $\bar{1}10$ 회절점이, $\vec{R}_{10\bar{1}}$ 의 반대방향 벡터 $\vec{R}_{\bar{1}01}$ 로 $\bar{1}01$ 회절점이 얻어진다. 또한 $R_{1\bar{1}0}$ 과 $\vec{R}_{\bar{1}01}$ 를 더해서 만들어지는 벡터 $\vec{R}_{0\bar{1}1}$ 로 $0\bar{1}1$ 회절점이, $R_{1\bar{1}0}$ 과 $\vec{R}_{10\bar{1}}$ 를 더해서 만들어지는 벡터 $\vec{R}_{2\bar{1}\bar{1}}$ 로 $2\bar{1}\bar{1}$ 회절점이 만들어지는 것이다. 이와 같이 그림 10-29에 존재하는 모든 회절점들은 $R_{1\bar{1}0}$ 과 $\vec{R}_{10\bar{1}}$ 로 얻어질 수 있는 것이다

TEM에서 얻을 수 있는 전자회절상에는 지금까지 설명한 SADP뿐 아니라 Kikuchi 전자회절상, convergent beam electron diffraction(CBED) 회절상이 있다. TEM에서 CBED 회절상은 시료에 전자 빔을 입사각 α 로 모아 입사하여 전자회절상에 disc 형상의 투과 빔과 회절 빔들을 얻게 된다. CBED 회절상의 투과 빔 disc와 회절 빔 disc들은 다양한 결정 정보를 제공한다.

TEM 시료가 어느 정도 이상 두꺼우면 전자 빔이 재료 내에서 탄성산란을 일으켜 SADP 와 함께 Kikuchi 전자회절상이 얻어진다. Kikuchi 전자회절상은 SADP에 비하여 보다 정

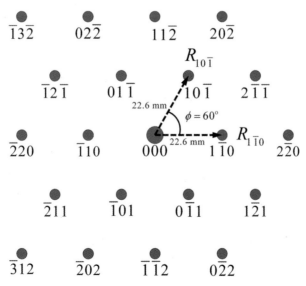

그림 10-29. Body centered cubic 격자의 BD=[111]인 SADP의 작도.

확한 결정정보를 제공하며, 보다 정확한 방위(orientation)의 해석에 사용될 수 있다. TEM 에서 Kikuchi 전자회절상 형성기구와 해석방법은 9장의 SEM에서 EBSD의 Kikuchi 전자 회절상에서 설명한 것과 대부분 유사하다.

제10장 연습문제

01. 다음의 재료는 어떠한 방법으로 TEM 관찰용 시료를 만들 수 있는가?
(a) 금속 재료, (b) 세라믹 재료, (c) 광석, (d) 생체 재료, (e) 10 nm의 금속분말 재료, (f) 10 nm의 세라믹 분말 재료.

02. 다음은 각각 무엇의 약자인가?
(a) HRTEM, (b) EDS, (c) EELS, (d) ATEM, (e) FEG, (f) BF, (g) DF, (h) SADP, (i) BD.

03. 전자기렌즈의 배율을 어떻게 변화시키는가? 또한 전자기렌즈의 결함에는 무엇이 존재하는가?

04. TEM에서 전자 빔의 파장 λ이 1/2로 감소하고, 구면수차계수 C_s가 1/2로 감소하면 TEM의 분해능 d_{min}는 어떻게 변화하는가?

05. TEM에서 최초의 전자회절상이 형성되는 곳은 어디이며, 첫 번째 확대된 이미지가 형성되는 곳은 어느 곳인가?

06. 같은 두께를 가지는 Ag와 Au 비정질이 옆에 나란히 존재하는 TEM 시편이 있다. Ag와 Au 중에서 어떤 것에서 전자 빔이 많이 투과하는가? 그 결과 어떤 것이 어두운 contrast를 만드는가?

07. BF image를 얻을 때와 DF image를 얻을 때의 차이점에 대하여 object lens back focal plane에 형성된 전자회절상을 그려서 설명하라.

08. 수 μm의 결정립 크기를 가지는 bcc 금속시편에서 얻어지는 전자회절상과 수 nm의 bcc 금속 분말에서 얻어지는 전자회절상을 비교하라.

09. TEM 전자 빔의 파장 λ =0.002 nm, Camera length L =1000 mm, 격자상수 a =0.2 nm를 가지는 simple cubic 격자, face centered cubic 격자와 body centered cubic 격자의 BD = [110]인 SADP를 작도하라.

CHAPTER

11

부록

부록 1. Mass absorption coefficient

Absorber	Density [g/cm³]	Mo K_a 0.711 Å	Cu K_a 1.542 Å	Co K_a 1.790 Å	Cr K_a 2.291 Å
1 H	0.0838×10^{-3}	0.3727	0.3912	0.3966	0.4116
2 He	0.1664×10^{-3}	0.2019	0.2835	0.3288	0.4648
3 Li	0.533	0.1968	0.4770	0.6590	1.243
4 Be	1.85	0.2451	1.007	1.522	3.183
5 B	2.47	0.3451	2.142	3.357	7.232
6 C	2.27 (graphite)	0.5348	4.219	6.683	14.46
7 N	1.165×10^{-3}	0.7898	7.142	11.33	24.42
8 O	1.332×10^{-3}	1.147	11.03	17.44	37.19
9 F	1.696×10^{-3}	1.584	15.95	25.12	53.14
10 Ne	0.8387×10^{-3}	2.209	22.13	34.69	72.71
11 Na	0.966	2.939	30.30	47.34	98.48
12 Mg	1.74	3.979	40.88	63.54	130.8
13 Al	2.70	5.043	50.23	77.54	158.0
14 Si	2.33	6.533	65.32	100.4	202.7
15 P	1.82 (yellow)	7.870	77.28	118.0	235.5
16 S	2.09	9.625	92.53	141.2	281.9
17 Cl	3.214×10^{-3}	11.64	109.2	164.7	321.5
18 A	1.633×10^{-3}	12.62	119.5	180.9	355.5
19 K	0.862	16.20	148.4	222.0	426.8
20 Ca	1.53	19.00	171.4	257.4	499.6
21 Sc	2.99	21.04	186.0	275.5	520.9
22 Ti	4.51	23.25	202.4	300.5	571.4
23 V	6.09	25.24	222.6	332.7	75.06
24 Cr	7.19	29.25	252.3	375.0	85.71
25 Mn	7.47	31.86	272.5	405.1	96.08

(계속)

435

Absorber	Density [g/cm³]	Mo K_a 0.711 Å	Cu K_a 1.542 Å	Co K_a 1.790 Å	Cr K_a 2.291 Å
26 Fe	7.87	37.74	304.4	56.25	113.1
27 Co	8.8	41.02	338.6	62.96	124.6
28 Ni	8.91	47.24	48.83	73.75	145.7
29 Cu	8.93	49.34	51.54	78.11	155.2
30 Zn	7.13	55.46	59.51	88.71	171.7
31 Ga	5.91	56.90	62.13	94.15	186.9
32 Ge	5.32	60.47	67.92	102.0	199.9
33 As	5.78	65.97	75.65	114.0	224.0
34 Se	4.81	68.82	82.89	125.1	246.1
35 Br	3.12(liquid)	74.68	90.29	135.8	266.2
36 Kr	3.488×10^{-3}	79.10	97.02	145.7	284.6
37 Rb	1.53	83.00	106.3	159.6	311.7
38 Sr	2.58	88.04	115.3	173.5	339.3
39 Y	4.48	97.56	127.1	190.2	368.9
40 Zr	6.51	16.10	136.8	204.9	398.6
41 Nb	8.58	16.96	148.8	222.9	431.9
42 Mo	10.22	18.44	158.3	236.6	457.4
43 Tc	11.50	19.78	167.7	250.8	485.5
44 Ru	12.36	21.33	180.8	269.4	517.9
45 Rh	12.42	23.05	194.1	289.0	555.2
46 Pd	12.00	24.42	205.0	304.3	580.9
47 Ag	10.50	26.38	218.1	323.5	617.4
48 Cd	8.65	27.73	229.3	341.8	658.8
49 In	7.29	29.13	242.1	362.7	705.8
50 Sn	7.29	31.18	253.3	374.1	708.8

부록 2. Atomic scattering factors

$\dfrac{\sin\theta}{\lambda}$ [Å^{-1}]		0.0	0.1	0.2	0.3	0.4	0.5	0.6	0.7	0.8	0.9	1.0	1.1
H	1	0.81	0.48	0.25	0.13	0.07	0.04	0.03	0.02	0.01	0.00	0.00
He	2	1.88	1.46	1.05	0.75	0.52	0.35	0.24	0.18	0.14	0.11	0.09
Li$^+$	2	1.96	1.8	1.5	1.3	1.0	0.8	0.6	0.5	0.4	0.3	0.3
Li	3	2.2	1.8	1.5	1.3	1.0	0.8	0.6	0.5	0.4	0.3	0.3
Be	4	2.9	1.9	1.7	1.6	1.4	1.2	1.0	0.9	0.7	0.6	0.5
B	5	3.5	2.4	1.9	1.7	1.5	1.4	1.2	1.2	1.0	0.9	0.7
C	6	4.6	3.0	2.2	1.9	1.7	1.6	1.4	1.3	1.16	1.0	0.9
N	7	5.8	4.2	3.0	2.3	1.9	1.65	1.54	1.49	1.39	1.29	1.17
O	8	7.1	5.3	3.9	2.9	2.2	1.8	1.6	1.5	1.4	1.35	1.26
F	9	7.8	6.2	4.45	3.35	2.65	2.15	1.9	1.7	1.6	1.5	1.35
Ne	10	9.3	7.5	5.8	4.4	3.4	2.65	2.2	1.9	1.65	1.55	1.5
Na$^+$	10	9.5	8.2	6.7	5.52	4.05	3.2	2.65	2.25	1.95	1.75	1.6
Na	11	9.65	8.2	6.7	5.52	4.05	3.2	2.65	2.25	1.95	1.75	1.6
Mg^{2+}	10	9.75	8.6	7.25	5.95	4.8	3.85	3.15	2..25	2.2	2.0	1.8
Mg	12	10.5	8.6	7.25	5.65	4.8	3.85	3.15	2.25	2.2	2.0	1.8
Al	13	11.0	8.95	7.75	6.6	5.5	4.5	3.7	3.1	2.65	2.3	2.0
Si	14	11.35	9.4	8.2	7.15	6.1	5.1	4.2	3.4	2.95	2.6	2.3
P	15	12.4	10.0	8.45	7.45	6.5	5.65	4.8	4.05	3.4	3.0	2.6
S	16	13.6	10.7	8.95	7.85	6.85	6.0	5.25	4.5	3.9	3.35	2.9
Cl	17	14.6	11.3	9.25	8.05	7.25	6.5	5.75	5.05	4.4	3.85	3.35
Cl$^-$	18	15.2	11.5	9.3	8.05	7.25	6.5	5.75	5.05	4.4	3.85	3.35
Ar	18	15.9	12.6	10.4	8.7	7.8	7.0	6.2	5.4	4.7	4.1	3.6
K	19	16.5	13.3	10.8	9.2	7.9	6.7	5.9	5.2	4.6	4.2	3.7
Ca	20	17.5	14.1	11.4	9.7	8.4	7.3	6.3	5.6	4.9	4.5	4.0
Sc	21	18.4	14.9	12.1	10.3	8.9	7.7	6.7	5.9	5.3	4.7	4.3
Ti	22	19.3	15.7	12.8	10.9	9.5	8.2	7.2	6.3	5.6	5.0	4.6
V	23	20.2	16.6	13.5	11.5	10.1	8.7	7.6	6.7	5.9	5.3	4.9
Cr	24	21.1	17.4	14.2	12.1	10.6	9.2	8.0	7.1	6.3	5.7	5.1
Mn	25	22.1	18.2	14.9	12.7	11.1	9.7	8.4	7.5	6.6	6.0	5.4
Fe	26	23.1	18.9	15.6	13.3	11.6	10.2	8.9	7.9	7.0	6.3	5.7

(계속)

$\dfrac{\sin\theta}{\lambda}$ $[\overset{\circ}{A}{}^{-1}]$		0.0	0.1	0.2	0.3	0.4	0.5	0.6	0.7	0.8	0.9	1.0	1.1
Co	27	24.1	19.8	16.4	14.0	12.1	10.7	9.3	8.3	7.3	6.7	6.0
Ni	28	25.0	20.7	17.2	14.6	12.7	11.2	9.8	8.7	7.7	7.0	6.3
Cu	29	25.9	21.6	17.9	15.2	13.3	11.7	10.2	9.1	8.1	7.3	6.6
Zn	30	26.8	22.4	18.6	15.8	13.9	12.2	10.7	9.6	8.5	7.6	6.9
Ga	31	27.8	23.3	19.3	16.5	14.5	12.7	11.2	10.0	8.9	7.9	7.3
Ge	32	28.8	24.1	20.0	17.1	15.0	13.2	11.6	10.4	9.3	8.3	7.6
As	33	29.7	25.0	20.8	17.7	15.6	13.8	12.1	10.8	9.7	8.7	7.9
Se	34	30.6	25.8	21.5	18.3	16.1	14.3	12.6	11.2	10.0	9.0	8.2
Br	35	31.6	26.6	22.3	18.9	16.7	14.8	13.1	11.7	10.4	9.4	8.6
Kr	36	32.5	27.4	23.0	19.5	17.3	15.3	13.6	12.1	10.8	9.8	8.9
Rb	37	33.5	28.2	23.8	20.2	17.9	15.9	14.1	12.5	11.2	10.2	9.2
Sr	38	34.4	29.0	24.5	20.8	18.4	16.4	14.6	12.9	11.6	10.5	9.5
Y	39	35.4	29.9	25.3	21.5	19.0	17.0	15.1	13.4	12.0	10.9	9.9
Zr	40	36.6	30.8	26.0	22.1	19.7	17.5	15.6	13.8	12.4	11.2	10.2
Nb	41	37.3	31.7	26.8	22.8	20.2	18.1	16.0	14.3	12.8	11.6	10.6
Mo	42	38.2	32.6	27.6	23.5	20.8	18.6	16.5	14.8	13.2	12.0	10.9
Tc	43	39.1	33.4	28.3	24.1	21.3	19.1	17.0	15.2	13.6	12.3	11.3
Ru	44	40.0	34.3	29.1	24.7	21.9	19.6	17.5	15.6	14.1	12.7	11.6
Rh	45	41.0	35.1	29.9	25.4	22.5	20.2	18.0	16.1	14.5	13.1	12.0
Pd	46	41.9	36.0	30.7	26.2	23.1	20.8	18.5	16.6	14.9	13.6	12.3
Ag	47	42.8	36.9	31.5	26.9	23.8	21.3	19.0	17.1	15.3	14.0	12.7
Cd	48	43.7	37.7	32.2	27.5	24.4	21.8	19.6	17.6	15.7	14.3	13.0
In	49	44.7	38.6	33.0	28.1	25.0	22.4	20.1	18.0	16.2	14.7	13.4
Sn	50	45.7	39.5	33.8	28.7	25.6	22.9	20.6	18.5	16.6	15.1	13.7
Sb	51	46.7	40.4	34.6	29.5	26.3	23.5	21.1	19.0	17.0	15.5	14.1
Te	52	47.7	41.3	35.4	30.3	26.9	24.0	21.7	19.5	17.5	16.0	14.5
I	53	48.6	42.1	36.1	31.0	27.5	24.6	22.2	20.0	17.9	16.4	14.8
Xe	54	49.6	43.0	36.8	31.6	28.0	25.2	22.7	20.4	18.4	16.7	15.2
Cs	55	50.7	43.8	37.6	32.4	28.7	25.8	23.2	20.8	18.8	17.0	15.6

참고문헌

제1장 결정학의 기초

[1] 허무영, 철강재료의 집합조직 첫걸음, 문운당, 2014.

[2] B.D. Cullity and S.R. Stock, Elements of X-Ray Diffraction, 3rd ed., Pearson Education, 2001.

[3] L.V. Azaroff. Elements of X-Ray Crystallography, McGraw-Hill, 1968.

[4] O. Engler and V. Randle, Introduction to texture analysis: macrotexture, microtexture, and orientation mapping, CRC press, Boca Raton, 2009.

[5] T. Hahn (ed.), International Tables for Crystallography, Vol. A, D. Reidel Publishing Company, Dordrecht, 1983.

[6] P. Villars, and L.D. Calvert, Pearson's handbook of crystallographic data for intermetallic phases, 2nd ed., Vols. 1 - 4, ASM International, Materials Park, OH, 1991.

[7] J.L.C. Daams, P. Villars and J.H.N. van Vucht, Atlas of Crystal Structure Types for intermetallic phases, ASM International, OH, 1991.

[8] M.J. Buerger, Elementary crystallography, John Wiley & Sons, Lnc., New York, 1956.

[9] Charles Bunn, Crystals: their role in nature and science, Academic Press Inc., New York, 1964.

[10] F.C. Phillips, An introduction to crystallography, 3rd ed., Longmans, Green & Co., Ltd., London, 1963.

[11] A.F. Wells, The third dimension in chemistry, Oxford University Press, Fair Lawn, N.J., 1956.

[12] W. Borchardt-Ott, Crystallography, 2nd ed., Springer-Verlag, Berlin, 1995.

[13] C. Hammond, The Basics of Crystallography and Diffraction, International Union of Crystallography Text on Crystallography, Oxford University Press, Oxford, 1997.

제2장 실제 결정의 분류

[1] B.D. Cullity and S.R. Stock, Elements of X-Ray Diffraction, 3rd ed., Pearson Education, 2001.

[2] L.V. Azaroff. Elements of X-Ray Crystallography, McGraw-Hill, 1968.

[3] N.V. Belov, A class-room method for the derivation of the 230 space groups (English translation by V. Balashov), Proceedings Leeds Philosophical Society, vol. 8 (1950) pp. 1 – 46.

[4] M.J. Buerger, Elementary crystallography, John Wiley & Sons, Lnc., New York, 1956.

[5] M.J. Buerger, Derivative crystal structure, Journal of Chemical Physics, vol. 15 (1947), pp 1 – 16.

[6] H. Hilton, Mathematical crystallography and the theory of groups of movements, Claredon Press, Oxford, 1903, republished by Dover Publications, Inc., New York, 1963.

[7] F.C. Phillips, An introduction to crystallography, 3rd ed., Longmans, Green & Co., Ltd., London, 1963.

[8] O. Engler and V. Randle, Introduction to texture analysis: macrotexture, microtexture, and orientation mapping, CRC press, Boca Raton, 2009.

[9] T. Hahn (ed.), International Tables for Crystallography, Vol. A, D. Reidel Publishing Company, Dordrecht, 1983.

[10] P. Villars, and L.D. Calvert, Pearson's handbook of crystallographic data for intermetallic phases, 2nd ed., Vols. 1 – 4, ASM International, Materials Park, OH, 1991.

[11] J.L.C. Daams, P. Villars and J.H.N. van Vucht, Atlas of Crystal Structure Types for intermetallic phases, ASM International, OH, 1991.

[12] D.E. Sands, Vectors and Tensors in Crystallography, Addison-Wesley Pub. Co., Reading, MA, 1982.

제3장 결정방향과 결정면 방위의 개념

[1] 허무영, 철강재료의 집합조직 첫걸음, 문운당, 2014.

[2] B.D. Cullity and S.R. Stock, Elements of X-Ray Diffraction, 3rd ed., Pearson Education, 2001.

[3] L.V. Azaroff. Elements of X-Ray Crystallography, McGraw-Hill, 1968.

[4] M.J. Buerger, Elementary crystallography, John Wiley & Sons, Lnc., New York, 1956.

[5] M.J. Buerger, Derivative crystal structure, Journal of Chemical Physics, vol. 15 (1947), pp 1 – 16.

[6] O. Engler and V. Randle, Introduction to texture analysis: macrotexture, microtexture, and orientation mapping, CRC press, Boca Raton, 2009.

[7] C.S. Barrett and T.B. Massalski, Structure of Metals, 3rd ed., McGraw-Hill, New York, 1966.

[8] K.M. Lee, M.Y. Huh, S.H. Park, O. Engler, Effect of texture components on the Lankford parameters in ferritic stainless steel sheets, ISIJ International, vol. 52 (2012), pp. 522 – 529.

[9] K.M. Lee, S.Y. Park, M.Y. Huh, J.S. Kim, O. Engler, Effect of texture and grain size on

magnetic flux density and core loss in non-oriented electrical steel containing 3.15% Si, Journal of Magnetism and Magnetic Materials, vol. 354 (2014), pp. 324－332.

제4장 회절과 역격자

[1] B.D. Cullity and S.R. Stock, Elements of X-Ray Diffraction, 3rd ed., Pearson Education, 2001.

[2] L.V. Azaroff. Elements of X-Ray Crystallography, McGraw-Hill, 1968.

[3] J.M. Cowley, Diffraction physics, Elsevier, North-Holland, Amsterdam, 1995.

[4] G.E. Bacon, X-ray and neutron diffraction, Pergamon Press, Oxford, England, 1966.

[5] P.P. Ewald, Fifty years of x-ray diffraction, International Union of Crystallography, Utrecht, The Netherlands, 1962.

[6] O. Engler and V. Randle, Introduction to texture analysis: macrotexture, microtexture, and orientation mapping, CRC press, Boca Raton, 2009.

[7] C. Hammond, The Basics of Crystallography and Diffraction, International Union of Crystallography Text on Crystallography, Oxford University Press, Oxford, 1997.

[8] L.H. Schwartz and J.B. Cohen, Diffraction from Materials, 2nd ed., Springer-Verlag, Berlin, 1987.

제5장 X-ray와 중성자 빔의 발생과 회절

[1] B.D. Cullity and S.R. Stock, Elements of X-Ray Diffraction, 3rd ed., Pearson Education, 2001.

[2] L.V. Azaroff. Elements of X-Ray Crystallography, McGraw-Hill, 1968.

[3] M.J. Buerger, Elementary crystallography, John Wiley & Sons, Lnc., New York, 1956.

[4] M.J. Buerger, Derivative crystal structure, Journal of Chemical Physics, vol. 15 (1947), pp 1－16.

[5] G. E. Bacon. *Neutron Diffraction*, 2nd ed., Clarendon Press, Oxford, 1962.

[6] P.C.H. Mitchell, Vibrational spectroscopy with neutrons: with applications in chemistry, biology, materials science and catalysis, World Scientific, Singapore, 2004.

[7] J.P. Eberhart, Structural and chemical analysis of materials: X-ray, electron and neutron diffraction, John Wiley & Sons, Chichester, 1991.

[8] M.T. Hutchings, P.J. Withers, T.M. Holden and T. Lorentzen, Introduction to the

characterization of residual stress by neutron diffraction, CRC Press, Boca Raton, 2005.

[9] G. Shirane, S.M. Shapiro and J.M. Tranquada, Neutron scattering with a triple-axis spectrometer: basic techniques, Cambridge University Press, Cambridge, 2002.

[10] M.E. Fitzpatrick and A. Lodini, Analysis of residual stress by diffraction using neutron and synchrotron radiation, Taylor & Francis, London, 2003.

[11] P. Willmott, An Introduction to Synchrotron Radiation: Techniques and applications. John Wiley & Sons, Chichester, UK, 2011.

[12] A.S. Schlachter, New directions in research with third-generation soft x-ray synchrotron radiation sources, Kluwer Academic Publishers, Maratea, Italy, 1992.

제6장 XRD(X-ray diffractometers)

[1] B.D. Cullity and S.R. Stock, Elements of X-Ray Diffraction, 3rd ed., Pearson Education, 2001.

[2] L.V. Azaroff. Elements of X-Ray Crystallography, McGraw-Hill, 1968.

[3] O. Engler and V. Randle, Introduction to texture analysis: macrotexture, microtexture, and orientation mapping, CRC press, Boca Raton, 2009.

[4] W. Parrish (de.), X-ray analysis papers, Centrex Publishing Co., Eindhoven, The Netherlands, 1965.

[5] W.E. Schall, X-rays, 8th ed., John Wright and Sons, Ltd., Bristol, England, 1961.

[6] Wayne T. Sproull, X-rays in practice, McGraw-Hill Book Company, New York, 1946.

[7] U.W. Arndt, Analogue and digital single-crystal diffractometers, Acta Crystallographica, vol. 17 (1964) pp.1183 − 1190.

[8] M.J. Buerger, Crystal-strucutre analysis, John Wiley & Sons, lnc., New York, 1960.

[9] H.P. Klug and L.E. Alexander, X-ray diffraction procedures, John Wiley & Sons, lnc., New York, 1954.

[10] W. Parrish (ed.), Advanced in x-ray diffractometry and x-ray spectroscopy, Centrex Publishing Co., Eindhoven, The Netherlands, 1965.

[11] M. Birkholz, Thin Film Analysis by X-Ray Scattering, WILEY-VCH, Weinheim, 2006.

[12] B.B. He, U. Preckwinkel and K.L. Smith, Fundamentals of two-dimensional x-ray diffraction (XRD^2), Advances in X-ray Analysis, vol. 43 (2000) pp. 273 − 280.

[13] J. Plévert, J.P. Auffredic, M. Louër and D. Louër, Time-resolved study by X-ray powder diffraction with position-sensitive detector: rate of the β-Cs_2CdI_4 transformation and the effect of preferred orientation, Journal of Materials Science, vol-24 (1989) pp. 1913 − 1918.

[14] R.W. James, The Optical Principles of the Diffraction of X-Rays, Ox Bow Press, Woodbridge, CT, 1982.

[15] D.K. Bowen and B.K. Tanner, High resolution X-ray Diffractometry and Topography, Taylor and Frances, London, 1998.

제7장 분말 결정의 X-ray 회절강도

[1] B.D. Cullity and S.R. Stock, Elements of X-Ray Diffraction, 3rd ed., Pearson Education, 2001.

[2] L.V. Azaroff. Elements of X-Ray Crystallography, McGraw-Hill, 1968.

[3] R. Jenkins and R.L. Snyder. Introduction to X-ray Powder Diffractometry, John Wiley & Sons, Inc, New York, 1996

[4] A.J.C. Wilson, Mathematical Theory of X-ray Powder Diffractometry, Gordon & Breech, New York, 1963.

[5] D.L. Bish and J.E. Post, eds, Modern Powder Diffractometry (Rev. Miner.20), The Mineralogical Society of America, Washington, D.C., 1989.

[6] H. Lipson and H. Steeple, Interpretation of X-Ray Powder Diffraction Patterns, Macmillan, London, 1970.

[7] L.V. Azároff and M.J. Buerger, The powder method in x-ray crystallography, McGraw-Hill Book Company, New York, 1958.

[8] H.P. Klug and L.E. Alexander, X-ray diffraction procedures for polycrystalline and amorphous materials, John Wiley & Sons, Inc., New York, 1954.

[9] H.S. Peiser, H.P. Rooksby and A. J. C. Wilson, X-ray Diffraction by Polycrystalline Materials, Institute of Physics, London, 1955.

[10] D. McLachlan, Jr., X-ray crystal structure, McGraw-Hill Book Company, New York, 1957.

[11] H. Lipson and W. Cochran, The determination of crystal structures, G. Bell & Sons, Ltd., London, 1953

[12] A. Guinier, X-ray crystallographic technology, English translations by T. L. Tippell, edited by K. Lonsdale, Hilger and Watts Ltd., London, 1952.

[13] R. Brill (ed.), Advances in structure research by diffraction methods. Interscience Publishers, Inc., New York, 1964.

[14] Martin J. Buerger, Crystal-structure analysis, John Wiley & Sons, Inc., New York, 1960.

제8장 덩어리 결정 재료의 X-ray 회절강도

[1] B.D. Cullity and S.R. Stock, Elements of X-Ray Diffraction, 3rd ed., Pearson Education, 2001.

[2] H.J. Bunge, ed. Experimental Techniques of Texture Analysis, Deutsche Gesellschaft, Metallkunde, Oberursel, Germany, 1986.

[3] H.J. Bunge and C. Esling, eds. Quantitative Texture Analysis, Deutsche Gesellschaft, Metallkunde, Oberursel, Germany, 1986.

[4] I.C. Noyan and J.B. Cohen, Measurement by Diffraction and Interpretation, Springer-Verlag, New York, 1987.

[5] H.S. Peiser, H.P. Rooksby and A. J. C. Wilson, X-ray Diffraction by Polycrystalline Materials, Institute of Physics, London, 1955.

[6] C.S. Barrett and T.B. Massalski, Structure of metals, 3rd ed., McGraw-Hill Book Company, New York, 1996.

[7] H.R. Isenberg, Bibliography on x-ray stress analysis, St. John X-Ray Laboratory, Califon, N.J., 1949.

[8] H.P. Klug and L.E. Alexander, X-ray diffraction procedures, John Wiley & Sons, lnc., New York, 1954.

[9] F.R.L. Schoening, Strain and particle size values from x-ray line breadths, Acta Crystallographica, vol. 18 (1965) pp. 975－976.

[10] A. Taylor, X-ray metallography, John Wiley & Sons, lnc., New York, 1961.

[11] B.E. Warren, X-ray studies of deformed metals, Progress in Metal Physics, vol. 8 (1959), pp147－202.

제9장 SEM을 이용한 결정분석

[1] 허무영, 철강재료의 집합조직 첫걸음, 문운당, 2014.

[2] 윤존도, 양철웅, 김종렬, 이석훈, 주사전자현미경 분석과 X선 미세분석, 청문각, 2005.

[3] O. Engler and V. Randle, Introduction to texture analysis: macrotexture, microtexture, and orientation mapping, CRC press, Boca Raton, 2009.

[4] J. Goldstein, D.E. Newbury, D.C. Joy, C.E. Lyman, P. Echlin, E. Lifshin, L. Sawyer, J.R. Michael, Scanning electron microscopy and X-ray microanalysis, 3rd ed., Springer, US, 2013.

[5] A.J. Schwartz, M. Kumar, B.L. Adams, D. Field, Electron Backscatter Diffraction in Materials

Science, Springer Science & Business Media, New York, 2009.

[6] L. Reimer, Scanning Electron Microscopy: Physics of Image Formation and Microanalysis, Springer-Verlag Berlin Heidelberg, Germany, 1998.

[7] C.E. Lyman, ed. Scanning electron microscopy, X-ray microanalysis, and analytical electron microscopy: a laboratory workbook. Plenum Press, New York, 1990.

[8] R.E. Lee, Scanning Electron Microscopy and X-Ray Microanalysis, Prentice Hall, USA, 1992.

[9] P. Echlin, C.E. Fiori, J. Goldstein, D.C. Joy and D.E. Newbury, Advanced Scanning Electron Microscopy and X-Ray Microanalysis, Springer US, 2013.

[10] S. Amelinckx, D. van Dyck, J. van Landuyt, G. van Tendeloo, Electron Microscopy: Principles and Fundamentals, VCH Verlagsgesellschaft mbH, Weinheim, 1997.

제10장 TEM을 이용한 결정분석

[1] 김긍호, 박주철, 신기삼, 이확주, 투과전자현미경 이론과 응용, 청문각, 2013.

[2] M.V. Heimendahl, Electron microscopy of materials: an introduction, Academic Press, California, 1980.

[3] D.B. Williams and C.B. Carter, Transmission electron microscopy: a textbook for materials science, Springer Science & Business Media, New York, 2009.

[4] L. Reimer, Transmission Electron Microscopy: Physics of Image Formation and Microanalysis, Springer Science & Business Media, New York, 2008.

[5] P.B. Hirsch, A. Howie, R.B. Nicholson, D.W. Pashley and M.J. Whelan, Electron microscopy of thin crystals, Butterworths, London, 1965.

[6] G. Thomas and M. Goringe, Transmission Electron Microscopy of Materials, Wiley, New York, 1979.

[7] B. Fultz and J. Howe, Transmission electron microscopy and diffractometry of materials, Springer, 2012.

[8] J. Ayache, L. Beaunier, J. Boumendil, G. Ehret and D. Laub, Sample Preparation Handbook for Transmission Electron Microscopy: Methodology, Springer, Berlin, 2010.

[9] J. Ayache, L. Beaunier, J. Boumendil, G. Ehret and D. Laub, Sample Preparation Handbook for Transmission Electron Microscopy: Techniques, Springer, Berlin, 2010.

[10] M. De Graef, Introduction to Conventional Transmission Electron Microscopy, Cambridge University Press, UK, 2003.

찾아보기

T

U

V

W

X-ray 결정학

초판 발행 2015년 2월 25일
초판 7쇄 발행 2023년 9월 20일

지은이 허무영
펴낸이 류원식
펴낸곳 교문사

편집팀장 성혜진 | **본문디자인** 디자인이투이 | **표지디자인** 네임북스

주소 10881, 경기도 파주시 문발로 116
대표전화 031-955-6111 | **팩스** 031-955-0955
홈페이지 www.gyomoon.com | **이메일** genie@gyomoon.com
등록번호 1968.10.28. 제406-2006-000035호

ISBN 978-89-6364-223-9 (93530)
정가 23,000원